工学系学生のための

数学物理学演習

増補第2版

橋爪秀利　著

共立出版

増補第2版はじめに

　高校までの数学・物理・化学における学習内容と，大学でのいわゆる数学・物理・化学の内容とでは大きな差があり，特に工学分野では，この3つの科目の区別を明確につけることは非常に困難である．例えば，物理と化学に関しては共通の内容があり，物理化学という科目が存在している．また，数学は物理や化学を理解するためのツールとなる場合が非常に多い．

　そこで，本書では，多くの大学生が最初に戸惑うような数学の内容を，厳密性には多少目を瞑って，わかりやすく説明することに重点をおいた．できる限り公式を導出する過程を示し，例題を通してさらに理解が深まるような構成となっている．

　初版刊行以来，本書の記載について多くの改善の助言をいただき，内容の追加と修正を行ってきた．増補版（2021年1月発行）では，講義等を実施するなかで理解度が不足していると感じた線形写像に関し，第22章で行列のランクの概念を，第23章で連立方程式の解の存在を決定する際に必要となる拡大係数行列のランクについての記載を追加した．今回の増補第2版では，発展学習として，ベクトル解析の応用としての積分公式の導出と，行列問題の応用である線形計画法について追加した．

　なお，増補版の記載内容については，東北大学名誉教授 畠山力三先生に貴重なご意見をいただきました．ここに感謝の意を表します．

2024年7月

橋爪　秀利

はじめに

　高校までの数学・物理・化学における学習内容と，大学でのいわゆる数学・物理・化学の内容とでは大きな差があり，特に工学分野では，この3つの科目の区別を明確につけることは非常に困難である．例えば，物理と化学に関しては共通の内容があり，物理化学という科目が存在している．また，数学は物理や化学を理解するためのツールとなる場合が非常に多いが，大学での数学の講義は，筆者の経験からすれば，非常に抽象化されており（数学なので当然であるが），哲学の世界ではないかと思えるぐらいである．

　そこで，本書では，多くの大学生が最初に戸惑うような数学の内容を，わかりやすく説明することに重点をおいて，できる限り公式を導出する過程を示し，例題を通してさらに理解が深まるような構成とした．解析に関しては，常微分と偏微分の基礎とその応用，さらには，常微分方程式と偏微分方程式の解法へと発展させ，独立変数・従属変数の両者とも複数となる実現象を理解するための基盤を学べるようになっている．

　また，線形代数に関しては，高校までに行列を学ぶ機会がないことを踏まえ，新しい表記法として第1章の前にまとめて記載した．行列を用いた計算も実現象を理解するためには不可欠であることから，本書でも複数回取り上げている．

　なお，章末の練習問題はレベルの高い問題も含まれているが，巻末の詳細な解答例を活用して，チャレンジしてほしい．演習問題は練習問題よりやや簡単な内容であり，練習問題を解けるレベルに達していれば，比較的簡単に解くことができると思われるので，巻末には略解のみ記載した．

　本書は，大学初期の段階で，数学がどのように実学で使用されていくのかを示しながら学ぶような構成としているが，大学中期にそれぞれの項目について数学として詳細に勉強する際の，あくまでも導入としての演習書としても活用できる．大学の4年間に多くのことを学び，再度，本書を読んだ時には，すべてが理解できるようになっていることを期待したい．

　最後に，東北大学工学研究科応用物理学専攻の工藤成史先生（現 東北大学名誉教授）をはじめ多くの先生方から，貴重なご指摘・ご意見を数多くいただきました．また，東北大学工学研究科工学教育院の須藤祐子先生にも，本書をまとめるにあたり，多くのご支援をいただきました．ここに感謝の意を表します．

2018年1月

橋爪　秀利

目　次

＜新しい表記法と公式＞

本書で使用する表記法について簡単にまとめる.

定義式

e を $\lim_{n \to \infty}\left(1+\dfrac{1}{n}\right)^n$ と定義する場合には

$$e \equiv \lim_{n \to \infty}\left(1+\frac{1}{n}\right)^n$$

と表記する.

逆関数

逆関数は，元の関数の変数 x と y を入れ替えて，$x=$ とした式を $y=$ の形に変形することで得られ（元の関数を $x=$ の形に変形してから，変数 x と y を入れ替えてもよい）

$$y = f(x)$$

の逆関数は

$$y = f^{-1}(x)$$

と表記する.

行列

例えば，連立方程式は行列を用いると

$$\begin{cases} 3x+y = 5 \\ x-2y = -3 \end{cases} \Rightarrow \begin{bmatrix} 3 & 1 \\ 1 & -2 \end{bmatrix}\begin{bmatrix} x \\ y \end{bmatrix} = \begin{bmatrix} 5 \\ -3 \end{bmatrix} \quad \text{あるいは} \quad \begin{pmatrix} 3 & 1 \\ 1 & -2 \end{pmatrix}\begin{pmatrix} x \\ y \end{pmatrix} = \begin{pmatrix} 5 \\ -3 \end{pmatrix}$$

と表記される．ここで

$$\begin{bmatrix} 3 & 1 \\ 1 & -2 \end{bmatrix} \text{や} \begin{pmatrix} 3 & 1 \\ 1 & -2 \end{pmatrix}$$

は，2行2列の行列もしくは 2×2 行列と呼び

$$\begin{bmatrix} x \\ y \end{bmatrix} \text{や} \begin{pmatrix} x \\ y \end{pmatrix}, \quad \begin{bmatrix} 5 \\ -3 \end{bmatrix} \text{や} \begin{pmatrix} 5 \\ -3 \end{pmatrix}$$

は，2行1列の行列，あるいは 2×1 行列と呼ぶ.

なお，本書では，1行の行列，1列の行列といったベクトルの成分の表記と同じになる行列には丸括弧を使用し，それ以外の場合には，かぎ括弧を用いる．すなわち

$$\begin{bmatrix} 3 & 1 \\ 1 & -2 \end{bmatrix}\begin{pmatrix} x \\ y \end{pmatrix} = \begin{pmatrix} 5 \\ -3 \end{pmatrix}$$

と表記する.

また，通常のベクトルを成分で表記する際には

$$\vec{a} = (a_x,\ a_y,\ a_z)$$

となるが，行列を使用する場合には

$$\vec{a} = \begin{pmatrix} a_x & a_y & a_z \end{pmatrix} \quad \text{あるいは} \quad \vec{a} = \begin{pmatrix} a_x \\ a_y \\ a_z \end{pmatrix}$$

と表記し，特に，各成分を横に並べて行列として記載する際には，"," は書かない.

行列の積は

$$\begin{bmatrix} a_{11} & a_{12} \\ a_{21} & a_{22} \end{bmatrix} \begin{pmatrix} x \\ y \end{pmatrix} = \begin{pmatrix} a_{11}x + a_{12}y \\ a_{21}x + a_{22}y \end{pmatrix}$$

と計算している．なお，a_{ij} の下添字の最初の数字 i は行を，二番目の数字 j は列を意味している．また，2×2行列同士の積は

$$\begin{bmatrix} c_{11} & c_{12} \\ c_{21} & c_{22} \end{bmatrix} = \begin{bmatrix} a_{11} & a_{12} \\ a_{21} & a_{22} \end{bmatrix} \begin{bmatrix} b_{11} & b_{12} \\ b_{21} & b_{22} \end{bmatrix} = \begin{bmatrix} a_{11}b_{11} + a_{12}b_{21} & a_{11}b_{12} + a_{12}b_{22} \\ a_{21}b_{11} + a_{22}b_{21} & a_{21}b_{12} + a_{22}b_{22} \end{bmatrix}$$

と計算する．行列同士の積では，最初の行列の列数と次の行列の行数は同じとなっていなければならない．以下に，3×3行列と3×2行列の積，2×3行列と3×2行列の積を示す．

$$\begin{bmatrix} a_{11} & a_{12} & a_{13} \\ a_{21} & a_{22} & a_{23} \\ a_{31} & a_{32} & a_{33} \end{bmatrix} \begin{bmatrix} b_{11} & b_{12} \\ b_{21} & b_{22} \\ b_{31} & b_{32} \end{bmatrix} = \begin{bmatrix} a_{11}b_{11} + a_{12}b_{21} + a_{13}b_{31} & a_{11}b_{12} + a_{12}b_{22} + a_{13}b_{32} \\ a_{21}b_{11} + a_{22}b_{21} + a_{23}b_{31} & a_{21}b_{12} + a_{22}b_{22} + a_{23}b_{32} \\ a_{31}b_{11} + a_{32}b_{21} + a_{33}b_{31} & a_{31}b_{12} + a_{32}b_{22} + a_{33}b_{32} \end{bmatrix}$$

$$\begin{bmatrix} a_{11} & a_{12} & a_{13} \\ a_{21} & a_{22} & a_{23} \end{bmatrix} \begin{bmatrix} b_{11} & b_{12} \\ b_{21} & b_{22} \\ b_{31} & b_{32} \end{bmatrix} = \begin{bmatrix} a_{11}b_{11} + a_{12}b_{21} + a_{13}b_{31} & a_{11}b_{12} + a_{12}b_{22} + a_{13}b_{32} \\ a_{21}b_{11} + a_{22}b_{21} + a_{23}b_{31} & a_{21}b_{12} + a_{22}b_{22} + a_{23}b_{32} \end{bmatrix}$$

また，行と列の数が等しい行列を正方行列と呼ぶ．

単位行列と逆行列

正方行列が

$$[A] = \begin{bmatrix} 1 & 0 & 0 & \cdots & 0 \\ 0 & 1 & 0 & \cdots & 0 \\ 0 & 0 & 1 & \cdots & 0 \\ \vdots & \vdots & \vdots & \ddots & \vdots \\ 0 & 0 & 0 & \cdots & 1 \end{bmatrix}$$

となっている場合，この行列は単位行列と呼ばれ，通常は

$$[I] \quad \text{または} \quad [E]$$

と書く．また，正方行列 $[A]$ に対して

$$[B][A] = [I]$$

となるとき $[B]$ を $[A]$ の逆行列と呼び，通常は $[A]^{-1}$ と書く．2×2行列の逆行列は $a_{11}a_{22} - a_{21}a_{12} \neq 0$ ならば

$$[A_2] = \begin{bmatrix} a_{11} & a_{12} \\ a_{21} & a_{22} \end{bmatrix} \Rightarrow [A_2]^{-1} = \frac{1}{a_{11}a_{22} - a_{21}a_{12}} \begin{bmatrix} a_{22} & -a_{12} \\ -a_{21} & a_{11} \end{bmatrix}$$

となる．

転置行列

行列の行と列を入れ替えた行列を転置行列と呼び，$[A]$ の転置行列は $[A]^T$ と表記する．

$$[A] = \begin{bmatrix} 1 & -4 & -5 \\ 4 & 3 & 6 \\ -6 & 9 & 2 \end{bmatrix} \Rightarrow [A]^T = \begin{bmatrix} 1 & 4 & -6 \\ -4 & 3 & 9 \\ -5 & 6 & 2 \end{bmatrix}$$

$$[B] = \begin{bmatrix} 1 & 2 \\ 3 & 4 \\ 5 & 6 \end{bmatrix} \quad \Rightarrow \quad [B]^T = \begin{bmatrix} 1 & 3 & 5 \\ 2 & 4 & 6 \end{bmatrix}$$

練習問題

（1） 次の行列の積を計算しなさい.

$$\begin{bmatrix} 1 & -4 & -5 \\ 4 & 3 & 6 \\ -6 & 9 & 2 \end{bmatrix} \begin{bmatrix} 1 & 0 & -2 \\ 2 & 3 & 3 \\ -1 & 1 & 2 \end{bmatrix}$$

（2） 次の行列の逆行列を求めなさい.

$$\begin{bmatrix} 3 & 1 \\ 1 & -2 \end{bmatrix}$$

さらに，得られた逆行列を下の式の両辺に左から掛けることで，$\begin{pmatrix} x \\ y \end{pmatrix}$ を求めなさい.

$$\begin{bmatrix} 3 & 1 \\ 1 & -2 \end{bmatrix}\begin{pmatrix} x \\ y \end{pmatrix} = \begin{pmatrix} 5 \\ -3 \end{pmatrix}$$

公式

＜三角関数＞

$$\cos(\alpha+\beta) = \cos\alpha\cos\beta - \sin\alpha\sin\beta$$
$$\sin(\alpha+\beta) = \sin\alpha\cos\beta + \cos\alpha\sin\beta$$
$$\sin\alpha\cos\beta = \frac{1}{2}\{\sin(\alpha+\beta) + \sin(\alpha-\beta)\}$$
$$\sin\alpha\sin\beta = -\frac{1}{2}\{\cos(\alpha+\beta) - \cos(\alpha-\beta)\}$$
$$\cos\alpha\cos\beta = \frac{1}{2}\{\cos(\alpha+\beta) + \cos(\alpha-\beta)\}$$

＜微分＞

$$\left(\sin^{-1}\frac{x}{a}\right)' = \frac{1}{\sqrt{a^2-x^2}}, \quad \left(\cos^{-1}\frac{x}{a}\right)' = -\frac{1}{\sqrt{a^2-x^2}}, \quad \left(\tan^{-1}\frac{x}{a}\right)' = \frac{a}{x^2+a^2}$$
$$\left(\sinh^{-1}\frac{x}{a}\right)' = \frac{1}{\sqrt{x^2+a^2}}, \quad \left(\cosh^{-1}\frac{x}{a}\right)' = \frac{1}{\sqrt{x^2-a^2}}, \quad \left(\tanh^{-1}\frac{x}{a}\right)' = \frac{a}{a^2-x^2}$$

＜積分＞（積分定数は略）

$$\int \sin^{-1} x\, dx = x\sin^{-1}x + \sqrt{1-x^2}$$
$$\int \cos^{-1} x\, dx = x\cos^{-1}x - \sqrt{1-x^2}$$
$$\int \tan^{-1} x\, dx = x\tan^{-1}x - \frac{1}{2}\ln(1+x^2)$$
$$\int \log x\, dx = \int (x)' \log x\, dx = x\log x - \int dx = x\log x - x$$

$$\int \frac{1}{\sqrt{x^2+a^2}}\,dx = \log(x+\sqrt{x^2+a^2}) \quad \text{or} \quad = \sinh^{-1}\frac{x}{|a|}$$

$$\int \sqrt{x^2+a^2}\,dx = \frac{1}{2}\{x\sqrt{x^2+a^2}+a^2\log(x+\sqrt{x^2+a^2})\}$$

＜行列式＞

$$\det[A_2] = \det\begin{bmatrix} a_{11} & a_{12} \\ a_{21} & a_{22} \end{bmatrix} = a_{11}a_{22}-a_{21}a_{12}$$

$$\det[A_3] = \det\begin{bmatrix} a_{11} & a_{12} & a_{13} \\ a_{21} & a_{22} & a_{23} \\ a_{31} & a_{32} & a_{33} \end{bmatrix}$$

$$= a_{11}a_{22}a_{33}+a_{21}a_{32}a_{13}+a_{31}a_{12}a_{23}-a_{13}a_{22}a_{31}-a_{23}a_{32}a_{11}-a_{33}a_{12}a_{21}$$

1 三角関数と指数関数

本章では，高校で学んだ関数に加え，三角関数の逆関数である逆三角関数を新たに学ぶ．さらに，原点まわりの点の回転についても学ぶ．

1.1 三角関数

・公式

$$\tan\theta=\frac{r\sin\theta}{r\cos\theta}=\frac{\sin\theta}{\cos\theta}, \quad \sin^2\theta+\cos^2\theta=1, \quad \lim_{\theta\to0}\frac{\sin\theta}{\theta}=1$$

$$\sin(\alpha+\beta)=\sin\alpha\cos\beta+\cos\alpha\sin\beta, \quad \cos(\alpha+\beta)=\cos\alpha\cos\beta-\sin\alpha\sin\beta$$

1.2 指数関数 (e^x あるいは $\exp(x)$)

・e の定義

$$e\equiv\lim_{n\to\infty}\left(1+\frac{1}{n}\right)^n=\lim_{h\to0}(1+h)^{\frac{1}{h}} \tag{1-1}$$

・公式

$$e^{-\alpha}=\frac{1}{e^\alpha}, \quad e^\alpha e^\beta=e^{\alpha+\beta}, \quad (e^\alpha)^\beta=e^{\alpha\beta}$$

注！　指数関数の底は必ずしも e ではないが，通常は指数関数と言えば，e^x を指す．

1.3 双曲線関数

・双曲線関数の定義

$$\cosh x=\frac{e^x+e^{-x}}{2}, \quad \sinh x=\frac{e^x-e^{-x}}{2}, \quad \tanh x=\frac{\sinh x}{\cosh x}$$

第2章で学習する内容　⇒　$e^{ix}=\cos x+i\sin x, \quad \cos x=\frac{e^{ix}+e^{-ix}}{2}, \quad \sin x=\frac{e^{ix}-e^{-ix}}{2i}$

三角関数と指数関数は似たような関数であり，加法定理も簡単に導出可能となる．

1.4 対数関数，逆三角関数，逆双曲線関数

逆関数は，元の関数の変数 x と y を入れ替えて $x=$ とした式を，$y=$ の形に変形することで得られる（元の関数を $x=$ の形に変形してから，変数 x と y を入れ替えてもよい）．

指数関数の逆関数は対数関数である．$a^x=b$ となる x を $x=\log_a b$ と定義する．したがって，底が e の場合には

$$y=e^x \quad \Rightarrow \quad x=e^y \quad \leftrightarrow \quad y=\log_e x$$

となるが，一般には，底の e を省略して

$$y=\log x$$

と記述する．また，工学分野では log natural という意味で以下の表記を使用する場合もある．

$$y=\ln x$$

注！　常用対数の場合に，$\log_{10} x$ と明記し，底がない場合には自然対数である.

$$\log_a xy = \log_a x + \log_a y$$
$$\log_a x^b = b\log_a x$$

逆三角関数を以下のように定義する.

$$y = \sin x \;\Rightarrow x = \sin y \;\leftrightarrow y = \sin^{-1} x \;\;(= \arcsin x)\;, \quad -\frac{\pi}{2} \leq y \leq \frac{\pi}{2}$$

$$y = \cos x \;\Rightarrow x = \cos y \;\leftrightarrow y = \cos^{-1} x \;\;(= \arccos x)\;, \quad 0 \leq y \leq \pi \qquad\qquad (1\text{--}2)$$

$$y = \tan x \;\Rightarrow x = \tan y \;\leftrightarrow y = \tan^{-1} x \;\;(= \arctan x)\;, \quad -\frac{\pi}{2} < y < \frac{\pi}{2}$$

注！　逆三角関数の場合には，定義域，値域に注意すること.

$y = \sin^{-1} x$ の肩にある（-1）は逆関数の意味であり，逆数の意味ではない.

$$\underline{y = \sin^{-1} x \neq \frac{1}{\sin x}}$$

また，（1--2）式のように値域が定義された逆三角関数を

$$y = \mathrm{Sin}^{-1} x, \quad y = \mathrm{Cos}^{-1} x, \quad y = \mathrm{Tan}^{-1} x$$

と表し，例えば

$$\tan^{-1} x = \mathrm{Tan}^{-1} x + n\pi \quad （n \text{ は整数}）$$

とする場合もある.

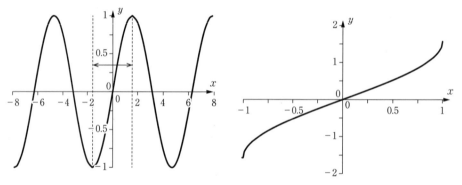

図 1.1　三角関数と逆三角関数（$y = \sin x$, $y = \sin^{-1} x$）

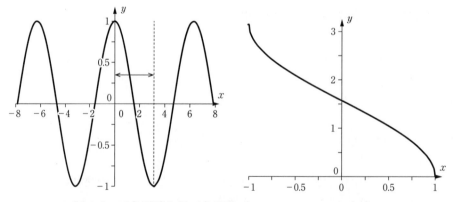

図 1.2　三角関数と逆三角関数（$y = \cos x$, $y = \cos^{-1} x$）

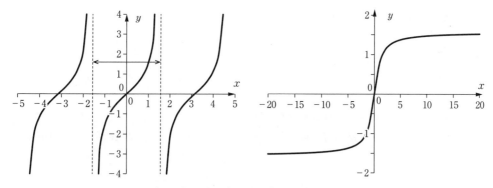

図1.3　三角関数と逆三角関数　$(y=\tan x,\ y=\tan^{-1}x)$

逆双曲関数を以下のように定義する.

$$
\begin{aligned}
y=\sinh x &\ \Rightarrow\ x=\sinh y\ \leftrightarrow\ y=\sinh^{-1}x\ (=\text{arcsinh}\,x)\\
y=\cosh x &\ \Rightarrow\ x=\cosh y\ \leftrightarrow\ y=\cosh^{-1}x\ (=\text{arccosh}\,x)\\
y=\tanh x &\ \Rightarrow\ x=\tanh y\ \leftrightarrow\ y=\tanh^{-1}x\ (=\text{arctanh}\,x)
\end{aligned}
\tag{1-3}
$$

1.5　回転移動と三角関数の加法定理

図1.4　座標軸の原点まわりの回転

点 P は，点 P' に移動する．点 P の座標を $(\mathrm{P}_x, \mathrm{P}_y)$ とすれば

$$
\overrightarrow{\mathrm{OP}}=\mathrm{P}_x\vec{i}+\mathrm{P}_y\vec{j}
$$

となる．また，回転後の座標系でも，$x'-y'$ 座標系から見た点 P' の座標は変わらないので

$$
\overrightarrow{\mathrm{OP'}}=\mathrm{P}_x\vec{i'}+\mathrm{P}_y\vec{j'}
$$

となる．ただし，$(\vec{i}, \vec{j})\,(\vec{i'}, \vec{j'})$ は，それぞれ回転前と回転後の座標系の基底単位ベクトルである．したがって，$\overrightarrow{\mathrm{OP'}}$ を回転前の座標系で表現するためには，$(\vec{i'}, \vec{j'})$ を回転前の座標系で表せば良い．

したがって

$$
\begin{aligned}
\overrightarrow{\mathrm{OP'}}&=\mathrm{P}_x\vec{i'}+\mathrm{P}_y\vec{j'}=\mathrm{P}_x(\cos\theta\,\vec{i}+\sin\theta\,\vec{j})+\mathrm{P}_y(-\sin\theta\,\vec{i}+\cos\theta\,\vec{j})\\
&=(\mathrm{P}_x\cos\theta-\mathrm{P}_y\sin\theta)\,\vec{i}+(\mathrm{P}_x\sin\theta+\mathrm{P}_y\cos\theta)\,\vec{j}
\end{aligned}
$$

と求められる．したがって，点 P を θ だけ回転させた場合の新しい座標は

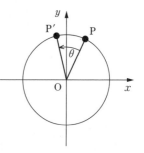

図1.5　点の回転移動

$$\begin{pmatrix} \mathrm{P'}_x \\ \mathrm{P'}_y \end{pmatrix} = \begin{pmatrix} \mathrm{P}_x \cos\theta - \mathrm{P}_y \sin\theta \\ \mathrm{P}_x \sin\theta + \mathrm{P}_y \cos\theta \end{pmatrix} = \begin{bmatrix} \cos\theta & -\sin\theta \\ \sin\theta & \cos\theta \end{bmatrix} \begin{pmatrix} \mathrm{P}_x \\ \mathrm{P}_y \end{pmatrix} \tag{1-4}$$

となる．ここで

$$\begin{bmatrix} \cos\theta & -\sin\theta \\ \sin\theta & \cos\theta \end{bmatrix}$$

は，2×2行列で，原点まわりの回転を表す行列である．

さて，点Pを最初に角度 α 反時計回りに回転させ，その後，角度 β 反時計回りに回転させると

$$\begin{pmatrix} \mathrm{P''}_x \\ \mathrm{P''}_y \end{pmatrix} = \begin{bmatrix} \cos(\alpha+\beta) & -\sin(\alpha+\beta) \\ \sin(\alpha+\beta) & \cos(\alpha+\beta) \end{bmatrix} \begin{pmatrix} \mathrm{P}_x \\ \mathrm{P}_y \end{pmatrix} = \begin{bmatrix} \cos\beta & -\sin\beta \\ \sin\beta & \cos\beta \end{bmatrix} \begin{bmatrix} \cos\alpha & -\sin\alpha \\ \sin\alpha & \cos\alpha \end{bmatrix} \begin{pmatrix} \mathrm{P}_x \\ \mathrm{P}_y \end{pmatrix}$$

$$= \begin{bmatrix} \cos\alpha\cos\beta - \sin\alpha\sin\beta & -(\sin\alpha\cos\beta + \cos\alpha\sin\beta) \\ \sin\alpha\cos\beta + \cos\alpha\sin\beta & \cos\alpha\cos\beta - \sin\alpha\sin\beta \end{bmatrix} \begin{pmatrix} \mathrm{P}_x \\ \mathrm{P}_y \end{pmatrix}$$

となることから

$$\cos(\alpha+\beta) = \cos\alpha\cos\beta - \sin\alpha\sin\beta, \quad \sin(\alpha+\beta) = \sin\alpha\cos\beta + \cos\alpha\sin\beta$$

が得られる．なお，第2章では，別の導出方法を示す．

<例題1.1> $\sin^{-1} x = \dfrac{\pi}{2} - \cos^{-1} x$ $(|x| \leq 1)$ を導出せよ．

【解答】 $a = \dfrac{\pi}{2} - \cos^{-1} x$ とおけば，

$$\cos^{-1} x = \frac{\pi}{2} - a \;\Rightarrow\; x = \cos\left(\frac{\pi}{2} - a\right) = \cos\frac{\pi}{2}\cos a + \sin\frac{\pi}{2}\sin a = \sin a$$

$$\Rightarrow\; a = \sin^{-1} x \;\Rightarrow\; \sin^{-1} x = \frac{\pi}{2} - \cos^{-1} x$$

なお，図1.1と図1.2を比較してもこの式が成立することは，容易に確認できる．

<例題1.2> 次の等式が成り立つことを示せ．

$$\cosh(2x) = \frac{1 + \tanh^2 x}{1 - \tanh^2 x}$$

【解答】

$$\frac{1 + \tanh^2 x}{1 - \tanh^2 x} = \frac{1 + \dfrac{\sinh^2 x}{\cosh^2 x}}{1 - \dfrac{\sinh^2 x}{\cosh^2 x}} = \frac{\cosh^2 x + \sinh^2 x}{\cosh^2 x - \sinh^2 x} = \frac{\left\{\dfrac{1}{2}(e^x + e^{-x})\right\}^2 + \left\{\dfrac{1}{2}(e^x - e^{-x})\right\}^2}{\left\{\dfrac{1}{2}(e^x + e^{-x})\right\}^2 - \left\{\dfrac{1}{2}(e^x - e^{-x})\right\}^2}$$

$$= \frac{1}{2}(e^{2x} + e^{-2x}) = \cosh(2x)$$

<例題1.3> 放射能の強さ $N = N_0 e^{-\lambda t}$ $(\lambda : 崩壊定数)$，半減期 $= \dfrac{\log 2}{\lambda}$ とすると，ある時刻 t から半減期の時間が経過すると放射能の強さが半減することを確認せよ．

【解答】

$$N_{1/2} = N_0 e^{-\lambda \cdot \frac{\log 2}{\lambda}} = \frac{1}{2} N_0$$

＜例題 1.4＞　次の等式が成り立つことを示せ.
$$\cosh(\sinh^{-1}x)=\sqrt{x^2+1}$$
【解答】　$\sinh^{-1}x=y$ とおく.
$$\sqrt{x^2+1}=\sqrt{\sinh^2 y+1}=\sqrt{\left(\frac{e^y-e^{-y}}{2}\right)^2+1}=\sqrt{\left(\frac{e^y+e^{-y}}{2}\right)^2}=\cosh y=\cosh(\sinh^{-1}x)$$

＜例題 1.5＞　次の等式を示せ.
$$\sinh x+\sinh y=2\sinh\frac{x+y}{2}\cosh\frac{x-y}{2}$$
【解答】
$$2\sinh\frac{x+y}{2}\cosh\frac{x-y}{2}=2\left\{\frac{1}{2}\left(e^{\frac{x+y}{2}}-e^{-\frac{x+y}{2}}\right)\cdot\frac{1}{2}\left(e^{\frac{x-y}{2}}+e^{-\frac{x-y}{2}}\right)\right\}$$
$$=\frac{1}{2}(e^x+e^y-e^{-y}-e^{-x})=\frac{1}{2}(e^x-e^{-x})+\frac{1}{2}(e^y-e^{-y})$$
$$=\sinh x+\sinh y$$

● ● ● ● ●

練習問題 1.1　次の等式を示せ.
$$\cosh x+\cosh y=2\cosh\frac{x+y}{2}\cosh\frac{x-y}{2}$$

練習問題 1.2　次の等式を示せ.
$$\tanh^{-1}x=\frac{1}{2}\log\frac{1+x}{1-x}\quad(|x|<1)$$

練習問題 1.3　以下の式を示せ.
（ 1 ）　$\sin^{-1}(-x)=-\sin^{-1}x\quad(|x|\leq1)$　　（ 2 ）　$\cos^{-1}(-x)=\pi-\cos^{-1}x\quad(|x|\leq1)$

（ 3 ）　$\tan^{-1}(-x)=-\tan^{-1}x$　　　　　　　（ 4 ）　$\sin^{-1}x=2\sin^{-1}\sqrt{\frac{1+x}{2}}-\frac{\pi}{2}\quad(|x|\leq1)$

（ 5 ）　$\cos^{-1}x=\pi-\sin^{-1}\sqrt{1-x^2}\quad(-1\leq x\leq0)$

練習問題 1.4　点 P$(2,3)$ を原点まわりに以下の角度だけ回転させた場合の座標を求めよ.

（ 1 ）　$\dfrac{\pi}{3}$　　（ 2 ）　$\dfrac{\pi}{6}$　　（ 3 ）　$\dfrac{\pi}{12}$

● ● ● ● ●

演習問題 1.1　以下の式を示せ.

（ 1 ）　$\cosh^2 x-\sinh^2 x=1$　　　（ 2 ）　$\dfrac{1}{\tanh^2 x}-1=\dfrac{1}{\sinh^2 x}$

（ 3 ）　$\sinh^{-1}\left(\dfrac{x}{a}\right)=\log(x+\sqrt{x^2+a^2})-\log a\quad(a>0)$

演習問題 1.2　以下の等式を示せ.

（1）　$\sinh(-x)=-\sinh x$　　（2）　$\cosh(-x)=\cosh x$

（3）　$\tanh(-x)=-\tanh x$

演習問題 1.3　$\sinh(x+y)=\sinh x\cosh y+\cosh x\sinh y$ を示せ.

ちょっといっぷく

　　図1.1のようなグラフは，ソフトウェアを使って簡単に描くことができます．例えば，Microsoft Office の Excel を用いた場合には，

1)　シートにデータを入力

2)　グラフにしたい部分を選択

3)　グラフの種類を選択

で簡単に描けます.

　　他にもいろいろなソフトがありますので，試してみてください.

3.141592654	X=	Y=sin(x)	X=	Y=arcsin(x)	
	−8	−0.98935825	−1	−1.57079633	
−2.5	−7.85398163	−1	−0.9	−1.11976951	
−2.4	−7.53982237	−0.95105652	−0.8	−0.92729522	
−2.3	−7.2256631	−0.80901699	−0.7	−0.7753975	
−2.2	−6.91150384	−0.58778525	−0.6	−0.64350111	
−2.1	−6.59734457	−0.30901699	−0.5	−0.52359878	
−2	−6.28318531	2.4503E−16	−0.4	−0.41151685	
−1.9	−5.96902604	0.309016994	−0.3	−0.30469265	
−1.8	−5.65486678	0.587785252	−0.2	−0.20135792	
−1.7	−5.34070751	0.809016994	−0.1	−0.10016742	
−1.6	−5.02654825	0.951056516	0	0	

2 テイラー展開と収束半径

本章では，微分可能な任意の関数 $f(x)$ を x のベキ乗で表すテイラー展開について学ぶ．なお，微分の表記に関しては複数存在しており，例えば，$f(x)$ の2階微分は

$$f''(x), \quad \frac{d^2 f(x)}{dx^2}, \quad \frac{d^2 f}{dx^2}(x), \quad \frac{d^2 f}{dx^2}$$

などと表し，$x = a$ のときの値は

$$f''(a), \quad \frac{d^2 f(a)}{dx^2}, \quad \frac{d^2 f}{dx^2}(a), \quad \left.\frac{d^2 f}{dx^2}\right|_{x=a}$$

と表現する．また，$f(x)$ の n 階微分は，以下のように表す．

$$f^{(n)}(x), \quad \frac{d^n f(x)}{dx^n}, \quad \frac{d^n f}{dx^n}(x), \quad \frac{d^n f}{dx^n}$$

2.1 テイラー展開

区間 $I[a, x]$ において $f(x)$ が n 回微分可能であるとき，I に属する2点 a と x に対して

$$f(x) = \sum_{k=0}^{n-1} \frac{f^{(k)}(a)}{k!}(x-a)^k + R_n$$
$$= f(a) + \frac{f'(a)}{1!}(x-a) + \frac{f''(a)}{2!}(x-a)^2 + \frac{f'''(a)}{3!}(x-a)^3 + \cdots + \frac{f^{(n-1)}(a)}{(n-1)!}(x-a)^{n-1} + R_n$$
$$R_n = \frac{f^{(n)}(\theta)}{n!}(x-a)^n \quad (a < \theta < x) \tag{2-1}$$

と表すことができる．（2-1）式を $f(x)$ の $x = a$ での**テイラー（Taylor）展開**と呼ぶ．1次の項まで考えると

$$f(x) \approx f(a) + f'(a)(x-a) \tag{2-2}$$

となり，$x \to x+dx$，$a \to x$，$f(x)-f(a) = f(x+dx)-f(x) \to df$ と書き換えて得られる

$$df = f(x+dx)-f(x) = f'(x)\,dx$$

は，多変数に使用できる形に発展させ，頻繁に使用される式である（第5章（5-3）式）．

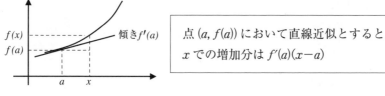

図 2.1　関数の近似

点 $(a, f(a))$ において直線近似とすると x での増加分は $f'(a)(x-a)$

<例題 2.1>　（2-1）式で

$$y_1(x) = f(x), \quad y_2(x) = f(a) + f'(a)(x-a) + \frac{f''(a)}{2!}(x-a)^2 + \frac{f'''(a)}{3!}(x-a)^3 + \cdots \tag{2-3}$$

としたとき，$x = a$ で，$y_1(x)$ と $y_2(x)$ のすべての次数の微分係数は等しくなることを示しなさい

（このことから，(2−3) 式の右辺と左辺は $x=a$ の近傍で同じ関数であると言える）．

【解答】

0 次の係数は

$$y_1(a) = f(a), \quad y_2(a) = f(a) \quad \rightarrow \quad y_1(a) = y_2(a)$$

両辺を x で微分すると

$$y'_1(x) = f'(x), \quad y'_2(x) = f'(a)+f''(a)(x-a)+\frac{f'''(a)}{2!}(x-a)^2+\cdots$$

よって，$y'_1(a) = f'(a), \quad y'_2(a) = f'(a) \quad \rightarrow \quad y'_1(a) = y'_2(a)$

同様にして

$$y''_1(x) = f''(x), \quad y''_2(x) = f''(a)+f'''(a)(x-a)+\cdots \quad \rightarrow \quad y''_1(a) = y''_2(a)$$

同様にしていくことで，$x=a$ における両者の微分係数はすべて等しいことが示される．

<例題2.2>　(2−1) 式を導出せよ．

【解答】

$$f(x) = f(a)+f'(a)(x-a)+\frac{f''(a)}{2!}(x-a)^2+\frac{f'''(a)}{3!}(x-a)^3+\cdots$$
$$+\frac{f^{(n-1)}(a)}{(n-1)!}(x-a)^{n-1}+c(x-a)^n$$

において，$x=x_0$ と書き換えて

$$F(a) = f(x_0)-\{f(a)+f'(a)(x_0-a)+\frac{f''(a)}{2!}(x_0-a)^2+\frac{f'''(a)}{3!}(x_0-a)^3+\cdots$$
$$+\frac{f^{(n-1)}(a)}{(n-1)!}(x_0-a)^{n-1}+c(x_0-a)^n\}$$

とおくと，$F(a) = 0$，$F(x_0) = 0$ となる．ここで，a を変数，x_0 を定数とみなすと，$\left.\dfrac{dF}{da}\right|_{a=\theta} = 0$ となる θ が $a < \theta < x_0$ に存在する（これを平均値の定理と呼ぶ）．よって

$$F'(a) = -[f'(a)+\{f''(a)(x_0-a)-f'(a)\}+\left\{\frac{f'''(a)}{2!}(x_0-a)^2-f''(a)(x_0-a)\right\}+\cdots$$
$$+\left\{\frac{f^{(n)}(a)}{(n-1)!}(x_0-a)^{n-1}-\frac{f^{(n-1)}(a)}{(n-2)!}(x_0-a)^{n-2}\right\}-cn(x_0-a)^{n-1}]$$
$$= -\frac{f^{(n)}(a)}{(n-1)!}(x_0-a)^{n-1}+cn(x_0-a)^{n-1}$$

に，$a=\theta$ を代入すれば

$$F'(\theta) = -\frac{f^n(\theta)}{(n-1)!}(x_0-\theta)^{n-1}+cn(x_0-\theta)^{n-1} = 0 \quad \rightarrow \quad c = \frac{f^n(\theta)}{n!}$$

2.2　テイラー展開の応用

$$y = e^x, \quad y = \sin x, \quad y = \cos x$$

を原点まわりでテイラー展開すると，以下の式のように x のベキ乗で表現される．

$$y = e^x = \sum_{n=0}^{+\infty}\frac{1}{n!}x^n, \quad y = \sin x = \sum_{n=0}^{+\infty}\frac{(-1)^n}{(2n+1)!}x^{2n+1}, \quad y = \cos x = \sum_{n=0}^{+\infty}\frac{(-1)^n}{(2n)!}x^{2n} \quad (2-4)$$

なお，上記の式は，$|x| < +\infty$ で成立するが，原点まわりで展開しているので，原点近傍であれ

ば有限の n で計算すれば十分な精度で値が得られる（図 2.2 参照）.

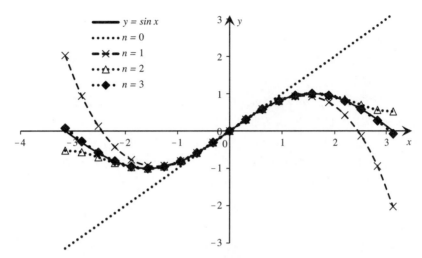

図 2.2　$y = \sin x$ を（2−4）式で近似した例（$n = 0, 1, 2, 3$）の場合

今，（2−4）式を利用すると

$$e^{i\theta} = f(\theta) = f(0+\theta) = f(0) + \sum_{n=1}^{\infty} \frac{f^n(0)}{n!}(i\theta)^n = 1 + i\theta - \frac{1}{2}\theta^2 - \frac{i}{6}\theta^3 + \cdots$$
$$= 1 - \frac{1}{2}\theta^2 + \cdots + i\left(\theta - \frac{1}{6}\theta^3 + \cdots\right) = \cos\theta + i\sin\theta \tag{2−5}$$

が得られる．この式は三角関数も指数関数として表されることを意味している．（2−5）式を使うと

$$(e^{i\theta})^n = e^{in\theta}, \quad (e^{i\theta})^n = (\cos\theta + i\sin\theta)^n, \quad e^{in\theta} = \cos(n\theta) + i\sin(n\theta)$$

より

$$\cos(n\theta) + i\sin(n\theta) = (\cos\theta + i\sin\theta)^n \tag{2−6}$$

が得られる．また

$$e^{i\alpha}e^{i\beta} = e^{i(\alpha+\beta)}$$
$$e^{i\alpha}e^{i\beta} = (\cos\alpha + i\sin\alpha)(\cos\beta + i\sin\beta)$$
$$= (\cos\alpha\cos\beta - \sin\alpha\sin\beta) + i(\sin\alpha\cos\beta + \cos\alpha\sin\beta)$$
$$e^{i(\alpha+\beta)} = \cos(\alpha+\beta) + i\sin(\alpha+\beta)$$

となるので，以下の公式が得られる．

$$\cos(\alpha+\beta) = \cos\alpha\cos\beta - \sin\alpha\sin\beta, \quad \sin(\alpha+\beta) = \sin\alpha\cos\beta + \cos\alpha\sin\beta$$

2.3　収束半径

· 数列の極限値

数列の極限値が存在すれば $\lim_{n \to +\infty} a_n = a$ と表記する．この式の意味は，任意の正の実数 ε に対して，ある自然数 n_0 が存在し $n > n_0$ ならば　$a - \varepsilon < a_n < a + \varepsilon$ となることを意味している．

・級数の収束性

$\sum\limits_{n=0}^{+\infty} u_n$ を級数（あるいは無限級数）と呼び，$S_n = \sum\limits_{n=0}^{n} u_n$ が，$\lim\limits_{n\to+\infty} S_n = S$（有限の値）となるとき，級数は収束するという.

定理1　a_n が有限であり，かつ単調増加であれば，極限値が存在する. すなわち，

すべての n に対して $a_n < M$，かつ $a_n < a_{n+1}$ ならば，$\lim\limits_{n\to+\infty} a_n = a$ となる極限値が存在する.

　あるいは，逆に考えれば

すべての n に対して $a_n > M$，かつ $a_n > a_{n+1}$ ならば，$\lim\limits_{n\to+\infty} a_n = a$ となる極限値が存在する.

定理2　$\sum\limits_{n=0}^{+\infty} |u_n|$ が収束すれば，$\sum\limits_{n=0}^{+\infty} u_n$ も収束する.

【証明】　$T_n = \sum\limits_{n=0}^{n} |u_n|$ に関して，$\lim\limits_{n\to+\infty} T_n = T$ となる T が存在する. 一方，$S_n = \sum\limits_{n=0}^{n} u_n$ については，$u_0, u_1, \cdots u_n$ の中の正の項を集めた和を P_n，負の項を集めた和を Q_n とおけば，$S_n = P_n + Q_n$ となる. $P_n < T_n < T$ で，P_n は単調増加となるので，$\lim\limits_{n\to+\infty} P_n = P$ となる極限値が存在する. また，$-Q_n < T_n < T$ で，$-Q_n$ は単調増加となるので，$\lim\limits_{n\to+\infty} (-Q_n) = -Q$ となる極限値が存在する. よって，

$$\lim\limits_{n\to+\infty} S_n = \lim\limits_{n\to+\infty} (P_n + Q_n) = \lim\limits_{n\to+\infty} P_n - \lim\limits_{n\to+\infty} (-Q_n) = P + Q$$

となる極限値が存在する.

定理3　$\sum\limits_{n=0}^{+\infty} |u_n|$ において，$\lim\limits_{n\to+\infty} \dfrac{|u_{n+1}|}{|u_n|} = \kappa < 1$ ならば，$\sum\limits_{n=0}^{+\infty} |u_n|$ は収束する.

【証明】　$\lim\limits_{n\to+\infty} \dfrac{|u_{n+1}|}{|u_n|} = \kappa < 1$ なので，ある程度大きな n $(n \geq m)$ すべてについて，

$\dfrac{|u_{n+1}|}{|u_n|} = \kappa < \kappa_0 < 1$ となる κ_0 が存在する. よって

$$\sum\limits_{n=0}^{+\infty} |u_n| = \sum\limits_{n=0}^{m-1} |u_n| + \sum\limits_{n=m}^{+\infty} |u_n| < \sum\limits_{n=0}^{m-1} |u_n| + |u_m| \sum\limits_{n=m}^{+\infty} \kappa_0^{n-m} = \sum\limits_{n=0}^{m-1} |u_n| + |u_m| \sum\limits_{n=0}^{+\infty} \kappa_0^{n}$$
$$= \sum\limits_{n=0}^{m-1} |u_n| + |u_m| \dfrac{1}{1-\kappa_0} = M$$

が得られ，定理1より極限値が存在し，収束することになる.

　さて，$u_n = a_n(x-x_0)^n$ の場合に，$\sum\limits_{n=0}^{+\infty} u_n = \sum\limits_{n=0}^{+\infty} a_n(x-x_0)^n$ をベキ級数と呼ぶ. すなわち，テイラー展開はベキ級数である. また，このベキ級数が $|x-x_0| < r$ のとき収束し，$|x-x_0| > r$ のとき発散すれば，r を**収束半径**と呼び，定理2・定理3より，以下のように求められる.

$$|x-x_0| = \dfrac{|x-x_0|^{n+1}}{|x-x_0|^n} = \left(\dfrac{|a_{n+1}||x-x_0|^{n+1}}{|a_n||x-x_0|^n}\right)\left(\dfrac{|a_n|}{|a_{n+1}|}\right) = \dfrac{|u_{n+1}|}{|u_n|}\dfrac{|a_n|}{|a_{n+1}|} < 1 \times \dfrac{|a_n|}{|a_{n+1}|} = \dfrac{|a_n|}{|a_{n+1}|} = r$$

<例題2.3>　次の関数を $x=0$ のまわりでテイラー展開し，x^3 の項まで求めよ.
$$f(x) = e^{x^2 \sin x}$$

【解答】

$z = x^2 \sin x$ とおくと

$z = x^2 \sin x$ 　　　　　　　　　$z(0) = 0$

$z' = x^2 \cos x + 2x \sin x$ 　　　　$z'(0) = 0$

$z'' = (2-x^2)\sin x + 4x \cos x$ 　　$z''(0) = 0$

$z''' = -6x \sin x + (6-x^2)\cos x$ 　$z'''(0) = 6$

また

$$
\begin{aligned}
y &= e^z & y(0) &= 1 \\
y' &= z'e^z & y'(0) &= 0 \\
y'' &= \{z''+(z')^2\}e^z & y''(0) &= 0 \\
y''' &= \{z'''+3z'z''+(z')^3\}e^z & y'''(0) &= 6
\end{aligned}
$$

よって，y を $x=0$ のまわりでテイラー展開して x^3 の項まで求めると

$$
e^{x^2\sin x} = \frac{y(0)}{0!}x^0 + \frac{y'(0)}{1!}x^1 + \frac{y''(0)}{2!}x^2 + \frac{y'''(0)}{3!}x^3 = 1+x^3
$$

<例題 2.4> 次の極限値を，テイラー展開を用いて求めよ．

$$
\lim_{x\to 0} \frac{\sin 3x}{\sqrt{1+2x}-1}
$$

【解答】

$$
\lim_{x\to 0} \frac{\sin 3x}{\sqrt{1+2x}-1} = \lim_{x\to 0} \frac{3x-\dfrac{(3x)^3}{3!}+\cdots}{\left(1+x-\dfrac{x^2}{2}+\dfrac{x^3}{2}-\cdots\right)-1} = \lim_{x\to 0} \frac{3x-\dfrac{(3x)^3}{3!}+\cdots}{x-\dfrac{x^2}{2}+\dfrac{x^3}{2}-\cdots}
$$

$$
= \lim_{x\to 0} \frac{3-\dfrac{27x^2}{3!}+\cdots}{1-\dfrac{x}{2}+\dfrac{x^2}{2}-\cdots} = 3
$$

<例題 2.5> 次のベキ級数の収束半径を求めよ．

$$
\sum_{n=0}^{+\infty} \frac{n^n}{n!}x^n
$$

【解答】

$u_n = \dfrac{n^n}{n!}x^n$ とおくと，$\boxed{\text{定理2}}$ より

$$
\lim_{n\to+\infty}\left|\frac{u_{n+1}}{u_n}\right| = \lim_{n\to\infty} \frac{\left|\dfrac{(n+1)^{n+1}}{(n+1)!}x^{n+1}\right|}{\left|\dfrac{n^n}{n!}x^n\right|} = \lim_{n\to+\infty} \frac{\dfrac{(n+1)^{n+1}}{(n+1)!}|x|^{n+1}}{\dfrac{n^n}{n!}|x|^n} = |x|\lim_{n\to+\infty} \frac{\dfrac{(n+1)^{n+1}}{(n+1)!}}{\dfrac{n^n}{n!}}
$$

$$
= |x|\lim_{n\to+\infty} \frac{\dfrac{(n+1)^{n+1}}{n+1}}{n^n} = |x|\lim_{n\to+\infty} \frac{(n+1)^n}{n^n} = |x|\lim_{n\to+\infty}\left(1+\frac{1}{n}\right)^n = |x|e
$$

よって，与えられた級数が収束するためには，$\boxed{\text{定理3}}$ より

$$
\lim_{n\to+\infty} \frac{|u_{n+1}|}{|u_n|} = |x|e < 1 \quad\Rightarrow\quad |x| < \frac{1}{e}
$$

となることから，収束半径 r は $r = \dfrac{1}{e}$ となる．

● ● ● ● ●

$\boxed{\text{練習問題 2.1}}$ 次の関数の $x=0$ でのテイラー展開を x^5 の項まで求めよ．

$$f(x) = e^{\sin x}$$

練習問題 2.2　$\displaystyle\sum_{n=0}^{+\infty} |a_n x^n|$ において，$\displaystyle\lim_{n \to +\infty} \sqrt[n]{|a_n|}\, |x| = \kappa < 1$ ならば，$\displaystyle\sum_{n=0}^{+\infty} |a_n x^n|$ は収束することを示せ．

練習問題 2.3　$\displaystyle\sum_{n=0}^{+\infty} \frac{x^n}{\log(n+2)}$ の収束半径を求めよ．

練習問題 2.4　テイラー展開を利用して，$y = \sin x \quad (0 \leq x \leq \pi)$ の曲線をフリーハンドでグラフにせよ．

● ● ● ● ●

演習問題 2.1　$\log(1+x) = x - \dfrac{1}{2}x^2 + \dfrac{1}{3}x^3 - \dfrac{1}{4}x^4 + \cdots + \dfrac{(-1)^{n+1}}{n}x^n + \cdots \qquad (-1 < x \leq 1)$

を用いて $\log \dfrac{1+x}{1-x}$ を $x = 0$ でのテイラー展開を求めよ．

演習問題 2.2　次のべき級数の収束半径を求めよ．

（1）$\displaystyle\sum_{n=1}^{\infty} \frac{x^n}{n^n}$　　（2）$\displaystyle\sum_{n=0}^{\infty} n^2 x^{2n}$

演習問題 2.3　次の関数を $x = 0$ でのテイラー展開を求めよ．また，収束半径を求めよ．
（1）$\sinh x$　　（2）$\tan^{-1} x$

ちょっといっぷく

　（2−5）式はオイラーの公式と呼ばれています．この公式を使って $y = \cos(ix)$ を考えましょう．$\cos x = \dfrac{e^{ix} + e^{-ix}}{2}$ となりますから，

$$\cos(ix) = \frac{e^{-x} + e^{x}}{2} = \cosh x$$

となりますね．一方，$y = \cos(ix)$ をテイラー展開した式は（2−4）式より

$$y = \cos(ix) = \sum_{n=0}^{+\infty} \frac{(-1)^n}{(2n)!}(ix)^{2n} = \sum_{n=0}^{+\infty} \frac{(-1)^n}{(2n)!}(-1)^n x^{2n} = \sum_{n=0}^{+\infty} \frac{x^{2n}}{(2n)!}$$

となり，$y = \cosh x$ をテイラー展開した式と一致しますよ．確かめてみてください．
　ちなみに，$\cosh x$ などを双曲線関数と呼ぶのは，$X = \cosh\theta$，$Y = \sinh\theta$ とおいて，演習問題 1.1（1）の関係式を用いると，$X^2 - Y^2 = 1$ となり，双曲線を表すからなのですね．そう言えば三角関数の別名は円関数でしたね．

3 微分とロピタルの定理

本章では，微分に関する公式を復習し，さらに極限値を求める際に便利なロピタルの定理を学ぶ．また，前章で学んだテイラー展開を利用してロピタルの定理を導けることも示す．

3.1 三角関数・指数関数の微分（復習）とその他の公式

区間 I で定義された関数 $y = f(x)$ の $x \in I$ での微分は，$\displaystyle\lim_{h \to +0} \frac{f(x+h)-f(x)}{h}$ と $\displaystyle\lim_{h \to -0} \frac{f(x+h)-f(x)}{h}$ の値が存在し，その値が一致するとき，以下の式で計算される．

$$y' = \frac{df}{dx} = f'(x) = \lim_{h \to +0} \frac{f(x+h)-f(x)}{h} = \lim_{h \to -0} \frac{f(x+h)-f(x)}{h}$$

$y = \sin x$ の場合

$$y' = f'(x) = \lim_{h \to +0} \frac{\sin(x+h)-\sin(x)}{h} = \lim_{h \to +0} \frac{\sin x \cos h + \cos x \sin h - \sin x}{h}$$

$$= \sin x \lim_{h \to +0} \frac{\cos h - 1}{h} + \cos x \lim_{h \to +0} \frac{\sin h}{h} = \sin x \lim_{h \to +0} \frac{-2\sin^2\left(\frac{h}{2}\right)}{h} + \cos x \lim_{h \to +0} \frac{\sin h}{h}$$

$$= \sin x \lim_{h \to +0} \left\{ \frac{\sin\left(\frac{h}{2}\right)}{\frac{h}{2}} \left(-\sin \frac{h}{2} \right) \right\} + \cos x \lim_{h \to +0} \frac{\sin h}{h} = \cos x$$

$y = e^x$ の場合

$$y' = f'(x) = \lim_{h \to 0} \frac{e^{x+h}-e^x}{h} = \lim_{h \to 0} \frac{e^x e^h - e^x}{h} = e^x \lim_{h \to 0} \frac{e^h - 1}{h}$$

$$= e^x \lim_{h \to 0} \frac{\left\{ (1+h)^{\frac{1}{h}} \right\}^h - 1}{h} = e^x \lim_{h \to 0} \frac{(1+h)-1}{h} = e^x \tag{3-1}$$

$y = \tan^{-1} x$ の場合

$$x = \tan y \;\; \to \;\; 1 = \frac{d(\tan y)}{dx} = \frac{d(\tan y)}{dy} \frac{dy}{dx} = \frac{1}{\cos^2 y} \frac{dy}{dx}$$

$$\to \;\; \frac{dy}{dx} = \cos^2 y = \frac{1}{1+\tan^2 y} = \frac{1}{1+x^2} \tag{3-2}$$

微分に関する公式

$$\frac{d(fg)}{dx} = \frac{d}{dx}(fg) = \frac{df}{dx}g + f\frac{dg}{dx} = f'g + fg' \qquad \frac{d}{dx}\left(\frac{f}{g}\right) = \frac{\frac{df}{dx}g - f\frac{dg}{dx}}{g^2} = \frac{f'g - fg'}{g^2}$$

<例題3.1> 1階微分 y' を求めよ．ただし，a, b は定数とする．

（1）$y = \log(ax)^b$ （2）$y = \dfrac{e^{-\frac{x}{a}}}{x}$ （3）$y = \sin^{-1} x$ （4）$y = \cos^{-1} x$ （5）$y = \tan^{-1} x$

【解答】

（ 1 ）　$y = b \log(ax)$　$\Rightarrow$　$y' = \dfrac{b}{x}$

（ 2 ）　$y = e^{-x/a} \cdot \dfrac{1}{x}$　$\Rightarrow$　$y' = e^{-x/a} \cdot \dfrac{-1}{x^2} + \left(\dfrac{-1}{a}\right) e^{-x/a} \cdot \dfrac{1}{x} = -\dfrac{e^{-x/a}}{x}\left(\dfrac{1}{x} + \dfrac{1}{a}\right)$

（ 3 ）　$x = \sin y$　$\Rightarrow$　$\dfrac{dx}{dy} = \cos y$　$\Rightarrow$　$\dfrac{dy}{dx} = \dfrac{1}{\cos y} = \dfrac{1}{\sqrt{1-x^2}}$

（ 4 ）　$x = \cos y$　$\Rightarrow$　$\dfrac{dx}{dy} = -\sin y$　$\Rightarrow$　$\dfrac{dy}{dx} = \dfrac{-1}{\sin y} = -\dfrac{1}{\sqrt{1-x^2}}$

（ 5 ）　$x = \tan y$　$\Rightarrow$　$\dfrac{dx}{dy} = \dfrac{1}{\cos^2 y}$　$\Rightarrow$　$\dfrac{dy}{dx} = \cos^2 y = \dfrac{1}{1+\tan^2 y} = \dfrac{1}{1+x^2}$

<例題 3.2>　関数 $y = f(x)$ の曲率半径 r が，次式で与えられることを導出しなさい．

$$r = \frac{\left\{1+\left(\dfrac{df}{dx}\right)^2\right\}^{3/2}}{\dfrac{d^2f}{dx^2}}$$

【解答】

点 A における接線を考えると $\theta = \theta_A$ となるので，次式が得られる．

$$\frac{df}{dx} = \tan \theta_A = \tan \theta$$

また，さらに $y = f(x)$ に沿って点 A から $d\theta$ 移動したときの移動距離は

$$ds = \sqrt{dx^2 + dy^2}$$

となる．したがって，曲率半径は

$$r = \frac{ds}{d\theta} = \frac{\sqrt{dx^2 + dy^2}}{d\theta} = \sqrt{1+\left(\frac{df}{dx}\right)^2}\,\frac{dx}{d\theta} = \sqrt{1+\left(\frac{df}{dx}\right)^2}\,\frac{dx}{d\left(\frac{df}{dx}\right)}\,\frac{d\left(\frac{df}{dx}\right)}{d\theta}$$

$$= \sqrt{1+\left(\frac{df}{dx}\right)^2}\,\frac{1}{\dfrac{d^2f}{dx^2}}\,\frac{1}{\cos^2\theta} = \sqrt{1+\left(\frac{df}{dx}\right)^2}\,\frac{1}{\dfrac{d^2f}{dx^2}}\,(1+\tan^2\theta) = \frac{\left\{1+\left(\dfrac{df}{dx}\right)^2\right\}^{3/2}}{\dfrac{d^2f}{dx^2}}$$

と求められる．

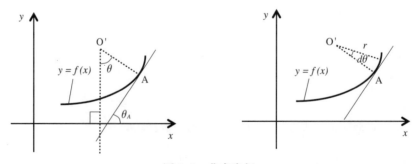

図 3.1　曲率半径

実際に円の下に凸の部分で試してみると，以下のように半径が導出される．

$$(x-a)^2+(y-b)^2=R^2 \quad \Rightarrow \quad r=\frac{\left\{1+\left(\frac{dy}{dx}\right)^2\right\}^{3/2}}{\dfrac{d^2y}{dx^2}}=\frac{\left[1+\left(\frac{a-x}{\{R^2-(x-a)^2\}^{1/2}}\right)^2\right]^{3/2}}{\dfrac{R^2}{\{R^2-(x-a)^2\}^{3/2}}}=R$$

3.2 ロピタルの定理

$\lim\limits_{x\to a}f(x)=\lim\limits_{x\to a}g(x)=0$，または，$\lim\limits_{x\to a}f(x)=\lim\limits_{x\to a}g(x)=\infty$ のとき，<u>右辺の極限値が存在すれば</u>

$$\lim_{x\to a}\frac{f(x)}{g(x)}=\lim_{x\to a}\frac{f'(x)}{g'(x)} \tag{3-3}$$

が成り立つ．これを**ロピタル**（l'Hospital または l'Hôpital）**の定理**と呼ぶ．

【略証】 区間 I で微分可能で連続な関数 $f(x),g(x)$ を考える．$f(a)=g(a)=0$（ただし，$a\in I$）のとき，$\lim\limits_{x\to a}f(x)=\lim\limits_{x\to a}g(x)=0$ ならば

$$\lim_{x\to a}\frac{f(x)}{g(x)}=\lim_{x\to a}\frac{f(x)-f(a)}{g(x)-g(a)}=\lim_{x\to a}\frac{\dfrac{f(x)-f(a)}{x-a}}{\dfrac{g(x)-g(a)}{x-a}}=\lim_{x\to a}\frac{f'(x)}{g'(x)}$$

となるので，簡単に示すことができる．さらに，$\lim\limits_{x\to a}f(x)=\lim\limits_{x\to a}g(x)=\infty$ の場合には

$$\lim_{x\to a}\frac{f(x)}{g(x)}=\lim_{x\to a}\frac{\dfrac{1}{f(x)}f^2(x)}{\dfrac{1}{g(x)}g^2(x)}=\lim_{x\to a}\frac{\dfrac{1}{f(x)}}{\dfrac{1}{g(x)}}\lim_{x\to a}\frac{f^2(x)}{g^2(x)}=\lim_{x\to a}\frac{\left(\dfrac{1}{f(x)}\right)'}{\left(\dfrac{1}{g(x)}\right)'}\lim_{x\to a}\frac{f^2(x)}{g^2(x)}$$

$$=\lim_{x\to a}\frac{-\dfrac{f'(x)}{f^2(x)}}{-\dfrac{g'(x)}{g^2(x)}}\lim_{x\to a}\frac{f^2(x)}{g^2(x)}=\lim_{x\to a}\frac{f'(x)}{g'(x)}$$

<**例題 3.3**> 以下の極限を求めよ．

（1）$\displaystyle\lim_{x\to 0}\frac{\sin^{-1}x}{x}$ （2）$\displaystyle\lim_{x\to +0}\frac{1}{x\log x}$ （3）$\displaystyle\lim_{x\to\infty}\frac{x+\sin x}{x}$

【解答】

（1）ロピタルの定理より $\displaystyle\lim_{x\to 0}\frac{\sin^{-1}x}{x}=\lim_{x\to 0}\frac{\dfrac{1}{\sqrt{1-x^2}}}{1}=1$

（2）与式を $\displaystyle\lim_{x\to +0}\frac{\dfrac{1}{x}}{\log x}=-\lim_{x\to +0}\frac{\dfrac{1}{x}}{-\log x}$ と変形し，ロピタルの定理より

$$-\lim_{x\to +0}\frac{\dfrac{1}{x}}{-\log x}=-\lim_{x\to +0}\frac{-\dfrac{1}{x^2}}{-\dfrac{1}{x}}=-\infty$$

（3）この問題はロピタルの定理を用いると，極限値が存在しないので求めることができない．与式を変形することで極限値を求めることができる．

$$\lim_{x\to\infty}\frac{x+\sin x}{x}=\lim_{x\to\infty}\frac{1+\dfrac{\sin x}{x}}{1}=1$$

＜例題 3.4＞　$x=a$ で，$f(x),g(x)$ をテイラー展開して $\displaystyle\lim_{x\to a}f(x)=\lim_{x\to a}g(x)=0$ ならば (3−3) 式が成立することを示せ．

【解答】　$x=a$ でのテイラー展開は

$$f(x)=f(a)+\frac{f'(a)}{1!}(x-a)^1+\frac{f''(a)}{2!}(x-a)^2+\frac{f'''(a)}{3!}(x-a)^3+\cdots$$

$$g(x)=g(a)+\frac{g'(a)}{1!}(x-a)^1+\frac{g''(a)}{2!}(x-a)^2+\frac{g'''(a)}{3!}(x-a)^3+\cdots$$

$\displaystyle\lim_{x\to a}f(x)=\lim_{x\to a}g(x)=0$ なので，$f(a)=g(a)=0$ となる．よって，(3−3) 式の左辺は

$$\lim_{x\to a}\frac{f(x)}{g(x)}=\lim_{x\to a}\frac{f(a)+\dfrac{f'(a)}{1!}(x-a)+\dfrac{f''(a)}{2!}(x-a)^2+\dfrac{f'''(a)}{3!}(x-a)^3+\ldots}{g(a)+\dfrac{g'(a)}{1!}(x-a)+\dfrac{g''(a)}{2!}(x-a)^2+\dfrac{g'''(a)}{3!}(x-a)^3+\ldots}$$

$$=\lim_{x\to a}\frac{\dfrac{f'(a)}{1!}(x-a)+\dfrac{f''(a)}{2!}(x-a)^2+\dfrac{f'''(a)}{3!}(x-a)^3+\ldots}{\dfrac{g'(a)}{1!}(x-a)+\dfrac{g''(a)}{2!}(x-a)^2+\dfrac{g'''(a)}{3!}(x-a)^3+\ldots}$$

$$=\lim_{x\to a}\frac{\dfrac{f'(a)}{1!}+\dfrac{f''(a)}{2!}(x-a)+\dfrac{f'''(a)}{3!}(x-a)^2+\ldots}{\dfrac{g'(a)}{1!}+\dfrac{g''(a)}{2!}(x-a)+\dfrac{g'''(a)}{3!}(x-a)^2+\ldots}=\frac{f'(a)}{g'(a)}$$

また，(3−3) 式の右辺は

$$\lim_{x\to a}\frac{f'(x)}{g'(x)}=\frac{f'(a)}{g'(a)}$$

となるので，(3−3) 式の右辺と左辺は等しい．

● ● ● ● ● ●

練習問題 3.1　半径 1 の球に内接する円錐を考える．円錐底面の半径を r，高さを h としたとき，円錐の体積 V が最大になる r および h を求めよ．

練習問題 3.2　$x=0$ でのテイラー展開して得られた式を微分することで，以下の関係を示せ．
　（1）　$y=e^x\ \Rightarrow\ y'=e^x$　　（2）　$y=\cos x\ \Rightarrow\ y'=-\sin x$

練習問題 3.3　次式で与えられる図形の $\theta=\dfrac{\pi}{4}$ における接線の方程式を求めよ．
　$x=a\cos\theta\times(1+\cos\theta),\ \ y=a\sin\theta\times(1+\cos\theta)$

練習問題 3.4　1 階微分 y' を求めよ．
　（1）　$y=x^{x^x}$　　（2）　$y=\tan^{-1}(ax)$　a は定数とする．

練習問題3.5 テイラー展開およびロピタルの定理を用いて，以下の極限を求めよ.

（1） $\displaystyle\lim_{\theta\to 0}\frac{\sin\theta}{\theta}$　　（2） $\displaystyle\lim_{\theta\to 0}\frac{\cos\theta-1}{\theta}$

● ● ● ● ●

演習問題3.1 底面の円の半径 r，高さ h の円柱の体積は V で一定であるとする．このとき円柱の表面積に最小値を与える r と h の比を求めよ.

演習問題3.2 次の関数の1階微分を求めよ．ただし，a は定数である.

（1） $y=\sin^{-1}\left(\dfrac{x^2}{a}\right)$　　（2） $y=x^{\sin x}$　　（3） $y=\sinh^{-1}\left(\dfrac{x}{a}\right)$

演習問題3.3 次の極限を求めよ.

（1） $\displaystyle\lim_{\theta\to 0}\frac{\sin^2\theta}{1-\cos\theta}$　　（2） $\displaystyle\lim_{x\to 1}\frac{1-x^2}{\cos^{-1}x}$

ちょっといっぷく

$y=\sin x$ を x で微分すると，$y'=\cos x$ となります.

一方，$y=\sin x$ をテイラー展開した式を x で微分すると

$$y=\sum_{n=0}^{+\infty}\frac{(-1)^n}{(2n+1)!}x^{2n+1}\ \Rightarrow\ y'=\sum_{n=0}^{+\infty}\frac{(-1)^n}{(2n)!}x^{2n}$$

となり，$y=\cos x$ をテイラー展開した式と一致していますね.

4 積分

本章では，典型的な積分方法について説明する．なお，積分定数は省略している．

4.1 部分積分

$$\int f'(x)g(x)dx = f(x)g(x) - \int f(x)g'(x)dx \tag{4-1}$$

例1)

$$\int e^x \cos x \, dx = \int e^x (\sin x)' \, dx = e^x \sin x - \int e^x \sin x \, dx$$

$$\int e^x \sin x \, dx = \int e^x (-\cos x)' \, dx = -e^x \cos x + \int e^x \cos x \, dx$$

よって

$$\int e^x \cos x \, dx = e^x \sin x - (-e^x \cos x + \int e^x \cos x \, dx)$$

$$\rightarrow \quad \int e^x \cos x \, dx = \frac{e^x}{2}(\sin x + \cos x) \tag{4-2}$$

$$\int e^x \sin x \, dx = -e^x \cos x + (e^x \sin x - \int e^x \sin x \, dx)$$

$$\rightarrow \quad \int e^x \sin x \, dx = \frac{e^x}{2}(\sin x - \cos x) \tag{4-3}$$

なお，これらの式は複素関数を使用すると以下のように簡単に求められる．

$$e^{ix} = \cos x + i \sin x \quad \rightarrow \quad \int e^x e^{ix} dx = \int e^x \cos x \, dx + i \int e^x \sin x \, dx$$

となるので，$\int e^x e^{ix} dx$ の実数部と虚数部がそれぞれ（4-2）式，（4-3）式に対応する．

$$\int e^x e^{ix} \, dx = \int e^{(1+i)x} \, dx = \frac{e^{(1+i)x}}{1+i} = \frac{e^x e^{ix}}{1+i} = \frac{e^x}{2}(1-i)e^{ix}$$

$$= \frac{e^x}{2}(\sin x + \cos x) + i\frac{e^x}{2}(\sin x - \cos x)$$

4.2 部分分数に変形

$$\int \frac{1}{(x-1)(x-3)}dx = \frac{1}{2}\int \left(\frac{1}{x-3} - \frac{1}{x-1}\right)dx = \frac{1}{2}(\log|x-3| - \log|x-1|) \tag{4-4}$$

4.3 変数変換

例2)

$\int \sqrt{\dfrac{1-x}{1+x}}dx$ の積分 $\rightarrow$ $t = \sqrt{\dfrac{1-x}{1+x}}$ とおいて積分すれば，以下のように計算できる．

$$\int \sqrt{\frac{1-x}{1+x}}dx = \sqrt{1-x^2} - 2\tan^{-1}\sqrt{\frac{1-x}{1+x}} \tag{4-5}$$

なお，この積分は

$$\int \sqrt{\frac{1-x}{1+x}}\,dx = \int \frac{1-x}{\sqrt{1-x}\sqrt{1+x}}\,dx = \int\left(\frac{1}{\sqrt{1-x^2}} - \frac{x}{\sqrt{1-x^2}}\right)dx = \sin^{-1}x + \sqrt{1-x^2} \quad (4-6)$$

とも計算できる．(4-5) 式と (4-6) 式は一見するとまったく異なっているように見えるが

$$2\tan^{-1}\sqrt{\frac{1-x}{1+x}} = \frac{\pi}{2} - \sin^{-1}x \tag{4-7}$$

の関係があるので，定数を除いて同じである．

例3)

$f(x,\sqrt{ax^2+bx+c})$ の積分（ここでの $f(x,y)$ は x と y の有理関数）

→　$a>0$ のとき　$\sqrt{ax^2+bx+c} = t-\sqrt{a}\,x$ より $x = \dfrac{t^2-c}{2\sqrt{a}\,t+b}$, $dx = \dfrac{2\sqrt{a}(t^2+c)+2bt}{(2\sqrt{a}\,t+b)^2}dt$

$$\sqrt{ax^2+bx+c} = t-\sqrt{a}\,x = t-\sqrt{a}\frac{t^2-c}{2\sqrt{a}\,t+b} = \frac{\sqrt{a}(t^2+c)+bt}{2\sqrt{a}\,t+b}$$

→　$a<0$, $b^2-4ac>0$ のとき $ax^2+bx+c=0$ の解を α, β $(\alpha<\beta)$ として

$$\sqrt{\frac{x-\alpha}{\beta-x}} = t \text{ より } x = \frac{\beta t^2+\alpha}{t^2+1}, dx = \frac{2(\beta-\alpha)t}{(t^2+1)^2}dt$$

$$\sqrt{ax^2+bx+c} = \sqrt{a(x-\alpha)(x-\beta)} = \sqrt{-a(x-\alpha)(\beta-x)} = \sqrt{-a}(\beta-x)\sqrt{\frac{x-\alpha}{\beta-x}} = \sqrt{-a}\frac{\beta-\alpha}{t^2+1}t$$

と変換する．

<例題4.1>　次の関数の不定積分を求めよ．

（1）　$\log x$　　（2）　$\tan^{-1}x$　　（3）　$\dfrac{1}{\sqrt{x^2+1}}$　　（4）　$\sqrt{x^2+1}$

（5）　$\dfrac{1}{\sqrt{-x^2+x+6}}$

【解答】

（1）　部分積分により

$$\int \log x\,dx = \int (x)'\log x\,dx = x\log x - \int dx = x\log x - x$$

（2）　$y = \tan^{-1}x$ として置換積分する．

$$\int \tan^{-1}x\,dx = \int y\frac{1}{\cos^2 y}\,dy = y\tan y - \int \tan y\,dy$$

$$= x\tan^{-1}x - \int x\frac{1}{1+x^2}\,dx = x\tan^{-1}x - \frac{1}{2}\log(1+x^2)$$

（3）　例3より $\sqrt{x^2+1} = t-x$ として置換積分する．

$$\int \frac{1}{\sqrt{1+x^2}}\,dx = \int \frac{2t}{t^2+1}\frac{2(t^2+1)}{4t^2}dt = \int \frac{1}{t}dt = \log|t| = \log\left|x+\sqrt{x^2+1}\right|$$

または，$x = \tan\theta$ として置換積分し，さらに $t = \sin\theta$ として置換積分する．

$$\int \frac{1}{\sqrt{1+x^2}}\,dx = \int \frac{\cos\theta}{1-\sin^2\theta}\,d\theta = \int \frac{1}{1-t^2}\,dt = \log|x+\sqrt{1+x^2}|$$

あるいは，$x = \sinh\theta$ として置換積分する（解は演習問題1.1より上式と同じ形になる）．

$$\int \frac{1}{\sqrt{1+x^2}}\,dx = \int \frac{\cosh\theta}{\sqrt{1+\sinh^2\theta}}\,d\theta = \int d\theta = \theta = \sinh^{-1}x$$

（4）　例3より $\sqrt{x^2+1} = t-x$ として置換積分する.

$$\int\sqrt{1+x^2}\,dx = \frac{1}{4}\int\left(t+\frac{2}{t}+\frac{1}{t^3}\right)dt = \frac{1}{4}\left\{\frac{1}{2t^2}(t^4-1)+2\log|t|\right\}$$

$$= \frac{1}{2}\{x\sqrt{x^2+1}+\log\left|\,x+\sqrt{x^2+1}\,\right|\} = \frac{1}{2}\{x\sqrt{x^2+1}+\log(x+\sqrt{x^2+1})\}$$

（5）　例3より $\sqrt{\dfrac{x+2}{3-x}} = t$ として置換積分する.

$$\int\frac{1}{\sqrt{-x^2+x+6}}\,dx = \int\frac{t^2+1}{5t}\frac{10t}{(t^2+1)^2}dt = \int\frac{2}{t^2+1}dt = 2\tan^{-1}t = 2\tan^{-1}\left(\sqrt{\frac{x+2}{3-x}}\right)$$

＜例題4.2＞　（4-5）式，（4-7）式を導出せよ.

【解答】　まず（4-5）式の導出を行う. $t = \sqrt{\dfrac{1-x}{1+x}}$ とおくと

$$x = \frac{1-t^2}{1+t^2} \;\Rightarrow\; \frac{dx}{dt} = \frac{-4t}{(1+t^2)^2}$$

となるので

$$\int\sqrt{\frac{1-x}{1+x}}\,dx = \int t\cdot\frac{-4t}{(1+t^2)^2}\,dt = 2\int t\cdot\frac{d}{dt}\left(\frac{1}{1+t^2}\right)dt = \sqrt{1-x^2}-2\tan^{-1}\sqrt{\frac{1-x}{1+x}}$$

次に（4-7）式の導出を行う.

$$2\tan^{-1}\sqrt{\frac{1-x}{1+x}} = y \;\Rightarrow\; x = \frac{1-\tan^2(y/2)}{1+\tan^2(y/2)} = 1-2\sin^2\left(\frac{y}{2}\right) = \sin\left(\frac{\pi}{2}-y\right)$$

よって

$$x = \sin\left(\frac{\pi}{2}-y\right) \;\Rightarrow\; y = \frac{\pi}{2}-\sin^{-1}x$$

4.4　広義積分

1)　関数 $f(x)$ が $a\leq x < b$ において連続で，$x=b$ において不連続の場合，次式で定積分を求める.

$$\int_a^b f(x)\,dx \equiv \lim_{\varepsilon\to+0}\int_a^{b-\varepsilon}f(x)\,dx$$

また，$a\leq x\leq b$ において，$x=c$ を除いて連続の場合には，次式で定積分を求める.

$$\int_a^b f(x)\,dx \equiv \lim_{\varepsilon\to+0}\int_a^{c-\varepsilon}f(x)\,dx + \lim_{\varepsilon'\to+0}\int_{c+\varepsilon'}^b f(x)\,dx$$

2)　積分範囲が $a\leq x < \infty$ の場合には，次式で定積分を求める.

$$\int_a^\infty f(x)\,dx \equiv \lim_{b\to\infty}\int_a^b f(x)\,dx$$

＜例題4.3＞　次の積分を求めよ.

$$\int_0^2 \frac{x}{\sqrt{|1-x^2|}}\,dx$$

【解答】

$$\int_0^2 \frac{x}{\sqrt{|1-x^2|}}\,dx = \lim_{\varepsilon\to+0}\int_0^{1-\varepsilon}\frac{x}{\sqrt{1-x^2}}\,dx + \lim_{\varepsilon'\to+0}\int_{1+\varepsilon'}^2\frac{x}{\sqrt{x^2-1}}\,dx$$

$$= \lim_{\varepsilon\to+0}[-\sqrt{1-x^2}]_0^{1-\varepsilon} + \lim_{\varepsilon'\to+0}[\sqrt{x^2-1}]_{1+\varepsilon'}^2 = 1+\sqrt{3}$$

注！ $\int \dfrac{1}{x}\,dx = \log x + C$（$x$ に絶対値がついていない）

を使用しても良い．これは，$x < 0$ の場合には，n を整数として

$$\log x = \log\{(-1)(-x)\} = \log(-x) + \log(-1) = \log(-x) + \log(e^{i\pi(2n+1)}) = \log(-x) + i\pi(2n+1)$$

と計算され，

$$\int \dfrac{1}{x}\,dx = \log(-x) + i\pi(2n+1) + C = \log(-x) + C'$$

となるので，最終的には，実数の積分定数 C が複素数の定数 C' に置き変えれば良いからである．

● ● ● ● ●

練習問題 4.1　次の積分を求めよ．
$$\int \dfrac{(\log x)^n}{x}\,dx$$

練習問題 4.2　次の広義積分を求めよ．ただし，$a, b > 0$，$a \neq b$.
$$\int_0^\infty \dfrac{dx}{(x^2+a^2)(x^2+b^2)}$$

練習問題 4.3　$\displaystyle\int_{-\infty}^1 \dfrac{x}{(x^2+1)^2}\tan^{-1}\dfrac{x}{\sqrt{3}}\,dx$ を求めよ．

練習問題 4.4　星芒形 $x^{\frac{2}{3}} + y^{\frac{2}{3}} = a^{\frac{2}{3}}$ の内部の面積を求めよ．ただし，$a > 0$.

● ● ● ● ●

演習問題 4.1　不定積分 $\displaystyle\int \cos^{-1}x\,dx$ を求めよ．

演習問題 4.2　広義積分 $\displaystyle\int_0^\infty e^{-ax}\sin bx\,dx$　$(a > 0)$ を求めよ．

演習問題 4.3　$\displaystyle\int_1^\infty \dfrac{dx}{x^\alpha}$ を求めよ．ただし，α は実数とする．

ちょっといっぷく

練習問題 4.3 の積分は，Wolfram Alpha や Wolfram Mathematica といったようなソフトウェアを使って計算できますよ．驚きですね．

● Wolfram Alpha の入力例

integrate[x/(x^2+1)^2*arctan(x/3^(1/2)) {x, -infinity, 1}]

5 **偏微分**

本章では，独立変数が複数ある関数の微分について学ぶ．例えば，気温は，時間と場所の関数であり，独立変数は時間と空間座標の合計4つとなる．

5.1 基礎事項

例えば，関数 $f(x, y) = x^2 + xy^3 + y^2 - 4$ について考える．この $f(x, y)$ を x で偏微分するときには，$\dfrac{\partial f}{\partial x}$ と表し，y を定数とみなして微分することで

$$\frac{\partial f}{\partial x} = 2x + y^3$$

と計算される．ここで，記号 ∂ は「ラウンド」と呼ぶ．また，y で偏微分するときには，x を定数とみなして微分することで

$$\frac{\partial f}{\partial y} = 3xy^2 + 2y$$

が得られる．さらに，高次の偏微分は

$$\frac{\partial^2 f}{\partial x^2} = \frac{\partial}{\partial x}(2x + y^3) = 2, \quad \frac{\partial^2 f}{\partial y^2} = \frac{\partial}{\partial y}(3xy^2 + 2y) = 6xy + 2,$$

$$\frac{\partial^2 f}{\partial x \partial y} = \frac{\partial}{\partial x}\left(\frac{\partial f}{\partial y}\right) = \frac{\partial}{\partial x}(3xy^2 + 2y) = 3y^2,$$

$$\frac{\partial^2 f}{\partial y \partial x} = \frac{\partial}{\partial y}\left(\frac{\partial f}{\partial x}\right) = \frac{\partial}{\partial y}(2x + y^3) = 3y^2$$

と計算される．微分の順番は一般に入れ替えることができるので

$$\frac{\partial^2 f}{\partial x \partial y} = \frac{\partial^2 f}{\partial y \partial x}$$

となる．

なお，微分の表記に関しては，常微分の場合と同様に複数存在しており，例えば，$f(x, y)$ の x での偏微分は

$$\frac{\partial f}{\partial x}, \quad \frac{\partial f}{\partial x}(x, y), \quad f_x, \quad f_x(x, y), \quad \left(\frac{\partial f}{\partial x}\right)_y \quad (y \text{ は定数扱いと陽に示している})$$

などと表し，$x = a$，$y = b$ のときの値は

$$\frac{\partial f}{\partial x}(a, b), \quad \left.\frac{\partial f}{\partial x}\right|_{\substack{x=a \\ y=b}}, \quad f_x(a, b)$$

と表現する．1変数の関数のテイラー展開は第2章に記載のように

$$f(x) = f(a) + \frac{f'(a)}{1!}(x-a) + \frac{f''(a)}{2!}(x-a)^2 + \frac{f'''(a)}{3!}(x-a)^3 + \cdots + \frac{f^{(n-1)}(a)}{(n-1)!}(x-a)^{n-1} + R_n$$

$$R_n = \frac{f^{(n)}(\theta)}{n!}(x-a)^n \quad (a < \theta < x)$$

となるが，この式を拡張して以下のように表される．

$$f(x, y) = f(a, b) + \frac{1}{1!}\left.\frac{\partial f}{\partial x}\right|_{\substack{x=a\\y=b}}(x-a) + \frac{1}{1!}\left.\frac{\partial f}{\partial y}\right|_{\substack{x=a\\y=b}}(y-b)$$

$$+ \frac{1}{2!}\left.\frac{\partial^2 f}{\partial x^2}\right|_{\substack{x=a\\y=b}}(x-a)^2 + \frac{1}{1!1!}\left.\frac{\partial^2 f}{\partial x \partial y}\right|_{\substack{x=a\\y=b}}(x-a)(y-b) + \frac{1}{2!}\left.\frac{\partial^2 f}{\partial y^2}\right|_{\substack{x=a\\y=b}}(y-b)^2 + \cdots \quad (5-1)$$

<例題 5.1> 上式の右辺と左辺の (a, b) における，関数の値と 1 階の偏微分の値がそれぞれ等しいことを示せ．

【解答】 まず，(a, b) における両辺の関数の値が等しいことを示す．

$$\text{(左辺)}\ \Big|_{\substack{x=a\\y=b}} = f(a, b)$$

$$\text{(右辺)}\ \Big|_{\substack{x=a\\y=b}} = f(a, b) + \left.\frac{\partial f}{\partial x}\right|_{\substack{x=a\\y=b}}(a-a) + \left.\frac{\partial f}{\partial y}\right|_{\substack{x=a\\y=b}}(b-b) + \ldots = f(a, b)$$

次に，(a, b) における両辺の偏微分の値が等しいことを示す．

$$\frac{\partial}{\partial x}\text{(左辺)}\ \Big|_{\substack{x=a\\y=b}} = \left.\frac{\partial f}{\partial x}\right|_{\substack{x=a\\y=b}}$$

$$\frac{\partial}{\partial x}\text{(右辺)} = 0 + \left.\frac{\partial f}{\partial x}\right|_{\substack{x=a\\y=b}} + 0 + \frac{1}{2!}\left.\frac{\partial^2 f}{\partial x^2}\right|_{\substack{x=a\\y=b}}2(x-a) + \left.\frac{\partial^2 f}{\partial x \partial y}\right|_{\substack{x=a\\y=b}}(y-b) + 0 + \ldots$$

$$\Rightarrow \quad \frac{\partial}{\partial x}\text{(右辺)}\ \Big|_{\substack{x=a\\y=b}} = \left.\frac{\partial f}{\partial x}\right|_{\substack{x=a\\y=b}}$$

よって，$\dfrac{\partial}{\partial x}\text{(左辺)}\ \Big|_{\substack{x=a\\y=b}} = \dfrac{\partial}{\partial x}\text{(右辺)}\ \Big|_{\substack{x=a\\y=b}}$ となる．同様にして

$$\frac{\partial}{\partial y}\text{(左辺)}\ \Big|_{\substack{x=a\\y=b}} = \left.\frac{\partial f}{\partial y}\right|_{\substack{x=a\\y=b}}$$

$$\frac{\partial}{\partial y}\text{(右辺)} = 0 + 0 + \left.\frac{\partial f}{\partial y}\right|_{\substack{x=a\\y=b}} + 0 + \left.\frac{\partial^2 f}{\partial x \partial y}\right|_{\substack{x=a\\y=b}}(x-a) + \frac{1}{2!}\left.\frac{\partial^2 f}{\partial y^2}\right|_{\substack{x=a\\y=b}}2(y-b) + \ldots$$

$$\Rightarrow \quad \frac{\partial}{\partial y}\text{(右辺)}\ \Big|_{\substack{x=a\\y=b}} = \left.\frac{\partial f}{\partial y}\right|_{\substack{x=a\\y=b}}$$

よって，$\dfrac{\partial}{\partial y}\text{(左辺)}\ \Big|_{\substack{x=a\\y=b}} = \dfrac{\partial}{\partial y}\text{(右辺)}\ \Big|_{\substack{x=a\\y=b}}$ となる．

さて，(5-1) 式で，高次の項は無視して $(x, y) \Rightarrow (x+dx, y+dy)$ $(a, b) \Rightarrow (x, y)$ と書き換えると

$$f(x+dx, y+dy) = f(x, y) + \frac{\partial f}{\partial x}dx + \frac{\partial f}{\partial y}dy \quad (5-2)$$

となる．この式の意味は，図 5.1 に示すように，例えば $f(x, y)$ を気温とすると，平面上のある位置 $\mathrm{P_0}(x, y)$ での気温を元に少しだけ離れた位置 $\mathrm{P}(x+dx, y+dy)$ での気温を予測するための式であると考えると理解しやすい．すなわち，$\mathrm{P_0}(x, y)$ から，x 方向に dx だけ移動した $\mathrm{P_1}(x+dx, y)$ における気温の上昇 df_1 は

$$df_1 = \frac{\partial f}{\partial x}dx$$

であり（x 方向の気温の変化の割合が f_x で，移動距離を掛ければ良いから），同様に，$\mathrm{P_0}(x, y)$ から y 方向に dy だけ移動した $\mathrm{P_2}(x, y+dy)$ における気温の上昇 df_2 は

$$df_2 = \frac{\partial f}{\partial y}dy$$

となる．そこで，$\mathrm{P}_0(x, y) \Rightarrow \mathrm{P}_1(x+dx, y) \Rightarrow \mathrm{P}(x+dx, y+dy)$ と移動した場合の気温の上昇分を評価する際に，$\mathrm{P}_1(x+dx, y) \Rightarrow \mathrm{P}(x+dx, y+dy)$ の気温の上昇分は $\mathrm{P}_0(x, y) \Rightarrow P_2(x, y+dy)$ と移動したときの上昇分と等しいとみなせば，（5-2）式が得られる．

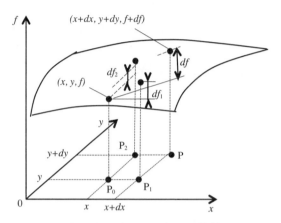

図5.1　微小位置ずれた場合の関数値の予測

また，（5-2）式は

$$df = f(x+dx, y+dy)-f(x, y) = \frac{\partial f}{\partial x}dx+\frac{\partial f}{\partial y}dy \tag{5-3}$$

と変形できる．また，三次元の場合には

$$df = f(x+dx, y+dy, z+dz)-f(x, y, z) = \frac{\partial f}{\partial x}dx+\frac{\partial f}{\partial y}dy+\frac{\partial f}{\partial z}dz \tag{5-4}$$

となる．df は全微分と呼ばれ，これらの式はしばしば用いられる式である．

（5-3）式を利用すると，$x = x(u, v)$，$y = y(u, v)$ と与えられるとき

$$dx = \frac{\partial x}{\partial u}du+\frac{\partial x}{\partial v}dv, \quad dy = \frac{\partial y}{\partial u}du+\frac{\partial y}{\partial v}dv$$

が得られる．さらに，$f(x, y) = f(x(u, v), y(u, v)) = f(u, v)$ に対して（5-3）式を適用すると

$$df = \frac{\partial f}{\partial x}dx+\frac{\partial f}{\partial y}dy = \frac{\partial f}{\partial x}\left(\frac{\partial x}{\partial u}du+\frac{\partial x}{\partial v}dv\right)+\frac{\partial f}{\partial y}\left(\frac{\partial y}{\partial u}du+\frac{\partial y}{\partial v}dv\right)$$

$$= \left(\frac{\partial f}{\partial x}\frac{\partial x}{\partial u}+\frac{\partial f}{\partial y}\frac{\partial y}{\partial u}\right)du+\left(\frac{\partial f}{\partial x}\frac{\partial x}{\partial v}+\frac{\partial f}{\partial y}\frac{\partial y}{\partial v}\right)dv$$

および

$$df = \frac{\partial f}{\partial u}du+\frac{\partial f}{\partial v}dv$$

が得られるので，2つの式を比較すれば

$$\frac{\partial f}{\partial u} = \frac{\partial f}{\partial x}\frac{\partial x}{\partial u}+\frac{\partial f}{\partial y}\frac{\partial y}{\partial u}, \quad \frac{\partial f}{\partial v} = \frac{\partial f}{\partial x}\frac{\partial x}{\partial v}+\frac{\partial f}{\partial y}\frac{\partial y}{\partial v} \tag{5-5}$$

が得られる（チェーンルール）．

<例題5.2>　$x = x(t)$，$y = y(t)$ と与えられるとき，$f(x, y) = f(x(t), y(t)) = f(t)$ について

$$\frac{df}{dt} = \frac{\partial f}{\partial x}\frac{dx}{dt}+\frac{\partial f}{\partial y}\frac{dy}{dt}$$

となることを示せ.

【解答】 まず, $x = x(t)$, $y = y(t)$ より

$$dx = \frac{dx}{dt}dt, \quad dy = \frac{dy}{dt}dt$$

と表せる. これらを f の全微分に代入すると, 次式が得られる.

$$df = \frac{\partial f}{\partial x}dx + \frac{\partial f}{\partial y}dy = \frac{\partial f}{\partial x}\frac{dx}{dt}dt + \frac{\partial f}{\partial y}\frac{dy}{dt}dt$$

$$\therefore \frac{df}{dt} = \frac{\partial f}{\partial x}\frac{dx}{dt} + \frac{\partial f}{\partial y}\frac{dy}{dt}$$

5.2 極値

$f(x,y)$ の極値は, 例えば, 滑らかなお椀の底 (極小値) のようなものである. 極値を与える座標を求めるためには

$$\frac{\partial f}{\partial x}\Big|_{\substack{x=a \\ y=b}} = 0, \quad \frac{\partial f}{\partial y}\Big|_{\substack{x=a \\ y=b}} = 0$$

を満足する (a, b) 点を求める. さらに, この点が極値であるかどうかは, (5−1) 式から

$$f(x, y) = f(a, b) + \frac{1}{2!}\frac{\partial^2 f}{\partial x^2}\Big|_{\substack{x=a \\ y=b}}(x-a)^2 + \frac{1}{1!}\frac{\partial^2 f}{\partial x \partial y}\Big|_{\substack{x=a \\ y=b}}(x-a)(y-b) + \frac{1}{2!}\frac{\partial^2 f}{\partial y^2}\Big|_{\substack{x=a \\ y=b}}(y-b)^2$$

$$= f(a, b) + \frac{1}{2}(y-b)^2\left\{\frac{\partial^2 f}{\partial x^2}\Big|_{\substack{x=a \\ y=b}}\left(\frac{x-a}{y-b}\right)^2 + 2\frac{\partial^2 f}{\partial x \partial y}\Big|_{\substack{x=a \\ y=b}}\frac{x-a}{y-b} + \frac{\partial^2 f}{\partial y^2}\Big|_{\substack{x=a \\ y=b}}\right\}$$

$$= f(a, b) + \frac{1}{2}(x-a)^2\left\{\frac{\partial^2 f}{\partial y^2}\Big|_{\substack{x=a \\ y=b}}\left(\frac{y-b}{x-a}\right)^2 + 2\frac{\partial^2 f}{\partial x \partial y}\Big|_{\substack{x=a \\ y=b}}\frac{y-b}{x-a} + \frac{\partial^2 f}{\partial x^2}\Big|_{\substack{x=a \\ y=b}}\right\} \qquad (5-6)$$

となるので, $y - b \neq 0$ かつ $\dfrac{\partial^2 f}{\partial x^2}\Big|_{\substack{x=a \\ y=b}} > 0$ ならば

$$\frac{\partial^2 f}{\partial x^2}\Big|_{\substack{x=a \\ y=b}}\left(\frac{x-a}{y-b}\right)^2 + 2\frac{\partial^2 f}{\partial x \partial y}\Big|_{\substack{x=a \\ y=b}}\frac{x-a}{y-b} + \frac{\partial^2 f}{\partial y^2}\Big|_{\substack{x=a \\ y=b}}$$

を, $\dfrac{x-a}{y-b}$ に関する 2 次式とみなし, 判別式が負になれば, この 2 次式は常に正の値をとるので (5−6) 式において点 (a, b) から少しでもずれると, $f(x, y)$ の値は $f(a, b)$ よりも常に大きくなる. すなわち, $f(x, y)$ は点 (a, b) において極小値をとる. したがって

$$\frac{\partial f}{\partial x}\Big|_{\substack{x=a \\ y=b}} = 0, \quad \frac{\partial f}{\partial y}\Big|_{\substack{x=a \\ y=b}} = 0 \quad \text{のとき,}$$

$$\frac{\partial^2 f}{\partial x^2}\Big|_{\substack{x=a \\ y=b}} > 0, \quad \frac{D}{4} = \left\{\frac{\partial^2 f}{\partial x \partial y}\Big|_{\substack{x=a \\ y=b}}\right\}^2 - \frac{\partial^2 f}{\partial x^2}\Big|_{\substack{x=a \\ y=b}}\frac{\partial^2 f}{\partial y^2}\Big|_{\substack{x=a \\ y=b}} < 0, \text{ ならば極小値をとる}$$

$$\frac{\partial^2 f}{\partial x^2}\Big|_{\substack{x=a \\ y=b}} < 0, \quad \frac{D}{4} = \left\{\frac{\partial^2 f}{\partial x \partial y}\Big|_{\substack{x=a \\ y=b}}\right\}^2 - \frac{\partial^2 f}{\partial x^2}\Big|_{\substack{x=a \\ y=b}}\frac{\partial^2 f}{\partial y^2}\Big|_{\substack{x=a \\ y=b}} < 0, \text{ ならば極大値をとる} \qquad (5-7)$$

$$\frac{\partial^2 f}{\partial x^2}\Big|_{\substack{x=a \\ y=b}} \neq 0, \quad \frac{D}{4} = \left\{\frac{\partial^2 f}{\partial x \partial y}\Big|_{\substack{x=a \\ y=b}}\right\}^2 - \frac{\partial^2 f}{\partial x^2}\Big|_{\substack{x=a \\ y=b}}\frac{\partial^2 f}{\partial y^2}\Big|_{\substack{x=a \\ y=b}} > 0, \text{ ならば極値をとらず, 鞍点となる}$$

なお, 鞍点については, 練習問題 5.3 を参照すること. また, $\dfrac{D}{4} = 0$ ならば点 (a, b) の周りの様子を個別に調べ判断する. (5−7) 式で与えられる関係は, 行列の対角化を利用しても導出できる (演習問題 24.2 参照).

また, $\dfrac{\partial^2 f}{\partial x^2}\Big|_{\substack{x=a \\ y=b}} = 0$ の場合には, (5−6) 式の最後の式を用いて同様に考える.

<例題5.3> $y-b=0$ の場合も含めて，このことを示せ.

【解答】　$y-b=0$ の場合

$$f(x, y) = f(a, b) + \frac{1}{2} \frac{\partial^2 f}{\partial x^2}\bigg|_{\substack{x=a \\ y=b}} (x-a)^2 + \dots$$

となり，同様に考えれば，$\dfrac{\partial^2 f}{\partial x^2}\bigg|_{\substack{x=a \\ y=b}}$ が正ならば，$f(a, b)$ で極小値をとる.

<例題5.4> 次の関数の全微分を求めよ.

$$f(x, y) = \tan^{-1}\frac{y}{x} + \tan^{-1}\frac{x}{y}$$

【解答】　全微分 $df = f_x\,dx + f_y\,dy$ を求める.

$y = \tan^{-1}(ax)$ を x で微分すると $\dfrac{dy}{dx} = a\dfrac{1}{1+(ax)^2} = \dfrac{1}{a}\dfrac{1}{x^2+\dfrac{1}{a^2}}$ となるので

$$\frac{\partial}{\partial x}\left(\tan^{-1}\frac{x}{y}\right) = y\frac{1}{x^2+y^2} = \frac{y}{x^2+y^2}, \quad \frac{\partial}{\partial y}\left(\tan^{-1}\frac{y}{x}\right) = \frac{x}{x^2+y^2}$$

$$\frac{\partial}{\partial x}\left(\tan^{-1}\frac{y}{x}\right) = -\frac{1}{x^2}\frac{1}{y}\frac{1}{\dfrac{1}{x^2}+\dfrac{1}{y^2}} = -\frac{y}{x^2+y^2}, \quad \frac{\partial}{\partial y}\left(\tan^{-1}\frac{x}{y}\right) = -\frac{x}{x^2+y^2}$$

$$df = \left(-\frac{y}{x^2+y^2} + \frac{y}{x^2+y^2}\right)dx + \left(\frac{x}{x^2+y^2} - \frac{x}{x^2+y^2}\right)dy = 0$$

<例題5.5> 次の関数の極小値を求めよ.

$$z = \ln\sqrt{1+x^2+y^2}$$

【解答】

$$\frac{\partial z}{\partial x} = \frac{x}{1+x^2+y^2} = 0, \quad \frac{\partial z}{\partial y} = \frac{y}{1+x^2+y^2} = 0 \quad \Rightarrow \quad (x, y) = (0, 0)$$

また

$$\frac{\partial^2 z}{\partial x^2} = \frac{-x^2+y^2+1}{(1+x^2+y^2)^2} \quad \Rightarrow \quad \frac{\partial^2 z}{\partial x^2}\bigg|_{x=y=0} = 1 > 0$$

$$\frac{D}{4} = \left(\frac{\partial^2 z}{\partial x \partial y}\bigg|_{\substack{x=0 \\ y=0}}\right)^2 - \left(\frac{\partial^2 z}{\partial x^2}\bigg|_{\substack{x=0 \\ y=0}}\right) \cdot \left(\frac{\partial^2 z}{\partial y^2}\bigg|_{\substack{x=0 \\ y=0}}\right) = -1 < 0$$

となるので，極小値が存在する.　極小値 a は，$a = z(0, 0) = 0$ となる.

練習問題5.1 （5−1）式の左辺と右辺の2階の偏微分の値が (a, b) で等しいことを示せ.

練習問題5.2 $f(x, y) = c$（c は定数）とする.　このときの $\dfrac{dy}{dx}$ を求めよ.

練習問題 5.3 $f(x, y) = x^2 - y^2$ の極値を調べよ．また，関数を図示せよ．

練習問題 5.4 $f(x, y) = \tan^{-1}\dfrac{y}{x} + \tan^{-1}\dfrac{x}{y}$ の値を求めよ（図形を用いてもよい）．

練習問題 5.5 $f(x, y) = (\sqrt{x^2 + y^2} - 1)^2$ の極値を調べよ．また，関数を図示せよ．

● ● ● ● ● ●

演習問題 5.1 $x = r\cos\theta$，$y = r\sin\theta$ とする．このときの $\dfrac{\partial x}{\partial r}, \dfrac{\partial x}{\partial \theta}$ と $\dfrac{\partial r}{\partial x}, \dfrac{\partial \theta}{\partial y}$ を求めよ．ただし，$r = r(x, y), \theta = \theta(x, y)$ となることに注意せよ．

演習問題 5.2 $f(x, y) = \cos^{-1}(xy) + \sin^{-1}(xy)$ の値を求めよ（図形を用いてもよい）．

演習問題 5.3 $f(x, y) = x^4 + y^4 - 4x^2 - 4y^2 + 8xy$ の極値を調べよ．

ちょっといっぷく

偏微分で使っている ∂ という記号は，「ラウンドディー」（丸い d という意味）と呼ばれています．また，英語で偏微分は "partial derivative" なので，∂ を「パーシャル」と呼ぶこともあり，さらに MS-IME（マイクロソフトの日本語入力ソフト）では「デル」と入力すると変換できます．

このように，いろいろな呼称がある ∂ という記号ですが，そもそもどうして常微分（高校で習った1変数関数の微分）の記号 d と区別しなければならないのか，第5章を学んで理解できましたか？　具体的には，例えば関数 $f(t, x(t), y(t))$ に対する $\dfrac{df}{dt}$ と $\dfrac{\partial f}{\partial t}$ の違い，説明できますか？

6 ベクトルの内積・外積と行列

　本章では，高校で学習したベクトルの内積に加え，ベクトルの外積という概念について学習し，さらに行列式の意味についても理解を深める.

6.1　ベクトルの内積

　2つのベクトル$\vec{A}$，$\vec{B}$の内積は，θを$\vec{A}$と$\vec{B}$のなす角度とすれば，次式で定義される.

$$\vec{A} \cdot \vec{B} \equiv |\vec{A}||\vec{B}|\cos\theta$$

余弦定理から$\cos\theta = \dfrac{|\vec{A}|^2 + |\vec{B}|^2 - |\vec{A}-\vec{B}|^2}{2|\vec{A}||\vec{B}|}$となるので

$$|\vec{A}|^2 = A_x{}^2 + A_y{}^2 + A_z{}^2, \quad |\vec{B}|^2 = B_x{}^2 + B_y{}^2 + B_z{}^2$$

$$|\vec{A}-\vec{B}|^2 = (A_x - B_x)^2 + (A_y - B_y)^2 + (A_z - B_z)^2$$

を代入すれば，次式が得られる.

$$\vec{A} \cdot \vec{B} = \frac{1}{2}(|\vec{A}|^2 + |\vec{B}|^2 - |\vec{A}-\vec{B}|^2) = A_x B_x + A_y B_y + A_z B_z$$

6.2　ベクトルの外積

　2つのベクトル$\vec{A}$，$\vec{B}$の外積は，$\vec{A}\times\vec{B}$と表され，$\theta(0 \leq \theta \leq \pi)$を$\vec{A}$と$\vec{B}$のなす角度とすれば，$|\vec{A}||\vec{B}|\sin\theta$の大きさ（$\vec{A}$と$\vec{B}$が作る平行四辺形の面積）を持ち，$\vec{A}$から$\vec{B}$に右ねじを回す向きのベクトルで，$\vec{A}$と$\vec{B}$に垂直なベクトルである. 成分は次式で与えられる.

$$\vec{A}\times\vec{B} = (A_y B_z - A_z B_y, \ A_z B_x - A_x B_z, \ A_x B_y - A_y B_x) \tag{6-1}$$

（6-1）式で与えられるベクトルと，$\vec{A}$との内積をとれば

$$\vec{A}\times\vec{B} \cdot \vec{A} = (A_y B_z - B_y A_z)A_x + (A_z B_x - A_x B_z)A_y + (A_x B_y - A_y B_x)A_z = 0$$

となるので，$\vec{A}\times\vec{B}$と$\vec{A}$は垂直である. ここで，（6-1）式で与えられるベクトルの大きさが，$\vec{A}$と$\vec{B}$が作る平行四辺形の面積に等しいことは

$$|\vec{A}||\vec{B}|\sin\theta = |\vec{A}||\vec{B}|\sqrt{1-\cos^2\theta} = \sqrt{|\vec{A}|^2|\vec{B}|^2 - |\vec{A}|^2|\vec{B}|^2\cos^2\theta} = \sqrt{|\vec{A}|^2|\vec{B}|^2 - (\vec{A}\cdot\vec{B})^2}$$

$$= \sqrt{(A_x{}^2 + A_y{}^2 + A_z{}^2)(B_x{}^2 + B_y{}^2 + B_z{}^2) - (A_x B_x + A_y B_y + A_z B_z)^2}$$

$$= \sqrt{(A_y B_z - A_z B_y)^2 + (A_z B_x - A_x B_z)^2 + (A_x B_y - A_y B_x)^2}$$

となることから，明らかである.

6.3　ベクトルの種類

　図6.1に示すようにベクトルには2種類あり，極ベクトルと軸ベクトルがある. 極ベクトルは力のベクトルなど通常のベクトルである. 一方，軸ベクトルは回転の向きと大きさを表すベクトルであり，長さが回転の大きさを表している. 軸ベクトルは，実際には極ベクトルと同様に表記することが多い. 軸ベクトルの代表例としては，力のモーメント（トルク）$\vec{N}$があり，$\vec{r}$を支点から作用点までの位置ベクトル，$\vec{F}$を力のベクトルとすれば

$$\overrightarrow{N} = \overrightarrow{r} \times \overrightarrow{F}$$

となる.

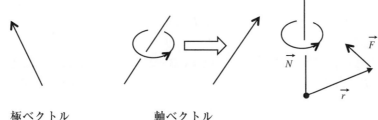

極ベクトル　　　　　　　軸ベクトル

図 6.1　極ベクトルと軸ベクトル

6.4　ベクトルと行列

2×2 行列 $[A_2]$ は

$$[A_2] = \begin{bmatrix} a_{11} & a_{12} \\ a_{21} & a_{22} \end{bmatrix}$$

と表され, 添字の 2 は, 2×2 の行列を意味することとする. また, a_{21} の下添字の最初の数字は行を, 2 つ目の数字は列を表している. 行列の積については, ix ページに示す通りである.

また

$$[I_2] = \begin{bmatrix} 1 & 0 \\ 0 & 1 \end{bmatrix}$$

を 2×2 の単位行列と呼び

$$[A_2]^{-1}[A_2] = [A_2][A_2]^{-1} = [I_2]$$

となる行列 $[A_2]^{-1}$ を $[A_2]$ の逆行列と呼ぶ. 2×2 行列の逆行列は, $a_{11}a_{22} - a_{21}a_{12} \neq 0$ ならば

$$[A_2] = \begin{bmatrix} a_{11} & a_{12} \\ a_{21} & a_{22} \end{bmatrix} \Rightarrow [A_2]^{-1} = \frac{1}{\det[A_2]}\begin{bmatrix} a_{22} & -a_{12} \\ -a_{21} & a_{11} \end{bmatrix} = \frac{1}{a_{11}a_{22} - a_{21}a_{12}}\begin{bmatrix} a_{22} & -a_{12} \\ -a_{21} & a_{11} \end{bmatrix} \quad (6-2)$$

となる. ここで, $\det[A_2]$ は行列式と呼ばれており, 以下のように 2 次元のベクトルを 3 次元に拡張することにより

$$\overrightarrow{a}_1 = \begin{pmatrix} a_{11} \\ a_{21} \end{pmatrix} \Rightarrow \overrightarrow{A}_1 = \begin{pmatrix} a_{11} \\ a_{21} \\ 0 \end{pmatrix} , \ \overrightarrow{a}_2 = \begin{pmatrix} a_{12} \\ a_{22} \end{pmatrix} \Rightarrow \overrightarrow{A}_2 = \begin{pmatrix} a_{12} \\ a_{22} \\ 0 \end{pmatrix} \Rightarrow \overrightarrow{A}_1 \times \overrightarrow{A}_2 = \begin{pmatrix} 0 \\ 0 \\ a_{11}a_{22} - a_{21}a_{12} \end{pmatrix}$$

となることから, 2×2 の行列の行列式は 2 つのベクトル $\overrightarrow{a}_1$ と $\overrightarrow{a}_2$ が作る平行四辺形の面積（向きも含んでいるので, 負になることもある）を表していることがわかる.

次に, 3 次元空間でベクトル $\overrightarrow{A}$, $\overrightarrow{B}$, $\overrightarrow{C}$ を考える. この 3 つのベクトルが作る平行六面体の体積 $\overline{V}$ は「$\overline{V} = $ 底面積 × 高さ」から求められるが, $\overrightarrow{A}$, $\overrightarrow{B}$ が作る平行四辺形を底面とすれば, 高さは $\overrightarrow{C}$ を $\overrightarrow{A} \times \overrightarrow{B}$ 方向に射影すれば求められることより, θ を $\overrightarrow{C}$ と $\overrightarrow{A} \times \overrightarrow{B}$ のなす角度とすれば, 外積と内積を用いると次式で与えられる.

$$\begin{aligned} \overline{V} &= |\overrightarrow{A} \times \overrightarrow{B}||\overrightarrow{C}|\cos\theta = \overrightarrow{A} \times \overrightarrow{B} \cdot \overrightarrow{C} = \overrightarrow{B} \times \overrightarrow{C} \cdot \overrightarrow{A} = \overrightarrow{C} \times \overrightarrow{A} \cdot \overrightarrow{B} \\ &= (A_y B_z - A_z B_y, \ A_z B_x - A_x B_z, \ A_x B_y - A_y B_x) \cdot (C_x, \ C_y, \ C_z) \\ &= (A_y B_z - A_z B_y)C_x + (A_z B_x - A_x B_z)C_y + (A_x B_y - A_y B_x)C_z \\ &= A_x B_y C_z + B_x C_y A_z + C_x A_y B_z - C_x B_y A_z - B_x A_y C_z - A_x C_y B_z \end{aligned}$$

ここで，3×3 の行列

$$\begin{bmatrix} A_x & B_x & C_x \\ A_y & B_y & C_y \\ A_z & B_z & C_z \end{bmatrix}$$

の行列式を3つのベクトルが作る平行六面体の体積として定義し

$$\det\begin{bmatrix} A_x & B_x & C_x \\ A_y & B_y & C_y \\ A_z & B_z & C_z \end{bmatrix} \equiv A_xB_yC_z + B_xC_yA_z + C_xA_yB_z - C_xB_yA_z - B_xA_yC_z - A_xC_yB_z \tag{6-3}$$

とする．行列式については第22章で詳しく学ぶ．

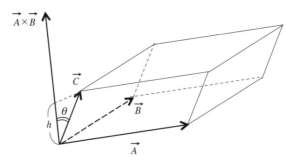

図6.2　平行六面体

また，3×3 の行列の逆行列も3つのベクトルが作る体積から求めることができる．すなわち

$$\begin{bmatrix} (\vec{B}\times\vec{C})_x & (\vec{B}\times\vec{C})_y & (\vec{B}\times\vec{C})_z \\ (\vec{C}\times\vec{A})_x & (\vec{C}\times\vec{A})_y & (\vec{C}\times\vec{A})_z \\ (\vec{A}\times\vec{B})_x & (\vec{A}\times\vec{B})_y & (\vec{A}\times\vec{B})_z \end{bmatrix}\begin{bmatrix} A_x & B_x & C_x \\ A_y & B_y & C_y \\ A_z & B_z & C_z \end{bmatrix}$$

$$= \begin{bmatrix} (\vec{B}\times\vec{C})\cdot\vec{A} & (\vec{B}\times\vec{C})\cdot\vec{B} & (\vec{B}\times\vec{C})\cdot\vec{C} \\ (\vec{C}\times\vec{A})\cdot\vec{A} & (\vec{C}\times\vec{A})\cdot\vec{B} & (\vec{C}\times\vec{A})\cdot\vec{C} \\ (\vec{A}\times\vec{B})\cdot\vec{A} & (\vec{A}\times\vec{B})\cdot\vec{B} & (\vec{A}\times\vec{B})\cdot\vec{C} \end{bmatrix} = \begin{bmatrix} \overline{V} & 0 & 0 \\ 0 & \overline{V} & 0 \\ 0 & 0 & \overline{V} \end{bmatrix}$$

と計算されることから，$\overline{V}$（すなわち行列式）$\neq 0$ ならば，逆行列は

$$\begin{bmatrix} A_x & B_x & C_x \\ A_y & B_y & C_y \\ A_z & B_z & C_z \end{bmatrix}^{-1} = \frac{1}{V}\begin{bmatrix} (\vec{B}\times\vec{C})_x & (\vec{B}\times\vec{C})_y & (\vec{B}\times\vec{C})_z \\ (\vec{C}\times\vec{A})_x & (\vec{C}\times\vec{A})_y & (\vec{C}\times\vec{A})_z \\ (\vec{A}\times\vec{B})_x & (\vec{A}\times\vec{B})_y & (\vec{A}\times\vec{B})_z \end{bmatrix} \tag{6-4}$$

となる．逆行列については第23章で詳しく学ぶ．

6.5　ベクトルの微分

例えば

$$\vec{a}(t) = (a_x(t), a_y(t), a_z(t))$$

$$\vec{b}(x, y, z) = (b_x(x, y, z), b_y(x, y, z), b_z(x, y, z))$$

ならば

$$\frac{d\,\vec{a}(t)}{dt} = \left(\frac{d\,a_x(t)}{dt}, \quad \frac{d\,a_y(t)}{dt}, \quad \frac{d\,a_z(t)}{dt}\right)$$

$$\frac{\partial\,\vec{b}(x,y,z)}{\partial x} = \left(\frac{\partial\,b_x(x,y,z)}{\partial x}, \quad \frac{\partial\,b_y(x,y,z)}{\partial x}, \quad \frac{\partial\,b_z(x,y,z)}{\partial x}\right)$$

と計算される. 運動方程式は

$$\vec{F} = m\,\vec{a}(t) = m\frac{d\,\vec{v}(t)}{dt} = m\frac{d^2\,\vec{r}(t)}{dt^2}$$

ただし，m は質量，$\vec{a}(t)$ は加速度，$\vec{v}(t)$ は速度，$\vec{r}(t)$ は位置を表すベクトルである.

<例題 6.1>　次の行列について，$[A][B]$, $[B][A]$ をそれぞれ求めよ.

$$[A] = \begin{bmatrix} 1 & 3 & 1 \\ 1 & 2 & -1 \\ 2 & 2 & -2 \end{bmatrix} \quad [B] = \begin{bmatrix} 1 & 3 & -2 \\ 3 & 3 & -1 \\ 5 & 8 & -4 \end{bmatrix}$$

【解答】

$$[A][B] = \begin{bmatrix} 1 & 3 & 1 \\ 1 & 2 & -1 \\ 2 & 2 & -2 \end{bmatrix}\begin{bmatrix} 1 & 3 & -2 \\ 3 & 3 & -1 \\ 5 & 8 & -4 \end{bmatrix} = \begin{bmatrix} 1+9+5 & 3+9+8 & -2-3-4 \\ 1+6-5 & 3+6-8 & -2-2+4 \\ 2+6-10 & 6+6-16 & -4-2+8 \end{bmatrix} = \begin{bmatrix} 15 & 20 & -9 \\ 2 & 1 & 0 \\ -2 & -4 & 2 \end{bmatrix}$$

$$[B][A] = \begin{bmatrix} 1 & 3 & -2 \\ 3 & 3 & -1 \\ 5 & 8 & -4 \end{bmatrix}\begin{bmatrix} 1 & 3 & 1 \\ 1 & 2 & -1 \\ 2 & 2 & -2 \end{bmatrix} = \begin{bmatrix} 1+3-4 & 3+6-4 & 1-3+4 \\ 3+3-2 & 9+6-2 & 3-3+2 \\ 5+8-8 & 15+16-8 & 5-8+8 \end{bmatrix} = \begin{bmatrix} 0 & 5 & 2 \\ 4 & 13 & 2 \\ 5 & 23 & 5 \end{bmatrix}$$

<例題 6.2>　(6−2) 式で与えられる行列が元の行列の逆行列になっていることを示せ.

【解答】

$$\frac{1}{a_{11}a_{22}-a_{21}a_{12}}\begin{bmatrix} a_{22} & -a_{12} \\ -a_{21} & a_{11} \end{bmatrix}\begin{bmatrix} a_{11} & a_{12} \\ a_{21} & a_{22} \end{bmatrix}$$

$$= \frac{1}{a_{11}a_{22}-a_{21}a_{12}}\begin{bmatrix} a_{22}a_{11}-a_{12}a_{21} & a_{22}a_{12}-a_{12}a_{22} \\ -a_{21}a_{11}+a_{11}a_{21} & -a_{21}a_{12}+a_{11}a_{22} \end{bmatrix} = \begin{bmatrix} 1 & 0 \\ 0 & 1 \end{bmatrix}$$

$$\begin{bmatrix} a_{11} & a_{12} \\ a_{21} & a_{22} \end{bmatrix}\frac{1}{a_{11}a_{22}-a_{21}a_{12}}\begin{bmatrix} a_{22} & -a_{12} \\ -a_{21} & a_{11} \end{bmatrix} = \frac{1}{a_{11}a_{22}-a_{21}a_{12}}\begin{bmatrix} a_{11} & a_{12} \\ a_{21} & a_{22} \end{bmatrix}\begin{bmatrix} a_{22} & -a_{12} \\ -a_{21} & a_{11} \end{bmatrix}$$

$$= \frac{1}{a_{11}a_{22}-a_{21}a_{12}}\begin{bmatrix} a_{11}a_{22}-a_{12}a_{21} & -a_{11}a_{12}+a_{12}a_{11} \\ a_{21}a_{22}-a_{22}a_{21} & -a_{21}a_{12}+a_{22}a_{11} \end{bmatrix} = \begin{bmatrix} 1 & 0 \\ 0 & 1 \end{bmatrix}$$

● ● ● ● ●

練習問題 6.1　3つのベクトル $\vec{A} = (1,2,1)$, $\vec{B} = (2,0,-1)$, $\vec{C} = (0,-1,2)$ について，

$$(\vec{A}\times\vec{B})\times(\vec{B}\times\vec{C}), \quad (\vec{A}\times\vec{B})\times\vec{C}, \quad (\vec{B}\cdot\vec{C})(\vec{A}\times\vec{B})$$

を計算せよ.

練習問題 6.2　平面 $2x+y+3z = 6$ について，ベクトルの外積を使ってこの平面に垂直な単位ベクトル $\vec{n}$ を求めよ.

練習問題6.3　次の連立方程式を（6−2）式を用いて解け.

$$\begin{cases} 3x+y = 1 \\ 5x-2y = 9 \end{cases}$$

練習問題6.4　次式で表される円運動の速度の大きさおよび加速度の大きさを求めよ.

$$x(t) = A_0 \cos(\omega t)$$
$$y(t) = A_0 \sin(\omega t)$$

練習問題6.5　次のベクトル場 $\vec{A}(x, y, z)$ の全微分 $d\vec{A}$ を求めよ.

$$\vec{A} = \left(\frac{x}{\sqrt{x^2+y^2+z^2}} , \ \frac{y}{\sqrt{x^2+y^2+z^2}} , \ e^{\frac{x}{y}} \right)$$

なお，全微分 $d\vec{A}$ は以下のように表される.

$$d\vec{A} = \frac{\partial \vec{A}}{\partial x} dx + \frac{\partial \vec{A}}{\partial y} dy + \frac{\partial \vec{A}}{\partial z} dz$$

● ● ● ● ●

演習問題6.1　ベクトル $\vec{A} = (1, 2, 2)$, $\vec{B} = (2, 2, 1)$ について，この2つのベクトルに直交する単位ベクトルと，この2つのベクトルが作る平行四辺形の面積を求めよ.

演習問題6.2　3つのベクトル $\vec{A} = (2, 1, 1)$, $\vec{B} = (1, 3, 1)$, $\vec{C} = (1, 1, 3)$ がつくる平行六面体の体積を求めよ.

演習問題6.3　次式で表される運動の速度および加速度を求めよ. また，軌跡の概略図を示せ.

$$x(t) = A_0 \cos(\omega t)$$
$$y(t) = A_0 \sin(\omega t)$$
$$z(t) = B_0 t$$

どっちが「行」でどっちが「列」?

　行列とは,数を縦,横の2次元状に並べたものでしたね.行列の「行」は横方向,「列」は縦方向を意味します.ところで,どっちが「行」でどっちが「列」だったかわからなくなってしまうときがありませんか? そんなときに役立つ覚え方を紹介します.

　「行」と「列」の漢字に着目してみましょう(下図参照).こう覚えれば簡単でしょう? くだらないですが,いつか役に立つかもしれませんね.

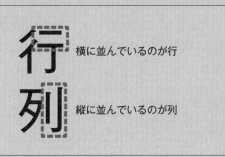

重積分

本章では，重積分と変数変換について学習する．特に変数変換を行う際に必要なヤコビアンについての理解を深める．

7.1 二重積分

領域 $D = \{(x, y) | a \leq x \leq b, c \leq y \leq d\}$ において，関数が連続ならば，二重積分（あるいは，面積分）は次式で与えられる（いろいろな表現方法があることに注意）．

$$\int_D f(x, y)dS = \iint_D f(x, y)dxdy = \int_c^d \int_a^b f(x, y)dxdy$$
$$= \int_c^d \left(\int_a^b f(x, y)dx\right)dy = \int_c^d dy\left(\int_a^b f(x, y)dx\right)$$
$$= \int_a^b \left(\int_c^d f(x, y)dy\right)dx = \int_a^b dx\left(\int_c^d f(x, y)dy\right) \tag{7-1}$$

この積分は，図7.1の左図に示すように D の領域上の体積を求める式となっており，1行目の式は，微小面積に高さを掛けて体積を求めている．上式の2行目の最後の積分は，ある y を決めてから x 方向に $a \leq x \leq b$ の範囲で積分（図7.1の右上図の直線に沿った線積分）することで断面積を求め，その後，y 方向に $c \leq y \leq d$ の範囲で積分する（図7.1中の右下図の線積分を y 方向に集める）ことで，体積を求めている．

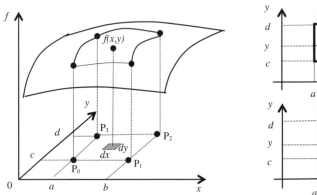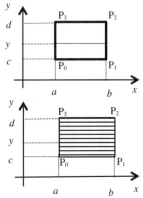

図7.1 二重積分の方法

次に，領域 $D = \{(x, y) | 1 \leq x \leq 2, x \leq y \leq x+1\}$ とし，二重積分を考える．

$$\iint_D f(x, y)dxdy = \int_1^2 \left(\int_x^{x+1} f(x, y)dy\right)dx = \int_1^2 dx\left(\int_x^{x+1} f(x, y)dy\right)$$

この場合には，ある x を決めてから，y 方向に $x \leq y \leq x+1$ の範囲で積分し，その後，x 方向

に $1 \leq x \leq 2$ の範囲で積分を実施する（図 7.2 の左側の図を参照）.

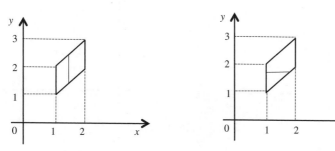

1）ある x を決めてから積分する場合　2）ある y を決めてから積分する場合

図 7.2　二重積分における積分の順番

<例題 7.1>　領域 $D = \{(x, y) | 1 \leq x \leq 2, \ x \leq y \leq x+1\}$, $\iint_D (x+y)dxdy$ を求めなさい.

$$\iint_D (x+y)dxdy = \int_1^2 \left\{ \int_x^{x+1} (x+y)dy \right\}dx = \int_1^2 \left[xy + \frac{y^2}{2} \right]_{y=x}^{y=x+1} dx$$

$$= \int_1^2 \left\{ x(x+1) + \frac{(x+1)^2}{2} - \left(x^2 + \frac{x^2}{2} \right) \right\}dx = \int_1^2 \left(2x + \frac{1}{2} \right)dx = \left[x^2 + \frac{1}{2}x \right]_1^2 = \frac{7}{2}$$

<例題 7.2>　例題 7.1 で，ある y を決めてから x 方向に積分することによって，積分値を求めなさい.（図 7.2 の右側の図を参照）

$$\iint_D (x+y)dxdy = \int_1^2 \left\{ \int_1^y (x+y)dx \right\}dy + \int_2^3 \left\{ \int_{y-1}^2 (x+y)dx \right\}dy$$

$$= \int_1^2 \left[xy + \frac{x^2}{2} \right]_{x=1}^{x=y} dy + \int_2^3 \left[xy + \frac{x^2}{2} \right]_{x=y-1}^{x=2} dy$$

$$= \int_1^2 \left\{ \frac{3y^2}{2} - \left(y + \frac{1}{2} \right) \right\}dy + \int_2^3 \left\{ 2y + 2 - \left(y(y-1) + \frac{(y-1)^2}{2} \right) \right\}dy$$

$$= \left[\frac{y^3}{2} - \frac{y^2}{2} - \frac{y}{2} \right]_1^2 + \left[-\frac{y^3}{2} + 2y^2 + \frac{3}{2}y \right]_2^3 = \frac{3}{2} + 2 = \frac{7}{2}$$

7.2　三重積分

領域 $D = \{(x, y, z) | x_1 \leq x \leq x_2, \ y_1(x) \leq y \leq y_2(x), z_1(x, y) \leq z \leq z_2(x, y)\}$ においての三重積分は次式で与えられる.

$$\iiint_D f(x, y, z)dxdydz = \int_{x_1}^{x_2} \int_{y_1(x)}^{y_2(x)} \int_{z_1(x, y)}^{z_2(x, y)} f(x, y, z)dxdydz$$

$$= \int_{x_1}^{x_2} \left(\int_{y_1(x)}^{y_2(x)} \left(\int_{z_1(x, y)}^{z_2(x, y)} f(x, y, z)dz \right)dy \right)dx$$

$$= \int_{x_1}^{x_2} dx \int_{y_1(x)}^{y_2(x)} dy \int_{z_1(x, y)}^{z_2(x, y)} f(x, y, z)dz \tag{7-2}$$

7.3　変数変換

1 次元の場合には，$x = l_0\, t \ \Rightarrow \ dx = l_0\, dt$ として，変数変換を行う.

$$\int f(x)dx = \int f(l_0\, t)\, l_0\, dt$$

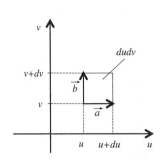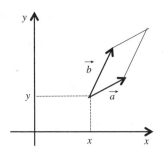

図7.3　微小面積の変換

すなわち，微小線素の dx と dt の関係も必要となる.

2次元の場合には，微小面積素である $dx\,dy$ と $du\,dv$ との関係を求める必要がある.
$u-v$ 座標系での，$dudv$ は図7.3に示すように，$\vec{a}$ と $\vec{b}$ が作る長方形で与えられる. この $\vec{a}$ と $\vec{b}$ の u 成分と v 成分は，それぞれ

$$\vec{a} = \begin{pmatrix} du \\ dv \end{pmatrix} = \begin{pmatrix} du \\ 0 \end{pmatrix}, \quad \vec{b} = \begin{pmatrix} du \\ dv \end{pmatrix} = \begin{pmatrix} 0 \\ dv \end{pmatrix}$$

となるが，それぞれのベクトルが $x-y$ 座標系でどのように見えるかを以下の（5-3）式

$$df = f(x+dx, y+dy) - f(x, y) = \frac{\partial f}{\partial x}dx + \frac{\partial f}{\partial y}dy$$

を用い，$f{\to}x$，$x{\to}u$，$y{\to}v$ あるいは，$f{\to}y$，$x{\to}u$，$y{\to}v$ と書き換えると次式が得られる.

$$dx = \frac{\partial x}{\partial u}du + \frac{\partial x}{\partial v}dv, \quad dy = \frac{\partial y}{\partial u}du + \frac{\partial y}{\partial v}dv$$

$\vec{a}$ と $\vec{b}$ の u 成分と v 成分をそれぞれ代入すると

$$\vec{a} = \begin{pmatrix} a_x \\ a_y \end{pmatrix} = \begin{pmatrix} dx \\ dy \end{pmatrix} = \begin{pmatrix} \frac{\partial x}{\partial u}du \\ \frac{\partial y}{\partial u}du \end{pmatrix}, \quad \vec{b} = \begin{pmatrix} b_x \\ b_y \end{pmatrix} = \begin{pmatrix} dx \\ dy \end{pmatrix} = \begin{pmatrix} \frac{\partial x}{\partial v}dv \\ \frac{\partial y}{\partial v}dv \end{pmatrix} \tag{7-3}$$

となる. よって，$u-v$ 座標系で $\vec{a}$ と $\vec{b}$ が作る長方形は，$x-y$ 座標系においては，$\vec{a}$ と $\vec{b}$ が
つくる平行四辺形に写像される. すなわち，$dudv$ は，$x-y$ 座標系では，$\vec{a}$ と $\vec{b}$ がつくる平
行四辺形の面積に対応するので，面積 S は

$$S = \det \begin{bmatrix} \frac{\partial x}{\partial u}du & \frac{\partial x}{\partial v}dv \\ \frac{\partial y}{\partial u}du & \frac{\partial y}{\partial v}dv \end{bmatrix} = \det \begin{bmatrix} \frac{\partial x}{\partial u} & \frac{\partial x}{\partial v} \\ \frac{\partial y}{\partial u} & \frac{\partial y}{\partial v} \end{bmatrix} dudv = \det[J]\,dudv \tag{7-4}$$

となる. この行列自体をヤコビ行列と呼び $[J]$ で表し，行列式をヤコビアンと呼ぶ. 二重積分の
変数変換は，積分領域 D が D' に変換されるとすると

$$\iint_D f(x, y)dxdy = \iint_{D'} f(x(u, v), y(u, v))\det[J]dudv \tag{7-5}$$

で与えられる. なお，$\det[J] < 0$ となる場合には，u と v を入れ換えて $\det[J] > 0$ となるように
する.

次に，3次元の変数変換（$x-y-z \;\to\; u-v-w$）を考える. 2次元の場合と同様に，
$u-v-w$ 座標における単位体積が $x-y-z$ 座標においてどのように表現されるか考える.

$$dx = \frac{\partial x}{\partial u}du + \frac{\partial x}{\partial v}dv + \frac{\partial x}{\partial w}dw$$

$$dy = \frac{\partial y}{\partial u}du + \frac{\partial y}{\partial v}dv + \frac{\partial y}{\partial w}dw \quad \rightarrow \quad \vec{A} = \begin{pmatrix} \frac{\partial x}{\partial u} \\ \frac{\partial y}{\partial u} \\ \frac{\partial z}{\partial u} \end{pmatrix}du, \quad \vec{B} = \begin{pmatrix} \frac{\partial x}{\partial v} \\ \frac{\partial y}{\partial v} \\ \frac{\partial z}{\partial v} \end{pmatrix}dv, \quad \vec{C} = \begin{pmatrix} \frac{\partial x}{\partial w} \\ \frac{\partial y}{\partial w} \\ \frac{\partial z}{\partial w} \end{pmatrix}dw$$

$$dz = \frac{\partial z}{\partial u}du + \frac{\partial z}{\partial v}dv + \frac{\partial z}{\partial w}dw$$

図 7.4 に示すように，$x-y-z$ 座標で $\vec{A}, \vec{B}, \vec{C}$ がつくる六面体の体積は，$(\vec{A} \times \vec{B}) \cdot \vec{C}$ となり，（6−2）式より

$$dxdydz = (\vec{A} \times \vec{B}) \cdot \vec{C} = \det[J]dudvdw, \quad [J] = \begin{bmatrix} \frac{\partial x}{\partial u} & \frac{\partial x}{\partial v} & \frac{\partial x}{\partial w} \\ \frac{\partial y}{\partial u} & \frac{\partial y}{\partial v} & \frac{\partial y}{\partial w} \\ \frac{\partial z}{\partial u} & \frac{\partial z}{\partial v} & \frac{\partial z}{\partial w} \end{bmatrix} \tag{7−6}$$

となる．2 次元の場合と同様に，$\det[J] < 0$ となる場合には，u と v を入れ換えて $\det[J] > 0$ となるようにする．

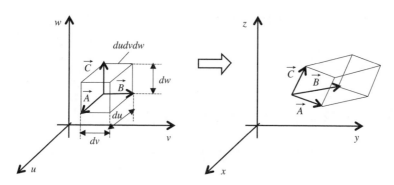

図 7.4　　微小体積の変換

<例題 7.3>　極座標系 $x = r\cos\theta$, $\quad y = r\sin\theta$ の場合のヤコビ行列とヤコビアンを求めよ．

【解答】　ヤコビ行列は

$$[J] = \begin{bmatrix} \partial x/\partial r & \partial x/\partial \theta \\ \partial y/\partial r & \partial y/\partial \theta \end{bmatrix} = \begin{bmatrix} \cos\theta & -r\sin\theta \\ \sin\theta & r\cos\theta \end{bmatrix}$$

となるので，ヤコビアンは，次式のように計算される．

$$\det[J] = \det\begin{bmatrix} \cos\theta & -r\sin\theta \\ \sin\theta & r\cos\theta \end{bmatrix} = r$$

<例題 7.4>　楕円 $D = \{(x,y)|(x/a)^2 + (y/b)^2 \le 1\}$ の面積を求めよ．ただし，$a, b > 0$ とする．

$$S = \iint_D dxdy = 4\int_0^a \left(\int_0^{y_{\max}} dy\right)dx$$

ここで，$y_{\max} = b\sqrt{1 - \left(\frac{x}{a}\right)^2}$ なので，$S = 4\int_0^a b\sqrt{1 - \left(\frac{x}{a}\right)^2}dx$ となる．

$x = a\sin\theta$ として置換積分すると

$$S = 4ab\int_0^{\pi/2} \cos^2\theta d\theta = \pi ab$$

が得られる.

●　●　●　●　●

練習問題 7.1　次の広義積分を求めよ.
$$I = \iint_D \frac{dxdy}{(x+y+5)^\alpha} \quad a > 2, \ D = \{(x, y)|x \geq 0, y \geq 0\}$$

練習問題 7.2　$u = x - y, v = x + 2y$ と変数変換し, 次の二重積分を求めよ.
$$\iint_D (x^2 + 2y^2)e^{-x+y}dxdy \quad D = \{(x, y)|-1 \leq x - y \leq 0, -1 \leq x + 2y \leq 1\}$$

練習問題 7.3　$D = \{(x, y)|0 \leq x \leq 1, x^2 \leq y \leq 1\}$ として次の積分を計算する.
$$\iint_D y^3 e^{xy}dxdy$$
（1）　積分範囲を図示せよ.
（2）　ある y を決めてから, x 方向に積分することによって, 積分値を求めよ.

練習問題 7.4　積分 $I = \int_0^a \left\{ \int_y^a \cos(x^2)dx \right\}dy$ を考える. ただし, $a > 0$ である.
（1）　積分範囲を図示せよ.
（2）　積分の順序を変えることによって積分値を求めよ.

●　●　●　●　●

演習問題 7.1　次の積分を求めよ.
（1）　$I_1 = \int_0^\infty \int_0^\infty e^{-x^2}e^{-y^2}dx\,dy$　　（2）　$I_2 = \int_0^\infty e^{-x^2}dx$

演習問題 7.2　曲線 $C : x = \cos t, y = 2\sin t, (0 \leq t \leq 2\pi)$ で囲まれた範囲 D での積分
$$\iint_D (xy + 1)dxdy$$
を考える.
（1）　曲線 C を図示せよ.
（2）　積分値を求めよ.

演習問題 7.3　積分 $\int_1^4 \int_{\sqrt{y}}^2 (x^2 + 2y)dxdy$ について
（1）　積分範囲を示せ.
（2）　積分順序を変更して求めよ.

ちょっといっぷく

ガウス積分

数理統計学や統計物理学の分野によく出てくるガウス積分というものがあります．ガウス積分は，指数関数の肩に2次関数が乗った関数（ガウス関数といいます）の実数全体での定積分のことであり，その値は以下で与えられることが知られています．

$$I = \int_{-\infty}^{\infty} e^{-ax^2} dx = \sqrt{\frac{\pi}{a}}$$

ちなみに，ガウス関数の不定積分は初等関数で表すことができません．しかし，このガウス積分は 演習問題 7.1 と同じようにして積分することができます．皆さん，トライしましょう！

8

3 次元空間における線積分と面積分

本章では，スカラー場とベクトル場に対する積分を学習する．スカラー場の例としては，3 次元空間における温度場があり，ベクトル場の例としては，3 次元空間における流体の速度場や，電荷が存在する空間での電場などがある．

8.1 スカラー場の線積分

3 次元空間での位置ベクトルは

$$\vec{r} = (x, y, z)$$

で表される．また，曲線 C は t を媒介変数として，t とともに (x, y, z) の座標が連続的に変化することで与えられ

$$\vec{r}(t) = (x(t), y(t), z(t)) = x(t)\,\vec{i} + y(t)\,\vec{j} + z(t)\,\vec{k}$$

で表される．ここで，$\vec{i}, \vec{j}, \vec{k}$ は，それぞれ，x, y, z 方向の単位基底ベクトルである．また，曲線の接線ベクトルは，次式で与えられる．

$$\vec{r}'(t) = \left(\frac{dx}{dt}, \frac{dy}{dt}, \frac{dz}{dt}\right)$$

曲線 C に沿うスカラー場 $f = f(\vec{r}) = f(x, y, z)$ の x, y, z に関する線積分は

$$\int_C f(x, y, z)dx = \int_{t_1}^{t_2} f(x(t), y(t), z(t))\frac{dx}{dt}dt = \int_{t_1}^{t_2} f(x(t), y(t), z(t))\,x'(t)\,dt$$

$$\int_C f(x, y, z)dy = \int_{t_1}^{t_2} f(x(t), y(t), z(t))\frac{dy}{dt}dt = \int_{t_1}^{t_2} f(x(t), y(t), z(t))\,y'(t)\,dt$$

$$\int_C f(x, y, z)dz = \int_{t_1}^{t_2} f(x(t), y(t), z(t))\frac{dz}{dt}dt = \int_{t_1}^{t_2} f(x(t), y(t), z(t))\,z'(t)\,dt$$

となる．また，この曲線 C の長さ L は，微小線分 ds が

$$ds = \sqrt{dx^2 + dy^2 + dz^2}$$
$$= \sqrt{\left(\frac{dx}{dt}\right)^2 + \left(\frac{dy}{dt}\right)^2 + \left(\frac{dz}{dt}\right)^2}\,dt = \sqrt{x'(t)^2 + y'(t)^2 + z'(t)^2}\,dt = |\vec{r}'(t)|dt$$

と計算されることから

$$L = \int_C ds = \int_{t_1}^{t_2} \sqrt{\left(\frac{dx}{dt}\right)^2 + \left(\frac{dy}{dt}\right)^2 + \left(\frac{dz}{dt}\right)^2}\,dt = \int_{t_1}^{t_2} \sqrt{x'(t)^2 + y'(t)^2 + z'(t)^2}\,dt = \int_{t_1}^{t_2} |\vec{r}'(t)|dt$$

$$(8-1)$$

となる．また，曲線 C に沿ったスカラー場 $f = f(\vec{r}) = f(x, y, z)$ の線積分は，次式で与えられる．

$$\int_C f ds = \int_{t_1}^{t_2} f(x(t), y(t), z(t))\sqrt{x'(t)^2 + y'(t)^2 + z'(t)^2}\,dt = \int_{t_1}^{t_2} f(x(t), y(t), z(t))\,|\vec{r}'(t)|dt \quad (8-2)$$

8.2 ベクトル場の線積分

ベクトル場 $\vec{a}(\vec{r}) = \vec{a}(x, y, z) = (a_x(x, y, z), a_y(x, y, z), a_z(x, y, z))$ を考える．すなわち，3 次元空間の各点 (x, y, z) でのベクトル（例えば速度ベクトル）が $\vec{a}$ で与えられている．このとき，曲線

C に沿っての線積分（接線線積分）は，ベクトル場が

$$\vec{a}(\vec{r}(t)) = \vec{a}(x(t), y(t), z(t)) = (a_x(x(t), y(t), z(t)), a_y(x(t), y(t), z(t)), a_z(x(t), y(t), z(t)))$$

となることから

$$\int_C \vec{a}(\vec{r}) \cdot d\vec{r} = \int_{t_1}^{t_2} \vec{a}(x, y, z) \cdot \frac{d\vec{r}}{dt} dt = \int_{t_1}^{t_2} \vec{a}(x, y, z) \cdot \left(\frac{dx}{dt}, \frac{dy}{dt}, \frac{dz}{dt} \right) dt$$

$$= \int_{t_1}^{t_2} (a_x(x(t), y(t), z(t))x'(t) + a_y(x(t), y(t), z(t))y'(t) + a_z(x(t), y(t), z(t))z'(t)) dt \qquad (8-3)$$

となる．例えば，ベクトル $\vec{a}$ を力と考えれば，この線積分値は曲線 C に沿ってなされた仕事を表す．また，ベクトルをそのまま積分するときには，以下の式で与えられる．

$$\int_C \vec{a}(x, y, z) ds =$$

$$\left(\int_{t_1}^{t_2} a_x(x(t), y(t), z(t)) |\vec{r}'(t)| dt, \int_{t_1}^{t_2} a_y(x(t), y(t), z(t)) |\vec{r}'(t)| dt, \int_{t_1}^{t_2} a_z(x(t), y(t), z(t)) |\vec{r}'(t)| dt \right)$$

$$(8-4)$$

ここで，結果はベクトルとなることに注意する．

＜例題 8.1＞　ベクトル場 $\vec{A}(\vec{r}) = x^2 \vec{i} + y \vec{j} + xyz \vec{k}$ について，次の曲線 C に沿う原点 $(0,0,0)$ から $(1,2,3)$ までの線積分 I を求めよ．

$$C : \vec{r} = (x(t), y(t), z(t)) = t \vec{i} + 2t \vec{j} + 3t \vec{k} \quad (0 \leq t \leq 1) \qquad I = \int_C \vec{A} \cdot d\vec{r}$$

【解答】

$$I = \int_C \vec{A} \cdot d\vec{r} = \int_0^1 \vec{A} \cdot \frac{d\vec{r}}{dt} dt = \int_0^1 (18t^3 + t^2 + 4t) dt = \frac{41}{6}$$

8.3　面積分

3 次元空間における曲面は，$\vec{r} = (x, y, z) = (x(u, v), y(u, v), z(u, v))$ で表される．まず，図 8.1 に示すように，u-v 座標系におけるベクトル $\vec{a}$，$\vec{b}$ が x-y-z 座標系でどのように見えるかを求める（第 7 章の応用）．

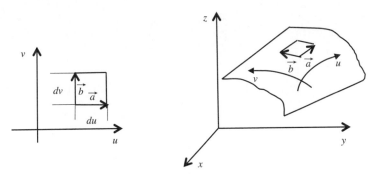

図 8.1　3 次元空間における面積分

すなわち，$x = x(u, v)$，$y = y(u, v)$，$z = z(u, v)$ であることから次式が得られる．

$$dx = \frac{\partial x}{\partial u} du + \frac{\partial x}{\partial v} dv, \qquad dy = \frac{\partial y}{\partial u} du + \frac{\partial y}{\partial v} dv, \qquad dz = \frac{\partial z}{\partial u} du + \frac{\partial z}{\partial v} dv$$

したがって，$x-y-z$ 座標系では，それぞれのベクトルは

$$
\vec{a} = \begin{pmatrix} a_x \\ a_y \\ a_z \end{pmatrix} = \begin{pmatrix} dx \\ dy \\ dz \end{pmatrix} = \begin{pmatrix} \dfrac{\partial x}{\partial u}du \\[2mm] \dfrac{\partial y}{\partial u}du \\[2mm] \dfrac{\partial z}{\partial u}du \end{pmatrix}, \qquad
\vec{b} = \begin{pmatrix} b_x \\ b_y \\ b_z \end{pmatrix} = \begin{pmatrix} dx \\ dy \\ dz \end{pmatrix} = \begin{pmatrix} \dfrac{\partial x}{\partial v}dv \\[2mm] \dfrac{\partial y}{\partial v}dv \\[2mm] \dfrac{\partial z}{\partial v}dv \end{pmatrix}
$$

と見えるので，$x-y-z$ 座標系での面積 dS は，$\vec{a}$ と $\vec{b}$ がつくる平行四辺形の面積に対応するので

$$
dS = |\vec{a} \times \vec{b}| = \left| \begin{pmatrix} \dfrac{\partial x}{\partial u}du \\[2mm] \dfrac{\partial y}{\partial u}du \\[2mm] \dfrac{\partial z}{\partial u}du \end{pmatrix} \times \begin{pmatrix} \dfrac{\partial x}{\partial v}dv \\[2mm] \dfrac{\partial y}{\partial v}dv \\[2mm] \dfrac{\partial z}{\partial v}dv \end{pmatrix} \right| = \left| \begin{pmatrix} \dfrac{\partial x}{\partial u} \\[2mm] \dfrac{\partial y}{\partial u} \\[2mm] \dfrac{\partial z}{\partial u} \end{pmatrix} \times \begin{pmatrix} \dfrac{\partial x}{\partial v} \\[2mm] \dfrac{\partial y}{\partial v} \\[2mm] \dfrac{\partial z}{\partial v} \end{pmatrix} \right| dudv = \left| \dfrac{\partial \vec{r}}{\partial u} \times \dfrac{\partial \vec{r}}{\partial v} \right| dudv \quad (8-5)
$$

となる．第7章では，この外積が行列式と等しいのでヤコビアンを使用したが，上の場合には，行列式を定義できないので外積のまま表記しているだけである．

なお，曲面に垂直な単位法線ベクトルは，外積の定義から

$$
\vec{n} = \frac{\dfrac{\partial \vec{r}}{\partial u} \times \dfrac{\partial \vec{r}}{\partial v}}{\left| \dfrac{\partial \vec{r}}{\partial u} \times \dfrac{\partial \vec{r}}{\partial v} \right|} \tag{8-6}
$$

となる．また，曲面上でのスカラー場の面積分は，積分領域が S から S' に変換されるとすると

$$
\int_S f dS = \iint_{S'} f(x(u,v), y(u,v), z(u,v)) \left| \frac{\partial \vec{r}}{\partial u} \times \frac{\partial \vec{r}}{\partial v} \right| dudv \tag{8-7}
$$

で与えられる．なお，(8-7) 式で $f = 1$ とおけば曲面 S の表面積が求められる．

<例題8.2>　曲面 $S : \sqrt{x^2+y^2} + z = a$ に垂直な単位法線ベクトルを求めよ．

【解答】　$u = x,\ v = y$ とおくと，

$$
z = a - \sqrt{x^2+y^2} = a - \sqrt{u^2+v^2} \quad \rightarrow \quad \vec{r} = (x,y,z) = (u, v, a-\sqrt{u^2+v^2})
$$

よって

$$
\frac{\partial \vec{r}}{\partial u} = \begin{pmatrix} 1 \\ 0 \\ -\dfrac{u}{\sqrt{u^2+v^2}} \end{pmatrix}, \quad
\frac{\partial \vec{r}}{\partial v} = \begin{pmatrix} 0 \\ 1 \\ -\dfrac{v}{\sqrt{u^2+v^2}} \end{pmatrix} \quad \rightarrow \quad
\frac{\partial \vec{r}}{\partial u} \times \frac{\partial \vec{r}}{\partial v} = \begin{pmatrix} \dfrac{u}{\sqrt{u^2+v^2}} \\[2mm] \dfrac{v}{\sqrt{u^2+v^2}} \\[2mm] 1 \end{pmatrix}
$$

となるので

$$
\vec{n} = \frac{\dfrac{\partial \vec{r}}{\partial u} \times \dfrac{\partial \vec{r}}{\partial v}}{\left| \dfrac{\partial \vec{r}}{\partial u} \times \dfrac{\partial \vec{r}}{\partial v} \right|} = \frac{1}{\sqrt{2}} \begin{pmatrix} \dfrac{u}{\sqrt{u^2+v^2}} \\[2mm] \dfrac{v}{\sqrt{u^2+v^2}} \\[2mm] 1 \end{pmatrix} = \frac{1}{\sqrt{2}} \begin{pmatrix} \dfrac{x}{\sqrt{x^2+y^2}} \\[2mm] \dfrac{y}{\sqrt{x^2+y^2}} \\[2mm] 1 \end{pmatrix} = \frac{1}{\sqrt{2}} \begin{pmatrix} \dfrac{x}{a-z} \\[2mm] \dfrac{y}{a-z} \\[2mm] 1 \end{pmatrix}
$$

<例題 8.3> 曲面 $S: \sqrt{x^2+y^2}+z=a$ について，$z \geq 0$ のとき，関数 $f(x, y, z)=x^2+y^2-z^2$ の曲面 S 上での面積分 I を求めよ．

【解答】 <例題 8.2 >の結果より

$$I = \int_S f(x, y, z)dS = \iint_S f(u, v)\sqrt{2}dudv$$

$$= \sqrt{2}\iint_S \{u^2+v^2-(a-\sqrt{u^2+v^2})^2\}dudv = \sqrt{2}\iint_S (2a\sqrt{u^2+v^2}-a^2)dudv$$

ここで，極座標系への座標変換を行うと

$$u = r\cos\theta, \quad v = r\sin\theta \quad \Rightarrow \quad \det|J| = r$$

となるので，次式のように計算される．

$$I = \sqrt{2}\iint_S (2a\sqrt{u^2+v^2}-a^2)dudv = \sqrt{2}\int_0^{2\pi}d\theta\int_0^a (2ar-a^2)rdr = \frac{\sqrt{2}}{3}\pi a^4$$

（別解） 最初から，(u, v) の代わりに (r, θ) を独立変数として選ぶと

$$x = r\cos\theta, \quad y = r\sin\theta \quad \Rightarrow \quad z = a-\sqrt{x^2+y^2} = a-r$$

となるので

$$\frac{\partial\vec{r}}{\partial r}\times\frac{\partial\vec{r}}{\partial\theta} = \begin{pmatrix} r\cos\theta \\ r\sin\theta \\ r \end{pmatrix} \quad \Rightarrow \quad \left|\frac{\partial\vec{r}}{\partial r}\times\frac{\partial\vec{r}}{\partial\theta}\right| = \sqrt{2}r$$

と計算される．よって

$$I = \iint_S f(x, y, z)dS = \iint_S f(r, \theta)\sqrt{2}rdrd\theta$$

ここで，$z \geq 0$ より，$0 \leq r \leq a$ となる．また，$S: r+z=a$ より，$f = r^2-z^2 = (2ar-a^2)$ となるので，以下のように計算される．

$$I = \sqrt{2}\int_0^{2\pi}d\theta\int_0^a (2ar-a^2)rdr = \frac{\sqrt{2}}{3}\pi a^4$$

● ● ● ● ●

練習問題 8.1 曲線 C が

$$C: \vec{r} = (\cos(2\pi t), \sin(2\pi t), 2t) \quad (0 \leq t \leq 2)$$

で与えられている．曲線 C を図示せよ．さらに，曲線 C の長さを求めよ．

練習問題 8.2 曲線 C：半径 r_0 の円周（反時計回り）に沿う，ベクトル場

$$\vec{a} = \left(\frac{-y^3}{x^2+y^2}, \frac{x^3}{x^2+y^2}\right)$$

の線積分を求めよ．

練習問題 8.3 半径 R の球の表面積を求める式を面積分を使って導出せよ．

練習問題 8.4 $A = \{(x, y)|x^2+y^2 \leq R^2\}$ としたときの曲面 S の面積を求めよ．

$$S: z = x^2+y^2 \ ((x, y)\in A)$$

● ● ● ● ●

演習問題8.1　原点 O から点 A$(12,16,20)$に向かう線分を C とするとき

$$\int_c (x+y+z)ds$$

を求めよ.

演習問題8.2　円柱螺旋 $C:\vec{r} = 2\cos t\,\vec{i} + 2\sin t\,\vec{j} + t\,\vec{k}$ $(0 \leq t \leq \pi)$ に沿ってのベクトル

$$\vec{F} = y\,\vec{i} - z\,\vec{j} + x\,\vec{k}$$

の線積分 $\displaystyle\int_c \vec{F}\cdot d\vec{r}$ を求めよ.

演習問題8.3　平面 $2x+2y+z = 2$ が座標軸と交わる点 A,B,C を頂点とする三角形の領域を S とする.　S の単位法線ベクトル $\vec{n}$ が原点のある側から他の側に向かっているとき

$$\vec{F}(x,y,z) = x^2\,\vec{i} - x\,\vec{j} + z\,\vec{k}$$

の S 上の面積分 $\displaystyle\int_S \vec{n}\cdot\vec{F}\, dS$ を求めよ

ちょっといっぷく

　ベクトル場の一例として流れ場があります. 配管の中を通過する流体を考えます. 身近なところでは, 家の周りにある水道管やガス管を思い浮かべてみましょう. これらの配管は, 敷設箇所の形状に合わせて複数箇所で曲げられています (配管の曲がっている部分をエルボーと呼びます). エルボーを通過した直後の流体はどうなっているのでしょうか? 下の図は, 2 段目のエルボー直後の断面の各位置における流れの向きと大きさ (速度ベクトル) を表したものです. 2 段エルボーを通過した流体が渦を巻いているのがわかります.

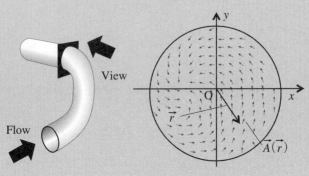

9 勾配・発散・回転

本章では，電磁気学・伝熱学・流体力学等で使用される重要な概念である勾配・発散・回転について学習する．

9.1 勾配（grad）

スカラー関数 f の勾配は次式で与えられる．

$$2\,\text{次元}：\text{grad}\,f = \left(\frac{\partial f}{\partial x}, \frac{\partial f}{\partial y}\right) = \nabla f \qquad 3\,\text{次元}：\text{grad}\,f = \left(\frac{\partial f}{\partial x}, \frac{\partial f}{\partial y}, \frac{\partial f}{\partial z}\right) = \nabla f \qquad (9-1)$$

ここで，∇ はナブラと読み，デカルト座標系（直交直線座標系）において

$$2\,\text{次元}：\nabla = \left(\frac{\partial}{\partial x}, \frac{\partial}{\partial y}\right) \qquad 3\,\text{次元}：\nabla = \left(\frac{\partial}{\partial x}, \frac{\partial}{\partial y}, \frac{\partial}{\partial z}\right)$$

である．今，f を高度として考え，図9.1に示すように2次元の地図上で移動したときに変化する高度は第5章の (5-3) 式で与えられる．位置ベクトルを $\vec{r} = (x, y)$ とすれば，図中の実線や破線で示される微小移動は $\vec{dr} = (dx, dy)$ で与えられる．今，破線で示すように等高線に沿った微少移動を考えると，高度の変化 (df) はないので，(5-3) 式より

$$df = \frac{\partial f}{\partial x}dx + \frac{\partial f}{\partial y}dy = \left(\frac{\partial f}{\partial x}, \frac{\partial f}{\partial y}\right) \cdot (dx, dy) = \nabla f \cdot \vec{dr}$$
$$= 0$$

が得られる．すなわち，等高線に沿って移動する微少ベクトル $\vec{dr} = (dx, dy)$ と ∇f は直交する．

ここで，等高線に沿わないで，ある地点から実線に示すように自由にベクトル $\vec{dr} = (dx, dy)$ だけ移動した場合の高度の変化量は

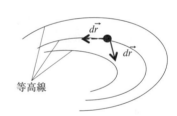

等高線

図9.1　地図上での移動

$$df = \frac{\partial f}{\partial x}dx + \frac{\partial f}{\partial y}dy = \left(\frac{\partial f}{\partial x}, \frac{\partial f}{\partial y}\right) \cdot (dx, dy) = \sqrt{\left(\frac{\partial f}{\partial x}\right)^2 + \left(\frac{\partial f}{\partial y}\right)^2}\sqrt{dx^2 + dy^2}\cos\theta \qquad (9-2)$$

となるので，∇f と $\vec{dr} = (dx, dy)$ のなす角度 θ が0または π になるとき，すなわち，∇f と平行になる方向に移動した場合が最も高度の変化量が大きい．すなわち，∇f は最も勾配の大きい方向を示していることから関数 f の勾配と呼ばれる．

なお，3次元空間においては第5章の (5-4) 式を用いると，以下の式になる．

$$df = \frac{\partial f}{\partial x}dx + \frac{\partial f}{\partial y}dy + \frac{\partial f}{\partial z}dz = \nabla f \cdot (dx, dy, dz) = \nabla f \cdot \vec{dr} \qquad (9-3)$$

また，曲面が $f(x, y, z) = c$ （c は定数）により与えられたとき，単位法線ベクトルは

$$\vec{n} = \pm\frac{\nabla f}{|\nabla f|} \qquad (9-4)$$

で与えられる．

【証明】曲面 $f(x, y, z) = c$ 上のある点 (x, y, z) から曲面に沿って $\vec{dr} = (dx, dy, dz)$ 微小移動すると，移動先も曲面上にあるので，$f(x+dx, y+dy, z+dz) = c$ となる．よって，

$$df = f(x+dx, y+dy, z+dz) - f(x, y, z) = c - c = 0$$

となるので，(9-3) 式より

$$df = \frac{\partial f}{\partial x}dx + \frac{\partial f}{\partial y}dy + \frac{\partial f}{\partial z}dz = \left(\frac{\partial f}{\partial x}, \frac{\partial f}{\partial y}, \frac{\partial f}{\partial z}\right) \cdot (dx, dy, dz) = \nabla f \cdot \vec{dr} = 0$$

となり，ベクトル ∇f と曲面に沿った微小ベクトル $\vec{dr}$ は垂直となる．すなわち，∇f は法線方向のベクトルであり，単位ベクトルは，$\vec{n} = \pm\dfrac{\nabla f}{|\nabla f|}$ となる．

＜例題9.1＞ 曲面 $S:\ \sqrt{x^2+y^2}+z = a$ に垂直な単位法線ベクトルを求めよ（第8章，例題 8.2）．

【解答】 $f(x, y, z) = \sqrt{x^2+y^2}+z = a$ とおくと

$$\nabla f = \begin{pmatrix} \dfrac{x}{\sqrt{x^2+y^2}} \\ \dfrac{y}{\sqrt{x^2+y^2}} \\ 1 \end{pmatrix} \rightarrow \vec{n} = \frac{\nabla f}{|\nabla f|} = \frac{1}{\sqrt{2}}\begin{pmatrix} \dfrac{x}{\sqrt{x^2+y^2}} \\ \dfrac{y}{\sqrt{x^2+y^2}} \\ 1 \end{pmatrix} = \frac{1}{\sqrt{2}}\begin{pmatrix} \dfrac{x}{a-z} \\ \dfrac{y}{a-z} \\ 1 \end{pmatrix}$$

9.2　発散（div）

ベクトル $\vec{A}$ に対して次式で定義される，単位体積あたりの面を通しての正味の流出量をベクトル $\vec{A}$ の発散と呼ぶ．

$$\mathrm{div}\,\vec{A} \equiv \lim_{\Delta V \to 0} \frac{\int_S \vec{n} \cdot \vec{A}\,dS}{\Delta V} \tag{9-5}$$

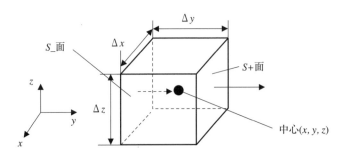

図9.2　微小体積での y 方向の出入り

○ y 方向についての正味の流出量は，微小直方体の中心の座標を (x, y, z) として，

$$\text{流出量}_y = \int_{S_+} \vec{n} \cdot \vec{A}\,dS + \int_{S_-} \vec{n} \cdot \vec{A}\,dS = \int_{S_+} A_y\,dzdx - \int_{S_-} A_y\,dzdx$$

$$\approx A_y\left(x, y+\frac{\Delta y}{2}, z\right)\Delta z\Delta x - A_y\left(x, y-\frac{\Delta y}{2}, z\right)\Delta z\Delta x$$

$$\approx \left\{A_y(x, y, z) + \frac{\partial A_y(x, y, z)}{\partial y}\frac{\Delta y}{2}\right\}\Delta z\Delta x - \left\{A_y(x, y, z) + \frac{\partial A_y(x, y, z)}{\partial y}\left(-\frac{\Delta y}{2}\right)\right\}\Delta z\Delta x$$

$$= \frac{\partial A_y(x, y, z)}{\partial y}\Delta y\Delta z\Delta x = \frac{\partial A_y(x, y, z)}{\partial y}\Delta V = \frac{\partial A_y}{\partial y}\Delta V$$

○ x 方向についての正味の流出量も同様に計算すれば，次式のようになる．

$$流出量_x = A_x\left(x+\frac{\Delta x}{2},y,z\right)\Delta y\Delta z - A_x\left(x-\frac{\Delta x}{2},y,z\right)\Delta y\Delta z$$

$$\approx \left\{A_x(x,y,z)+\frac{\partial A_x(x,y,z)}{\partial x}\cdot\frac{\Delta x}{2}\right\}\Delta y\Delta z - \left\{A_x(x,y,z)-\frac{\partial A_x(x,y,z)}{\partial x}\cdot\frac{\Delta x}{2}\right\}\Delta y\Delta z$$

$$= \frac{\partial A_x(x,y,z)}{\partial x}\Delta x\Delta y\Delta z = \frac{\partial A_x}{\partial x}\Delta V$$

○ z 方向も同様に

$$流出量_z \approx \frac{\partial A_z}{\partial z}\Delta V$$

と計算される．よって

$$\int_S \vec{n}\cdot\vec{A}\,dS \approx \left(\frac{\partial A_x}{\partial x}+\frac{\partial A_y}{\partial y}+\frac{\partial A_z}{\partial z}\right)\Delta V$$

となるので，次式が得られる．

$$\mathrm{div}\,\vec{A} \equiv \lim_{\Delta V\to 0}\frac{\int_S \vec{n}\cdot\vec{A}\,dS}{\Delta V} = \frac{\partial A_x}{\partial x}+\frac{\partial A_y}{\partial y}+\frac{\partial A_z}{\partial z} = \nabla\cdot\vec{A} \qquad (9-5')$$

この単位体積あたりの正味の流出量を発散と呼ぶ．

9.3　回転（rot）

ベクトル $\vec{A}$ に対して次式で定義される，単位面積あたりの周回積分値をベクトル $\vec{A}$ の回転の z 成分と呼ぶ．

$$(\mathrm{rot}\,\vec{A})_z \equiv \lim_{\Delta S\to 0}\frac{\oint_c \vec{A}\cdot d\vec{r}}{\Delta S} \qquad (9-6)$$

ただし，C は ΔS の境界で，この右辺の分子は，
$C: \mathrm{O}\to\mathrm{P}\to\mathrm{Q}\to\mathrm{R}\to\mathrm{O}$ として以下のように計算される．

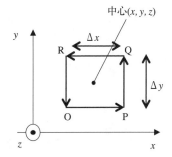

図 9.3　$x-y$ 面上での線積分

　長方形の中心の座標を (x,y,z) とおいて，OP 上での線積分は，OP 上で $d\vec{r}=(dx,0,0)$ となり，また，OP の中点での値で関数の値を代表することで

$$\int_0^P \vec{A}\cdot d\vec{r} = \int_0^P A_x\,dx \approx A_x\left(x,y-\frac{\Delta y}{2},z\right)\Delta x \approx A_x(x,y,z)\Delta x - \frac{\partial A_x(x,y,z)}{\partial y}\frac{\Delta y}{2}\Delta x$$

と計算される．同様にして，PQ 上での線積分は，$d\vec{r}=(0,dy,0)$ より

$$\int_P^Q \vec{A}\cdot d\vec{r} \approx A_y\left(x+\frac{\Delta x}{2},y,z\right)\Delta y \approx A_y(x,y,z)\Delta y + \frac{\partial A_y(x,y,z)}{\partial x}\frac{\Delta x}{2}\Delta y$$

となる．また，QR 上での線積分は

$$\int_Q^R \vec{A}\cdot d\vec{r} = -\int_R^Q \vec{A}\cdot d\vec{r} \approx -A_x\left(x,y+\frac{\Delta y}{2},z\right)\Delta x \approx -\left(A_x(x,y,z)\Delta x + \frac{\partial A_x(x,y,z)}{\partial y}\frac{\Delta y}{2}\Delta x\right)$$

となり，RO 上での線積分は

$$\int_R^O \vec{A}\cdot d\vec{r} = -\int_0^R \vec{A}\cdot d\vec{r} \approx -A_y\left(x-\frac{\Delta x}{2},y,z\right)\Delta y \approx -\left(A_y(x,y,z)\Delta y - \frac{\partial A_y(x,y,z)}{\partial x}\frac{\Delta x}{2}\Delta y\right)$$

となるので，すべて足し合わせると

$$\oint_C \vec{A}\cdot d\vec{r} \approx \frac{\partial A_y(x,y,z)}{\partial x}\Delta x\Delta y - \frac{\partial A_x(x,y,z)}{\partial y}\Delta x\Delta y = \left(\frac{\partial A_y}{\partial x}-\frac{\partial A_x}{\partial y}\right)\Delta x\Delta y = \left(\frac{\partial A_y}{\partial x}-\frac{\partial A_x}{\partial y}\right)\Delta S$$

が得られる．したがって，回転は次式のように計算される．

$$(\mathrm{rot}\,\vec{A})_z = \lim_{\Delta S \to 0} \frac{\oint_c \vec{A} \cdot d\vec{r}}{\Delta S} = \frac{\partial A_y}{\partial x} - \frac{\partial A_x}{\partial y} = (\nabla \times \vec{A})_z \tag{9-6'}$$

よって，3つの面を考えて，それぞれ計算したものをベクトルとして表すと

$$\nabla \times \vec{A} = \mathrm{rot}\,\vec{A} = \left(\frac{\partial A_z}{\partial y} - \frac{\partial A_y}{\partial z}, \frac{\partial A_x}{\partial z} - \frac{\partial A_z}{\partial x}, \frac{\partial A_y}{\partial x} - \frac{\partial A_x}{\partial y} \right) = \det \begin{bmatrix} \vec{i} & \vec{j} & \vec{k} \\ \frac{\partial}{\partial x} & \frac{\partial}{\partial y} & \frac{\partial}{\partial z} \\ A_x & A_y & A_z \end{bmatrix} \tag{9-7}$$

となる．これをベクトル $\vec{A}$ の回転と呼ぶ．なお，計算すれば明らかで，常に次式が成立する．

$$\nabla \cdot (\nabla \times \vec{A}) = 0 \tag{9-8}$$

$$\nabla \times (\nabla \phi) = 0 (= \vec{0}) \tag{9-9}$$

9.4　ラプラシアン

スカラーとベクトルに対するラプラシアン ∇^2 を次式で定義する．

$$\nabla^2 \phi \equiv \nabla \cdot (\nabla \phi) \tag{9-10}$$

$$\nabla^2 \vec{A} \equiv \nabla(\nabla \cdot \vec{A}) - \nabla \times (\nabla \times \vec{A}) \tag{9-11}$$

この ∇^2 は，温度場・流れ場等を支配する拡散方程式で使用される（第15章参照）．

デカルト座標系では

$$\nabla^2 \phi \equiv \nabla \cdot (\nabla \phi) = \frac{\partial^2 \phi}{\partial x^2} + \frac{\partial^2 \phi}{\partial y^2} + \frac{\partial^2 \phi}{\partial z^2} \tag{9-10'}$$

$$\nabla^2 \vec{A} \equiv \nabla(\nabla \cdot \vec{A}) - \nabla \times (\nabla \times \vec{A}) = \begin{pmatrix} \frac{\partial^2 A_x}{\partial x^2} + \frac{\partial^2 A_x}{\partial y^2} + \frac{\partial^2 A_x}{\partial z^2} \\ \frac{\partial^2 A_y}{\partial x^2} + \frac{\partial^2 A_y}{\partial y^2} + \frac{\partial^2 A_y}{\partial z^2} \\ \frac{\partial^2 A_z}{\partial x^2} + \frac{\partial^2 A_z}{\partial y^2} + \frac{\partial^2 A_z}{\partial z^2} \end{pmatrix} \tag{9-11'}$$

となり，デカルト座標系では，偶然，ベクトルとスカラーのラプラシアン ∇^2 が一致する．

しかし，円柱座標系（あるいは円筒座標系）（$r-\theta-z$ 座標系，$x = r \cos \theta$，$y = r \sin \theta$，$z = z$）では，$\vec{i}_r, \vec{i}_\theta, \vec{i}_z$ をそれぞれ r, θ, z 方向の単位ベクトルとして，

$$\nabla = \vec{i}_r \frac{\partial}{\partial r} + \vec{i}_\theta \frac{1}{r} \frac{\partial}{\partial \theta} + \vec{i}_z \frac{\partial}{\partial z}, \quad \vec{A} = A_r \vec{i}_r + A_\theta \vec{i}_\theta + A_z \vec{i}_z$$

とし，単位ベクトルの偏微分（$\frac{\partial \vec{i}_r}{\partial \theta} = \frac{\partial}{\partial \theta}(\cos \theta, \sin \theta, 0) = \vec{i}_\theta, \frac{\partial \vec{i}_\theta}{\partial \theta} = \frac{\partial}{\partial \theta}(-\sin \theta, \cos \theta, 0) = -\vec{i}_r$）を利用して計算すれば，

$$\nabla \phi = \left(\frac{\partial \phi}{\partial r}, \frac{1}{r} \frac{\partial \phi}{\partial \theta}, \frac{\partial \phi}{\partial z} \right) \tag{9-12}, \quad \nabla \cdot \vec{A} = \frac{1}{r} \frac{\partial}{\partial r}(rA_r) + \frac{1}{r} \frac{\partial A_\theta}{\partial \theta} + \frac{\partial A_z}{\partial z} \tag{9-13}$$

$$\nabla \times \vec{A} = \left(\frac{1}{r} \frac{\partial A_z}{\partial \theta} - \frac{\partial A_\theta}{\partial z}, \frac{\partial A_r}{\partial z} - \frac{\partial A_z}{\partial r}, \frac{1}{r} \frac{\partial}{\partial r}(rA_\theta) - \frac{1}{r} \frac{\partial A_r}{\partial \theta} \right) \tag{9-14}$$

となることから

$$\nabla^2 \phi \equiv \nabla \cdot (\nabla \phi) = \frac{1}{r} \frac{\partial}{\partial r}\left(r \frac{\partial \phi}{\partial r} \right) + \frac{1}{r^2} \frac{\partial^2 \phi}{\partial \theta^2} + \frac{\partial^2 \phi}{\partial z^2} \tag{9-10''}$$

$$\nabla^2\vec{A} \equiv \nabla(\nabla\cdot\vec{A}) - \nabla\times(\nabla\times\vec{A}) = \begin{pmatrix} \frac{1}{r}\frac{\partial}{\partial r}\left(r\frac{\partial A_r}{\partial r}\right) + \frac{1}{r^2}\frac{\partial^2 A_r}{\partial\theta^2} + \frac{\partial^2 A_r}{\partial z^2} - \frac{A_r}{r^2} - \frac{2}{r^2}\frac{\partial A_\theta}{\partial\theta} \\ \frac{1}{r}\frac{\partial}{\partial r}\left(r\frac{\partial A_\theta}{\partial r}\right) + \frac{1}{r^2}\frac{\partial^2 A_\theta}{\partial\theta^2} + \frac{\partial^2 A_\theta}{\partial z^2} - \frac{A_\theta}{r^2} + \frac{2}{r^2}\frac{\partial A_r}{\partial\theta} \\ \frac{1}{r}\frac{\partial}{\partial r}\left(r\frac{\partial A_z}{\partial r}\right) + \frac{1}{r^2}\frac{\partial^2 A_z}{\partial\theta^2} + \frac{\partial^2 A_z}{\partial z^2} \end{pmatrix}$$
$$(9-11")$$

となり，スカラーとベクトルに対する ∇^2 は一致しない．また，デカルト座標系とは異なり，勾配・発散・回転に共通する ∇ の具体的な計算式は定義できない．

なお，$\nabla^2\phi$ は軸対称の場合には，以下のように簡略化できる．

$$\nabla^2\phi = \frac{1}{r}\frac{\partial}{\partial r}\left(r\frac{\partial\phi}{\partial r}\right) + \frac{\partial^2\phi}{\partial z^2} \qquad (z\text{ 方向に変化がある場合})\qquad(9-15)$$

$$\nabla^2\phi = \frac{1}{r}\frac{\partial}{\partial r}\left(r\frac{\partial\phi}{\partial r}\right) = \frac{1}{r}\frac{d}{dr}\left(r\frac{d\phi}{dr}\right) \quad (z\text{ 方向に変化がない場合})\qquad(9-16)$$

また，球座標系（あるいは極座標系）（$r-\theta-\varphi$ 座標系）では
$$x = r\sin\theta\cos\varphi, \quad y = r\sin\theta\sin\varphi, \quad z = r\cos\theta$$
の関係式が成立し

$$\nabla\phi = \left(\frac{\partial\phi}{\partial r}, \frac{1}{r}\frac{\partial\phi}{\partial\theta}, \frac{1}{r\sin\theta}\frac{\partial\phi}{\partial\varphi}\right)\qquad(9-17)$$

$$\nabla\cdot\vec{A} = \frac{1}{r^2}\frac{\partial}{\partial r}(r^2 A_r) + \frac{1}{r\sin\theta}\frac{\partial}{\partial\theta}(\sin\theta A_\theta) + \frac{1}{r\sin\theta}\frac{\partial A_\varphi}{\partial\varphi}\qquad(9-18)$$

となる．半径のみに依存する場合は次式のようになる．

$$\nabla^2\phi = \frac{1}{r^2}\frac{\partial}{\partial r}\left(r^2\frac{\partial\phi}{\partial r}\right) = \frac{1}{r^2}\frac{d}{dr}\left(r^2\frac{d\phi}{dr}\right)\qquad(9-19)$$

<例題9.2>　次のスカラー場 $\phi(x,y,z)$ とベクトル場 $\vec{A}(x,y,z)$ に対して $\nabla\phi\cdot\nabla\times\vec{A}$ を求めよ．
$$\phi = \exp(z^2)\sin(x-y^2), \quad \vec{A} = (x^2z, -y^3z^2, xy^2z)$$
【解答】　$\nabla\phi = \exp(z^2)(\cos(x-y^2), -2y\cos(x-y^2), 2z\sin(x-y^2))$
$\nabla\times\vec{A} = (2xyz+2y^3z, x^2-y^2z, 0)$
であるから
$$\nabla\phi\cdot\nabla\times\vec{A} = 2y(xz+2y^2z-x^2)\exp(z^2)\cos(x-y^2)$$

●　●　●　●　●

練習問題9.1　（9-7）式の x 成分と y 成分を導出せよ．

練習問題9.2　（9-8）式，（9-9）式の左辺を計算して，成立することを示せ．

練習問題9.3　円環表面 $S : (\sqrt{x^2+y^2}-a)^2 + z^2 = b^2 \ (a > b > 0)$ が与えられたとき，曲面 S 上の単位法線ベクトル $\vec{n}$ を（8-6）式および，（9-4）式を使用して，それぞれ求めよ．

練習問題9.4　スカラー場 $\phi = 3x^2 - xy$ とベクトル場 $\vec{A} = (3xyz^2, 2xy^3, x^2yz)$ について点$(1, 1, -1)$における次の量を計算せよ.

　　（1）　$\nabla \cdot \vec{A}$　　（2）　$\nabla \times \vec{A}$　　（3）　$\nabla \times (\phi\vec{A})$

練習問題9.5　ベクトル場 $\vec{A}(x, y, z) = (3x^2y + 4x^3y^2z, x^3 + 2x^4yz + 1, x^4y^2 + 3)$ に対して，$\nabla\phi = \vec{A}$ となるスカラーϕが存在することを（9−9）式を使用して示し，このϕを求めよ（このスカラーϕはスカラーポテンシャルと呼ばれる）.

練習問題9.6　任意の平面を考えて，その面上で $(\mathrm{rot}\,\vec{A})_n = \lim\limits_{\Delta S \to 0} \dfrac{\oint_c \vec{A} \cdot d\vec{r}}{\Delta S}$ を計算すると，

$(\mathrm{rot}\,\vec{A})_n = \lim\limits_{\Delta S \to 0} \dfrac{\oint_c \vec{A} \cdot d\vec{r}}{\Delta S} = \vec{n} \cdot (\nabla \times \vec{A})$ で与えられることを，以下の図で，三角形 BCD のまわりの線積分を考え，点 p から平面までの距離 Δl をゼロに近づけることによって示せ.

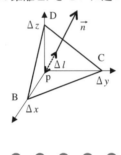

●　●　●　●　●

演習問題9.1　スカラー場 $\phi = 2xyz$ とベクトル場 $\vec{A} = (4xz^2, x^2yz, 2xy^3)$ について，点 $(1, 2, 1)$ における次の量を計算せよ.

　　（1）　$\nabla \cdot \vec{A}$　　（2）　$\nabla \times \vec{A}$　　（3）　$\nabla \times (\phi\vec{A})$

演習問題9.2　ベクトル場 $\vec{A}(x, y, z) = \left(2x \log y, \dfrac{x^2}{y} + 2yz, y^2\right)$ に対して，$\nabla\phi = \vec{A}$ となるスカラーϕを求めよ.

演習問題9.3　円柱座標系におけるベクトル場 $\vec{A}$ の発散を微小体積における流出量から求めよ.

ちょっといっぷく

演算子 ∇ について

　第9章では ∇（ナブラ）という演算子が登場しましたね. ∇ を数学記号として用いたのはイギリスの数学者，物理学者であるハミルトン卿（1805-1865 年）とされています. この「ナブラ」という言葉の由来は諸説ありますが，ヘブライ語で竪琴（ハープ）を意味する「Nebel」から来ているとする説があります. 言われてみれば，∇ の形と竪琴（ハープ）の形，似ていますね.

10 1階の常微分方程式

本章では，第12章の＜例題12.3＞で扱っている，空気中を自由落下する物体の運動方程式や，放射性物質の時間的変化などを解く際に現れる1階の常微分方程式やその他の方程式の解き方について学習する．

10.1 線形微分方程式

1階の常微分方程式は，放射性物質の崩壊など，独立変数は時間となることが多い（例題10.1参照）が，ここでは，xを独立変数として扱う．

$$\frac{dy}{dx}+P(x)y = Q(x) \tag{10-1}$$

解法）$Q(x) = 0$として，まず斉次解を求める．

$$\frac{dy}{dx}+P(x)y = 0 \rightarrow \frac{1}{y}\frac{dy}{dx} = -P(x) \rightarrow \int \frac{1}{y}\frac{dy}{dx}dx = -\int P(x)dx$$

$$\rightarrow \int^y \frac{1}{y}dy = -\int^x P(x)dx+c_0$$

ここで，$\int^x P(x)dx$は，不定積分において積分定数を含まないことを意味する．よって

$$\log|y| = -\int^x P(x)dx+c_0 \rightarrow |y| = e^{-\int^x P(x)dx+c_0} = e^{c_0}e^{-\int^x P(x)dx} \rightarrow y = c\,e^{-\int^x P(x)dx} \tag{10-2}$$

となる．ここまでは，次節の変数分離形と同じ方法である．いま，上の解を変形し

$$c = ye^{\int^x P(x)dx}$$

を考え，定数cをxの関数とみなして両辺をxで微分すると

$$\frac{dc}{dx} = \frac{d}{dx}(ye^{\int^x P(x)dx}) = \frac{dy}{dx}e^{\int^x P(x)dx}+yP(x)e^{\int^x P(x)dx} = e^{\int^x P(x)dx}\Big(\frac{dy}{dx}+P(x)y\Big)$$

が得られるので，（10-1）式を代入すれば

$$\frac{dc}{dx} = \frac{d}{dx}(ye^{\int^x P(x)dx}) = e^{\int^x P(x)dx}Q(x) \tag{10-3}$$

となる．

よって，求める解は（10-3）式を積分することによって，以下のように得られる．

$$y\,e^{\int^x P(x)dx} = \int^x \{e^{\int^x P(x)dx}Q(x)\}dx+c_1 \Rightarrow y = e^{-\int^x P(x)dx}\Big[\int^x \{e^{\int^x P(x)dx}Q(x)\}dx+c_1\Big] \tag{10-4}$$

この解法は，**定数変化法**と呼ばれている方法であるが，別の見方をすれば元の方程式（10-1）式の両辺に$e^{\int^x P(x)dx}$をかけることによって

$$e^{\int^x P(x)dx}\Big(\frac{dy}{dx}+P(x)y\Big) = \frac{d}{dx}(ye^{\int^x P(x)dx}) = e^{\int^x P(x)dx}Q(x)$$

が得られ，（10-3）式とまったく同じ形になっており，この式を解いていると考えても良い．

なお，次式で与えられる微分方程式（**ベルヌーイの微分方程式**）は$z = y^{1-n}$とおくことで解ける．

$$\frac{dy}{dx}+P(x)y = Q(x)\,y^n \quad \Rightarrow \quad \frac{dz}{dx}+(1-n)\,P(x)z = (1-n)\,Q(x)$$

<例題 10.1>　ある時間 t に N 個の放射性元素があり，単位時間で崩壊する確率である崩壊定数を λ とすると，非常に短い時間 Δt の間に崩壊する元素の数は $\lambda N\Delta t$ となり，この数だけ，放射性元素の数が減少する．よって，このことを式で表すと

$$\Delta N = -\lambda N\Delta t \quad \Rightarrow \quad \frac{\Delta N}{\Delta t} = -\lambda N \quad \Rightarrow \quad \frac{dN}{dt} = -\lambda N$$

となる．$N(t)$ を求めなさい．

【解答】

$$\frac{dN}{dt} = -\lambda N \quad \rightarrow \quad \int\frac{1}{N}dN = \int -\lambda dt \quad \rightarrow \quad \log N = -\lambda t + C \quad \rightarrow \quad N = C_0\,e^{-\lambda t}$$

ただし C，C_0 は定数.

10.2　変数分離形

$$\frac{dy}{dx} = f(x)g(y) \tag{10-5}$$

解法）

$$\frac{1}{g(y)}\frac{dy}{dx} = f(x) \quad \Rightarrow \quad \int\frac{1}{g(y)}\frac{dy}{dx}dx = \int f(x)dx \quad \Rightarrow \quad \int^y\frac{1}{g(y)}dy = \int^x f(x)dx + c$$

あるいは

$$\frac{1}{g(y)}\frac{dy}{dx} = f(x) \quad \Rightarrow \quad \frac{1}{g(y)}dy = f(x)dx \quad \Rightarrow \quad \int^y\frac{1}{g(y)}dy = \int^x f(x)dx + c \tag{10-6}$$

<例題 10.2>　次の微分方程式を解け．

$$x+y+1+(x+y-1)\frac{dy}{dx} = 0$$

【解答】　$x+y = u(x,y)$ とおくと，$\dfrac{dy}{dx} = \dfrac{du}{dx}-1$ となるので

$$u+1+(u-1)\left(\frac{du}{dx}-1\right) = 0 \quad \rightarrow \quad \int(u-1)du = \int -2dx \quad \rightarrow \quad \frac{1}{2}u^2-u = -2x+C$$

$$\rightarrow \quad \frac{1}{2}(x+y)^2+x-y = C \quad \text{ただし } C \text{ は定数.}$$

10.3　同次形

$$\frac{dy}{dx} = f\left(\frac{y}{x}\right) \tag{10-7}$$

解法）$v = \dfrac{y}{x}$ とおいて，v と x についての微分方程式に書き換える．

$$y = vx \quad \Rightarrow \quad \frac{dy}{dx} = v+x\frac{dv}{dx}$$

となるので，（10-7）式は

$$v+x\frac{dv}{dx} = f(v) \quad \Rightarrow \quad x\frac{dv}{dx} = f(v)-v \quad \Rightarrow \quad \frac{dv}{f(v)-v} = \frac{1}{x}dx \tag{10-8}$$

となるので，変数分離形の微分方程式が得られる．

<例題 10.3>　$\dfrac{dy}{dx}=\dfrac{x+y}{x-y}=\dfrac{1+\dfrac{y}{x}}{1-\dfrac{y}{x}}$　を解きなさい．

【解答】　$v=\dfrac{y}{x}$　$\rightarrow$　$\dfrac{dy}{dx}=v+\dfrac{dv}{dx}x$

よって与式は

$$v+\dfrac{dv}{dx}x=\dfrac{1+v}{1-v}\ \rightarrow\ \dfrac{1-v}{1+v^2}dv=\dfrac{1}{x}dx\ \rightarrow\ \tan^{-1}v-\dfrac{1}{2}\log(1+v^2)=\log|x|+C$$

$$\rightarrow\ \tan^{-1}\left(\dfrac{y}{x}\right)=\log\left(|x|\sqrt{1+\dfrac{y^2}{x^2}}\right)+C=\log(\sqrt{x^2+y^2})+C\qquad \text{ただし } C \text{ は定数.}$$

10.4　完全微分形

$$P(x,y)+Q(x,y)\dfrac{dy}{dx}=0\ \Rightarrow\ P(x,y)dx+Q(x,y)dy=0 \tag{10-9}$$

ただし，$\dfrac{\partial P}{\partial y}=\dfrac{\partial Q}{\partial x}$　となっている場合

解法）第 5 章の（5-3）式を見ると

$$df=\dfrac{\partial f}{\partial x}dx+\dfrac{\partial f}{\partial y}dy$$

となっている．このとき，$\dfrac{\partial}{\partial y}\left(\dfrac{\partial f}{\partial x}\right)=\dfrac{\partial}{\partial x}\left(\dfrac{\partial f}{\partial y}\right)$　が成立している．もし，（10-9）式で，

$\dfrac{\partial P}{\partial y}=\dfrac{\partial Q}{\partial x}$ であるならば（10-9）式は，ある関数 $f(x,y)=c$ の全微分になっていると考えられ

$$df=\dfrac{\partial f}{\partial x}dx+\dfrac{\partial f}{\partial y}dy=P(x,y)dx+Q(x,y)dy=0$$

となる．よって，解は以下のように求められる．

$$f(x,y)=\int P(x,y)dx+\phi(y)$$

$$\Rightarrow\ \dfrac{\partial f}{\partial y}=\dfrac{\partial}{\partial y}\int P(x,y)dx+\dfrac{\partial\phi(y)}{\partial y}=\dfrac{\partial}{\partial y}\int P(x,y)dx+\dfrac{d\phi(y)}{dy}=Q(x,y)$$

$$\Rightarrow\ \phi(y)=\int\left\{Q(x,y)-\dfrac{\partial}{\partial y}\int P(x,y)dx\right\}dy$$

$$\Rightarrow\ f(x,y)=\int P(x,y)dx+\int\left\{Q(x,y)-\dfrac{\partial}{\partial y}\int P(x,y)dx\right\}dy=c$$

<例題 10.4>　次の微分方程式を解け．

$$-2xy\dfrac{dy}{dx}+x^2-y^2=0$$

【解答】　$-2xy\dfrac{dy}{dx}+x^2-y^2=0\ \rightarrow\ (x^2-y^2)dx-2xydy=0$

ここで，$\dfrac{\partial}{\partial y}(x^2-y^2)=-2y$　，$\dfrac{\partial}{\partial x}(-2xy)=-2y$ より，完全微分形である．よって

$$P(x, y) = x^2 - y^2, \quad Q(x, y) = -2xy$$
となるので，以下のようにして，解が得られる.

$$f(x, y) = \int P(x, y)dx + \phi(y) = \frac{x^3}{3} - xy^2 + \phi(y)$$

$$\Rightarrow \quad \frac{\partial f}{\partial y} = -2xy + \frac{\partial \phi(y)}{\partial y} = -2xy + \frac{d\phi(y)}{dy} = -2xy \quad \Rightarrow \quad \frac{d\phi(y)}{dy} = 0 \quad \Rightarrow \quad \phi(y) = c_1$$

$$\Rightarrow \quad f(x, y) = \frac{x^3}{3} - xy^2 + c_1 = c_2 \quad \Rightarrow \quad \frac{x^3}{3} - xy^2 = c$$

● ● ● ● ●

練習問題 10.1 ＜例題 10.2＞の解が，元の微分方程式を満足することを示せ.

練習問題 10.2 次の微分方程式を解け.［ヒント］$x = X + a, \quad y = Y + b$ の変数変換を行う.
$$\frac{dy}{dx} = \frac{x + y + 3}{x - y + 1}$$

練習問題 10.3 次の変数分離形の微分方程式を解け.
$$x^2(y + 1)dx - \frac{x^2 + 1}{y}dy = 0$$

練習問題 10.4 次の微分方程式を解け.
$$2xy\frac{dy}{dx} + x^2 - y^2 = 0$$

練習問題 10.5 次の微分方程式を解け.
$$\left(\frac{1}{2}x^2y - xy\right)\frac{dy}{dx} + x^2 + \frac{x - 1}{2}y^2 = 0$$

● ● ● ● ●

演習問題 10.1 微分方程式が変数分離形ならば完全微分形であることを証明せよ.

演習問題 10.2 微分方程式 $\dfrac{dy}{dx} + (\cos x)\, y = \cos x$ を，①定数変化法，②変数分離形と見た場合，③完全微分形と見た場合の 3 通りの方法で解け.

演習問題 10.3 微分方程式 $\dfrac{dy}{dx} + y = e^x y^2$ を解け.

ロジスティック方程式

微分方程式で自然界の様々な現象を記述することができます．その一例として，ネズミの増殖を考えてみましょう．ある孤立した島に個体数 N のネズミが生息しているとします．単位時間あたりのネズミの増加率（出生率 − 死亡率）を a とすれば個体数 N の時間変化は，微分方程式で表すと，

$$\frac{dN}{dt} = aN$$

となり，これをマルサス方程式といいます．これを解くと個体数 N は時間の経過に対して（ⅰ）増加率 $a>0$ のときには無限大に増殖，（ⅱ）増加率 $a=0$ のときには変化しない，（ⅲ）増加率 $a<0$ のときには絶滅するということがわかります．

しかし，実際には $a>0$ のときでも，ネズミの個体数が増えるにつれてこれを抑制するような効果が表れるので，個体数が無限大に増えてしまうことはありません．その効果というのは，例えば，ネズミが増えればその島のエサが少なくなり個体間の競争が起こったりすることなどです．この効果を反映した微分方程式は以下のようになり，この方程式の右辺には，N の積が現れていますので，非線形方程式となります．

$$\frac{dN}{dt} = a\left(1 - \frac{N}{K}\right)N \quad (a > 0)$$

ここで，K は環境収容力，つまり，その島におけるエサの量などを表していると考えてください．この微分方程式をロジスティック方程式といい，個体群生態学の基礎モデルとして有名なものです．この方程式はベルヌーイの微分方程式の形をしています．

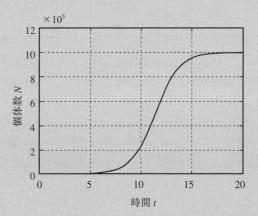

ロジスティック方程式モデルにおける個体数 N の経時変化
（$K = 1000000$，$a = 0.8$，$N_0 = 100$，$t_0 = 0$ とした）

11　2階の常微分方程式

　本章では，第26章で扱っている，バネに繋がったおもりの運動方程式，コイル／コンデンサーを含む電気回路の問題を解く際に現れる2階の常微分方程式の解法について学習する．

11.1　斉次常微分方程式

$$\frac{d^2y}{dx^2}+a\frac{dy}{dx}+by = 0 \tag{11-1}$$

$y = e^{\lambda x}$ とおいて代入すると得られる特性方程式：$\lambda^2+a\lambda+b = 0$ を解き，解を λ_1, λ_2 とする．なお，以下で $C_1, C_2, C_3, C_4, C_5, C_6$ は任意の定数とする（実数でも複素数でもよい）．

（1）　λ_1, λ_2 が異なる実数のとき

$$y = C_1\, e^{\lambda_1 x}+C_2\, e^{\lambda_2 x}$$

（2）　$\lambda_1 = \lambda_2$ のとき

$$y = (C_1+C_2 x)\, e^{\lambda_1 x}$$

（3）　λ_1 と λ_2 が複素数（共役）のとき（$\lambda_1 = \alpha+i\beta$, $\lambda_2 = \alpha-i\beta$）

$$y = C_1\, e^{\lambda_1 x}+C_2\, e^{\lambda_2 x}$$

となる．より具体的に書けば，次式のようになる．

$$y = C_1\, e^{\lambda_1 x}+C_2\, e^{\lambda_2 x}$$
$$= \mathrm{Re}(C_1 e^{\lambda_1 x}+C_2\, e^{\lambda_2 x})+i\,\mathrm{Im}(C_1 e^{\lambda_1 x}+C_2\, e^{\lambda_2 x})$$

ただし，$\gamma = \alpha+i\beta$ に対して $\mathrm{Re}(\gamma) = \alpha$, $\mathrm{Im}(\gamma) = \beta$ であり，それぞれ，複素数の実数部，虚数部を意味している．上式の実数部，虚数部をそれぞれ計算すると

$$\mathrm{Re}(y) = \mathrm{Re}(C_1 e^{\lambda_1 x}+C_2\, e^{\lambda_2 x}) = \mathrm{Re}(C_1 e^{(\alpha+i\beta)x}+C_2\, e^{(\alpha-i\beta)x}) = \mathrm{Re}(C_1\, e^{\alpha x}\cdot e^{i\beta x}+C_2 e^{\alpha x}\cdot e^{-i\beta x})$$
$$= e^{\alpha x}[\{\mathrm{Re}(C_1)+\mathrm{Re}(C_2)\}\cos(\beta x)+\{-\mathrm{Im}(C_1)+\mathrm{Im}(C_2)\}\sin(\beta x)]$$
$$= e^{\alpha x}\{C_3\cos(\beta x)+C_4\sin(\beta x)\}$$

$$\mathrm{Im}(y) = \mathrm{Im}(C_1 e^{\lambda_1 x}+C_2\, e^{\lambda_2 x}) = \mathrm{Im}(C_1 e^{(\alpha+i\beta)x}+C_2\, e^{(\alpha-i\beta)x}) = \mathrm{Im}(C_1\, e^{\alpha x}\cdot e^{i\beta x}+C_2 e^{\alpha x}\cdot e^{-i\beta x})$$
$$= e^{\alpha x}[\{\mathrm{Im}(C_1)+\mathrm{Im}(C_2)\}\cos(\beta x)+\{\mathrm{Re}(C_1)+\mathrm{Re}(C_2)\}\sin(\beta x)]$$
$$= e^{\alpha x}\{C_5\cos(\beta x)+C_6\sin(\beta x)\}$$

となり，y の実数部と虚数部は同じ形となるので以下のように書くことができる．

$$y = e^{\alpha x}\{C_3\cos(\beta x)+C_4\sin(\beta x)\}$$

まとめると，次式のようになる．

$$y = C_1 u_1+C_2 u_2$$

$$\begin{bmatrix}u_1\\u_2\end{bmatrix} = \begin{bmatrix}e^{\lambda_1 x}\\e^{\lambda_2 x}\end{bmatrix} \quad \mathrm{or} \quad \begin{bmatrix}e^{\lambda_1 x}\\x\,e^{\lambda_1 x}\end{bmatrix} \quad \mathrm{or} \quad \begin{bmatrix}e^{\alpha x}\cos(\beta x)\\e^{\alpha x}\sin(\beta x)\end{bmatrix} \tag{11-2}$$

（λ が異なる実数解）　（λ が重解）　　（λ が複素解）

・(11-2) 式の導出

$\lambda^2+a\lambda+b = 0$ の解が λ_1, λ_2 なので，解と係数の関係から

$$\lambda_1+\lambda_2 = -a, \quad \lambda_1\lambda_2 = b$$

が成立する．したがって (11-1) 式は

$$\frac{d^2y}{dx^2}+a\frac{dy}{dx}+by = \left(\frac{d}{dx}-\lambda_1\right)\left\{\left(\frac{d}{dx}-\lambda_2\right)y\right\} = 0 \tag{11-3}$$

と変形できる．ここで

$$\left(\frac{d}{dx}-\lambda_2\right)y = \frac{dy}{dx}-\lambda_2 y$$

と計算される．ここで，(11-3) 式で $z = \left\{\left(\frac{d}{dx}-\lambda_2\right)y\right\}$ とおくと，$\left(\frac{d}{dx}-\lambda_1\right)z = 0$ となるので，

(10-2) 式より $z = c\,e^{\lambda_1 x}$ となる．したがって，$z = \left\{\left(\frac{d}{dx}-\lambda_2\right)y\right\} = ce^{\lambda_1 x}$ が得られるので，

(10-4) 式を利用して y を求めることができる．

1) λ_1, λ_2 が異なるときは，

$$y = e^{\lambda_2 x}\left(\int^x e^{-\lambda_2 x}ce^{\lambda_1 x}dx+c_1\right) = e^{\lambda_2 x}\left(\int^x ce^{(\lambda_1-\lambda_2)x}dx+c_1\right) = \frac{c}{\lambda_1-\lambda_2}e^{(\lambda_1-\lambda_2)x}e^{\lambda_2 x}+c_1 e^{\lambda_2 x}$$

$$= \frac{c}{\lambda_1-\lambda_2}e^{\lambda_1 x}+c_1 e^{\lambda_2 x}$$

c, c_1 は任意の定数なので，表記方法を変えて

$$y = c_1 e^{\lambda_1 x}+c_2 e^{\lambda_2 x}$$

が得られる．

2) $\lambda_1 = \lambda_2 (= \lambda)$ のときは，以下のように計算される．

$$\frac{d^2y}{dx^2}+a\frac{dy}{dx}+by = \left(\frac{d}{dx}-\lambda\right)\cdot\left(\frac{dy}{dx}-\lambda y\right) = \left(\frac{d}{dx}-\lambda\right)\cdot z = 0 \quad \rightarrow \quad z = ce^{\lambda x}$$

$$z = c_1 e^{\lambda x} = \left(\frac{d}{dx}-\lambda\right)y \quad \rightarrow$$

$$y = e^{\{-\int^x(-\lambda)dx\}}\cdot\left(\int^x e^{\int^x(-\lambda)dx}\cdot c_1 e^{\lambda x}dx+c_2\right) = e^{\lambda x}\cdot\left(\int^x e^{-\lambda x}\cdot c_1 e^{\lambda x}dx+c_2\right) = (c_1 x+c_2)e^{\lambda x}$$

ただし c_1, c_2 は定数である．

11.2　非斉次常微分方程式

$$\frac{d^2y}{dx^2}+a\frac{dy}{dx}+by = R(x) \tag{11-4}$$

$R(x) = 0$ のときの解は，

$$y = C_1 u_1(x)+C_2 u_2(x) \tag{11-5}$$

となり，この解を**斉次解**と呼ぶ．当然であるが

$$\frac{d^2u_1}{dx^2}+a\frac{du_1}{dx}+bu_1 = 0, \quad \frac{d^2u_2}{dx^2}+a\frac{du_2}{dx}+bu_2 = 0$$

である．ここで，第 10 章の場合と同様に定数変化法を用いることを考える．定数は C_1, C_2 の 2 つなので，(11-5) 式を微分した次式も考える．

$$\frac{dy}{dx} = y' = C_1 u_1'(x)+C_2 u_2'(x) \tag{11-6}$$

(11-5) 式，(11-6) 式をまとめた次式を出発の式とする．

$$\begin{bmatrix} u_1 & u_2 \\ u_1' & u_2' \end{bmatrix}\begin{pmatrix} C_1 \\ C_2 \end{pmatrix} = \begin{pmatrix} y \\ y' \end{pmatrix} \quad \Rightarrow \quad \begin{pmatrix} C_1 \\ C_2 \end{pmatrix} = \begin{bmatrix} u_1 & u_2 \\ u_1' & u_2' \end{bmatrix}^{-1}\begin{pmatrix} y \\ y' \end{pmatrix} = \frac{1}{u_1 u_2'-u_1' u_2}\begin{bmatrix} u_2' & -u_2 \\ -u_1' & u_1 \end{bmatrix}\begin{pmatrix} y \\ y' \end{pmatrix} \tag{11-7}$$

C_1, C_2 を変数と考え，(11−7) 式を x で微分すると

$$\binom{C_1'}{C_2'} = \left(\frac{1}{u_1 u_2' - u_1' u_2}\right)' \begin{bmatrix} u_2' & -u_2 \\ -u_1' & u_1 \end{bmatrix} \binom{y}{y'} + \frac{1}{u_1 u_2' - u_1' u_2} \begin{bmatrix} u_2' & -u_2 \\ -u_1' & u_1 \end{bmatrix}' \binom{y}{y'}$$

$$+ \frac{1}{u_1 u_2' - u_1' u_2} \begin{bmatrix} u_2' & -u_2 \\ -u_1' & u_1 \end{bmatrix} \binom{y'}{y''} \tag{11−8}$$

となる．右辺第 1 項の微分は

$$\left(\frac{1}{u_1 u_2' - u_1' u_2}\right)' = -\frac{(u_1 u_2' - u_1' u_2)'}{(u_1 u_2' - u_1' u_2)^2} = -\frac{u_1 u_2'' - u_1'' u_2}{(u_1 u_2' - u_1' u_2)^2}$$

$$= -\frac{-u_1(au_2' + bu_2) + u_2(au_1' + bu_1)}{(u_1 u_2' - u_1' u_2)^2} = \frac{a(u_1 u_2' - u_2 u_1')}{(u_1 u_2' - u_1' u_2)^2} = \frac{a}{u_1 u_2' - u_1' u_2}$$

と計算できる．また，右辺第 2 項の微分は

$$\begin{bmatrix} u_2' & -u_2 \\ -u_1' & u_1 \end{bmatrix}' = \begin{bmatrix} u_2'' & -u_2' \\ -u_1'' & u_1' \end{bmatrix} = \begin{bmatrix} -au_2' - bu_2 & -u_2' \\ au_1' + bu_1 & u_1' \end{bmatrix}$$

と計算できるので，(11−8) 式の右辺第 1 項と第 2 項の和は

$$\frac{1}{u_1 u_2' - u_1' u_2} \left\{ \begin{bmatrix} au_2' & -au_2 \\ -au_1' & au_1 \end{bmatrix} \binom{y}{y'} + \begin{bmatrix} -au_2' - bu_2 & -u_2' \\ au_1' + bu_1 & u_1' \end{bmatrix} \binom{y}{y'} \right\}$$

$$= \frac{1}{u_1 u_2' - u_1' u_2} \begin{bmatrix} -bu_2 & -au_2 - u_2' \\ bu_1 & au_1 + u_1' \end{bmatrix} \binom{y}{y'}$$

となり，(11−8) 式は

$$\binom{C_1'}{C_2'} = \frac{d}{dx} \left\{ \begin{bmatrix} u_1 & u_2 \\ u_1' & u_2' \end{bmatrix}^{-1} \binom{y}{y'} \right\} = \frac{1}{u_1 u_2' - u_1' u_2} \left\{ \begin{bmatrix} -bu_2 & -au_2 - u_2' \\ bu_1 & au_1 + u_1' \end{bmatrix} \binom{y}{y'} + \begin{bmatrix} u_2' & -u_2 \\ -u_1' & u_1 \end{bmatrix} \binom{y'}{y''} \right\}$$

$$= \frac{1}{u_1 u_2' - u_1' u_2} \binom{-bu_2 y - (au_2 + u_2')y' + u_2' y' - u_2 y''}{bu_1 y + (au_1 + u_1')y' - u_1' y' + u_1 y''}$$

$$= \frac{1}{u_1 u_2' - u_1' u_2} \binom{-u_2(y'' + ay' + by)}{u_1(y'' + ay' + by)} = \frac{1}{u_1 u_2' - u_1' u_2} \binom{-u_2 R(x)}{u_1 R(x)} \tag{11−9}$$

となる．この式を積分すれば，C_1, C_2 が以下のように求められる．

$$C_1 = \int^x \frac{-u_2 R(x)}{u_1 u_2' - u_1' u_2} \, dx + C_3, \quad C_2 = \int^x \frac{u_1 R(x)}{u_1 u_2' - u_1' u_2} \, dx + C_4$$

したがって，(11−4) 式の解は，上式の C_3, C_4 を，再度，C_1, C_2 と書き換えて

$$y = C_1 u_1(x) + C_2 u_2(x) + \left\{ \int^x \frac{-u_2 R(x)}{u_1 u_2' - u_1' u_2} \, dx \right\} u_1(x) + \left\{ \int^x \frac{u_1 R(x)}{u_1 u_2' - u_1' u_2} \, dx \right\} u_2(x) \tag{11−10}$$

となる．なお，(11−10) 式の右辺において

$$y_1 = C_1 u_1(x) + C_2 u_2(x)$$

の部分は斉次解であり，(11−4) 式の左辺に代入すれば，当然，ゼロとなる．また

$$y_2 = \left\{ \int^x \frac{-u_2 R(x)}{u_1 u_2' - u_1' u_2} \, dx \right\} u_1(x) + \left\{ \int^x \frac{u_1 R(x)}{u_1 u_2' - u_1' u_2} \, dx \right\} u_2(x) \tag{11−11}$$

の部分は**特殊解**と呼ばれ，この解を (11−4) 式の左辺に代入すれば $R(x)$ と計算される．

ここで，(11−9) 式を最後の項から遡ると

$$\frac{1}{u_1 u_2' - u_1' u_2} \binom{-u_2 R(x)}{u_1 R(x)} = \frac{d}{dx} \left\{ \begin{bmatrix} u_1 & u_2 \\ u_1' & u_2' \end{bmatrix}^{-1} \binom{y}{y'} \right\}$$

となり

$$\begin{pmatrix} y \\ y' \end{pmatrix} = \begin{bmatrix} u_1 & u_2 \\ u_1' & u_2' \end{bmatrix} \begin{pmatrix} \int^x \dfrac{-u_2 R(x)}{u_1 u_2' - u_1' u_2} dx + C_3 \\ \int^x \dfrac{u_1 R(x)}{u_1 u_2' - u_1' u_2} dx + C_4 \end{pmatrix} \qquad (11-12)$$

と計算されるので，（11-6）式の関係を利用しなくても，**一般解**を求めることができる．

また，（11-12）式の1行目から得られる y を微分して y' を計算してみると，（11-12）式の2行目の式と一致するので，結果として，（11-5）式と（11-6）式の C_1 と C_2 が定数でなくても（11-6）式が成立していることを意味する．つまり，

$$C_1' u_1(x) + C_2' u_2(x) = \left(\int^x \dfrac{-u_2 R(x)}{u_1 u_2' - u_1' u_2} dx + C_3 \right)' u_1(x) + \left(\int^x \dfrac{u_1 R(x)}{u_1 u_2' - u_1' u_2} dx + C_4 \right)' u_2(x) = 0$$

$$(11-13)$$

が，偶然，満たされている．そこで，定数変化法で解を求める場合には，（11-13）式が成立するものと仮定して，（11-5）式を元の方程式である（11-4）式に代入し，

$$y'' + ay' + by = C_1' u_1'(x) + C_2' u_2'(x) = R(x)$$

が得られるので，（11-13）式と連立させて

$$\begin{bmatrix} u_1 & u_2 \\ u_1' & u_2' \end{bmatrix} \begin{pmatrix} C_1' \\ C_2' \end{pmatrix} = \begin{pmatrix} 0 \\ R(x) \end{pmatrix} \ \Rightarrow \ \begin{pmatrix} C_1' \\ C_2' \end{pmatrix} = \dfrac{1}{u_1 u_2' - u_1' u_2} \begin{bmatrix} u_2' & -u_2 \\ -u_1' & u_1 \end{bmatrix} \begin{pmatrix} 0 \\ R(x) \end{pmatrix}$$

となり，（11-9）式と同じ結果が簡単に得られる．

<例題 11.1>　$\dfrac{d^2 y}{dx^2} - 3\dfrac{dy}{dx} + 2y = e^{2x} \sin x$ を解け．

【解答】　まず，斉次解を求める．

$$\lambda^2 - 3\lambda + 2 = 0 \ \rightarrow \ \lambda = 1, 2$$

よって，斉次解は

$$y_1 = C_1 e^x + C_2 e^{2x}$$

となる．特殊解は（11-10）式を用いて，以下のように求められる．

$$u_1 = e^x , \quad u_2 = e^{2x} \ \Rightarrow \ u_1 u_2' - u_1' u_2 = 2e^x e^{2x} - e^x e^{2x} = e^x e^{2x} = e^{3x}$$

$$y_2 = \left\{ \int^x \dfrac{-u_2 R(x)}{u_1 u_2' - u_1' u_2} dx \right\} u_1(x) + \left\{ \int^x \dfrac{u_1 R(x)}{u_1 u_2' - u_1' u_2} dx \right\} u_2(x)$$

$$= \left\{ \int^x \dfrac{-e^{2x} e^{2x} \sin x}{e^{3x}} dx \right\} e^x + \left\{ \int^x \dfrac{e^x e^{2x} \sin x}{e^{3x}} dx \right\} e^{2x}$$

$$= -\left\{ \int^x e^x \sin x \, dx \right\} e^x + \left(\int^x \sin x \, dx \right) e^{2x} = -\left\{ \dfrac{\sin x - \cos x}{2} e^x \right\} e^x - \cos x \, e^{2x}$$

$$= -\dfrac{1}{2} e^{2x} (\sin x + \cos x)$$

よって，求める解は

$$y = y_1 + y_2 = C_1 e^x + C_2 e^{2x} - \dfrac{1}{2} e^{2x} (\sin x + \cos x)$$

となる．

<例題 11.2>　<例題 11.1>の微分方程式を満たし，$y(0) = 1$，$y'(0) = 1$ となる解を求めよ．

【解答】　<例題 11.1>の解答より

$$y = y_1 + y_2 = C_1 e^x + C_2 e^{2x} - \frac{1}{2} e^{2x} (\sin x + \cos x)$$

したがって

$$y(0) = C_1 + C_2 - \frac{1}{2} = 1$$

$$y' = C_1 e^x + 2C_2 e^{2x} - e^{2x} (\sin x + \cos x) - \frac{1}{2} e^{2x} (\cos x - \sin x)$$

$$\Rightarrow \quad y'(0) = C_1 + 2C_2 - 1 - \frac{1}{2} = 1$$

となるので

$$C_1 = \frac{1}{2}, \quad C_2 = 1$$

が得られる．よって求める解は

$$y = \frac{1}{2} e^x + e^{2x} - \frac{1}{2} e^{2x} (\sin x + \cos x)$$

となる．

練習問題 11.1　(11−3) 式を証明せよ．

練習問題 11.2　(11−10) 式が (11−4) 式を満たすことを確認せよ．

練習問題 11.3　次の微分方程式を解け．ただし，$x > 0$ とする．　[ヒント] $x = e^t$ とする．

$$x^2 \frac{d^2 y}{dx^2} + 3x \frac{dy}{dx} + y = \sin(\log x)$$

練習問題 11.4　次の微分方程式を解け．

$$\frac{d^2 y}{dx^2} + a^2 y = b \sin(\omega x) \quad (a, b, \omega = \text{constant}, \quad a > \omega > 0)$$

演習問題 11.1　次の微分方程式を解け．ただし，$x = 0$ のとき $y = -1$，$y' = 1$ である．

$$\frac{d^2 y}{dx^2} - 6 \frac{dy}{dx} + 9y = 0$$

演習問題 11.2　次の微分方程式を解け．

$$\frac{d^2 y}{dx^2} + 3 \frac{dy}{dx} - 4y = x^2$$

<u>演習問題 11.3</u>　次の微分方程式を解け.

$$\frac{d^2y}{dx^2}+4y=e^{-x}+3\cos(2x)$$

ちょっといっぷく

特殊解の求め方

　特殊解は,（11−11）式から求めることが可能ですが, 積分が面倒ですね. そこで, 特殊解は, 元の微分方程式に代入したときに右辺の項が出てくれば良いものであると考えることで比較的簡単に求められます. 例えば

$$\frac{d^2y}{dx^2}-3\frac{dy}{dx}+2y=\cos x$$

の特殊解を

$$y_2=A\cos x+B\sin x$$

とおいて, 元の微分方程式を満足するように係数を定めると

$$\frac{dy_2}{dx}=-A\sin x+B\cos x,\quad \frac{d^2y_2}{dx^2}=-A\cos x-B\sin x\quad\Rightarrow$$

$$\frac{d^2y_2}{dx^2}-3\frac{dy_2}{dx}+2y_2=-A\cos x-B\sin x-3(-A\sin x+B\cos x)+2(A\cos x+B\sin x)$$

$$=(A-3B)\cos x+(3A+B)\sin x=\cos x$$

より,

$$A-3B=1,\ 3A+B=0\quad\Rightarrow\quad A=\frac{1}{10},\ B=-\frac{3}{10}$$

$$\Rightarrow\quad y_2=\frac{1}{10}\cos x-\frac{3}{10}\sin x$$

と求められますね. 数多くの問題を解くことで, 特殊解の大体の形がわかるようになると, 簡単に答えが見つけられるようになりますね.

12 運動方程式

本章では，運動方程式を数学的な観点から学習し，さらにニュートンの運動方程式の，より一般的な考え方を理解するために汎関数と呼ばれる関数の関数についても学習する．

12.1 運動方程式

ある質点の位置ベクトルを $\vec{r}(t)$ とすれば，速度，加速度は

$$\vec{v}(t) = \frac{d\vec{r}}{dt}, \quad \vec{a}(t) = \frac{d\vec{v}}{dt} = \frac{d^2\vec{r}}{dt^2}$$

で表される．運動方程式は，一般的には

$$\vec{F} = \frac{d}{dt}(m\vec{v})$$

となる．また，力積と運動量の関係は上式を時間で積分することで得られる．

質量の変化が無視できるような速度（光速より十分遅い速度）では

$$\vec{F} = \frac{d}{dt}(m\vec{v}) = m\frac{d\vec{v}}{dt} = m\vec{a} \tag{12-1}$$

となる．

<例題 12.1> 仕事と運動エネルギーの変化の関係を導け．

【解答】 (12-1) 式と $d\vec{r}$ との内積をとり積分すれば，仕事 W は，以下のようになる．

$$W = \int_{C_A}^{C_B} \vec{F} \cdot d\vec{r} = \int_{C_A}^{C_B} m\frac{d\vec{v}}{dt} \cdot d\vec{r} = \int_{t_A}^{t_B} m\frac{d\vec{v}}{dt} \cdot \frac{d\vec{r}}{dt} \, dt$$

$$= \int_{t_A}^{t_B} m\frac{d\vec{v}}{dt} \cdot \vec{v} \, dt = \int_{t_A}^{t_B} m\frac{d}{dt}\left(\frac{1}{2}\vec{v} \cdot \vec{v}\right) dt = \int_{v_A}^{v_B} m \, d\left(\frac{1}{2}v^2\right) = \frac{1}{2}mv_B^2 - \frac{1}{2}mv_A^2$$

<例題 12.2> 半径 r で一定の角速度 ω で回転している質点 m を考える．位置ベクトルを時間の関数として求め，速度，加速度を求めなさい．さらに，質点に作用している力を運動方程式から求めよ．

【解答】 位置ベクトル，速度，加速度は，それぞれ以下のようになる．

$$\vec{r} = \begin{pmatrix} r\cos(\omega t) \\ r\sin(\omega t) \end{pmatrix}, \quad \frac{d\vec{r}}{dt} = \begin{pmatrix} -r\omega\sin(\omega t) \\ r\omega\cos(\omega t) \end{pmatrix}, \quad \frac{d^2\vec{r}}{dt^2} = \begin{pmatrix} -r\omega^2\cos(\omega t) \\ -r\omega^2\sin(\omega t) \end{pmatrix}$$

運動方程式より，質点に作用している力は，次式で与えられる．

$$\vec{F} = m\frac{d^2\vec{r}}{dt^2} = -mr\omega^2\begin{pmatrix} \cos(\omega t) \\ \sin(\omega t) \end{pmatrix}, \quad |\vec{F}| = mr\omega^2$$

12.2 ポテンシャルエネルギー

力のベクトルが

$$\vec{F} = -\nabla U$$

で表されるとき，U をポテンシャルエネルギー，$\vec{F}$ を保存力と呼ぶ．保存力がなす仕事は次式で示されるように経路に依存せず，位置のみで決まる．

$$W = \int_A^B \vec{F}\cdot d\vec{r} = -\int_A^B \nabla U\cdot d\vec{r}$$
$$= -\int_A^B \left(\frac{\partial U}{\partial x}\,dx + \frac{\partial U}{\partial y}dy + \frac{\partial U}{\partial z}dz\right) = -\int_A^B dU = U_A - U_B \tag{12-2}$$

<例題 12.3> 自由落下する物体の質量を m，重力加速度の大きさを g，速度に比例して働く空気抵抗の係数を $k\,(k>0)$ とする．初速度 0 で落下させたとき，t 秒後の速度と落下開始地点からの距離を求めよ（直接，運動方程式を作ること）．

【解答】 運動方程式より

$$m\frac{dv}{dt} = mg - kv \quad \rightarrow \quad \frac{dv}{dt} + \frac{k}{m}v = g$$

ここで斉次解は

$$v = C_0\,e^{-\frac{k}{m}t}$$

定数変化法より

$$C_0 = v\,e^{\frac{k}{m}t} \quad \rightarrow \quad C_0' = \frac{dv}{dt}e^{\frac{k}{m}t} + \frac{k}{m}ve^{\frac{k}{m}t}$$
$$\rightarrow \quad C_0' = e^{\frac{k}{m}t}\left(\frac{dv}{dt} + \frac{k}{m}v\right) = e^{\frac{k}{m}t}\cdot g \quad \rightarrow \quad C_0 = \frac{mg}{k}e^{\frac{k}{m}t} + C_1$$

よって

$$v = \left(\frac{mg}{k}e^{\frac{k}{m}t} + C_1\right)e^{-\frac{k}{m}t} = \frac{mg}{k} + C_1 e^{-\frac{k}{m}t}$$

となる．ここで，初期速度は 0 なので，上式に $t=0$ を代入すれば

$$v = \frac{mg}{k} + C_1 = 0 \quad \rightarrow \quad C_1 = -\frac{mg}{k}$$

となる．よって，t 秒後の速度 v は

$$v = \frac{mg}{k}(1 - e^{-\frac{k}{m}t})$$

また，落下開始地点からの距離 x は

$$\int_{x|_{t=0}}^x dx = \int_0^t v dt \quad \rightarrow \quad x = \frac{mg}{k}t + \frac{m^2 g}{k^2}(e^{-\frac{k}{m}t} - 1)$$

と計算される．

12.3 汎関数

関数の関数を汎関数と呼ぶ．例えば，平面上の 2 点 A，B を考え，点 A から点 B までの線分の長さ l は，2 点を結ぶ関数によって変化するので汎関数となる．

$$l(y(x)) = \int_A^B \sqrt{dx^2 + dy^2} = \int_{x_A}^{x_B} \sqrt{1 + \left(\frac{dy}{dx}\right)^2}\,dx$$
$$= \int_{x_A}^{x_B} \sqrt{1 + (y')^2}\,dx$$

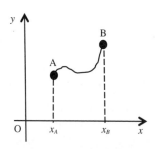

図 12.1 2 点を結ぶ関数

この汎関数に極値を与える関数を求める．一般的な汎関数を

$$I(y(x)) = \int_{x_A}^{x_B} F(x, y, y')dx \tag{12-3}$$

とし，この汎関数に極値を与える関数を $y(x)$ とおき，この関数から少しずれた関数 $\bar{y}(x)$ を

$$\bar{y}(x) = y(x) + \alpha\,\eta(x) \tag{12-4}$$

と表す．ここで，$\eta(x)$ は任意の微分可能な関数で，$\eta(x_A) = \eta(x_B) = 0$ である．また，α は微小な値とすると，（12-3）式で与えられる汎関数は

$$\begin{aligned}
I(\bar{y}(x)) &= \int_{x_A}^{x_B} F(x, \bar{y}, \bar{y}')dx = \int_{x_A}^{x_B} F(x, y+\alpha\eta, y'+\alpha\eta')dx \\
&= \int_{x_A}^{x_B} \left\{ F(x,y,y') + \frac{\partial F}{\partial y}\alpha\eta + \frac{\partial F}{\partial y'}\alpha\eta' + \frac{1}{2}\frac{\partial^2 F}{\partial y^2}(\alpha\eta)^2 + \frac{1}{2}\frac{\partial^2 F}{(\partial y')^2}(\alpha\eta')^2 + \cdots \right\}dx \\
&= \int_{x_A}^{x_B} F(x,y,y')dx + \alpha\int_{x_A}^{x_B}\left(\frac{\partial F}{\partial y}\eta + \frac{\partial F}{\partial y'}\eta'\right)dx + \frac{\alpha^2}{2}\int_{x_A}^{x_B}\left(\frac{\partial^2 F}{\partial y^2}\eta^2 + \frac{\partial^2 F}{(\partial y')^2}(\eta')^2\right)dx + \cdots
\end{aligned}$$

$$\tag{12-5}$$

と変形できる（y と y' とは別々の独立した変数として扱っていることに注意）．（12-4）式において $\alpha = 0$ のとき，$\bar{y}(x) = y(x)$ となり（12-3）式は極値を持つことになるので，（12-3）式に（12-4）式を代入して得られた（12-5）式は，$\alpha = 0$ のとき，極値をとるはずである．すなわち

$$\left.\frac{\partial I}{\partial \alpha}\right|_{\alpha=0} = \int_{x_A}^{x_B}\left(\frac{\partial F}{\partial y}\eta + \frac{\partial F}{\partial y'}\eta'\right)dx = 0 \tag{12-6}$$

となる．（12-6）式を変形すると

$$\begin{aligned}
\int_{x_A}^{x_B}\left(\frac{\partial F}{\partial y}\eta + \frac{\partial F}{\partial y'}\eta'\right)dx &= \int_{x_A}^{x_B}\frac{\partial F}{\partial y}\eta\,dx + \int_{x_A}^{x_B}\frac{\partial F}{\partial y'}\eta'dx = \int_{x_A}^{x_B}\frac{\partial F}{\partial y}\eta\,dx + \int_{x_A}^{x_B}\left\{\left(\frac{\partial F}{\partial y'}\eta\right)' - \left(\frac{\partial F}{\partial y'}\right)'\eta\right\}dx \\
&= \left[\frac{\partial F}{\partial y'}\eta\right]_{x_A}^{x_B} + \int_{x_A}^{x_B}\left\{\frac{\partial F}{\partial y} - \left(\frac{\partial F}{\partial y'}\right)'\right\}\eta\,dx = \int_{x_A}^{x_B}\left\{\frac{\partial F}{\partial y} - \left(\frac{\partial F}{\partial y'}\right)'\right\}\eta\,dx = 0
\end{aligned}$$

が，任意の η について成立することになるので

$$\frac{\partial F}{\partial y} - \left(\frac{\partial F}{\partial y'}\right)' = \frac{\partial F}{\partial y} - \frac{d}{dx}\left(\frac{\partial F}{\partial y'}\right) = 0 \tag{12-7}$$

が得られる．この方程式をオイラー方程式と呼ぶ．

<例題 12.4>　平面上の2点A,Bを考え，点Aから点Bまでの線分の長さが最小になる曲線を求めよ．

【解答】　$F = \sqrt{1+(y')^2}$ より，（12-7）式から

$$\frac{\partial F}{\partial y} - \frac{d}{dx}\left(\frac{\partial F}{\partial y'}\right) = 0 \;\rightarrow\; 0 - \frac{d}{dx}\left(\frac{y'}{\sqrt{1+(y')^2}}\right) = 0 \;\rightarrow\; \frac{y'}{\sqrt{1+(y')^2}} = C_1$$

$$\rightarrow\; y' = C_2 \;\rightarrow\; y = C_2 x + C_3$$

　　　よって，2点A,Bを通る直線である

12.4　ラグランジュ運動方程式

　運動方程式に関しては，$L = T - U$（L：ラグランジュ関数，T：運動エネルギー，U：ポテンシャルエネルギー）を考え

$$\int_{t_A}^{t_B} L(t, x, x')dt \tag{12-8}$$

に極値を与える方程式を求める．（12-7）式の左辺の第一項と第二項は入れ替えて

$$\frac{d}{dt}\left(\frac{\partial L}{\partial x'}\right)-\frac{\partial L}{\partial x}=0 \tag{12-9}$$

とする．例えば

$$L=\frac{1}{2}mv^2-U=\frac{1}{2}m(x')^2-U(x)$$

の場合には，（12-9）式より

$$\frac{d}{dt}(mx')-\left(-\frac{dU}{dx}\right)=mx''+\frac{dU}{dx}=0 \quad\Rightarrow\quad mx''=-\frac{dU}{dx}=F$$

となり，運動方程式が得られる．

2次元の場合には，次の汎関数を考え

$$\int_{t_A}^{t_B}L(t,x,y,x',y')dt \tag{12-10}$$

この汎関数に極値を与える関数を $x=\overline{x}(t)$，$y=\overline{y}(t)$ とおき，任意の $x(t),y(t)$ をそれぞれ

$$x(t)=\overline{x}(t)+\alpha\,\xi(t)$$
$$y(t)=\overline{y}(t)+\beta\,\eta(t) \tag{12-11}$$

とおいて（12-10）式に代入すれば，（12-10）式は $\alpha=0$ かつ $\beta=0$ のときに極値をとるはずである．（12-5）式と同様に計算をすれば

$$\frac{d}{dt}\left(\frac{\partial L}{\partial x'}\right)-\frac{\partial L}{\partial x}=0\ ,\quad \frac{d}{dt}\left(\frac{\partial L}{\partial y'}\right)-\frac{\partial L}{\partial y}=0 \tag{12-12}$$

が得られ，以下の運動方程式が得られる．

$$\vec{F}=m\vec{a} \tag{12-13}$$

この方法の利点は，ラグランジュ関数 L は，運動エネルギーとポテンシャルエネルギーの差であるため，定数の部分を除いては空間座標形の取り方に依存せず，結果として（12-10）式に極値を与える（12-12）式は，任意の座標系で成立するという点である．一般には，座標系を q で表し，時間での微分を $q'\to\dot{q}$ と変えて以下のような表現を用いる．

$$\frac{d}{dt}\left(\frac{\partial L}{\partial\dot{q}}\right)-\frac{\partial L}{\partial q}=0 \tag{12-14}$$

<例題 12.5> 質量 m のおもりが，長さ l のひもの先につり下げられている振り子を考える．このときの振り子の運動方程式を求めよ．

【解答】 鉛直方向と振り子のなす角度を θ とすると，おもりの速度は，$v=l\dfrac{d\theta}{dt}=l\theta'$ となる．また，重力のポテンシャルエネルギーは，基準点をおもりが一番下に来たときとすると

$$L=\frac{1}{2}mv^2-U=\frac{1}{2}m(l\theta')^2+mgl(\cos\theta-1)$$

となる．よって運動方程式は

$$\frac{d}{dt}\left(\frac{\partial L}{\partial\theta'}\right)-\frac{\partial L}{\partial\theta}=\frac{d}{dt}(ml^2\theta')+mgl\sin\theta=ml^2\theta''+mgl\sin\theta=0$$

となる．θ が十分小さいときは，$\sin\theta\approx\theta$ となるので

$$\theta''+\omega^2\theta=0 \quad\left(\omega=\sqrt{\frac{g}{l}}\right)$$

となり，単振動の方程式が得られる.

● ● ● ● ●

練習問題 12.1　一様な静磁場 $\vec{B} = (0, 0, B_0)$ において，質量 m，電荷 q を持つ荷電粒子の運動方程式は次式で表される．以下の設問に答えよ.

$$m\frac{d\vec{v}}{dt} = q(\vec{v} \times \vec{B})$$

（1）　運動方程式の解が次式で表されることを確かめよ.（A_1, A_2, A_3 は定数）

$$\vec{v} = \left(A_1 \sin\left(\frac{qB_0}{m}t\right) + A_2 \cos\left(\frac{qB_0}{m}t\right), \quad A_1 \cos\left(\frac{qB_0}{m}t\right) - A_2 \sin\left(\frac{qB_0}{m}t\right), \quad A_3 \right)$$

（2）　初速度 $\vec{v} = (1, 0, 1)$ が与えられたとき，$0 \leq t \leq t_0$ における荷電粒子の軌跡の長さ L を求めよ.

練習問題 12.2　＜例題 12.3＞に関して，時間が十分経った後の速度（終端速度）を，【解答】に与えられている速度の式において，$t \to \infty$ として求めよ. さらに，この終端速度を微分方程式から直接求めよ.

練習問題 12.3　＜例題 12.5＞で導出された運動方程式を，力の釣り合いを考えて，直接導出せよ.

練習問題 12.4　右図に示すように，原点から出発して重力だけで点 A に最も早く到着するためには，どのような曲線に沿って移動するのが良いかを求めよ（最速降下線と呼ばれている）. ただし，初速度は 0, 質量は m とする.

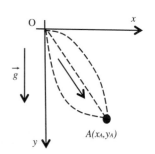

● ● ● ● ●

演習問題 12.1　摩擦のない面上で，壁に一端が固定されたバネにおもりを付けて振動させるとする. バネ定数が k, おもりの質量が m であるとき，運動エネルギー T, ポテンシャルエネルギー U, そしてラグランジュ関数 L を求め，(12−9) 式に基づいて運動方程式を導出せよ.

演習問題 12.2　傾斜角 α をなす斜面の下端より，斜面の上方へ向けて物体を投射する. 投射に際して，斜面とのなす角度は $\theta - \alpha$, 速度の大きさは v である. なお空気抵抗は考えないものとし，重力加速度の大きさを g, 角度については $\theta > \alpha$, $0 \leq \alpha < \frac{\pi}{2}$ とする.

（1）　物体の斜面への落下地点から斜面下端までの距離 l を求めよ.

（2）　飛距離 l を最大にする θ を求めよ.

演習問題 12.3　以下に示すポテンシャルによって粒子が受ける力を求めよ.

（1）　$U = mgz$

（2）　$U = \dfrac{1}{2}kx^2$

（3）　$U = -\dfrac{c}{r}$　ただし，$r = \sqrt{x^2 + y^2 + z^2}$

ちょっといっぷく

　中学校や高校の理科の実験で，ばねにおもりがつながれた体系でのばねの変位とおもりの質量の関係を調べたことがあると思います．理論的にはばねの変位とおもりの質量はグラフ上で直線になりますが，実験データは誤差を含むので直線には乗りませんでしたね．そんなときでも，複数の実験データがだいたい直線上に乗るような「もっともらしい直線」を"えいや"と引いた経験があると思います．この「もっともらしい直線」を引くというのは，数学的には目的関数（ここでは引く直線と各データとの誤差の2乗和）を最小にするといいます．これをもう少し一般化すると，「与えられた制約条件の中で，ある目的関数を最小にする解を求めること」，いわゆる最適化問題というものになります.

　工学部に所属する皆さんは将来，ものづくりに携わることが多くなると思いますが，そのときにこの最適化問題に直面するはずです．というのも，実際の工学で要求される「もの」の目的は通常1つだけでなく，複数あることが多いのです.

　ところで，最適化問題を解くときには計算機上でアルゴリズムを用いますが，目的関数が多峰性の関数のときには最適値の判断を誤るときがあります．つまり，計算機が最適値はここだ！と判断しても，目的関数が極小値を複数持てば大局的にはその判断が誤っているときがあるのです．この章を読むころには，皆さんも大学生活に慣れ，「講義の単位を取得することと，なるべく楽をしたい」という制約条件の中で大学生活の最適化を試みているかもしれませんが，是非，大局的な視点での最適化を図って欲しいと思います.

13 ルジャンドル変換

本章では，熱力学などで用いられるルジャンドル変換について学習する.

13.1 ルジャンドル変換の基礎

ルジャンドル変換とは，$\phi(x, y)$ を元の関数とすれば，独立変数は x, y となるが，以下に示すような新たな関数を定義することによって，例えば独立変数が $x, \dfrac{\partial \phi}{\partial y}$ となるように変換する方法である．まず，独立変数が x, y である $\phi(x, y)$ を考える.

$$\phi(x, y) \quad \rightarrow \quad d\phi = \frac{\partial \phi}{\partial x}dx + \frac{\partial \phi}{\partial y}dy = udx + vdy \tag{13-1}$$

ただし

$$u = \frac{\partial \phi}{\partial x}, \quad v = \frac{\partial \phi}{\partial y}$$

である．ここで，以下に示すような関数を新たに定義すると

$$\phi_1 \equiv \phi - yv \quad \rightarrow \quad d\phi_1 = d\phi - ydv - vdy = udx + vdy - ydv - vdy = udx - ydv$$

となるので，独立変数は $x, v\left(= \dfrac{\partial \phi}{\partial y}\right)$ となり，$\phi_1 = \phi_1(x, v)$ となる．すなわち

$$\phi(x, y) \quad \rightarrow \quad \phi_1 = \phi_1(x, v) = \phi - yv \tag{13-2}$$

とすることによって，独立変数が

$$x, y \quad \rightarrow \quad x, v\left(= \frac{\partial \phi}{\partial y}\right)$$

と変換されている．同様にして

$$\phi_2 \equiv \phi - xu \tag{13-3}$$

$$\Phi \equiv \phi - xu - yv \tag{13-4}$$

とおけば

$$\phi_2 = \phi_2(u, y) \qquad \therefore d\phi_2 = udx + vdy - xdu - udx = -xdu + vdy \quad \rightarrow \quad \text{独立変数は } u, y$$

$$\Phi = \Phi(u, v) \qquad \therefore d\Phi = -xdu - ydv \quad \rightarrow \quad \text{独立変数は } u, v$$

が得られる.

13.2 熱力学

熱力学においては，内部エネルギー U，エンタルピー H，ヘルムホルツエネルギー F，ギブズエネルギー G の 4 種類のエネルギーを取り扱う．まず，可逆過程を仮定し，次式で内部エネルギー U を考える．内部エネルギーの増加 dU は，外部から供給される熱エネルギー TdS と，外部からなされる仕事 $-pdV$ の和となる.

$$dU = TdS - pdV \tag{13-5}$$

ただし，T：温度，S：エントロピー（エンタルピーではない），p：圧力，V：体積である．ここで，$\phi = U$ とすると，独立変数は上式より S, V となるので，$x \rightarrow S, y \rightarrow V$ であり

$$dU = TdS - pdV = \left(\frac{\partial U}{\partial S}\right)_V dS + \left(\frac{\partial U}{\partial V}\right)_S dV \tag{13-6}$$

が得られる．なお，$\left(\frac{\partial U}{\partial S}\right)_V$ は V を定数と見なして U を S で偏微分したことを明示するための表現である．

ここで，$v = \frac{\partial \phi}{\partial y}$ → $\frac{\partial U}{\partial V} = -p$, $u = \frac{\partial \phi}{\partial x}$ → $\frac{\partial U}{\partial S} = T$ として，U に対してルジャンドル変換を行うと

$$\phi_1(x, v) \rightarrow H(S, p) = U - V(-p) = U + pV$$
$$dH = dU + Vdp + pdV = TdS + Vdp \tag{13-7}$$

$$\phi_2(u, y) \rightarrow F(T, V) = U - ST$$
$$dF = dU - TdS - SdT = -SdT - pdV \tag{13-8}$$

$$\Phi(u, v) \rightarrow G(T, p) = U + pV - ST$$
$$dG = dU + Vdp + pdV - TdS - SdT = -SdT + Vdp \tag{13-9}$$

が得られる．

<例題 13.1> $\left(\frac{\partial U}{\partial S}\right)_V = T$, $\left(\frac{\partial U}{\partial V}\right)_S = -p$ を示せ．

【解答】 $dU = TdS - pdV = \left(\frac{\partial U}{\partial S}\right)_V dS + \left(\frac{\partial U}{\partial V}\right)_S dV$ より，明らか．

<例題 13.2> $\left(\frac{\partial}{\partial T}\left(\frac{G}{T}\right)\right)_p = -\frac{H}{T^2}$ を導出せよ．

【解答】 $G = G(T, p)$ より，G の独立変数は T, p なので

$$\left(\frac{\partial}{\partial T}\left(\frac{G}{T}\right)\right)_p = \frac{1}{T}\left(\frac{\partial G}{\partial T}\right)_p - \frac{G}{T^2}$$

また

$$G = U + pV - ST = H - ST \rightarrow H = G + ST$$

$$dG = Vdp - SdT \rightarrow \left(\frac{\partial G}{\partial T}\right)_p = -S$$

より

$$\left(\frac{\partial}{\partial T}\left(\frac{G}{T}\right)\right)_p = \frac{1}{T}\left(\frac{\partial G}{\partial T}\right)_p - \frac{G}{T^2} = -\frac{1}{T^2}\left\{-\left(\frac{\partial G}{\partial T}\right)_p T + G\right\} = -\frac{1}{T^2}(G + ST) = -\frac{H}{T^2}$$

13.3 ラグランジュ関数からハミルトン関数の導出

第12章で定義されたラグランジュ関数に対して，ルジャンドル変換を施すことによって，ハミルトン関数が得られる．今，ラグランジュ関数が陽に時間を含まない場合を考え

$$\phi \rightarrow L, \quad x \rightarrow q, \quad y \rightarrow \dot{q}$$

と書き換えると

$$L(q, \dot{q}): \quad dL = \left(\frac{\partial L}{\partial q}\right)_{\dot{q}} dq + \left(\frac{\partial L}{\partial \dot{q}}\right)_q d\dot{q} \tag{13-10}$$

が得られるので，$p = \left(\frac{\partial L}{\partial \dot{q}}\right)_q$ とおく（この p は広義の運動量と呼ばれる）．さらに，$\phi_1 \rightarrow -H$

とすれば

$$-H(q, p) = L - p\dot{q} \quad \Rightarrow \quad -dH = dL - pd\dot{q} - \dot{q}dp = \frac{\partial L}{\partial q}dq - \dot{q}dp \tag{13-11}$$

となるので

$$dH = \left(\frac{\partial H}{\partial q}\right)_p dq + \left(\frac{\partial H}{\partial p}\right)_q dp \tag{13-12}$$

との比較から

$$\left(\frac{\partial H}{\partial q}\right)_p = -\left(\frac{\partial L}{\partial q}\right)_{\dot{q}} = -\frac{d}{dt}\left(\frac{\partial L}{\partial \dot{q}}\right)_q = -\dot{p} \quad , \quad \left(\frac{\partial H}{\partial p}\right)_q = \dot{q} \tag{13-13}$$

となる．ただし，(12−14) 式を用いた．

● ● ● ● ●

練習問題 13.1　$z(x, y) = z(x)$ のとき，(13−3) 式に対応する式を計算せよ．

練習問題 13.2　$\phi(x, y) = 3x^2 + 2xy + y^2$ のとき，(13−2) 式に対応する式 $\phi_1(x, v)$ を計算せよ．

練習問題 13.3　以下の関係式を導出せよ．

$$(1) \quad \left(\frac{\partial}{\partial\left(\frac{1}{T}\right)}\left(\frac{G}{T}\right)\right)_p = H \qquad (2) \quad \left(\frac{\partial S}{\partial V}\right)_T = \left(\frac{\partial p}{\partial T}\right)_V \qquad (3) \quad \left(\frac{\partial U}{\partial V}\right)_T = T\left(\frac{\partial p}{\partial T}\right)_V - p$$

練習問題 13.4　ハミルトン関数が陽に時間を含まない場合には，$\dfrac{dH}{dt} = 0$ となることを示せ．

● ● ● ● ●

演習問題 13.1　$\phi(x, y) = x^2 + \dfrac{1}{2}y^2$ のとき，(13-2) 式に対応する式を計算せよ．

演習問題 13.2　$\phi(x, y) = (x + y)^2$ のとき，(13-3) 式に対応する式を計算せよ．

演習問題 13.3　以下の関係式を導出せよ．

$$(1) \quad \left(\frac{\partial H}{\partial S}\right)_p = \left(\frac{\partial U}{\partial S}\right)_V \qquad (2) \quad \left(\frac{\partial G}{\partial T}\right)_p = \left(\frac{\partial F}{\partial T}\right)_V$$

$$(3) \quad \left(\frac{\partial U}{\partial V}\right)_S = \left(\frac{\partial F}{\partial V}\right)_T \qquad (4) \quad \left(\frac{\partial H}{\partial p}\right)_S = \left(\frac{\partial G}{\partial p}\right)_T$$

ちょっといっぷく

　鍋に水を入れて蓋をして加熱すると，そのうち水が沸騰して鍋の中の蒸気の圧力が上がって蓋を持ち上げようとすることから，熱を機械的な仕事に変換できるというのは日常的にも理解できますね．ところで，水を加熱するのに必要なエネルギーは，例えば 1 [L] の水の温度を 1 [K] だけ上昇させるとすると，4.2 [kJ] となります．これを位置エネルギーで考えてみれば，1 [kg] の物体が約 430 [m] の高さにあることに相当します．たった 1 [K] だけ温度を上げるだけなのに，ちょっと意外ですね．ですから，「熱→機械仕事」という変換をうまく利用すれば私たちにとって非常に有用であり，実際に産業革命のきっかけとなったのも蒸気機関の発明でしたね．

　ここで，工学的な観点から疑問となるのは「熱→機械仕事」という変換の効率がどうなるのかという問題です．この問題に対し，フランスの物理学者サディ・カルノー (1796-1832) は，熱機関の効率の最大値はその機関の温度差によってのみ決まることを見出しました．

14 勾配（∇）の応用

本章では，拘束条件が与えられているときの極値を求める方法である，勾配の概念を利用したラグランジュの未定乗数法と，数値解析に用いられるペナルティ法について学習する．

14.1 ラグランジュの未定乗数法

ラグランジュの未定乗数法とは，$f = f(x, y)$ の極値を求めるときに，$g(x, y) = 0$ という拘束条件が追加されている場合の極値を求める方法であり，第9章で学んだ勾配（∇）の概念を利用した方法である．例えば

$$g(x, y) = x + y - 1 = 0$$

という拘束条件のもとで，以下の関数の極値を求めることを考える．

$$f = f(x, y) = y - x^2$$

方法1

$g(x, y) = x + y - 1 = 0$ の関係から，$y = -x + 1$ が得られるので

$$f = f(x, y) = y - x^2 \quad \rightarrow \quad f = (-x + 1) - x^2 = -x^2 - x + 1 = -\left(x + \frac{1}{2}\right)^2 + \frac{5}{4}$$

となり，f の極値は $f_{ext} = \dfrac{5}{4}$ となる $\left(x = -\dfrac{1}{2}, \; y = -x + 1 = \dfrac{3}{2}\right.$ のとき$\left.\right)$．

方法2

$g(x, y) = x + y - 1 = 0$ をグラフ上に描く．今，$f = f(x, y) = y - x^2 = k$ とおけば，k の値によって $y - x^2 = k$ の曲線は上下に移動することになる．$g(x, y) = x + y - 1 = 0$ を満たす x，y が存在するときには，この直線と曲線が交わることが必要であり，極値を求めることは，$f = f(x, y) = y - x^2 = k$ が $g(x, y) = x + y - 1 = 0$ に接する際の k の最大値を求めることと等しい．

すなわち，$y - x^2 = k$ と $x + y - 1 = 0$ から y を消去して得られる2次方程式 $x^2 + x + (k - 1) = 0$ が

1) 2つの異なる実数解を持つ　→　2カ所で交わる

2) 複素解を持つ　→　交わらない

3) 重解を持つ　→　1カ所で接する

となるので，判別式より

$$D = 1 - 4(k - 1) = 0 \quad \rightarrow \quad k = \frac{5}{4}$$

が得られる．

また，x を消去しても

$$y - (-y + 1)^2 = k \quad \rightarrow \quad y^2 + y + (k - 1) = 0$$

となるので，同様にして求めることができる．

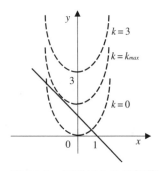

図 14.1　図形による極値導出

方法3

方法2では接していることを，重解を持つことに対応させて解を求めていたが，接するということを別の方法で表すことを考える．すなわち，図14.2中の点pにおいては，直線に対する垂直方向と，放物線に対する垂直方向が同じになっていることを利用する．

まず，$g(x, y) = x+y-1 = 0$ に垂直なベクトルを求める．ここで，$g(x, y) = x+y-1 = 0$ は，$g(x, y) = x+y-1 = t$ の特別な場合（$t = 0$）であると考え，この t を変化させると，等高線のような曲線群が得られる（図14.2の右側の図）．したがって，第9章で学んだ勾配を利用すれば

$$\overrightarrow{N_g} = \nabla g = \left(\frac{\partial g}{\partial x}, \ \frac{\partial g}{\partial y} \right) = (1, 1)$$

が得られる．同様に，$f = f(x, y) = y-x^2 = k$ に垂直なベクトルは

$$\overrightarrow{N_f} = \nabla f = \left(\frac{\partial f}{\partial x}, \ \frac{\partial f}{\partial y} \right) = (-2x, 1)$$

と計算され，$\overrightarrow{N_f} /\!/ \overrightarrow{N_g}$ となるためには

$$\overrightarrow{N_f} = -\lambda \overrightarrow{N_g} \ \Rightarrow \ \nabla f = -\lambda \nabla g \tag{14-1}$$

となる λ が存在すれば良い．よって，$g(x, y) = 0$ を満たし，かつ，（14-1）式を満たす (x, y, λ) を求めればよい．そこで，$h(x, y, \lambda) = f(x, y)+\lambda g(x, y)$ とおいて，$h(x, y, \lambda)$ の極値を求めると

$$\frac{\partial h}{\partial x} = \frac{\partial f}{\partial x}+\lambda\frac{\partial g}{\partial x} = 0 \qquad \frac{\partial h}{\partial y} = \frac{\partial f}{\partial y}+\lambda\frac{\partial g}{\partial y} = 0 \qquad \frac{\partial h}{\partial \lambda} = \frac{\partial f}{\partial \lambda}+g = 0$$

となる．

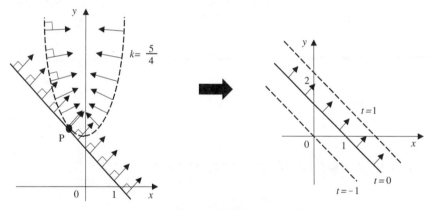

図14.2　極値での法線ベクトルの様子

よって，最初の2つの式から

$$\frac{\partial f}{\partial x}+\lambda\frac{\partial g}{\partial x} = 0 \ \rightarrow \ \frac{\partial f}{\partial x} = -\lambda\frac{\partial g}{\partial x} \tag{14-2}$$

$$\frac{\partial f}{\partial y}+\lambda\frac{\partial g}{\partial y} = 0 \ \rightarrow \ \frac{\partial f}{\partial y} = -\lambda\frac{\partial g}{\partial y} \tag{14-3}$$

となり，まとめると

$$\nabla f = -\lambda \nabla g \tag{14-4}$$

すなわち，（14-1）式が成立することになる．さらに，$f = f(x, y)$ は λ の関数を含まないことから

$$\frac{\partial h}{\partial \lambda} = \frac{\partial f}{\partial \lambda} + g = 0 \quad \Rightarrow \quad g(x, y) = 0$$

を満たすことになるので，$h = h(x, y, \lambda)$ に極値を与える (x, y) を求めることで解が得られる．

<例題 14.1> ラグランジュの未定乗数法を用いて $g(x, y) = x + y - 1 = 0$ という拘束条件のもとで，$f = f(x, y) = y - x^2$ の極値を求めよ．

【解答】　$h(x, y, \lambda) = f(x, y) + \lambda g(x, y) = (y - x^2) + \lambda(x + y - 1)$

となるので

$$\frac{\partial h}{\partial x} = -2x + \lambda = 0 \qquad \frac{\partial h}{\partial y} = 1 + \lambda = 0 \qquad \frac{\partial h}{\partial \lambda} = x + y - 1 = 0$$

より

$$1 + \lambda = 0 \quad \rightarrow \quad \lambda = -1 \qquad\qquad -2x + \lambda = 0 \quad \rightarrow \quad x = \frac{\lambda}{2} = -\frac{1}{2}$$

$$x + y - 1 = 0 \quad \rightarrow \quad y = -x + 1 = \frac{3}{2}$$

が得られ，f の極値は $f_{ext} = f\left(-\frac{1}{2}, \frac{3}{2}\right) = \frac{5}{4}$ となる．

　3次元の場合も同様にして扱える．すなわち，拘束条件を与える式は3次元空間に1つの面（曲面でも平面でもかまわない）を与えており，その面に極値を与えたい式が表す面が接するときに極値を与える．一般的に書くと，

　拘束条件 $g = 0$ のもとで f に極値を与える問題は，$h = f + \lambda g$ に極値を与える問題と等価

になる．例えば，$f = f(x, y, z)$，$g = g(x, y, z)$ ならば

$$h = h(x, y, z, \lambda) = f(x, y, z) + \lambda g(x, y, z)$$

の極値を求める問題と等価になる．

<例題 14.2> $g(x, y, z) = x^2 + y^2 + z^2 - 1 = 0$ という拘束条件のもとで，$f = f(x, y, z) = x + y + z$ の極値を求めよ（半径1の球に接する平面の方程式を求める問題と等価である）．

【解答】

$$h(x, y, z, \lambda) = f(x, y, z) + \lambda g(x, y, z) = x + y + z + \lambda(x^2 + y^2 + z^2 - 1)$$

とおく．

$$\frac{\partial h}{\partial x} = 1 + 2\lambda x = 0, \quad \frac{\partial h}{\partial y} = 1 + 2\lambda y = 0, \quad \frac{\partial h}{\partial z} = 1 + 2\lambda z = 0$$

$$\frac{\partial h}{\partial \lambda} = x^2 + y^2 + z^2 - 1 = 0$$

より

$$\left(-\frac{1}{2\lambda}\right)^2 + \left(-\frac{1}{2\lambda}\right)^2 + \left(-\frac{1}{2\lambda}\right)^2 - 1 = 0 \quad \Rightarrow \quad \lambda = \pm\frac{\sqrt{3}}{2}$$

となるので

$$x = \pm\frac{1}{\sqrt{3}}, \quad y = \pm\frac{1}{\sqrt{3}}, \quad z = \pm\frac{1}{\sqrt{3}} \quad \text{（ただし複号同順）} \quad \Rightarrow \quad x + y + z = \pm\sqrt{3}$$

となる．

14.2　ペナルティ法

　前の節では，拘束条件がある場合の極値を求める際に，λという新しい変数を導入したが，ペナルティ法と呼ばれる手法では，定数としてペナルティ数α（ただし，十分大きな値）を導入して，変数を増やすことなく，解を求めることができる．ただし，解には多少の誤差を含むことに注意しないといけない．

　拘束条件$g(x, y) = 0$のもとで，$f(x, y)$に極値を与える問題を考える．ここで

$$h^*(x, y) = f(x, y) + \frac{\alpha}{2}\{g(x, y)\}^2$$

に極値を与える問題を考えると

$$\frac{\partial h^*}{\partial x} = \frac{\partial f}{\partial x} + \alpha g \frac{\partial g}{\partial x} = 0, \quad \frac{\partial h^*}{\partial y} = \frac{\partial f}{\partial y} + \alpha g \frac{\partial g}{\partial y} = 0$$

となるが，これらの式と（14−2），（14−3）式を比較すれば

$$\lambda \ \Rightarrow \ \alpha g$$

となっているので，（14−4）式の条件は満足している．さらに，αが十分大きいので

$$g = -\frac{1}{\alpha} \frac{\dfrac{\partial f}{\partial x}}{\dfrac{\partial g}{\partial x}} = -\frac{1}{\alpha} \frac{\dfrac{\partial f}{\partial y}}{\dfrac{\partial g}{\partial y}} \approx 0$$

となり，拘束条件も近似的に満足し，解（近似解）が得られる．

<例題 14.3>　ペナルティ法（$\alpha = 10^4$）を用いて，<例題 14.1>を解け.
【解答】

$$h^*(x, y) = f(x, y) + \frac{\alpha}{2}\{g(x, y)\}^2 = (y - x^2) + \frac{\alpha}{2}(x + y - 1)^2$$

となるので

$$\frac{\partial h^*}{\partial x} = -2x + \alpha(x + y - 1) = 0 \qquad \frac{\partial h^*}{\partial y} = 1 + \alpha(x + y - 1) = 0$$

より

$$-2x = 1 \ \rightarrow \ x = -\frac{1}{2} \qquad y = -\frac{1}{\alpha}x + 1 = \frac{3}{2} - \frac{1}{\alpha} = \frac{3}{2} - \frac{1}{10^4} \approx \frac{3}{2}$$

となるので，<例題 14.1>の近似解が得られる．

$\boxed{練習問題 14.1}$　$x + y + z = 1$という拘束条件のもとで，$x^2 + y^2 + z^2$の極値をラグランジュの未定乗数法を用いて求めよ.

$\boxed{練習問題 14.2}$　$x + y + z = 1$という拘束条件のもとで，$x^2 + y^2 + z^2$の極値をペナルティ法を用いて求めよ.

$\boxed{練習問題 14.3}$　$x + y + z = 3, xy + yz + zx = 1$という拘束条件のもとで，$xyz$の極値をラグランジュの未定乗数法を用いて求めよ．ただし，$x, y, z > 0$とする.

練習問題 14.4 　$x+y+z=3,\ xy+yz+zx=1$ という拘束条件のもとで，xyz の極値をペナルティ法を用いて求めよ．ただし，$x,y,z>0$ とする．

● ● ● ● ●

演習問題 14.1 　$x^2+y^2=1$ という拘束条件のもとで，$f(x,y)=x-y$ の極値を，ラグランジュの未定乗数法を用いて求めよ．

演習問題 14.2 　$x^2+y^2=1$ という拘束条件のもとで，$f(x,y)=x-y$ の極値を，ペナルティ法を用いて求めよ．

演習問題 14.3 　$\dfrac{x^2}{a^2}+\dfrac{y^2}{b^2}+\dfrac{z^2}{c^2}=1$ という拘束条件のもとで，$f(x,y,z)=x+y+z$ の極値を，ラグランジュの未定乗数法を用いて求めよ．

ちょっといっぷく

　　周の長さが一定のとき，その曲線が囲む面積が最大になるのは円である，というのはどこかで聞いたことがあると思います．この問題は「等周問題」と呼ばれ，第12章で学んだ汎関数と本章で学んだラグランジュの未定乗数法を用いて数学的に解くことができます．皆さんもぜひ挑戦してみてください．

周の長さ：$L=\displaystyle\int_0^\pi \sqrt{dr^2+(rd\theta)^2}=\int_0^\pi \sqrt{\left(\dfrac{dr}{d\theta}\right)^2+r^2}\,d\theta$

　　　　　$=L_0$

囲まれる図形の面積：$S=\displaystyle\int_0^\pi \dfrac{1}{2}r^2 d\theta$

汎関数：$I=S+\lambda(L-L_0)$

　　　　$=\displaystyle\int_0^\pi \left\{\dfrac{1}{2}r^2+\lambda\left(\sqrt{\left(\dfrac{dr}{d\theta}\right)^2+r^2}-\dfrac{L_0}{\pi}\right)\right\}d\theta$

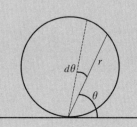

15 発散（∇·）と回転（∇×）の応用と積分定理

本章では，勾配と発散を用いて導出される拡散方程式について学び，さらに発散と回転に関する積分定理について学習する．

15.1 束（flux）について

単位時間あたりに，単位面積を通過する量を一般に束と呼ぶ．

1) 電流密度　$[\mathrm{C}/(\sec \cdot \mathrm{m}^2)]$

$$\vec{J}_e = \sigma \vec{E} = -\sigma \nabla V \tag{15-1}$$

（$\vec{E}$：電界 $[\mathrm{V/m}]$，V：電位 $[\mathrm{V}]$，σ：電気伝導率 $[1/(\Omega \cdot \mathrm{m})]$）

（15-1）式は一次元の場合には，以下のようにも変形でき，オームの法則が得られる．

$$J_e = -\sigma \frac{dV}{dx} \;\Rightarrow\; I = J_e A = \sigma E A = \sigma \frac{\Delta V}{l} A = \frac{\sigma A}{l} \Delta V \;\Rightarrow\; \Delta V = \frac{l}{\sigma A} I = IR \tag{15-2}$$

（I：電流，A：抵抗の断面積，l：抵抗の長さ，R：抵抗値）

2) 粒子束（正味の粒子の流れ）　$[1/(\sec \cdot \mathrm{m}^2)]$）

$$\vec{J}_P = -D\,\nabla \phi \tag{15-3}$$

（ϕ：中性子束 $[1/(\sec \cdot \mathrm{m}^2)]$，$\phi = nv$，$n$：単位体積あたりの粒子数，$v$：粒子の平均の速さ，$D$：拡散係数 $[\mathrm{m}]$）

3) 熱流束（熱伝導）　$[\mathrm{J}/(\sec \cdot \mathrm{m}^2)]$

$$\vec{q} = -k\,\nabla T \tag{15-4}$$

（T：温度 $[\mathrm{K}]$，k：熱伝導率 $[\mathrm{W}/(\mathrm{m} \cdot \mathrm{K})]$）

15.2 拡散方程式と境界条件

第9章にあるように，発散は単位体積あたりの流出量であるので，マイナスをつければ，流入量になる．したがって，ある単位体積を考え，その体積内での単位時間あたりの変化量は

> 単位体積あたりの粒子数・エネルギー・質量・電荷の時間変化の量
> ＝ 単位時間あたりの（周りを取り囲む面からの正味の流入量＋内部での発生量）

で与えられる．このことを式で表現すれば，以下のようになる．

電荷の保存
$$\frac{\partial \rho_e}{\partial t} = -\nabla \cdot \vec{J}_e = -\nabla \cdot (-\sigma \nabla V) = \sigma\,\nabla^2 V \tag{15-5}$$

粒子数の保存
$$\frac{\partial n}{\partial t} = \frac{1}{v}\frac{\partial \phi}{\partial t} = -\nabla \cdot (-D\nabla n) + Q = D\,\nabla^2 n + Q \tag{15-6}$$

熱エネルギー保存
$$\rho c \frac{\partial T}{\partial t} = -\nabla \cdot (-k\nabla T) + Q = k\,\nabla^2 T + Q \tag{15-7}$$

ただし，

ρ_e：電荷密度，ρ：密度，c：比熱，Q：単位時間・単位体積あたりの発生量

であり，σ, D, k 等の物性値は一定と仮定している．

　また，拡散方程式を解くためには，すべての境界上で以下のどちらかの条件が与えられている必要性がある（図15.1に温度場解析の場合の例を示す）．

$$f = f_0 \quad （ディリクレ条件） \tag{15-8}$$

$$\frac{\partial f}{\partial n} \equiv \lim_{\Delta s \to 0} \frac{f(\vec{r}+\vec{n}\Delta s)-f(\vec{r})}{\Delta s} = \vec{n}\cdot\nabla f = C_0 \quad （ノイマン条件） \tag{15-9}$$

$$(\vec{r}+\vec{n}\Delta s = (x+n_x\Delta s, y+n_y\Delta s, z+n_z\Delta s) に注意し，テイラー展開を利用する)$$

ここで，$\dfrac{\partial f}{\partial n}$ は，境界面に垂直な方向に対する f の傾きを与えており，法線微分と呼ばれている．なお，少なくとも1点でディリクレ条件を与えないと解は一意とならない．

例）温度を求める場合

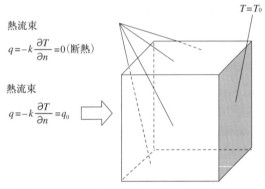
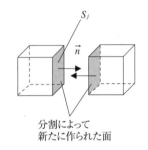

図15.1　温度場を求めるときの境界条件の例　　図15.2　分割された面上での積分

15.3　ガウスの発散定理

　第9章の（9-5）式を利用して，積分の形を考えると

$$\int_V \nabla\cdot\vec{A}\, dV = \sum_j (\nabla\cdot\vec{A})\,\Delta V_j = \sum_j \int_{S_j} (\vec{n}\cdot\vec{A})\, dS = \int_S (\vec{n}\cdot\vec{A})\, dS \tag{15-10}$$

が得られる．この式の導出は次のように行うことができる．まず，体積分を行う領域 V を ΔV_j に分割し，ΔV_j が十分小さいと考えれば，$(\nabla\cdot\vec{A})\,\Delta V_j = \int_{S_j} (\vec{n}\cdot\vec{A})\, dS$ となる．さらに，領域 V を ΔV_j に分割した際に新たに作られた面上での面積分は，図15.2に示すように，必ず別の面積分の面と共有されており，単位法線ベクトル $\vec{n}$ の向きが反対になっているため，面積分の後，和をとれば，分割によって新たに作られた面での面積分は相殺され，最終的に残る面積分は，もともとの領域 V の表面 S 上での面積分のみとなる．

　この式はガウスの発散定理と呼ばれ，左辺は単位体積あたりの流出量を領域 V で体積分した量で，右辺はその領域 V の表面 S から流出する量となっており，両者が等しいことを意味する．

　特に，$\vec{A}$ として $\nabla\phi$ を考えると

$$\int_V \nabla\cdot(\nabla\phi)\, dV = \int_V \nabla^2\phi\, dV = \int_S (\vec{n}\cdot\nabla\phi)\, dS = \int_S \frac{\partial\phi}{\partial n}\, dS \tag{15-11}$$

が得られる．また，$\vec{A}$ として $\phi\vec{B}$ を考えると

$$\int_V \nabla\cdot(\phi\vec{B})\, dV = \int_V (\nabla\phi\cdot\vec{B})\, dV + \int_V (\phi\,\nabla\cdot\vec{B})\, dV \tag{15-12}$$

となるので

$$\int_V \nabla \cdot (\phi \vec{B}) \, dV = \int_V (\nabla \phi \cdot \vec{B}) \, dV + \int_V (\phi \ \nabla \cdot \vec{B}) \, dV = \int_S (\vec{n} \cdot \phi \vec{B}) \, dS$$

$$\rightarrow \quad \int_V (\phi \ \nabla \cdot \vec{B}) \, dV = \int_S (\vec{n} \cdot \phi \vec{B}) \, dS - \int_V (\nabla \phi \cdot \vec{B}) \, dV$$

が得られる．この式を 1 次元に適用したものが（4−1）式の部分積分の公式になっている．すなわち

$$\phi = \phi(x), \quad \vec{B} = (B_x(x), \ 0, \ 0)$$

と仮定すれば

$$\nabla \phi = \left(\frac{\partial \phi}{\partial x}, \ \frac{\partial \phi}{\partial y}, \ \frac{\partial \phi}{\partial z}\right) = \left(\frac{d\phi}{dx}, \ 0, \ 0\right), \ \ \nabla \cdot \vec{B} = \frac{\partial B_x}{\partial x} + \frac{\partial B_y}{\partial y} + \frac{\partial B_z}{\partial z} = \frac{dB_x}{dx}$$

となる．さらに，積分領域を $x_1 \leq x \leq x_2, \ 0 \leq y \leq 1, \ 0 \leq z \leq 1$ と仮定すれば

$$\int_V (\phi \ \nabla \cdot \vec{B}) \, dV = \int_V \left(\phi \frac{dB_x}{dx}\right) dV = \int_{x_1}^{x_2} \left(\phi \frac{dB_x}{dx}\right) dx \int_S dydz = \int_{x_1}^{x_2} \left(\phi \frac{dB_x}{dx}\right) dx$$

$$\int_S (\vec{n} \cdot \phi \vec{B}) \, dS$$

$$= (\phi B_x)|_{x=x_2} \int_S dydz - (\phi B_x)|_{x=x_1} \int_S dydz$$

$$= (\phi B_x)|_{x=x_2} - (\phi B_x)|_{x=x_1}$$

$$\int_V (\nabla \phi \cdot \vec{B}) \, dV = \int_V \left(\frac{d\phi}{dx} B_x\right) dV$$

$$= \int_{x_1}^{x_2} \left(\frac{d\phi}{dx} B_x\right) dx \int_S dydz = \int_{x_1}^{x_2} \left(\frac{d\phi}{dx} B_x\right) dx$$

と計算され，（4−1）式に対応していることがわかる．

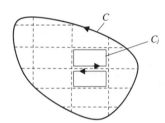

図 15.3 　分割された領域での線積分

15.4 　ストークスの定理

ガウスの発散定理の導出と同様に，第 9 章の（9−6）式を利用して積分の形を考えると

$$\int_S (\nabla \times \vec{A}) \cdot \vec{n} dS = \sum_j (\nabla \times \vec{A})_{z_j} \varDelta S_j = \sum_j \oint_{C_j} \vec{A} \cdot d\vec{r} = \oint_C \vec{A} \cdot d\vec{r} \tag{15-13}$$

が得られる．この式の導出は次のように行うことができる．まず，面積分を行う領域 S を $\varDelta S_j$ に分割し，$\varDelta S_j$ が十分小さいと考えれば $(\nabla \times \vec{A})_{n_j} \varDelta S_j = \oint_{C_j} \vec{A} \cdot d\vec{r}$ となる．さらに，図 15.3 に示すように領域 S を $\varDelta S_j$ に分割する際に新たに作られた境界線上（図中の破線上）での線積分は，別の線積分の経路と共有され，かつ，線積分の方向が反対になっているため，線積分をして和をとれば，破線上での積分は相殺され，最終的に残る線積分は元々の表面 S の周囲 C 上での線積分のみとなる．

＜例題 15.1＞　領域 $V = \{(x, y, z) \mid 0 \leq x \leq 1, \ 0 \leq y \leq 1, \ 0 \leq z \leq 1\}$ を考える．このとき，$\vec{A} = (x^2, y^2, xyz)$ に関して，（15−10）式の左辺と右辺をそれぞれ求めて，等しいことを示せ．

【解答】　$\nabla \cdot \vec{A} = 2x + 2y + xy$ より，左辺は以下のように計算される．

$$\int_V \nabla \cdot \vec{A} \, dV = \int_V (2x + 2y + xy) \, dxdydz = \iint dydz \int_0^1 (2x + 2y + xy) \, dx$$

$$= \iint dydz \left[x^2 + 2xy + \frac{x^2 y}{2}\right]_{x=0}^{x=1} = \int dz \int_0^1 \left(1 + 2y + \frac{y}{2}\right) dy = \int dz \left[y + \frac{5y^2}{4}\right]_{y=0}^{y=1} = \int_0^1 \frac{9}{4} \, dz = \frac{9}{4}$$

右辺は

$x = 1$ の面　$\int_{S(x=1)} (\vec{n} \cdot \vec{A})\, dS = \iint (1, y'^2, yz) \cdot (1, 0, 0)\, dydz = \iint dydz = 1$

$x = 0$ の面　$\int_{S(x=0)} (\vec{n} \cdot \vec{A})\, dS = \iint (0, y^2, 0) \cdot (-1, 0, 0)\, dydz = 0$

$y = 1$ の面　$\int_{S(y=1)} (\vec{n} \cdot \vec{A})\, dS = \iint (x^2, 1, xz) \cdot (0, 1, 0)\, dzdx = \iint dzdx = 1$

$y = 0$ の面　$\int_{S(y=0)} (\vec{n} \cdot \vec{A})\, dS = \iint (x^2, 0, 0) \cdot (0, -1, 0)\, dzdx = 0$

$z = 1$ の面　$\int_{S(z=1)} (\vec{n} \cdot \vec{A})\, dS = \iint (x^2, y'^2, xy) \cdot (0, 0, 1)\, dxdy = \iint xy\, dxdy$

$$= \int dy \left[\frac{x^2}{2} y\right]_{x=0}^{x=1} = \int_0^1 \frac{y}{2}\, dy = \frac{1}{4}$$

$z = 0$ の面　$\int_{S(z=0)} (\vec{n} \cdot \vec{A})\, dS = \iint (x^2, y'^2, 0) \cdot (0, 0, -1)\, dxdy = 0$

よって $\int_S (\vec{n} \cdot \vec{A}) dS = 1 + 1 + \dfrac{1}{4} = \dfrac{9}{4}$ となるので，左辺 = 右辺.

<例題 15.2>　$\vec{A} = \nabla \phi = \left(\dfrac{\partial \phi}{\partial x}, \dfrac{\partial \phi}{\partial y}, \dfrac{\partial \phi}{\partial z}\right)$ を考える．このとき，任意の閉曲線 C に沿っての線積分値 $\oint_C \vec{A} \cdot d\vec{r} = 0$ となることを示せ．ただし，すべての領域で $\vec{A}$ の偏微分値が存在するとする．

【解答】　$\nabla \times \vec{A} = \nabla \times (\nabla \phi) = 0$ より，$\oint_C \vec{A} \cdot d\vec{r} = \int_S (\nabla \times \vec{A}) \cdot \vec{n} dS = 0$ となる.

（別解）　$\oint_C \vec{A} \cdot d\vec{r} = \oint_C \left(\dfrac{\partial \phi}{\partial x}, \dfrac{\partial \phi}{\partial y}, \dfrac{\partial \phi}{\partial z}\right) \cdot (dx, dy, dz) = \oint_C \left(\dfrac{\partial \phi}{\partial x} dx + \dfrac{\partial \phi}{\partial y} dy + \dfrac{\partial \phi}{\partial z} dz\right) = \oint_C d\phi = 0$

<例題 15.3>　$\vec{A} = (2xy^3 z, 3x^2 y^2 z, x^2 y^3)$ を考える．このとき，任意の閉曲線 C に沿っての線積分値 $\oint_C \vec{A} \cdot d\vec{r}$ を求めよ．

【解答】　$\vec{A}$ は，すべての領域で偏微分値が存在する．また

$$\nabla \times \vec{A} = \left(\frac{\partial A_z}{\partial y} - \frac{\partial A_y}{\partial z}, \frac{\partial A_x}{\partial z} - \frac{\partial A_z}{\partial x}, \frac{\partial A_y}{\partial x} - \frac{\partial A_x}{\partial y}\right)$$

$$= (3x^2 y^2 - 3x^2 y^2, 2xy^3 - 2xy^3, 6xy^2 z - 6xy^2 z) = 0$$

より，$\oint_C \vec{A} \cdot d\vec{r} = \int_S (\nabla \times \vec{A}) \cdot \vec{n} dS = 0$ となる.

● ● ● ● ●

練習問題 15.1　$T(x, y) = x^2 + \left(\dfrac{y}{3}\right)^2$ で温度場が与えられている．このときの温度分布の様子を $\{(x, y) | 0 \le x \le 3, 0 \le y \le 3\}$ の範囲で図示せよ．また，熱伝導率を $1\,\mathrm{W}／(\mathrm{m} \cdot \mathrm{K})$ として，熱流束を求めよ.

練習問題 15.2 原点を中心とした半径 R の球に囲まれた領域 V を考え，$\vec{A} = (x, y, z)$ とする．このとき，(15−10) 式の左辺と右辺をそれぞれ求め，等式が成立していることを確認せよ．

練習問題 15.3 原点を中心とした xy 平面上の半径 R の円領域 S を考える．このとき，$\vec{A} = (-y, x, z)$ に対して (15−13) 式の左辺と右辺をそれぞれ求め，等式が成立していることを確認せよ．

練習問題 15.4 次の等式を証明せよ．

$$\int_V (\varphi \nabla^2 \phi - \phi \nabla^2 \varphi) dV = \int_S \left(\varphi \frac{\partial \phi}{\partial n} - \phi \frac{\partial \varphi}{\partial n} \right) dS$$

● ● ● ● ●

演習問題 15.1 $0 \leq x \leq 1$，$0 \leq y \leq 1$，$0 \leq z \leq 1$ からなる領域 V および境界面 S を考える．ベクトル場 $\vec{A} = (yz^2, 2z^3x, 4xy)$ について，$\int_S \vec{n} \cdot \vec{A} \, dS$ を求めよ．

演習問題 15.2 境界面 $S : x^2 + y^2 + z^2 = 1$ に囲まれる領域 V を考える．ベクトル場 $\vec{A} = (x, 2x-y, 4xy+z)$ について，$\int_S \vec{n} \cdot \vec{A} \, dS$ を求めよ．

演習問題 15.3 閉曲線 $C : x^2 + y^2 = 4$ を境界にもつ曲面 S について考える．z が正の側を曲面の表側としてベクトル場 $\vec{A} = (-2y, 3-x, z)$ について，$\oint_C \vec{A} \cdot d\vec{r}$ を求めよ．

16 マックスウェルの方程式

本章では，電磁場の支配方程式であるマックスウェルの方程式を学習し，積分形のアンペールの法則やファラデーの電磁誘導則を導出する．

16.1 微分形

電磁場の支配方程式は，以下の4つのマックスウェルの方程式で与えられる．

$$\nabla \times \vec{H} = \vec{J} + \frac{\partial \vec{D}}{\partial t} \tag{16-1}$$

$$\nabla \times \vec{E} = -\frac{\partial \vec{B}}{\partial t} \tag{16-2}$$

$$\nabla \cdot \vec{B} = 0 \tag{16-3}$$

$$\nabla \cdot \vec{D} = \rho \tag{16-4}$$

ただし，$\vec{H}$：磁界 [A/m]，$\vec{B}$：磁束密度 [Wb/m^2]，$\vec{J}$：電流密度 [A/m^2]，$\vec{E}$：電界 [V/m]，$\vec{D}$：電束密度 [C/m^2]，ρ：電荷密度 [C/m^3] であり，電流密度と電流 I の間には

$$I = \int_s \vec{J} \cdot \vec{n} \, dS$$

の関係式が成り立つ．

また，μ, σ, ε をそれぞれ，透磁率，電気伝導率，誘電率として

$$\vec{B} = \mu\vec{H} \quad \vec{J} = \sigma\vec{E} \quad \vec{D} = \varepsilon\vec{E} \tag{16-5}$$

の関係が成り立つ（構成則と呼ぶ）．また，$\vec{D}$（電束密度）は，導体表面外側直近での単位面積あたりの電荷と等しくなる．

注！　$\vec{D}$ の大きさは，電荷から出る電気力線の束の密度（面積あたり）を表している．コンデンサーの場合，真電荷が電極表面にのみ存在し，電気力線が電極間に局在している（発散しない）ので，電極の単位面積あたりの電荷の大きさが，たまたま電束密度の値と等しくなっている．なお，1Cの電荷（真電荷）から出る電束の単位を1Cと定義すると，電束密度の単位はC/m^{2}となる．さらに，(16-1) 式で現れる $\frac{\partial \vec{D}}{\partial t}$ は変位電流密度と呼ばれ，例えば，コンデンサーの電極間では，導体中の電流密度の代わりであるとみなせる．

すなわち，図16.1に示すように，導線の部分に電流が流れているときには，コンデンサーに蓄えられる電荷量が時間的に変化している．この電荷量の変化に伴って電束密度 $\vec{D}$ が時間変化することで，コンデンサーの電極間に変位電流密度が生じ，これがコンデンサーの電極間の電流密度のような役割を担っている．

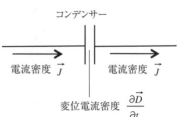

図 16.1　変位電流密度と電流密度

16.2 積分形

電磁場の支配方程式は，第15章で示したストークスの定理・ガウスの発散定理を用いて，積分形に変えることができ，積分形のアンペール・マックスウェルの法則は，以下のように導出できる.

$$\nabla \times \vec{H} = \vec{J} + \frac{\partial \vec{D}}{\partial t} \quad \Rightarrow$$

$$\int_s (\vec{n} \cdot \nabla \times \vec{H})\, dS = \oint_c \vec{H} \cdot d\vec{r}$$

$$\int_s \vec{n} \cdot \left(\vec{J} + \frac{\partial \vec{D}}{\partial t} \right) dS = \int_s \vec{n} \cdot \vec{J}\, dS + \int_s \left(\vec{n} \cdot \frac{\partial \vec{D}}{\partial t} \right) dS = I + \int_s \left(\vec{n} \cdot \frac{\partial \vec{D}}{\partial t} \right) dS \quad \rightarrow$$

$$\int_c \vec{H} \cdot d\vec{r} = I + \int_s \left(\vec{n} \cdot \frac{\partial \vec{D}}{\partial t} \right) dS \tag{16-6}$$

ただし，I は電流である. 導体中を電流が流れる場合には，周波数 f が極端に大きくなければ

$$|\vec{J}| = \sigma|\vec{E}| \quad \gg \quad \left| \frac{\partial \vec{D}}{\partial t} \right| = \varepsilon \left| \frac{\partial \vec{E}}{\partial t} \right| = 2\pi f \varepsilon |\vec{E}| \qquad \because \vec{E} = \vec{E}_0 \exp(i2\pi ft)$$

となるので，変位電流は無視でき，アンペールの法則が得られる.

$$\int_c \vec{H} \cdot d\vec{r} = I \tag{16-7}$$

同様にして，積分形のファラデーの電磁誘導則も導出することができる.

$$\nabla \times \vec{E} = -\frac{\partial \vec{B}}{\partial t} \quad \Rightarrow$$

$$\int_s (\vec{n} \cdot \nabla \times \vec{E})\, dS = \oint_c \vec{E} \cdot d\vec{r} = V$$

$$\int_s \vec{n} \cdot \left(-\frac{\partial \vec{B}}{\partial t} \right) dS = \int_s -\frac{\partial}{\partial t} (\vec{n} \cdot \vec{B})\, dS = -\frac{d\Phi}{dt} \quad \left(\Phi = \int_s \vec{n} \cdot \vec{B}\, dS \right)$$

$$\Rightarrow \quad V = -\frac{d\Phi}{dt} \tag{16-8}$$

ただし，Φ は磁束で次式で与えられる.

$$\Phi = \int_s \vec{B} \cdot \vec{n}\, dS$$

また，原点を中心とした半径 a の球内に，一様に電荷 Q が分布しているときの，球の外部 ($r > a$) での電界を求めるには，まず，(15-10) 式で，電束密度を代入すれば

$$\int_V \nabla \cdot \vec{D}\, dV = \int_s (\vec{n} \cdot \vec{D}) dS$$

となる. 体積積分領域として，原点を中心とした半径 r の球を考え，左辺に (16-4) 式を代入し，右辺に (16-5) 式を用いれば

$$\int_V \nabla \cdot \vec{D}\, dV = \int_V \rho\, dV = Q$$

$$\int_s (\vec{n} \cdot \vec{D}) dS = \varepsilon \int_s (\vec{n} \cdot \vec{E}) dS = \varepsilon\, E_r\, 4\pi r^2$$

となり

$$E_r = \frac{1}{4\pi r^2} \frac{Q}{\varepsilon} \tag{16-9}$$

が得られる. ただし，E_r は電界の半径方向成分を表す.

<例題 16.1>　図に示すような体系での，導体に流れる電流 $I(t)$ と，次式で与えられるコンデンサー電極間の変位電流 $I_D(t)$ との関係を求めよ．ただし，A は電極の面積とする．

$$I_D = \int_A \frac{\partial \vec{D}}{\partial t} \cdot \vec{n} \, dS$$

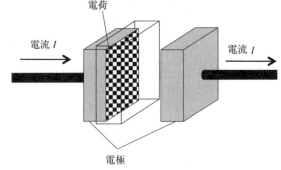

電荷

電流 I

電流 I

電極

【解答】　コンデンサーに蓄えられる電荷は

$$Q(t) = \int_0^t I(t) \, dt$$

となる．また，(16-4) 式について，右図の電極を含む実線で示された直方体で積分し，ガウスの発散定理を用いれば

$$Q(t) = \int_V \nabla \cdot \vec{D} \, dV = \int_S \vec{D} \cdot \vec{n} \, dS \ = \int_A \vec{D} \cdot \vec{n} \, dS$$

となる．ただし，電極間の電束密度は，電極に垂直であり，その他の面上での電束密度の法線成分は無視できると仮定した．

よって

$$I_D(t) = \int_A \frac{\partial \vec{D}}{\partial t} \cdot \vec{n} \, dS = \frac{\partial}{\partial t}\Big(\int_A \vec{D} \cdot \vec{n} \, dS\Big) = \frac{\partial}{\partial t} Q(t) = \frac{d}{dt} Q(t) = I$$

となり，導体中を流れる電流値と変位電流の値は同じになる．

<例題 16.2>　無限に長い直線導体に流れる電流 I がそのまわりに作る磁界を求めよ．
【解答】　直線電流を中心とした半径 R の円周を C として (16-7) 式を用いれば

$$\int_C \vec{H} \cdot d\vec{r} = 2\pi R \, H_\theta = I \quad \Rightarrow \quad H_\theta = \frac{I}{2\pi R}$$

となる．

● ● ● ● ●

$\boxed{練習問題 16.1}$　(16-1)，(16-4)，(15-1)，(16-5) 式を用いて，(15-5) 式を示せ．

$\boxed{練習問題 16.2}$　原点を中心とした半径 a の球内に一様に電荷 Q が分布しているときの，球の内部 $(r < a)$ での電界を求めよ．

$\boxed{練習問題 16.3}$　3次元の真空中の電界に関する電磁場の方程式（波の伝搬を与える波動方程式となる）を，(16-1)，(16-2)，(16-5) 式を使って導出せよ．さらに得られた方程式を1次元の方程式と見なして，波の伝搬速度を求めよ．ただし，真空中の透磁率，誘電率は，それぞれ $\mu_0 = 4\pi \times 10^{-7} \, [\text{N/A}^2]$，$\varepsilon_0 = 8.85 \times 10^{-12} \, [\text{A}^2 \sec^4/\text{kg} \cdot \text{m}^3]$ とする．

● ● ● ● ●

$\boxed{演習問題 16.1}$　3次元の導体中（$\sigma = 10^7 \, [\text{S/m}]$, $\varepsilon = 10^{-10} \, [\text{F/m}]$ とする）における交流の電磁

場に関する方程式を導出せよ. ただし, 変位電流は無視できるものとする.

演習問題 16.2　演習問題 16.1 で導出した方程式に関して, y 方向, z 方向の変化を無視し, $x \geq 0$ の範囲に導体が存在する 1 次元の導体を仮定する. また, 境界条件として $\vec{E}(x=0) = (0, 0, E_{z0}\,e^{i\omega t})$ を考える. このときの解を求め, 導体中の交流の電磁場の大きさが導体深さ方向に沿って指数関数的に減衰することを確かめよ. さらに, 電磁場の大きさが導体表面 $x=0$ での大きさの $\dfrac{1}{e}$ となる位置 δ(表皮深さ)を求めよ.

演習問題 16.3　半径 a の無限に長い直線導体に, 一様に分布して流れている電流 I が, 導体内部と導体外部に作る磁界を求めよ.

ちょっといっぷく

ジェームズ・クラーク・マックスウェル (1831-1879)

　マックスウェルはイギリスの理論物理学者であり, 本章で学んだマックスウェルの方程式を導いて古典電磁気学を確立させました. その業績から電磁気学において最も偉大な学者といっても良いほどであります.

　マックスウェルは, スコットランドのエディンバラに生まれ, わずか 15 歳にも満たない頃に, 卵形曲線の作図法に関する論文を発表し学界を驚かせました. その後はエディンバラ大学, ケンブリッジ大学の両方に学び, 1856 年にアバディーン大学教授, 1860 年にキングス・カレッジ教授, そして 1871 年にはキャヴェンディッシュ研究所の初代所長に任命されました. 1879 年, 胃がんのため 48 歳でその生涯を終えました.

17   # デルタ関数と微分方程式

本章では，例えば体積がゼロの点電荷を考えたときに，その電荷の単位体積あたりの密度（電荷密度）を与えるために不可欠となるデルタ関数を導入し，点電荷が存在する場合の電位をマックスウェルの方程式から得られる微分方程式を解いて導出する．

17.1 デルタ関数の定義

デルタ関数は，以下の式で定義される特殊関数で，$\vec{r_0}$ はある一点を表す位置ベクトルとし，その点での関数の値は無限大になるが，その他の位置ではゼロとなる．デルタ関数の表現方法には，$\delta(\vec{r}, \vec{r_0})$ や $\delta(\vec{r}-\vec{r_0})$ などあるが，本書では $\delta(\vec{r}, \vec{r_0})$ を使用する．

$$\delta(\vec{r}, \vec{r_0}) = \delta(\vec{r}-\vec{r_0}) = \begin{cases} 0 & \vec{r} \neq \vec{r_0} \\ \infty & \vec{r} = \vec{r_0} \end{cases} \tag{17-1}$$

ただし，積分値は以下のように有限な値となるものとする．

$$\int_V \delta(\vec{r}, \vec{r_0})dV = \begin{cases} 1 & \vec{r_0} \in V \\ 1/2 & \vec{r_0} \in S \\ 0 & \vec{r_0} \not\in V \end{cases} \tag{17-2}$$

なお，S は V の表面で，表面形状は滑らかであるとする．

1次元の $\delta(x, x_0)$ の例としては，以下のような関数の $\varepsilon \to 0$ の極限をとった関数と考えても良い．

$$\int_l \delta(x, x_0)dx = \begin{cases} 1 & x_0 \in l \\ 1/2 & x_0 \in end\ of\ l \\ 0 & x_0 \not\in l \end{cases}$$

    （l は積分範囲）

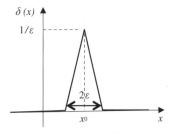

図 17.1　デルタ関数の例

なお，デルタ関数は質点の質量密度や点電荷の電荷密度を表す際に必要な関数である．

17.2 デルタ関数を含む微分方程式—その1（点電荷の電位）

真空中に点電荷 $+Q[C]$ が原点に置かれたときの，電位 ϕ（無限遠方で0）を求める問題を考える．答えは，すでに物理で学んでいるが，第16章のマックスウェルの方程式を用いると，以下のように求められる．まず，磁束密度 $\vec{B}$ の時間変化がないことより，電界 $\vec{E}$ は

$$\nabla \times \vec{E} = -\frac{\partial \vec{B}}{\partial t} = 0 \quad \to \quad \vec{E} = -\nabla \phi$$

で与えられる．さらに，次式で与えられるマックスウェル方程式と構成方程式を用いる．

$$\nabla \cdot \vec{D} = \rho, \quad \vec{D} = \varepsilon_0 \vec{E}$$

ここで，ρ は電荷密度であり，今の問題では点電荷が原点に置かれているので

$$\rho = Q\,\delta(r, 0) \tag{17-3}$$

となり，ϕ に関する方程式は，（9-16）式を用いると以下のように求められる．

$$\nabla \cdot \vec{D} = \nabla \cdot (\varepsilon_0 \vec{E}) = -\varepsilon_0 \nabla^2 \phi = Q\,\delta(r, 0) \quad \rightarrow \quad \frac{1}{r^2}\frac{d}{dr}\left(r^2\frac{d\phi}{dr}\right) = -\frac{Q}{\varepsilon_0}\delta(r, 0)$$

したがって，支配方程式と境界条件は

$$\frac{1}{r^2}\frac{d}{dr}\left(r^2\frac{d\phi}{dr}\right) = -\frac{Q}{\varepsilon_0}\delta(r, 0), \quad \phi(r = +\infty) = 0 \tag{17-4}$$

となる．$r > 0$ で考えると

$$\frac{1}{r^2}\frac{d}{dr}\left(r^2\frac{d\phi}{dr}\right) = 0 \quad \rightarrow \quad r^2\frac{d\phi}{dr} = C_1 \quad \rightarrow \quad \frac{d\phi}{dr} = \frac{C_1}{r^2} \quad \rightarrow \quad \phi = -\frac{C_1}{r} + C_2$$

境界条件より $C_2 = 0$ となる．また，（17-4）式を原点を中心とした球（体積領域 V）で積分すると

$$\int_V \frac{1}{r^2}\frac{d}{dr}\left(r^2\frac{d\phi}{dr}\right) dV = -\int_V \frac{Q}{\varepsilon_0}\delta(r, 0)\, dV = -\frac{Q}{\varepsilon_0}\int_V \delta(r, 0)\, dV = -\frac{Q}{\varepsilon_0}$$

となり，左辺に第 15 章で与えられているガウスの発散定理を用いると次式が得られる．

$$\int_V \frac{1}{r^2}\frac{d}{dr}\left(r^2\frac{d\phi}{dr}\right) dV = \int_s \frac{d\phi}{dr}\, dS = \int_s \frac{C_1}{r^2}\, dS = 4\pi C_1$$

よって，以下のように解が得られる．

$$4\pi C_1 = -\frac{Q}{\varepsilon_0} \quad \rightarrow \quad C_1 = -\frac{Q}{4\pi\varepsilon_0} \quad \rightarrow \quad \phi = \frac{Q}{4\pi\varepsilon_0 r} \tag{17-5}$$

17.3　デルタ関数を含む微分方程式—その 2

○　$\dfrac{d^2\phi}{dx^2} + b\phi = -Q\delta(x, 0)$　　　境界条件 $\phi(x = \pm\infty) = 0$ $\tag{17-6}$

$x \neq 0$ では，右辺 $= 0 \rightarrow \dfrac{d^2\phi}{dx^2} + b\phi = 0 \rightarrow$ 特性方程式 $\lambda^2 + b = 0$ の解は，$\lambda = \pm\sqrt{-b}$ となる．

　また，原点をはさんで，解は対称になる．

1) 第 11 章で学んだように，$b > 0$ ならば，特性方程式の解の実部，虚部，はそれぞれ，$\alpha = 0$，$\beta = \sqrt{b}$ となり，境界条件を満たすためには，$C_3 = C_4 = 0$ となり，不適．

2) $b < 0$ ならば，$\lambda_1 = \sqrt{-b}$，$\lambda_2 = -\sqrt{-b}$ とする．

境界条件を満たすためには

$$x > 0 \text{ で } \phi(x) = C_1 e^{\lambda_1 x} + C_2 e^{\lambda_2 x} = C_2 e^{\lambda_2 x} = C_2 e^{-\sqrt{-b}x}$$
$$x < 0 \text{ で } \phi(x) = C_1 e^{\lambda_1 x} + C_2 e^{\lambda_2 x} = C_1 e^{\lambda_1 x} = C_1 e^{\sqrt{-b}x}$$

よって，対称性から $C_1 = C_2$ となる．さらに，（17-5）式と同様にして，ガウスの発散定理を適用すると次式が得られる．

$$\int_V \left(\frac{d^2\phi}{dx^2} + b\phi\right) dV = \int_V \frac{d^2\phi}{dx^2}dV + \int_V b\phi\, dV = \int_{-x_0}^{x_0}\frac{d^2\phi}{dx^2}dx + \int_{-x_0}^{x_0}b\phi\, dx$$

$$= \frac{d\phi}{dx}\Big|_{-x_0}^{x_0} + \int_{-x_0}^{x_0} b\phi\, dx = -2C_1\sqrt{-b}\ e^{-\sqrt{-b}x_0} + 2C_1\sqrt{-b}(e^{-\sqrt{-b}x_0}-1)$$

$$= -2C_1\sqrt{-b} = -Q$$

したがって，$C_1 = \dfrac{Q}{2\sqrt{-b}}$ が得られ，解として次式が得られる．

$$\phi = \begin{cases} \dfrac{Q}{2\sqrt{-b}}\ e^{-\sqrt{-b}x} & (x>0) \\[2mm] \dfrac{Q}{2\sqrt{-b}}\ e^{\sqrt{-b}x} & (x<0) \end{cases} \quad \rightarrow \quad \phi = \frac{Q}{2\sqrt{-b}}\ e^{-\sqrt{-b}|x|} \tag{17-7}$$

○　$\dfrac{1}{r^2}\dfrac{d}{dr}\Big(r^2\dfrac{d\phi}{dr}\Big) + b\phi = -Q\delta(r,\ 0)\ \ (b<0)$　　　境界条件 $\phi(r=+\infty)=0$ 　　　(17-8)

$r\neq 0$ では，右辺 $=0$　　　$\Rightarrow$　　　$\dfrac{1}{r^2}\dfrac{d}{dr}\Big(r^2\dfrac{d\phi}{dr}\Big) + b\phi = 0$ となる．

ここで，$\phi = \dfrac{\varphi}{r}$ とおくと，$\dfrac{d^2\varphi}{dr^2} + b\varphi = 0$ となるので，解は以下のようになる．

$$b<0\quad \lambda = \pm\sqrt{-b}\ \ \rightarrow\ \ \phi = C_1\frac{e^{\sqrt{-b}r}}{r} + C_2\frac{e^{-\sqrt{-b}r}}{r}$$

なお，$b>0$ の場合には，

$$b>0\quad \lambda = \pm\sqrt{b}\,i\ \ \rightarrow\ \ \phi = C_1\frac{\cos(\sqrt{b}\,r)}{r} + C_2\frac{\sin(\sqrt{b}\,r)}{r}$$

となる．ただし，$r\to 0$ のとき，$|\phi|<+\infty$ となる場合には，$b>0$，$\phi = C_2\dfrac{\sin(\sqrt{b}\,r)}{r}$ が解となる．

　元の問題に戻ると境界条件より，$C_1=0$ となるので，次式が得られる．

$$\phi = C_2\frac{e^{-\sqrt{-b}r}}{r},\quad \frac{d\phi}{dr} = C_2\frac{-\sqrt{-b}\,re^{-\sqrt{-b}r} - e^{-\sqrt{-b}r}}{r^2}$$

前の例と同様に，この式を半径 r の球で体積分しガウスの発散定理を第1項に用いると

$$\int_V\Big(\frac{1}{r^2}\frac{d}{dr}\Big(r^2\frac{d\phi}{dr}\Big) + b\phi\Big)\, dV = \int_V\Big(\frac{1}{r^2}\frac{d}{dr}\Big(r^2\frac{d\phi}{dr}\Big)\Big)\, dV + \int_V b\phi\, dV = \int_s\frac{d\phi}{dr}dS + \int_v b\phi\, dV$$

となる．第1項は半径 r の球での表面積分であり，半径が r のとき，$\dfrac{d\phi}{dr}$ は一定なので

$$\int_s\frac{d\phi}{dr}dS = \frac{d\phi}{dr}\Big|_{r=r}4\pi r^2 = 4\pi C_2(-\sqrt{-b}\,re^{-\sqrt{-b}r} - e^{-\sqrt{-b}r})$$

となる．また，第2項は $dV = 4\pi r^2 dr$ を用いて

$$\int_V b\phi dV = \int_0^r b\phi 4\pi r^2 dr = 4\pi C_2 b\int_0^r re^{-\sqrt{-b}r}dr$$

$$= 4\pi C_2 b\Big[\frac{-re^{-\sqrt{-b}r}}{\sqrt{-b}} - \frac{e^{-\sqrt{-b}r}}{-b}\Big]_{r=0}^{r=r} = 4\pi C_2(\sqrt{-b}\,re^{-\sqrt{-b}r} + e^{-\sqrt{-b}r} - 1)$$

となり

$$\int_s\frac{d\phi}{dr}ds + \int_v b\phi dV$$

$$= 4\pi C_2(-\sqrt{-b}\,re^{-\sqrt{-b}r} - e^{-\sqrt{-b}r}) + 4\pi C_2(\sqrt{-b}\,re^{-\sqrt{-b}r} + e^{-\sqrt{-b}r} - 1)$$

$$= -4\pi C_2 = -Q\quad \rightarrow\quad C_2 = \frac{Q}{4\pi}$$

が得られるので，解は，次式で与えられる．

$$\phi = \frac{Q}{4\pi} \frac{e^{-\sqrt{-b}r}}{r} \tag{17-9}$$

● ● ● ● ●

練習問題 17.1 質量が m の質点の質量密度をデルタ関数を用いて表せ．

練習問題 17.2 次の積分値を求めよ．ただし，$\vec{r}$ は位置ベクトルである．

$$\int_V f(\vec{r})\, \delta(\vec{r}, \vec{r_0})\, dV$$

練習問題 17.3 プラズマ中での電位分布は，真空中に点電荷が存在する場合と異なり，例えば正電荷があれば，その周りに負の電荷が集まり，結果としてその点電荷からある程度離れた所では，点電荷が作る電場の影響を受けなくなる．このような状況での支配方程式は，以下のようになる．

$$\frac{\varepsilon_0}{r^2} \frac{d}{dr}\left(r^2\frac{d\phi}{dr}\right) = -Q\delta(r,0) + \frac{\varepsilon_0}{\lambda_D^2}(1+c)\phi \quad (c > 0)$$

このときの電位部分を求め，真空中の電位分布との違いを図示せよ．なお，λ_D はデバイの長さと呼ばれ，プラズマの温度／密度の平方根の関数で与えられる．

● ● ● ● ●

演習問題 17.1 $\int_I \delta(x, x_0)f(x)dx$ の積分値を求めよ．

演習問題 17.2 $\delta(x^2, x_0^2) = \left[\dfrac{\delta(x, x_0) + \delta(x, -x_0)}{2x_0}\right]$ となることを，$x^2 = y$ とおき，両辺に関数 $f(x)$ を乗じて，$-\infty$ から ∞ の範囲で積分することによって示せ．ただし，$x_0 \neq 0$ とする．

演習問題 17.3 点 P $(\overrightarrow{OP} = \vec{r_0})$ に存在する点電荷 Q によってつくられる電界を求めよ．

フーリエ級数

第2章では，テイラー展開を用いることにより，微分可能な関数 $f(x)$ は x のべき乗で表すことが可能であることを学んだ．しかし，ある x での $f(x)$ の値をテイラー展開した式（x のべき乗で表した式）で計算する場合には，2次程度までの展開式を使用すればかなり良い精度で結果が得られるが，高次まで使用する必要がある場合には，高次の x^n が，$x=1$ を境にして値が大きく変化するため得策ではない．例えば，x^{10} は

$$(0.5)^{10} = 0.0009765625 , \quad (1)^{10} = 1 , \quad (1.5)^{10} \approx 57.66504$$

となる．そこで本章では，三角関数を用いて元の関数を展開したフーリエ級数について学習する．三角関数は，最大値・最小値がそれぞれ ± 1 であり，関数の値が大きく変動することはなく，このフーリエ級数は多くの工学分野で使用されている．

18.1 関数の内積と直交性

実数関数の内積は，以下のようにして求める．例えば，$a \leq x \leq b$ の範囲で

$$a \leq x_1 < x_2 < x_3 < \cdots < x_n \leq b$$

となる n 個の点を選び，$(f(x_1), f(x_2), f(x_3), \cdots, f(x_n))$ と $(g(x_1), g(x_2), g(x_3), \cdots, g(x_n))$ を，それぞれ n 次元のベクトルと見なせば，$f(x)$ と $g(x)$ の内積は

$$I = f(x_1)g(x_1) + f(x_2)g(x_2) + f(x_3)g(x_3) + \cdots + f(x_n)g(x_n)$$

となる．この n は，無限に大きくできるので，以下の積分を関数の内積と定義する．

$$\langle f, g \rangle \equiv \int_a^b f(x)\, g(x) dx \tag{18-1}$$

（18−1）式で与えられる積分値がゼロとなるとき，関数 f と g は直交すると言う．

まず，クロネッカーのデルタと呼ばれる次式で定義される記号を導入する．

$$\delta_{mn} = \begin{cases} 1 & (m = n) \\ 0 & (m \neq n) \end{cases}$$

三角関数同士の内積は，m, n を 0 または自然数（ただし，$m = n = 0$ を除く）とし，積分範囲を $-L \leq x \leq L$ とすれば，以下のように計算できる．

$$
\begin{aligned}
a_{mn} &= \frac{1}{L}\left\langle \cos\left(\frac{m\pi x}{L}\right), \cos\left(\frac{n\pi x}{L}\right)\right\rangle = \frac{1}{L}\int_{-L}^{L} \cos\left(\frac{m\pi x}{L}\right)\cos\left(\frac{n\pi x}{L}\right) dx \\
&= \frac{1}{L}\int_{-L}^{L} \frac{1}{2}\left\{\cos\left(\frac{(m+n)\pi x}{L}\right) + \cos\left(\frac{(m-n)\pi x}{L}\right)\right\} dx \\
&= \frac{1}{L}\int_{0}^{L}\left\{\cos\left(\frac{(m+n)\pi x}{L}\right) + \cos\left(\frac{(m-n)\pi x}{L}\right)\right\} dx \\
&= \begin{cases} \dfrac{1}{L}\left\{\dfrac{L}{(m+n)\pi}\left[\sin\left(\dfrac{(m+n)\pi x}{L}\right)\right]_0^L + \dfrac{L}{(m-n)\pi}\left[\sin\left(\dfrac{(m-n)\pi x}{L}\right)\right]_0^L\right\} = 0 & (m \neq n) \\[3mm] \dfrac{1}{L}\left\{\dfrac{L}{2m\pi}\left[\sin\left(\dfrac{2m\pi x}{L}\right)\right]_0^L + [x]_0^L\right\} = 1 & (m = n) \end{cases} \\
&= \delta_{mn} \tag{18-2}
\end{aligned}
$$

$$b_{mn} = \frac{1}{L}\left\langle \sin\left(\frac{m\pi x}{L}\right), \sin\left(\frac{n\pi x}{L}\right)\right\rangle = \frac{1}{L}\int_{-L}^{L}\sin\left(\frac{m\pi x}{L}\right)\sin\left(\frac{n\pi x}{L}\right)dx$$

$$= \frac{1}{L}\int_{-L}^{L}\frac{1}{2}\left\{-\cos\left(\frac{(m+n)\pi x}{L}\right)+\cos\left(\frac{(m-n)\pi x}{L}\right)\right\}dx$$

$$= \frac{1}{L}\int_{0}^{L}\left\{-\cos\left(\frac{(m+n)\pi x}{L}\right)+\cos\left(\frac{(m-n)\pi x}{L}\right)\right\}dx$$

$$= \begin{cases} \frac{1}{L}\left\{-\frac{L}{(m+n)\pi}\left[\sin\left(\frac{(m+n)\pi x}{L}\right)\right]_0^L + \frac{L}{(m-n)\pi}\left[\sin\left(\frac{(m-n)\pi x}{L}\right)\right]_0^L\right\} = 0 & (m \neq n) \\ \frac{1}{L}\left\{-\frac{L}{2m\pi}\left[\sin\left(\frac{2m\pi x}{L}\right)\right]_0^L + [x]_0^L\right\} = 1 & (m = n) \end{cases}$$

$$= \delta_{mn} \tag{18-3}$$

$$c_{mn} = \frac{1}{L}\int_{-L}^{L}\sin\left(\frac{m\pi x}{L}\right)\cos\left(\frac{n\pi x}{L}\right)dx$$

$$= \frac{1}{L}\int_{-L}^{L}\frac{1}{2}\left\{\sin\left(\frac{(m+n)\pi x}{L}\right)+\sin\left(\frac{(m-n)\pi x}{L}\right)\right\}dx = 0 \tag{18-4}$$

となる. なお, $m = n = 0$ の場合には

$$a_{mn} = \frac{1}{L}\int_{-L}^{L}\cos\left(\frac{m\pi x}{L}\right)\cos\left(\frac{n\pi x}{L}\right)dx \;\Rightarrow\; a_{00} = \frac{1}{L}\int_{-L}^{L}dx = 2 \tag{18-5}$$

となることに注意する.

以上のようなことから, $\cos\left(\frac{n\pi x}{L}\right)$, $\sin\left(\frac{n\pi x}{L}\right)$ はベクトルに対する基本ベクトルと同等なものと考えられ, $\cos\left(\frac{n\pi x}{L}\right)$, $\sin\left(\frac{n\pi x}{L}\right)$ を基底関数と呼ぶ.

18.2 フーリエ級数

あるベクトル $\vec{v}$ の成分を求めるときには, 次式のように, そのベクトルと基本ベクトルとの内積をとって求める.

$$\vec{v} = v_x\vec{i}_x + v_y\vec{i}_y + v_z\vec{i}_z \;\Rightarrow\; v_x = \vec{v}\cdot\vec{i}_x \;,\; v_y = \vec{v}\cdot\vec{i}_y, \; v_z = \vec{v}\cdot\vec{i}_z$$

ここで, 周期が $2L$ の関数についても同様に考えて, ある関数 $f(x)$ に対して $\cos\left(\frac{n\pi x}{L}\right)$, $\sin\left(\frac{n\pi x}{L}\right)$ との内積をとれば

$$a_n = \frac{1}{L}\left\langle f(x), \cos\left(\frac{n\pi x}{L}\right)\right\rangle = \frac{1}{L}\int_{-L}^{L}f(x)\cos\left(\frac{n\pi x}{L}\right)dx \quad (n = 0,1,2,3,\cdots) \tag{18-6}$$

$$b_n = \frac{1}{L}\left\langle f(x), \sin\left(\frac{n\pi x}{L}\right)\right\rangle = \frac{1}{L}\int_{-L}^{L}f(x)\sin\left(\frac{n\pi x}{L}\right)dx \quad (n = 1,2,3,\cdots) \tag{18-7}$$

となる. したがって, $f(x)$ は $\cos\left(\frac{n\pi x}{L}\right)$, $\sin\left(\frac{n\pi x}{L}\right)$ を基底, a_n, b_n を成分とみなすことで

$$f(x) \approx \frac{1}{2}\{f(x+0)+f(x-0)\} = \frac{1}{2}a_0 + \sum_{n=1}^{\infty}\left\{a_n\cos\left(\frac{n\pi x}{L}\right)+b_n\sin\left(\frac{n\pi x}{L}\right)\right\} \tag{18-8}$$

となる. a_n, b_n をフーリエ係数, 上式のことを $f(x)$ のフーリエ級数と呼ぶ. また, (18-8) 式の右辺は, 三角関数が連続であることから必ず連続となるが, $f(x)$ は必ずしも連続とは限らない. したがって, $f(x)$ が不連続となる点では, フーリエ級数で表される関数の値は, 不連続点の前後の平均の値になることを意味している. また, $\frac{1}{2}a_0$ となっているのは,

（18−5）式に示されているように，a_{00} の大きさが 2 であるためである.

＜例題 18.1＞　次の周期関数をフーリエ級数で表しなさい. ただし，n は整数とする.

$$f(x) = \begin{cases} -1 & (-\pi+2n\pi < x < 2n\pi) \\ 0 & (x = 2n\pi) \\ 1 & (0+2n\pi < x \leq \pi+2n\pi) \end{cases}$$

【解答】（18−6）式に関しては，$f(x)$ が奇関数であることから

$$a_n = \frac{1}{L}\int_{-L}^{L} f(x)\cos\left(\frac{n\pi x}{L}\right)dx = \frac{1}{\pi}\int_{-\pi}^{\pi} f(x)\cos(nx)dx = 0$$

（18−7）式は

$$b_n = \frac{1}{L}\int_{-L}^{L} f(x)\sin\left(\frac{n\pi x}{L}\right)dx = \frac{1}{\pi}\int_{-\pi}^{\pi} f(x)\sin(nx)dx = \frac{2}{\pi}\int_{0}^{\pi} \sin(nx)dx$$

$$= -\frac{2}{\pi n}\ [\cos(nx)]_{0}^{\pi} = \frac{2}{\pi n}\{1 - \cos(n\pi)\}$$

$$= \begin{cases} 0 & (n = 2m) \\ \dfrac{4}{n\pi} & (n = 2m-1) \end{cases} = \frac{4}{(2m-1)\pi}$$

となり（ただし，m は整数である），次式が得られる.

$$f(x) \approx \sum_{m=1}^{\infty} \frac{4}{(2m-1)\pi}\sin((2m-1)x)$$

具体的に $m = 25$ までのものと，$m = 100$ までのものとを，図 18.1 に示す.

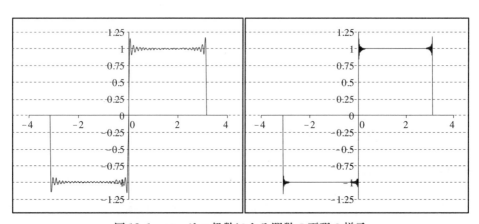

図 18.1　フーリエ級数による関数の再現の様子

18.3　複素関数の内積と複素型のフーリエ級数

複素数 $z(= x+iy)$ に対する共役複素数を $\bar{z}(= x-iy)$ で表す. また，複素関数 $g(z)$ に対する共役複素関数 $\bar{g}(z)$ は

$$g(z) = u(x, y)+i\,v(x, y) \Rightarrow \bar{g}(z) = u(x, y)-i\,v(x, y)$$

で表す. さて，複素関数に対する内積は，（18−1）式を複素数に拡張して次式で定義する.

$$\langle f, g \rangle = \int_{a}^{b} f(z)\,\bar{g}(z)dz \tag{18−9}$$

さらに，$\cos\left(\dfrac{n\pi x}{L}\right)$，$\sin\left(\dfrac{n\pi x}{L}\right)$ の代わりに，$e^{\frac{in\pi x}{L}}$ を用いることを考えると

$$\overline{e^{\frac{in\pi x}{L}}} = \overline{\cos\left(\frac{n\pi x}{L}\right)+i\sin\left(\frac{n\pi x}{L}\right)} = \cos\left(\frac{n\pi x}{L}\right)-i\sin\left(\frac{n\pi x}{L}\right)$$

$$= \cos\left(-\frac{n\pi x}{L}\right)+i\sin\left(-\frac{n\pi x}{L}\right) = e^{-\frac{in\pi x}{L}}$$

となることから，(18−9) 式を用いて，以下のように内積を計算する．

$$\langle f, g\rangle = \left\langle e^{\frac{im\pi x}{L}}, e^{\frac{in\pi x}{L}}\right\rangle = \int_{-L}^{L} e^{\frac{im\pi x}{L}} e^{-\frac{in\pi x}{L}}dx$$

$$= \int_{-L}^{L} e^{\frac{i(m-n)\pi x}{L}}dx$$

$(m = n)$ の場合

$$\langle f, g\rangle = \int_{-L}^{L} dx = 2L$$

$(m \neq n)$ の場合

$$\langle f, g\rangle = \frac{L}{i(m-n)\pi}\left[e^{\frac{i(m-n)\pi x}{L}}\right]_{-L}^{L} = \frac{L}{i(m-n)\pi}\{e^{i(m-n)\pi}-e^{-i(m-n)\pi}\}$$

$$= \frac{L}{i(m-n)\pi}\{\cos(m-n)\pi+i\sin(m-n)\pi-(\cos(m-n)\pi-i\sin(m-n)\pi)\}$$

$$= \frac{2L}{(m-n)\pi}\sin(m-n)\pi = 0$$

となるので，直交する．そこで

$$c_n = \frac{1}{2L}\left\langle f(x),\ e^{\frac{in\pi x}{L}}\right\rangle = \frac{1}{2L}\int_{-L}^{L} f(x)\,e^{-\frac{in\pi x}{L}}dx \tag{18−10}$$

とすれば，次式が得られる．

$$f(x) \approx \frac{1}{2}\{f(x+0)+f(x-0)\} = \sum_{n=-\infty}^{\infty}\left\{c_n e^{\frac{in\pi x}{L}}\right\} \tag{18−11}$$

この式を $f(x)$ の複素型のフーリエ級数と呼ぶ．なお，n の範囲が $(-\infty < n < \infty)$ となっている．

<例題 18.2>　(18−10) 式の c_n を (18−6) 式の a_n と (18−7) 式の b_n で表せ．

$$c_n = \frac{1}{2L}\int_{-L}^{L} f(x)\,e^{-\frac{in\pi x}{L}}dx = \frac{1}{2L}\int_{-L}^{L} f(x)\cos\left(\frac{n\pi x}{L}\right)dx - \frac{i}{2L}\int_{-L}^{L} f(x)\sin\left(\frac{n\pi x}{L}\right)dx$$

$n \geq 1$ のとき

$$c_n = \frac{1}{2L}\int_{-L}^{L} f(x)\cos\left(\frac{n\pi x}{L}\right)dx - \frac{i}{2L}\int_{-L}^{L} f(x)\sin\left(\frac{n\pi x}{L}\right)dx = \frac{1}{2}a_n - \frac{i}{2}b_n$$

$n = 0$ のとき

$$c_0 = \frac{1}{2L}\int_{-L}^{L} f(x)\,dx = \frac{a_0}{2}$$

$n \leq -1$ のとき，$n = -m$　$(m \geq 1)$ とおけば

$$c_n = \frac{1}{2L}\int_{-L}^{L} f(x)\cos\left(\frac{n\pi x}{L}\right)dx - \frac{i}{2L}\int_{-L}^{L} f(x)\sin\left(\frac{n\pi x}{L}\right)dx$$

$$= \frac{1}{2L}\int_{-L}^{L} f(x)\cos\left(-\frac{m\pi x}{L}\right)dx - \frac{i}{2L}\int_{-L}^{L} f(x)\sin\left(-\frac{m\pi x}{L}\right)dx$$

$$= \frac{1}{2L}\int_{-L}^{L}f(x)\cos\left(\frac{m\pi x}{L}\right)dx + \frac{i}{2L}\int_{-L}^{L}f(x)\sin\left(\frac{m\pi x}{L}\right)dx$$

$$= \frac{1}{2}a_m + \frac{i}{2}b_m = \frac{1}{2}a_{-n} + \frac{i}{2}b_{-n}$$

● ● ● ● ●

練習問題 18.1　(18−11) 式が成立することを，(18−8) 式と＜例題 18.2＞の結果を用いて示せ．

練習問題 18.2　関数 $f(x)$ の周期を $2L$ とする．このとき以下の場合におけるフーリエ級数をできるだけ簡単な式で示せ．
（1）　$f(x)$ が偶関数である　　（2）　$f(x)$ が奇関数である

練習問題 18.3　次式で与えられる周期 2π の関数 $f(x)$, $g(x)$ がある．
$$f(x) = 2x, \quad g(x) = x^2 \quad (-\pi < x \le \pi)$$
（1）　$f(x)$, $g(x)$ のフーリエ級数をそれぞれ求めよ．
（2）　求められた $g(x)$ のフーリエ級数を微分し，$f(x)$ のフーリエ級数と等しいことを確認せよ．
（3）　$g(x)$ のフーリエ級数を利用して，以下の級数の和を求めよ．

　　　$a)$　$\displaystyle\sum_{n=1}^{\infty}\frac{(-1)^{n+1}}{n^2}$　　$b)$　$\displaystyle\sum_{n=1}^{\infty}\frac{1}{n^2}$

練習問題 18.4　次式で与えられる周期 2π の関数 $f(x)$ がある．
$$f(x) = |x| \quad (-\pi < x \le \pi)$$
（1）　$f(x)$ のフーリエ級数を求めよ．
（2）　（1）の結果を利用して，以下の級数の和を求めよ．

　　　$a)$　$\displaystyle\sum_{n=1}^{\infty}\frac{1}{(2n-1)^2}$　　$b)$　$\displaystyle\sum_{n=1}^{\infty}\frac{1}{n^2}$

● ● ● ● ●

演習問題 18.1　関数 $f(x)$ が下記のような関数であった場合でのフーリエ級数を求めよ．ただし，$f(x)$ の周期を 2π とする．
（1）　$f(x)$ が偶関数
（2）　$f(x)$ が奇関数

演習問題 18.2　次式で与えられる，のこぎり波を表す関数 $f(x)$ を考える．ただし，$f(x)$ の周期を 2π とする．
$$f(x) = \begin{cases} 0 & (-\pi < x \le 0) \\ x & (0 < x \le \pi) \end{cases}$$

（1）　$f(x)$ のフーリエ級数を求めよ.

（2）　$\dfrac{d^2y}{dx^2}+3y = f(x)$ の特殊解を求めよ.

演習問題 18.3　下記の関数 $f(x)$ を複素型フーリエ級数を用いて表せ. ただし, $f(x)$ の周期を 2π とする.

$$f(x) = \begin{cases} 1 & (-\pi < x \le 0) \\ 2 & (0 < x \le \pi) \end{cases}$$

フーリエ積分とフーリエ変換

本章では，第18章で学んだフーリエ級数を拡張し，信号処理等で重要となるフーリエ積分とフーリエ変換について学習する．

19.1 フーリエ積分

第18章では，周期が $2L$ の関数についてフーリエ級数を考えたが，この周期を無限大に拡張することを考える．すなわち，$L \to \infty$ を考える．

まず，(18−6)，(18−7)，(18−8) 式より

$$A_n(L) = \left\langle f(x), \cos\left(\frac{n\pi x}{L}\right) \right\rangle = \int_{-L}^{L} f(x) \cos\left(\frac{n\pi x}{L}\right) dx \quad (n = 0, 1, 2, 3, \cdots)$$

$$B_n(L) = \left\langle f(x), \sin\left(\frac{n\pi x}{L}\right) \right\rangle = \int_{-L}^{L} f(x) \sin\left(\frac{n\pi x}{L}\right) dx \quad (n = 1, 2, 3, \cdots)$$

とおけば

$$\begin{aligned}
f(x) &\approx \frac{1}{2}\{f(x+0)+f(x-0)\} = \frac{1}{2L}\int_{-L}^{L} f(x)dx \\
&\quad + \sum_{n=1}^{\infty} \left\{ \cos\left(\frac{n\pi x}{L}\right)\frac{1}{L}\int_{-L}^{L} f(x)\cos\left(\frac{n\pi x}{L}\right)dx + \sin\left(\frac{n\pi x}{L}\right)\frac{1}{L}\int_{-L}^{L} f(x)\sin\left(\frac{n\pi x}{L}\right)dx \right\} \\
&= \frac{1}{2L}\int_{-L}^{L} f(x)dx + \frac{1}{L}\sum_{n=1}^{\infty} \left\{ \cos\left(\frac{n\pi x}{L}\right) A_n(L) + \sin\left(\frac{n\pi x}{L}\right) B_n(L) \right\} \\
&= \frac{1}{2L}\int_{-L}^{L} f(x)dx + \lim_{n\to\infty}\frac{1}{L}\sum_{k=1}^{n} \left\{ A_k(L)\cos\left(\frac{k\pi x}{L}\right) + B_k(L)\sin\left(\frac{k\pi x}{L}\right) \right\}
\end{aligned} \tag{19-1}$$

となる．また，積分（高校で学習した積分のことでリーマン積分と呼ぶ）は

$$G = \int_0^l g(\omega)d\omega = \lim_{n\to\infty}\left\{ \sum_{k=1}^{n} g\left(k\,\frac{l}{n}\right)\frac{l}{n} \right\} = \lim_{n\to\infty}\left\{ \sum_{k=1}^{n} g(k\Delta\omega)\,\Delta\omega \right\} \qquad \left(\Delta\omega = \frac{l}{n}\right) \tag{19-2}$$

で計算される．ここで，(19−1) 式の右辺において $L\to\infty$ を考える．第1項は，$\displaystyle\int_{-\infty}^{\infty} f(x)dx$ が有限となる関数であれば

$$I_1 = \lim_{L\to\infty}\frac{1}{2L}\int_{-L}^{L} f(x)dx = 0 \tag{19-3}$$

となる．なお，$\displaystyle\int_{-\infty}^{\infty} f(x)dx$ が有限となるためには，$\displaystyle\lim_{x\to\pm\infty} f(x) = 0$ となる必要がある．

また，(19−1) 式の右辺第2項の最初の項は，

$$I_2 = \lim_{L\to\infty}\left\{ \lim_{n\to\infty}\sum_{k=1}^{n} A_k(L)\cos\left(\frac{k\pi x}{L}\right)\frac{1}{L} \right\} = \frac{1}{\pi}\lim_{L\to\infty}\left\{ \lim_{n\to\infty}\sum_{k=1}^{n} A_k(L)\cos\left(xk\frac{\pi}{L}\right)\frac{\pi}{L} \right\}$$

となる．上式と (19−2) 式とを見比べると，(19−2) 式の $\dfrac{l}{n}$ に対応するのが $\dfrac{\pi}{L}$ となるが，$l=\pi, n=L$ と考えるのは間違いである．なぜならば，(19−1) 式で与えられているフーリエ級数では，波長の逆数である $n\dfrac{\pi}{L}$ の極限値は，L の値が有限であるため無限大となっている（波長は無限に小さくなる）が，$n=L$ とするとこの条件を満足できない。すなわち、この条件を

満足させながら，分割の間隔 $\Delta\omega = \dfrac{\pi}{L}$ を小さくして積分型に変形しなければならない．そこで $L = \sqrt{n}$ とおけば

$$n\frac{\pi}{L} = n\frac{\pi L}{L^2} = n\frac{\pi\sqrt{n}}{n} = \pi\sqrt{n}, \quad \Delta\omega = \frac{\pi}{L} = \frac{\pi}{\sqrt{n}}$$

となり，$n \to \infty$ で $n\dfrac{\pi}{L} \to \infty$，$\Delta\omega \to 0$ を満たす．また，

$$\Delta\omega = \frac{\pi}{L} = \frac{\pi L}{L^2} = \frac{\pi L}{n} = \frac{l}{n} \quad \Rightarrow \quad l = \pi L = \pi\sqrt{n}$$

となることを用いると

$$I_2 = \frac{1}{\pi}\lim_{L\to\infty}\left\{\lim_{n\to\infty}\sum_{k=1}^{n} A_k(L)\cos\left(xk\frac{\pi}{L}\right)\frac{\pi}{L}\right\} = \frac{1}{\pi}\lim_{n\to\infty}\sum_{k=1}^{n}\left\{A_k(\sqrt{n})\cos(xk\Delta\omega)\Delta\omega\right\}$$

$$= \frac{1}{\pi}\lim_{n\to\infty}\sum_{k=1}^{n}\left[\left\{\cos(xk\Delta\omega)\int_{-\sqrt{n}}^{\sqrt{n}} f(x)\cos(xk\Delta\omega)dx\right\}\Delta\omega\right]$$

$$= \frac{1}{\pi}\lim_{n\to\infty}\int_{0}^{\pi\sqrt{n}}\left\{\cos(x\omega)\int_{-\sqrt{n}}^{\sqrt{n}} f(x)\cos(x\omega)dx\right\}d\omega$$

$$= \frac{1}{\pi}\int_{0}^{\infty}\left\{\cos(\omega x)\int_{-\infty}^{\infty} f(x)\cos(\omega x)dx\right\}d\omega$$

と計算される．上の式において，$L = \sqrt{n}$ とおいたことで，例えば分割数 n を4倍とした際に，ω に関する積分範囲 l が2倍にしかならず，結果として分割の隔が半分になっている．同様に

$$I_3 = \lim_{L\to\infty}\left\{\lim_{n\to\infty}\frac{1}{L}\sum_{k=1}^{n} B_k(L)\sin\left(\frac{k\pi x}{L}\right)\right\}$$

$$= \frac{1}{\pi}\lim_{L\to\infty}\left\{\lim_{n\to\infty}\sum_{k=1}^{n} B_k(L)\sin\left(xk\frac{\pi}{L}\right)\frac{\pi}{L}\right\} = \frac{1}{\pi}\int_{0}^{\infty}\left\{\sin(\omega x)\int_{-\infty}^{\infty} f(x)\sin(\omega x)dx\right\}d\omega$$

が得られる．よって，(19−1) 式において $L\to\infty$ とすれば

$$f(x) \approx \frac{1}{2}\{f(x+0)+f(x-0)\}$$

$$= \frac{1}{\pi}\int_{0}^{\infty}\left\{\cos(\omega x)\int_{-\infty}^{\infty} f(x)\cos(\omega x)dx\right\}d\omega + \frac{1}{\pi}\int_{0}^{\infty}\left\{\sin(\omega x)\int_{-\infty}^{\infty} f(x)\sin(\omega x)dx\right\}d\omega$$

$$\tag{19−4}$$

が得られ，この式を $f(x)$ のフーリエ積分と呼ぶ．いま

$$a(\omega) = \frac{1}{\pi}\int_{-\infty}^{\infty} f(x)\cos(\omega x)dx \tag{19−5}$$

$$b(\omega) = \frac{1}{\pi}\int_{-\infty}^{\infty} f(x)\sin(\omega x)dx \tag{19−6}$$

とおけば，(19−4) 式は

$$f(x) \approx \frac{1}{2}\{f(x+0)+f(x-0)\} = \int_{0}^{\infty}\{a(\omega)\cos(\omega x)+b(\omega)\sin(\omega x)\}d\omega \tag{19−7}$$

となる．また，(19−4) 式は

$$f(x) \approx \frac{1}{2}\{f(x+0)+f(x-0)\}$$

$$= \frac{1}{\pi}\int_{0}^{\infty}\left\{\cos(\omega x)\int_{-\infty}^{\infty} f(u)\cos(\omega u)du\right\}d\omega + \frac{1}{\pi}\int_{0}^{\infty}\left\{\sin(\omega x)\int_{-\infty}^{\infty} f(u)\sin(\omega u)du\right\}d\omega$$

$$= \frac{1}{\pi}\int_{0}^{\infty}d\omega\int_{-\infty}^{\infty} f(u)\cos(\omega(u-x))du \tag{19−8}$$

のように変形できる．ただし，混乱を防ぐために，(19-5)，(19-6) 式における積分変数 x を u と書き換えている．

19.2 複素型のフーリエ積分とフーリエ変換

第 18 章と同様にして，フーリエ積分を複素型のフーリエ積分に拡張することができる．すなわち，積分範囲を $-\infty < x < \infty$ として，(18-9) 式を用い，

$$F(\omega) = \frac{1}{\sqrt{2\pi}}\langle f(x), e^{i\omega x}\rangle = \frac{1}{\sqrt{2\pi}}\int_{-\infty}^{\infty} f(x)\,e^{-i\omega x}dx \tag{19-9}$$

と定義し，$F(\omega)$ を $f(x)$ のフーリエ変換と呼ぶ．また，積分範囲を $-\infty < \omega < \infty$ として，以下の式で，複素型のフーリエ積分が与えられる．

$$f(x) \approx \frac{1}{2}\{f(x+0)+f(x-0)\} = \frac{1}{\sqrt{2\pi}}\langle f(x), e^{-i\omega x}\rangle = \frac{1}{\sqrt{2\pi}}\int_{-\infty}^{\infty} F(\omega)\,e^{i\omega x}d\omega \tag{19-10}$$

なお，この式の右辺をフーリエ逆変換と呼ぶ．

<例題 19.1>　以下の関数のフーリエ積分を求めよ．

$$f(x) = \begin{cases} \cos(\omega_0 x) & (|x| \le \frac{\pi}{\omega_0}) \\ 0 & (|x| > \frac{\pi}{\omega_0}) \end{cases}$$

【解答】

$$a(\omega) = \frac{1}{\pi}\int_{-\infty}^{\infty} f(x)\cos(\omega x)\,dx = \frac{1}{\pi}\int_{-\frac{\pi}{\omega_0}}^{\frac{\pi}{\omega_0}}\cos(\omega_0 x)\cos(\omega x)\,dx = \frac{2}{\pi}\int_0^{\frac{\pi}{\omega_0}}\cos(\omega_0 x)\cos(\omega x)dx$$

$$= \frac{1}{\pi}\int_0^{\frac{\pi}{\omega_0}}\{\cos((\omega+\omega_0)x)+\cos((\omega-\omega_0)x)\}dx$$

$$= \frac{1}{\pi}\Big[\frac{1}{(\omega+\omega_0)}\sin((\omega+\omega_0)x)+\frac{1}{(\omega-\omega_0)}\sin((\omega-\omega_0)x)\Big]_{x=0}^{x=\frac{\pi}{\omega_0}}$$

$$= \frac{1}{\pi}\Big\{\frac{1}{(\omega+\omega_0)}\sin\Big((\omega+\omega_0)\frac{\pi}{\omega_0}\Big)+\frac{1}{(\omega-\omega_0)}\sin\Big((\omega-\omega_0)\frac{\pi}{\omega_0}\Big)\Big\}$$

$$= \frac{1}{\pi}\Big\{\frac{1}{(\omega+\omega_0)}\sin\Big(\frac{\omega}{\omega_0}\pi+\pi\Big)+\frac{1}{(\omega-\omega_0)}\sin\Big(\frac{\omega}{\omega_0}\pi-\pi\Big)\Big\}$$

$$= \frac{1}{\pi}\Big\{-\frac{1}{(\omega+\omega_0)}\sin\Big(\frac{\omega}{\omega_0}\pi\Big)-\frac{1}{(\omega-\omega_0)}\sin\Big(\frac{\omega}{\omega_0}\pi\Big)\Big\}$$

$$= \frac{-2\omega\sin\Big(\frac{\omega}{\omega_0}\pi\Big)}{\pi(\omega^2-\omega_0^2)} = \frac{2\omega\sin\Big(\frac{\omega}{\omega_0}\pi\Big)}{\pi(\omega_0^2-\omega^2)}$$

$$b(\omega) = \frac{1}{\pi}\int_{-\infty}^{\infty}\cos(\omega_0 x)\sin(\omega x)\,dx = \frac{1}{\pi}\int_{-\frac{\pi}{\omega_0}}^{\frac{\pi}{\omega_0}}\cos(\omega_0 x)\sin(\omega x)\,dx = 0$$

$$f(x) \approx \int_0^{\infty}\frac{2\omega\sin\Big(\frac{\omega}{\omega_0}\pi\Big)}{\pi(\omega_0^2-\omega^2)}\cos(\omega x)\,d\omega = \frac{2}{\pi}\int_0^{\infty}\frac{\omega\sin\Big(\frac{\omega}{\omega_0}\pi\Big)\cos(\omega x)}{(\omega_0^2-\omega^2)}\,d\omega$$

練習問題 19.1　(19−10) 式が成立することを，(19−8) 式を用いて示せ.

練習問題 19.2　$f(x) = \delta(x)$ のフーリエ変換を導出せよ. さらに，その逆変換から，関数を積分で表せ.

練習問題 19.3　以下の関数のフーリエ積分を求めよ.

$$f(x) = \begin{cases} \sin(\omega_0 x) & \left(|x| \le \dfrac{\pi}{\omega_0}\right) \\ 0 & \left(|x| > \dfrac{\pi}{\omega_0}\right) \end{cases}$$

練習問題 19.4　以下の関数のフーリエ変換を求めよ.

$$f(x) = \begin{cases} e^{i\omega_0 x} & \left(|x| \le \dfrac{\pi}{\omega_0}\right) \\ 0 & \left(|x| > \dfrac{\pi}{\omega_0}\right) \end{cases}$$

練習問題 19.5　$f(x)$ のフーリエ変換を $F(\omega)$ とする. このとき，$f(x-a)$ のフーリエ変換を $F(\omega)$ を用いて表せ. ただし，a は定数とする.

● ● ● ● ●

演習問題 19.1　以下の関数を図示し，フーリエ変換を求めよ.

$$f(x) = \begin{cases} 0 & (x < 0) \\ 1 & (0 \le x \le 1) \\ 0 & (x > 1) \end{cases}$$

演習問題 19.2　以下の関数を図示しフーリエ変換を求めよ.

$$f(x) = \begin{cases} 0 & (x < -1) \\ 1 & (-1 \le x \le 1) \\ 0 & (x > 1) \end{cases}$$

演習問題 19.3　演習問題 19.2 を利用して $\displaystyle\int_{-\infty}^{\infty} \frac{\sin x}{x} dx$ を求めよ.

ちょっといっぷく

　Microsoft Excel では，高速フーリエ変換 FFT というデータ処理を行うことができます．元の入力波形を見ても，三角関数のような変化をしていますが，よくわかりませんね．でも，フーリエ変換をしてみると 1 Hz と 3 Hz と 4 Hz の信号が含まれていることがわかりますね．みなさんも試してみましょう．

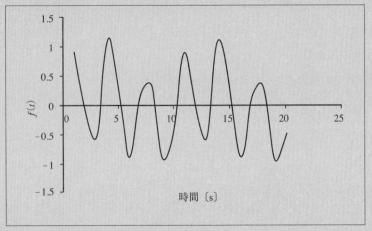

入力波形

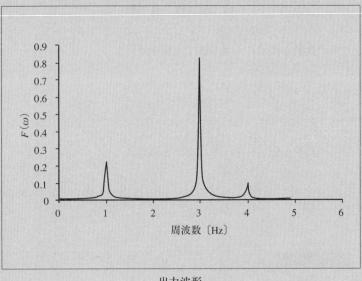

出力波形

20 偏微分方程式（その1）

本章では，独立変数が複数ある場合の微分方程式，すなわち，偏微分方程式について学習する．

20.1 1階の偏微分方程式

1階の偏微分方程式として

$$\frac{\partial u}{\partial x} + C\frac{\partial u}{\partial y} = 0 \tag{20-1}$$

を考える．まず，C が定数ならば，（20-1）式で与えられる方程式は線形となる．いま

$$y = Cx + s \qquad （s は定数）$$

となる直線 L を考えると，L 上では $dy = Cdx$ となるので

$$du = \frac{\partial u}{\partial x}dx + \frac{\partial u}{\partial y}dy = \frac{\partial u}{\partial x}dx + \frac{\partial u}{\partial y}Cdx = \left(\frac{\partial u}{\partial x} + C\frac{\partial u}{\partial y}\right)dx$$

と計算される．よって，L 上では，（20-1）式を満足する $u = u(x, y)$ は

$$du = \left(\frac{\partial u}{\partial x} + C\frac{\partial u}{\partial y}\right)dx = 0$$

となり，$u = u(x, y)$ は，一定の値であることがわかる．すなわち，$y - Cx = s$ のとき，$u = u(x, y)$ が一定になるので，

$$u = u(x, y) = f(y - Cx) \tag{20-2}$$

となることがわかる．ただし，f は微分可能な，任意の関数である．

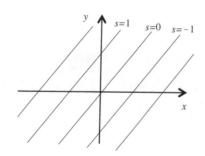

図 20.1 C が定数の場合の L の様子

次に，C が定数ではなく，$C = C(u)$ の場合にも同様に

$$\frac{dy}{dx} = C(u) \tag{20-3}$$

を満たす曲線 L' を考えれば

$$du = \frac{\partial u}{\partial x}dx + \frac{\partial u}{\partial y}dy = \frac{\partial u}{\partial x}dx + \frac{\partial u}{\partial y}C(u)dx = \left(\frac{\partial u}{\partial x} + C(u)\frac{\partial u}{\partial y}\right)dx = 0$$

となり，$u = u(x, y)$ が一定になる．

今，$x = 0$ で $u = u(0, y) = U(y)$ と与えられているとすれば，$(x, y) = (0, s)$ を通る L' 上では，$u = u(x, y)$ が一定になることから

$$u = u(x, y) = u(0, s) = U(s)$$

と計算される．したがって（20−3）式から，$(x, y) = (0, s)$ を通る L' の方程式は

$$y = C(U(s))\, x + s \tag{20−4}$$

と得られる．さらに，解は

$$u = u(x, y) = u(0, s) = U(s) = U(y - C(U(s))x) \tag{20−5}$$

となる．ただし，s は，（20−4）式を満たす．L や L' のことを特性曲線と呼ぶ．また，$C = C(u)$ の場合には，（20−1）式は，非線形方程式となるため，一般に解を求めることが非常に困難になることが多い．

<例題 20.1>　$U(y) = y$，$C(u) = u$ の場合の L' の様子を図示せよ．

【解答】　$y = C(U(s))\, x + s \ \rightarrow \ y = U(s)x + s = sx + s$

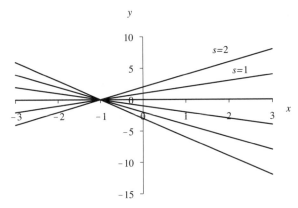

図 20.2　C が変数の場合

<例題 20.2>　$\dfrac{\partial u}{\partial x} + 2\dfrac{\partial u}{\partial y} = 3u$ の偏微分方程式を解け．

【解答】　x, y の代わりに，$s = ax + by\ (a + 2b \neq 0)$，$t = y - 2x$ を新たな変数とおくと

$$\frac{\partial u}{\partial x} = \frac{\partial u}{\partial s}\frac{\partial s}{\partial x} + \frac{\partial u}{\partial t}\frac{\partial t}{\partial x} = a\frac{\partial u}{\partial s} - 2\frac{\partial u}{\partial t} \quad , \quad \frac{\partial u}{\partial y} = \frac{\partial u}{\partial s}\frac{\partial s}{\partial y} + \frac{\partial u}{\partial t}\frac{\partial t}{\partial y} = b\frac{\partial u}{\partial s} + \frac{\partial u}{\partial t}$$

となるので，次式が得られる．

$$\frac{\partial u}{\partial x} + 2\frac{\partial u}{\partial y} = a\frac{\partial u}{\partial s} - 2\frac{\partial u}{\partial t} + 2b\frac{\partial u}{\partial s} + 2\frac{\partial u}{\partial t} = (a + 2b)\frac{\partial u}{\partial s} = 3u$$

$$\rightarrow \ \frac{1}{u}\frac{\partial u}{\partial s} = \frac{3}{a + 2b} \ \rightarrow \ \ln|u| = \frac{3}{a + 2b}s + f(t) \ \rightarrow \ u = \pm e^{\frac{3}{a+2b}s + f(t)} = e^{\frac{3}{a+2b}s}g(t)$$

となり，以下の解が得られる．ただし，g は任意の関数である．

$$u = e^{\frac{3(ax + by)}{a + 2b}}g(y - 2x)$$

20.2　2 階の偏微分方程式

第 15 章で学んだ拡散方程式は，2 階の偏微分方程式の一種であり，さまざまな現象を解析す

る際に不可欠な方程式である．2階の偏微分方程式は，楕円型，放物型，双曲型に分類される．典型的な例を以下に示す．

楕円型 $\qquad \dfrac{\partial^2 u}{\partial x^2}+\dfrac{\partial^2 u}{\partial y^2}=0$

放物型 $\qquad \dfrac{\partial u}{\partial x}-\dfrac{\partial^2 u}{\partial y^2}=0$

双曲型 $\qquad \dfrac{\partial^2 u}{\partial x^2}-\dfrac{\partial^2 u}{\partial y^2}=0$

一般には，

$$A\dfrac{\partial^2 u}{\partial x^2}+2B\dfrac{\partial^2 u}{\partial x\partial y}+C\dfrac{\partial^2 u}{\partial y^2}+D\dfrac{\partial u}{\partial x}+E\dfrac{\partial u}{\partial y}+Gu=\varPhi(x,y) \tag{20-6}$$

において，

$\qquad B^2-AC<0 \quad\Rightarrow\quad$ 楕円型

$\qquad B^2-AC=0 \quad\Rightarrow\quad$ 放物型

$\qquad B^2-AC>0 \quad\Rightarrow\quad$ 双曲型

と分類される．

　したがって，定常の2次元熱伝導方程式は楕円型に，非定常の1次元熱伝導方程式は放物線型に，波の方程式や真空中の電界に関する方程式（波動方程式）は双曲型に分類される．

＜例題20.3＞　次の偏微分方程式の解を求めよ．

$$\dfrac{\partial^2 u}{\partial x\partial y}=0$$

【解答】．$\dfrac{\partial^2 u}{\partial x\partial y}=0 \ \rightarrow\ \dfrac{\partial u}{\partial x}=f(x) \ \rightarrow\ u=\displaystyle\int^x f(x)\,dx+G(y)=F(x)+G(y)$

ただし，$F(x)$，$G(y)$ は，2階の微分が存在する任意の関数．

練習問題20.1　次の偏微分方程式の特性曲線と解を求めよ．

$$\dfrac{\partial u}{\partial x}+u\dfrac{\partial u}{\partial y}=0$$

ただし，$u(0,y)=1-y$ とする．

練習問題20.2　次の偏微分方程式を解け．

$$2\dfrac{\partial u}{\partial x}+3\dfrac{\partial u}{\partial y}=u$$

練習問題20.3　次の偏微分方程式の一般解を求めよ．

$$\dfrac{\partial^2 u}{\partial t^2}-c^2\dfrac{\partial^2 u}{\partial x^2}=0 \quad(c>0) \qquad$$ ［ヒント］$r\equiv x-ct$，$s\equiv x+ct$ とおく．

● ● ● ● ●

演習問題20.1　次の偏微分方程式の，特性曲線と解を求めよ．

$$\frac{\partial u}{\partial x} + u\frac{\partial u}{\partial y} = 0 \qquad ただし \qquad u(0, y) = 1 - 3y$$

演習問題20.2　演習問題20.1において，特性曲線の交点では u の値がどうなっているか調べよ．

演習問題20.3　次の偏微分方程式を解け．

$$5\frac{\partial u}{\partial x} + 6\frac{\partial u}{\partial y} = u$$

ちょっといっぷく

線形と非線形

　工学では「線形」と「非線形」という言葉がよく出てきます．材料力学を例にして考えてみましょう．
　線形というのは，ある2つの量 x と y の関係が $y = ax + b$ のように直線となる関係のことをいいます．例えば，ばねやゴムのように加えた力は変形量に比例する（弾性変形）のは有名ですね．しかし，ばねやゴムにある程度以上の大きな力を加えるとのび切ってしまって力を抜いても元に戻らなくなってしまいます（塑性変形）．当然，加えた力と変形量の間の比例関係も成り立たなくなり，このような関係を非線形といいます（ただし，非線形な変形でも元に戻る非線形弾性変形も存在します）．皆さんの身のまわりにある机や自転車などの工業製品が使用中に塑性変形を起こしては困りますから，弾性変形の範囲内で使用できるように設計されています．ですから，弾性変形の方が工学的には重要であると言えます．

偏微分方程式（その2）

第20章では，偏微分方程式の概要を説明したが，この章では，より具体的な問題に対する解法を説明する.

21.1 変数分離法

2階の偏微分方程式として

楕円型 $\qquad \dfrac{\partial^2 u}{\partial x^2}+\dfrac{\partial^2 u}{\partial y^2}=0$ $\hfill (21-1)$

放物型 $\qquad \dfrac{\partial u}{\partial x}-\dfrac{\partial^2 u}{\partial y^2}=0$ $\hfill (21-2)$

双曲型 $\qquad \dfrac{\partial^2 u}{\partial x^2}-\dfrac{\partial^2 u}{\partial y^2}=0$ $\hfill (21-3)$

を考える．(21−1)，(21−2)，(21−3) 式の解が

$\qquad u(x,y)=X(x)Y(y)$ $\hfill (21-4)$

で与えられると仮定して解を求める．このような方法を変数分離法と呼ぶ（得られる解はフーリエ級数等で得られる式と同様な形式となることに注意）.

21.2 楕円型の場合

(21−4) 式を (21−1) 式に代入すれば

$$\frac{\partial^2 u}{\partial x^2}+\frac{\partial^2 u}{\partial y^2}=Y(y)\frac{d^2 X}{dx^2}+X(x)\frac{d^2 Y}{dy^2}=0 \;\;\to\;\; \frac{1}{X(x)}\frac{d^2 X}{dx^2}=-\frac{1}{Y(y)}\frac{d^2 Y}{dy^2}$$

が得られる．この式の左辺は x の関数，右辺は y の関数で，その両者が等しくなるためには，それぞれがある定数に等しくなければならない．したがって

$$\frac{1}{X(x)}\frac{d^2 X}{dx^2}=-\frac{1}{Y(y)}\frac{d^2 Y}{dy^2}=\beta$$

とおくことができるので

$$\frac{1}{X(x)}\frac{d^2 X}{dx^2}=\beta \;\;\to\;\; X(x)=C_1\,e^{\sqrt{\beta}x}+C_2\,e^{-\sqrt{\beta}x}$$
$$\frac{1}{Y(y)}\frac{d^2 Y}{dy^2}=-\beta \;\;\to\;\; Y(y)=C_3\,e^{\sqrt{-\beta}y}+C_4 e^{-\sqrt{-\beta}y}$$
$\hfill (21-5)$

と計算され，解が求められる.

＜例題 21.1＞ 次の偏微分方程式

$$\frac{\partial^2 u}{\partial x^2}+\frac{\partial^2 u}{\partial y^2}=0 \quad (0 \le x \le 1,\;\; 0 \le y \le 1)$$

を境界条件

$$u(x,0) = 0 , \quad u(x,1) = 0 \qquad (0 \leq x \leq 1)$$
$$u(0,y) = 0 , \quad u(1,y) = \sin(\pi y) \qquad (0 \leq y \leq 1)$$

の元で解け.

【解答】 (21-5) 式に境界条件を代入して

$$u(x,0) = X(x)Y(0) = (C_1 e^{\sqrt{\beta}x} + C_2 e^{-\sqrt{\beta}x})(C_3 + C_4) = 0 \qquad \rightarrow \quad C_3 + C_4 = 0$$
$$u(0,y) = X(0)Y(y) = (C_1 + C_2)(C_3 e^{\sqrt{-\beta}y} + C_4 e^{-\sqrt{-\beta}y}) = 0 \qquad \rightarrow \quad C_1 + C_2 = 0$$

となる. また

$$u(x,1) = X(x)Y(1) = (C_1 e^{\sqrt{\beta}x} + C_2 e^{-\sqrt{\beta}x})(C_3 e^{\sqrt{-\beta}} + C_4 e^{-\sqrt{-\beta}}) = 0$$
$$\rightarrow \quad C_3 e^{\sqrt{-\beta}} + C_4 e^{-\sqrt{-\beta}} = C_3(e^{\sqrt{-\beta}} - e^{-\sqrt{-\beta}}) = 0$$

を, $C_3 \neq 0$, $\beta \neq 0$ の条件で満足するためには

$$e^{\sqrt{-\beta}} - e^{-\sqrt{-\beta}} = 0 \quad \rightarrow \quad \beta = \lambda^2 \quad (\lambda > 0)$$

とし

$$e^{\sqrt{-\beta}} - e^{-\sqrt{-\beta}} = e^{i\lambda} - e^{-i\lambda} = 2i\sin(\lambda) = 0$$
$$\rightarrow \quad \lambda = n\pi \quad (n \geq 1)$$

となれば良い（ただし, n は自然数）. よって, 以下の式が得られる.

$$X(x) = C_1 e^{n\pi x} + C_2 e^{-n\pi x} = C_1(e^{n\pi x} - e^{-n\pi x})$$
$$Y(y) = C_3 e^{in\pi y} + C_4 e^{-in\pi y} = C_3(e^{in\pi y} - e^{-in\pi y}) = C_3 2i \sin(n\pi y)$$

また

$$u(1,y) = X(1)Y(y) = C_1\{e^{n\pi} - e^{-n\pi}\}C_3 2i \sin(n\pi y) = \sin(\pi y)$$

より

$$n = 1 , \quad 2iC_1 C_3(e^{\pi} - e^{-\pi}) = 1 \quad \rightarrow \quad 2iC_1 C_3 = \frac{1}{e^{\pi} - e^{-\pi}}$$

よって, 解は

$$u(x,y) = X(x)Y(y) = C_1(e^{\pi x} - e^{-\pi x})2iC_3 \sin(\pi y) = \frac{e^{\pi x} - e^{-\pi x}}{e^{\pi} - e^{-\pi}} \sin(\pi y)$$

となる.

＜例題 21.2＞ 次式で与えられる 2 階の偏微分方程式を解け.

$$\frac{\partial^2 u}{\partial x^2} + \frac{\partial^2 u}{\partial y^2} = 0 \quad (0 \leq x \leq 1, \quad 0 \leq y \leq 1)$$

境界条件

$$u(x,0) = 0 , \quad u(x,1) = 0 \qquad (0 \leq x \leq 1)$$
$$u(0,y) = 0 , \quad u(1,y) = f(y) \qquad (0 \leq y \leq 1)$$

【解答】 ＜例題 21.1＞と同様にして, $u(x,0) = 0$, $u(0,y) = 0$ の境界条件より

$$X(x) = C_1 e^{m\pi x} + C_2 e^{-m\pi x} = C_1(e^{m\pi x} - e^{-m\pi x})$$
$$Y(y) = C_3 e^{im\pi y} + C_4 e^{-im\pi y} = C_3(e^{im\pi y} - e^{-im\pi y}) = C_3 2i \sin(m\pi y)$$
$$\beta = \lambda^2 , \quad \lambda = m\pi \quad (m \geq 1)$$

となる（ただし, m は自然数）. ここで, 一般に m は無数に選べることから, 一般解は

$$u(x,y) = \sum_{m=1}^{\infty} X(x)Y(y) = \sum_{m=1}^{\infty} C_1(e^{m\pi x} - e^{-m\pi x})2iC_3 \sin(m\pi y)$$
$$= \sum_{m=1}^{\infty} C_m(e^{m\pi x} - e^{-m\pi x}) \sin(m\pi y)$$

となる（重ね合わせの原理）．ここで，係数 C_m も m によってそれぞれ異なる値をとることに注意しなけらばならない．また，$u(1, y) = f(y)$ より

$$u(1, y) = \sum_{m=1}^{\infty} C_m(e^{m\pi} - e^{-m\pi}) \sin(m\pi y) = f(y)$$

ここで

$$-f(-y) \equiv f(y) \quad (0 \leq y \leq 1)$$

と仮定すれば，$f(y)$ （$-1 \leq y \leq 1$）は奇関数となるので，フーリエ級数で表すと

$$f(y) \approx \sum_{n=1}^{\infty} b_n \sin(n\pi y) , \quad b_n = \int_{-1}^{1} f(y) \sin(n\pi y) dy$$

となる．したがって

$$f(y) = \sum_{m=1}^{\infty} C_m(e^{m\pi} - e^{-m\pi}) \sin(m\pi y) = \sum_{n=1}^{\infty} b_n \sin(n\pi y)$$

$$\rightarrow \quad C_m = \frac{b_m}{e^{m\pi} - e^{-m\pi}} = \frac{\int_{-1}^{1} f(y) \sin (m\pi y) dy}{e^{m\pi} - e^{-m\pi}}$$

となるので，解は次式で与えられる．

$$u(x, y) = \sum_{n=1}^{\infty} C_n(e^{n\pi x} - e^{-n\pi x}) \sin(n\pi y) , \quad C_n = \frac{\int_{-1}^{1} f(y) \sin(n\pi y) dy}{e^{n\pi} - e^{-n\pi}}$$

21.3 放物型の場合

（21-4）式を（21-2）式に代入すれば

$$\frac{\partial u}{\partial x} - \frac{\partial^2 u}{\partial y^2} = Y(y)\frac{dX}{dx} - X(x)\frac{d^2 Y}{dy^2} = 0 \quad \rightarrow \quad \frac{1}{X(x)}\frac{dX}{dx} = \frac{1}{Y(y)}\frac{d^2 Y}{dy^2}$$

が得られる．楕円型の場合と同様に，この式の左辺は x の関数，右辺は y の関数で，その両者が等しくなるためには，それぞれがある定数に等しいことを意味する．したがって

$$\frac{1}{X(x)}\frac{dX}{dx} = \frac{1}{Y(y)}\frac{d^2 Y}{dy^2} = \beta$$

となるので

$$\frac{1}{X(x)}\frac{dX}{dx} = \beta \quad \rightarrow \quad X(x) = C_1 e^{\beta x}$$

$$\frac{1}{Y(y)}\frac{d^2 Y}{dy^2} = \beta \quad \rightarrow \quad Y(y) = C_3 e^{\sqrt{\beta}y} + C_4 e^{-\sqrt{\beta}y}$$

$(21-6)$

と計算され，解が求められる．なお，典型的な放物型の方程式は，（21-2）式で与えられるが，物理現象の場合には，$x \rightarrow t$ ，$y \rightarrow x$ と書き換えた方程式になっていることが多い．なお，t は時間である．

<例題 21.3> 次の偏微分方程式を解け．

$$\frac{\partial u}{\partial t} - \frac{\partial^2 u}{\partial x^2} = 0 \quad (t \geq 0 , \ 0 \leq x \leq 1)$$

初期条件

$$u(0, x) = 2x \quad (0 \leq x \leq 1)$$

境界条件

$$u(t, 0) = 0 , \quad u(t, 1) = 0 \qquad (t > 0)$$

【解答】　解を

$$u(t, x) = T(t)X(x)$$

とおけば，（21−6）式より

$$\frac{1}{T(t)}\frac{dT}{dt} = \beta \quad \rightarrow \quad T(t) = C_1\,e^{\beta t}$$

$$\frac{1}{X(x)}\frac{d^2X}{dx^2} = \beta \quad \rightarrow \quad X(x) = C_3\,e^{\sqrt{\beta}x} + C_4\,e^{-\sqrt{\beta}x}$$

となる．境界条件を代入すると，＜例題 21.1＞と同様にして

$$u(t, 0) = T(t)X(0) = C_1\,e^{\beta t}(C_3 + C_4) = 0 \quad \rightarrow \quad C_3 + C_4 = 0$$

$$u(t, 1) = T(t)X(1) = C_1\,e^{\beta t}(C_3\,e^{\sqrt{\beta}} + C_4\,e^{-\sqrt{\beta}})$$

$$= C_1\,e^{\beta t}C_3(\,e^{\sqrt{\beta}} - e^{-\sqrt{\beta}}) = 0$$

より

$$\beta = -\lambda^2, \quad \lambda = m\pi$$

となる．ただし，m は自然数である．よって

$$T(t) = C_1\,e^{-m^2\pi^2t}, \qquad X(x) = C_3 2i\sin(m\pi x)$$

$$\rightarrow \quad u(t, x) = C\,e^{-m^2\pi^2t}\sin(m\pi x)$$

となり，初期条件を代入すれば

$$u(0, x) = C\sin(m\pi x) = 2x$$

となる．よって，次式で解が与えられる．

$$b_m = \int_{-1}^{1} 2x\sin(m\pi x)dx = 4\int_0^1 x\sin(m\pi x)dx = \frac{4}{\pi}\frac{(-1)^{m-1}}{m}$$

$$\rightarrow \quad u(t, x) = \frac{4}{\pi}\sum_{m=1}^{\infty}\frac{(-1)^{m-1}}{m}\,e^{-m^2\pi^2t}\sin(m\pi x)$$

21.4　双曲型の場合

（21−4）式を（21−3）式に代入すれば

$$\frac{\partial^2 u}{\partial x^2} - \frac{\partial^2 u}{\partial y^2} = Y(y)\frac{d^2X}{dx^2} - X(x)\frac{d^2Y}{dy^2} = 0 \quad \rightarrow \quad \frac{1}{X(x)}\frac{d^2X}{dx^2} = \frac{1}{Y(y)}\frac{d^2Y}{dy^2}$$

が得られる．楕円型の場合と同様に，この式の左辺は x の関数，右辺は y の関数で，その両者が等しくなるためには，それぞれがある定数に等しいことを意味する．したがって

$$\frac{1}{X(x)}\frac{d^2X}{dx^2} = \frac{1}{Y(y)}\frac{d^2Y}{dy^2} = \beta$$

となるので

$$\frac{1}{X(x)}\frac{d^2X}{dx^2} = \beta \quad \rightarrow \quad X(x) = C_1\,e^{\sqrt{\beta}x} + C_2\,e^{-\sqrt{\beta}x}$$

$$\frac{1}{Y(y)}\frac{d^2Y}{dy^2} = \beta \quad \rightarrow \quad Y(y) = C_3\,e^{\sqrt{\beta}y} + C_4\,e^{-\sqrt{\beta}y}$$

$$(21-7)$$

と計算され，解が求められる．なお，放物型の方程式と同様に，物理現象の場合には，$x \rightarrow t$，$y \rightarrow x$ と書き換えた方程式になっていることが多い．

＜例題 21.4＞　偏微分方程式を解け．

$$\frac{\partial^2 u}{\partial t^2} - \frac{\partial^2 u}{\partial x^2} = 0 \quad (t \geq 0, \quad 0 \leq x \leq 1)$$

を, 初期条件

$$u(0, x) = \sin(\pi x), \quad \left.\frac{\partial u}{\partial t}\right|_{t=0} = 0 \quad (0 \leq x \leq 1)$$

境界条件

$$u(t, 0) = 0, \quad u(t, 1) = 0 \quad (t > 0)$$

のもとで解け.

【解答】 解を

$$u(t, x) = T(t) X(x)$$

とおけば, (21−7) 式より

$$\frac{1}{T(t)} \frac{d^2 T}{dt^2} = \beta \quad \rightarrow \quad T(t) = C_1 e^{\sqrt{\beta} t} + C_2 e^{-\sqrt{\beta} t}$$

$$\frac{1}{X(x)} \frac{d^2 X}{dx^2} = \beta \quad \rightarrow \quad X(x) = C_3 e^{\sqrt{\beta} x} + C_4 e^{-\sqrt{\beta} x}$$

となる. 境界条件を代入すると, ＜例題 21.3＞と同様にして

$$u(t, 0) = T(t) X(0) = (C_1 e^{\sqrt{\beta} t} + C_2 e^{-\sqrt{\beta} t})(C_3 + C_4) = 0 \quad \Rightarrow \quad C_3 + C_4 = 0$$

$$u(t, 1) = T(t) X(1) = (C_1 e^{\sqrt{\beta} t} + C_2 e^{-\sqrt{\beta} t})(C_3 e^{\sqrt{\beta}} + C_4 e^{-\sqrt{\beta}})$$

$$= (C_1 e^{\sqrt{\beta} t} + C_2 e^{-\sqrt{\beta} t}) C_3 (e^{\sqrt{\beta}} - e^{-\sqrt{\beta}}) = 0$$

$$\Downarrow$$

$$\beta = -\lambda^2, \quad \lambda = m\pi \quad (m \geq 1)$$

となる. よって

$$T(t) = C_1 e^{im\pi t} + C_2 e^{-im\pi t}, \quad X(x) = C_3 2i \sin(m\pi x)$$

となり, 初期条件を代入すれば

$$\left.\frac{\partial u}{\partial t}\right|_{t=0} = \left.\frac{dT}{dt}\right|_{t=0} X(x) = im\pi(C_1 - C_2) C_3 2i \sin(m\pi x) = 0 \quad \Rightarrow \quad C_1 - C_2 = 0$$

$$u(0, x) = 2C_1 C_3 2i \sin(m\pi x) = \sin(\pi x) \quad \Rightarrow \quad m = 1, \quad 4i C_1 C_3 = 1$$

となる. よって

$$T(t) = C_1 e^{i\pi t} + C_2 e^{-i\pi t} = C_1(e^{i\pi t} + e^{-i\pi t}) = 2C_1 \cos(\pi t)$$

$$X(x) = C_3 2i \sin(\pi x)$$

$$\rightarrow \quad u(t, x) = 4i C_1 C_3 \cos(\pi t) \sin(\pi x) = \cos(\pi t) \sin(\pi x)$$

が解である.

● ● ● ● ●

[練習問題 21.1] 次の偏微分方程式を解け.

$$\frac{\partial^2 u}{\partial x^2} + \frac{\partial^2 u}{\partial y^2} = 0 \quad (0 \leq x \leq l, \quad 0 \leq y \leq l)$$

境界条件

$$u(x, 0) = 0, \quad u(x, l) = 0 \quad (0 \leq x \leq l)$$
$$u(0, y) = 0, \quad u(l, y) = f(y) \quad (0 \leq y \leq l)$$

練習問題 21.2　次の偏微分方程式を解け.

$$\frac{\partial u}{\partial t} - k\frac{\partial^2 u}{\partial x^2} = 0 \quad (t \geq 0, \; 0 \leq x \leq l)$$

初期条件

$$u(0, x) = x \quad (0 \leq x \leq l)$$

境界条件

$$u(t, 0) = 0, \quad u(t, l) = 0 \qquad (t > 0)$$

練習問題 21.3　偏微分方程式を以下の手順に従って解け. ただし, a は定数とする.

$$\frac{\partial u}{\partial t} - k\frac{\partial^2 u}{\partial x^2} = 0 \quad (t \geq 0, \; 0 \leq x \leq l)$$

初期条件

$$u(0, x) = 0 \quad (0 \leq x \leq l)$$

境界条件

$$u(t, 0) = 0, \quad u(t, l) = a \qquad (t > 0)$$

（1）　$u(t, x) = v(t, x) + \dfrac{a}{l}x$ とおいて, $v(t, x)$ についての方程式と初期条件・境界条件を求めよ.

（2）　$v(t, x)$ を求めてから, $u(t, x)$ を求めよ.

練習問題 21.4　次の偏微分方程式を解け.

$$\frac{\partial^2 u}{\partial t^2} - c^2\frac{\partial^2 u}{\partial x^2} = 0 \quad (t \geq 0, \; 0 \leq x \leq l)$$

初期条件

$$u(0, x) = \sin\left(\frac{\pi x}{l}\right) - \sin\left(\frac{2\pi x}{l}\right), \quad \left.\frac{\partial u}{\partial t}\right|_{t=0} = 0 \qquad (0 \leq x \leq l)$$

境界条件

$$u(t, 0) = 0, \quad u(t, l) = 0 \qquad (t > 0)$$

● ● ● ● ●

演習問題 21.1　次の偏微分方程式を解いて得られた解が元の方程式を満たすことを確認せよ.

$$\frac{\partial^2 u}{\partial x^2} + \frac{\partial^2 u}{\partial y^2} = 0 \quad (0 \leq x \leq 1, \; 0 \leq y \leq 1)$$

境界条件

$$u(x, 0) = 0, u(x, 1) = 0$$
$$u(0, y) = 0, u(1, y) = \sin(\pi y)$$

演習問題 21.2　次の偏微分方程式を考える. ただし, $L > 0$ である.

$$\frac{\partial u}{\partial t} - \frac{\partial^2 u}{\partial x^2} = 0 \quad (t \geq 0, \; -L \leq x \leq L)$$

境界条件

$$u(t, -L) = 0, \quad u(t, L) = 0$$

初期条件

$$u(0, x) = f(x)$$

（1）　解を求めよ．

（2）　$L \to \infty$ とした場合の解を求めよ．

演習問題 21.3　次の偏微分方程式を解け．

$$\frac{\partial^2 u}{\partial t^2} - \frac{\partial^2 u}{\partial x^2} = 0 \quad (t \geq 0, \, 0 \leq x \leq 1)$$

境界条件

$$u(t, 0) = 0, \, u(t, 1) = 0$$

初期条件

$$u(0, x) = \sin(\pi x) + \sin(2\pi x), \quad \left.\frac{\partial u}{\partial t}\right|_{t=0} = 0$$

ちょっといっぷく

　　偏微分方程式によって固体内の熱伝導や真空中の電磁波の伝搬といった様々な物理現象を表すことができます．しかし，理論的に解くことができるのはごく単純な体系のみであって，実際に工学的にものづくりをする際には物体の形状はもっと複雑なので理論解は求められません．ところが，計算機を用いれば近似的な解を求めることは可能であり，これを数値シミュレーションといいます．その方法を大雑把に言うと，物理現象を支配している偏微分方程式を行列方程式に変形させることで，四則演算と論理の判断しかできない計算機でも式を扱えるようになり，その行列方程式を計算機に解かせて解を求めるのです．簡単な例を挙げると，関数 $f(x) = x^2 + 3x + 4$ の微係数 $f'(0)$ を求めよという問題があったとき，$f'(0) \approx \dfrac{f(0 + \Delta x) - f(0)}{\Delta x}$ において適当に Δx を決めておけば，厳密には正しくないけれども大体あっているという近似解を四則演算だけで求められますね．

22 行列式とランク

本章では，線形代数で学習する行列式について，面積や体積という考え方から理解し，さらにランクの求め方を学ぶ．

22.1 2×2行列の行列式

2×2行列の行列式は

$$[A_2] = \begin{bmatrix} a_{11} & a_{12} \\ a_{21} & a_{22} \end{bmatrix} \quad \rightarrow \quad \det[A_2] = a_{11}a_{22} - a_{21}a_{12} \tag{22-1}$$

となる．ここで，下添字の2は，2×2の正方行列を意味する．ここで，以下のように2次元のベクトルを3次元に拡張することにより

$$\vec{a}_1 = \begin{pmatrix} a_{11} \\ a_{21} \end{pmatrix} \Rightarrow \vec{A}_1 = \begin{pmatrix} a_{11} \\ a_{21} \\ 0 \end{pmatrix}, \quad \vec{a}_2 = \begin{pmatrix} a_{12} \\ a_{22} \end{pmatrix} \Rightarrow \vec{A}_2 = \begin{pmatrix} a_{12} \\ a_{22} \\ 0 \end{pmatrix} \Rightarrow \vec{A}_1 \times \vec{A}_2 = \begin{pmatrix} 0 \\ 0 \\ a_{11}a_{22} - a_{21}a_{12} \end{pmatrix}$$

となることから，行列式は2つのベクトル $\vec{a}_1$ と $\vec{a}_2$ が作る平行四辺形の面積（向きも含んでいるので，負になることもある）を表していることがわかる．また，2つのベクトルが作る平行四辺形の面積に対応する外積は

$$\vec{a}_1 = \vec{a}_1' + \vec{a}_1'' \quad \Rightarrow \quad \vec{a}_1 \times \vec{a}_2 = (\vec{a}_1' + \vec{a}_1'') \times \vec{a}_2 = \vec{a}_1' \times \vec{a}_2 + \vec{a}_1'' \times \vec{a}_2$$

となることから，次式が成立する．

$$[A_2] = \begin{bmatrix} a_{11} & a_{12} \\ a_{21} & a_{22} \end{bmatrix} = \begin{bmatrix} a_{11}' + a_{11}'' & a_{12} \\ a_{21}' + a_{21}'' & a_{22} \end{bmatrix} \quad \rightarrow \quad \det[A_2] = \det\begin{bmatrix} a_{11}' & a_{12} \\ a_{21}' & a_{22} \end{bmatrix} + \det\begin{bmatrix} a_{11}'' & a_{12} \\ a_{21}'' & a_{22} \end{bmatrix} \tag{22-2}$$

22.2 3×3行列の行列式

第6章で学んだように

$$[A_3] = \begin{bmatrix} a_{11} & a_{12} & a_{13} \\ a_{21} & a_{22} & a_{23} \\ a_{31} & a_{32} & a_{33} \end{bmatrix} \quad \vec{a}_1 = \begin{pmatrix} a_{11} \\ a_{21} \\ a_{31} \end{pmatrix}, \quad \vec{a}_2 = \begin{pmatrix} a_{12} \\ a_{22} \\ a_{32} \end{pmatrix}, \quad \vec{a}_3 = \begin{pmatrix} a_{13} \\ a_{23} \\ a_{33} \end{pmatrix} \tag{22-3}$$

とすれば，行列式は，$\vec{a}_1$, $\vec{a}_2$, $\vec{a}_3$ が作る平行六面体の体積に等しいので

$$\det[A_3] = \vec{a}_1 \times \vec{a}_2 \cdot \vec{a}_3 = a_{13}(a_{21}a_{32} - a_{31}a_{22}) + a_{23}(a_{31}a_{12} - a_{11}a_{32}) + a_{33}(a_{11}a_{22} - a_{21}a_{12})$$
$$= a_{11}a_{22}a_{33} + a_{21}a_{32}a_{13} + a_{31}a_{12}a_{23} - a_{13}a_{22}a_{31} - a_{23}a_{32}a_{11} - a_{33}a_{12}a_{21} \tag{22-4}$$

また

$$[A_3] = \begin{bmatrix} a_{11} & a_{12} & a_{13} \\ a_{21} & a_{22} & a_{23} \\ a_{31} & a_{32} & a_{33} \end{bmatrix} \quad \Rightarrow \quad \begin{aligned} \vec{b}_1 &= (a_{11} \quad a_{12} \quad a_{13}) \\ \vec{b}_2 &= (a_{21} \quad a_{22} \quad a_{23}) \\ \vec{b}_3 &= (a_{31} \quad a_{32} \quad a_{33}) \end{aligned} \tag{22-5}$$

とおいて，平行六面体の体積を計算すると

$$\vec{b}_1 \times \vec{b}_2 \cdot \vec{b}_3 = a_{31}(a_{12}a_{23} - a_{13}a_{22}) + a_{32}(a_{13}a_{21} - a_{11}a_{23}) + a_{33}(a_{11}a_{22} - a_{12}a_{21})$$
$$= a_{11}a_{22}a_{33} + a_{21}a_{32}a_{13} + a_{31}a_{12}a_{23} - a_{13}a_{22}a_{31} - a_{23}a_{32}a_{11} - a_{33}a_{12}a_{21} = \det[A_3]$$

となる．3×3 行列を 3 つのベクトルに分ける際には，(22-3) 式のように分割しても，(22-5) 式のように分割しても，得られる体積は同じになるので，どちらの方法でも行列式を求められる．

したがって，$[A_3]$ の転置行列を $[A_3]^T$ と表記すると

$$[A_3]^T = \begin{bmatrix} a_{11} & a_{21} & a_{31} \\ a_{12} & a_{22} & a_{32} \\ a_{13} & a_{23} & a_{33} \end{bmatrix} \qquad \vec{a_1} = \begin{pmatrix} a_{11} \\ a_{12} \\ a_{13} \end{pmatrix}, \qquad \vec{a_2} = \begin{pmatrix} a_{12} \\ a_{22} \\ a_{23} \end{pmatrix}, \qquad \vec{a_3} = \begin{pmatrix} a_{31} \\ a_{32} \\ a_{33} \end{pmatrix}$$

として得られるベクトルは，(22-5) 式と成分がまったく同じになるので

$$\det[A_3]^T = \det[A_3] \tag{22-6}$$

となる．

また，2×2 行列の (22-2) 式と同様に

$$\vec{a_1} = \vec{a_1'} + \vec{a_1''} \quad \Rightarrow \quad \vec{a_1} \times \vec{a_2} \cdot \vec{a_3} = (\vec{a_1'} + \vec{a_1''}) \times \vec{a_2} \cdot \vec{a_3} = \vec{a_1'} \times \vec{a_2} \cdot \vec{a_3} + \vec{a_1''} \times \vec{a_2} \cdot \vec{a_3}$$

となることから

$$[A_3] = \begin{bmatrix} a_{11} & a_{12} & a_{13} \\ a_{21} & a_{22} & a_{23} \\ a_{31} & a_{32} & a_{33} \end{bmatrix} = \begin{bmatrix} a_{11}' + a_{11}'' & a_{12} & a_{13} \\ a_{21}' + a_{21}'' & a_{22} & a_{23} \\ a_{31}' + a_{31}'' & a_{32} & a_{33} \end{bmatrix} \quad \Rightarrow$$

$$\det[A_3] = \det \begin{bmatrix} a_{11} & a_{12} & a_{13} \\ a_{21} & a_{22} & a_{23} \\ a_{31} & a_{32} & a_{33} \end{bmatrix} = \det \begin{bmatrix} a_{11}' & a_{12} & a_{13} \\ a_{21}' & a_{22} & a_{23} \\ a_{31}' & a_{32} & a_{33} \end{bmatrix} + \det \begin{bmatrix} a_{11}'' & a_{12} & a_{13} \\ a_{21}'' & a_{22} & a_{23} \\ a_{31}'' & a_{32} & a_{33} \end{bmatrix} \tag{22-7}$$

が成立する．

また，$\vec{a_1'} \times \vec{a_2} \cdot \vec{a_1'} = 0$ となることから

$$[A_3'] = \begin{bmatrix} a_{11} & a_{12} & a_{11} \\ a_{21} & a_{22} & a_{21} \\ a_{31} & a_{32} & a_{31} \end{bmatrix} \quad \Rightarrow \quad \det[A_3'] = 0 \tag{22-8}$$

となる．また，1 列目の k 倍を 3 列目に加えると

$$[A_3] = \begin{bmatrix} a_{11} & a_{12} & a_{13} \\ a_{21} & a_{22} & a_{23} \\ a_{31} & a_{32} & a_{33} \end{bmatrix} \qquad [A_3''] = \begin{bmatrix} a_{11} & a_{12} & a_{13} + ka_{11} \\ a_{21} & a_{22} & a_{23} + ka_{21} \\ a_{31} & a_{32} & a_{33} + ka_{31} \end{bmatrix}$$

$$\det[A_3''] = \det \begin{bmatrix} a_{11} & a_{12} & a_{13} + ka_{11} \\ a_{21} & a_{22} & a_{23} + ka_{21} \\ a_{31} & a_{32} & a_{33} + ka_{31} \end{bmatrix} = \det \begin{bmatrix} a_{11} & a_{12} & a_{13} \\ a_{21} & a_{22} & a_{23} \\ a_{31} & a_{32} & a_{33} \end{bmatrix} + k \det \begin{bmatrix} a_{11} & a_{12} & a_{11} \\ a_{21} & a_{22} & a_{21} \\ a_{31} & a_{32} & a_{31} \end{bmatrix}$$

$$\rightarrow \quad \det[A_3''] = \det[A_3]$$

となるので，元の行列のある行を別の行に k 倍して加えても，行列式の値は変わらない．

さて，$[A_3]$ の 1 列目と 2 列目を，あるいは，1 行目と 2 行目を入れ替えると

$$\vec{a_1} \times \vec{a_2} = -\vec{a_2} \times \vec{a_1}, \quad \vec{b_1} \times \vec{b_2} = -\vec{b_2} \times \vec{b_1}$$

となることから

$$[A_3^*] = \begin{bmatrix} a_{12} & a_{11} & a_{13} \\ a_{22} & a_{21} & a_{23} \\ a_{32} & a_{31} & a_{33} \end{bmatrix} \quad \rightarrow \quad \det[A_3^*] = \vec{a_2} \times \vec{a_1} \cdot \vec{a_3} = -\vec{a_1} \times \vec{a_2} \cdot \vec{a_3} = -\det[A_3] \tag{22-9}$$

$$[A_3^{**}] = \begin{bmatrix} a_{21} & a_{22} & a_{23} \\ a_{11} & a_{12} & a_{13} \\ a_{31} & a_{32} & a_{33} \end{bmatrix} \quad \rightarrow \quad \det[A_3^{**}] = \vec{b}_2 \times \vec{b}_1 \cdot \vec{b}_3 = -\vec{b}_1 \times \vec{b}_2 \cdot \vec{b}_3 = -\det[A_3] \qquad (22\text{-}10)$$

となり，行や列の入れ替えを1回行うと行列式の符号も変わる．このことは，（22-8）式を利用して，以下のようにも求められる．

$$[B_3] = \begin{bmatrix} a_{11}+a_{13} & a_{12} & a_{13}+a_{11} \\ a_{21}+a_{23} & a_{22} & a_{23}+a_{21} \\ a_{31}+a_{33} & a_{32} & a_{33}+a_{31} \end{bmatrix}$$

$$\det[B_3] = \det\begin{bmatrix} a_{11}+a_{13} & a_{12} & a_{13}+a_{11} \\ a_{21}+a_{23} & a_{22} & a_{23}+a_{21} \\ a_{31}+a_{33} & a_{32} & a_{33}+a_{31} \end{bmatrix} = \det\begin{bmatrix} a_{11} & a_{12} & a_{13} \\ a_{21} & a_{22} & a_{23} \\ a_{31} & a_{32} & a_{33} \end{bmatrix} + \det\begin{bmatrix} a_{13} & a_{12} & a_{11} \\ a_{23} & a_{22} & a_{21} \\ a_{33} & a_{32} & a_{31} \end{bmatrix} = 0$$

$$\Rightarrow \quad \det\begin{bmatrix} a_{11} & a_{12} & a_{13} \\ a_{21} & a_{22} & a_{23} \\ a_{31} & a_{32} & a_{33} \end{bmatrix} = -\det\begin{bmatrix} a_{13} & a_{12} & a_{11} \\ a_{23} & a_{22} & a_{21} \\ a_{33} & a_{32} & a_{31} \end{bmatrix}$$

さらに，平行六面体の1つの辺の長さを k 倍すれば，体積は k 倍になることから

$$[A_3] = \begin{bmatrix} a_{11} & a_{12} & a_{13} \\ a_{21} & a_{22} & a_{23} \\ a_{31} & a_{32} & a_{33} \end{bmatrix}, \quad [A_3^{***}] = \begin{bmatrix} a_{11} & ka_{12} & a_{13} \\ a_{21} & ka_{22} & a_{23} \\ a_{31} & ka_{32} & a_{33} \end{bmatrix} \quad \rightarrow \quad \det[A_3^{***}] = k\det[A_3] \qquad (22\text{-}11)$$

となることは明らかである．また，（22-3）式で，$\vec{a}_3$ が $\vec{a}_3 = s\vec{a}_1 + t\vec{a}_2$ となる場合（$\vec{a}_1$，$\vec{a}_2$ の線形結合）には，$\vec{a}_1$，$\vec{a}_2$，$\vec{a}_3$ がつくる平行六面体は体積が0となるので，行列式もゼロとなる．

22.3　$n \times n$ 行列の行列式

$n \times n$ 行列の行列式を求めるため，2×2 行列→3×3 行列→4×4 行列と拡張していく．まず，以下のような行列とベクトルを考える．

$$[A_3^*] = \begin{bmatrix} a_{11} & a_{12} & 0 \\ a_{21} & a_{22} & 0 \\ 0 & 0 & a_{33} \end{bmatrix} \qquad \vec{a}_1 = \begin{pmatrix} a_{11} \\ a_{21} \\ 0 \end{pmatrix}, \qquad \vec{a}_2 = \begin{pmatrix} a_{12} \\ a_{22} \\ 0 \end{pmatrix}, \qquad \vec{a}_3 = \begin{pmatrix} 0 \\ 0 \\ a_{33} \end{pmatrix}$$

これらのベクトルが作る平行六面体の体積は，$\vec{a}_1$，$\vec{a}_2$ が x-y 平面上にあり，$\vec{a}_3$ ベクトルが z 方向のみの成分をもっているので，明らかに

$$\det[A_3^*] = a_{33}(a_{11}a_{22} - a_{21}a_{12}) \qquad (22\text{-}12)$$

となる．さらに

$$[A_3^{**}] = \begin{bmatrix} a_{11} & a_{12} & a_{13} \\ a_{21} & a_{22} & a_{23} \\ 0 & 0 & a_{33} \end{bmatrix} \quad \rightarrow$$

$$\det[A_3^{**}] = \det\begin{bmatrix} a_{11} & a_{12} & 0+a_{13} \\ a_{21} & a_{22} & 0+a_{23} \\ 0 & 0 & a_{33}+0 \end{bmatrix} = \det\begin{bmatrix} a_{11} & a_{12} & 0 \\ a_{21} & a_{22} & 0 \\ 0 & 0 & a_{33} \end{bmatrix} + \det\begin{bmatrix} a_{11} & a_{12} & a_{13} \\ a_{21} & a_{22} & a_{23} \\ 0 & 0 & 0 \end{bmatrix} = \det[A_3^*]$$

となる．この式の右辺は

$$[A_3^{**}] = \begin{bmatrix} a_{11} & a_{12} & a_{13} \\ a_{21} & a_{22} & a_{23} \\ 0 & 0 & a_{33} \end{bmatrix} \quad \Rightarrow \quad \Delta_{33} = \det\begin{bmatrix} a_{11} & a_{12} \\ a_{21} & a_{22} \end{bmatrix}$$

となることから

$$\det[A_3^{**}] = a_{33}\varDelta_{33}$$

となり，(22−4) 式の上段の式の右辺第3項に対応している．また，以下の行列

$$[A_3] = \begin{bmatrix} a_{11} & a_{12} & a_{13} \\ a_{21} & a_{22} & a_{23} \\ a_{31} & a_{32} & a_{33} \end{bmatrix}$$

に対して

$$\det[A_3] = \det\begin{bmatrix} a_{11} & a_{12} & a_{13} \\ a_{21} & a_{22} & a_{23} \\ a_{31} & a_{32} & a_{33} \end{bmatrix} = \det\begin{bmatrix} 0+a_{11} & a_{12} & a_{13} \\ 0+a_{21} & a_{22} & a_{23} \\ a_{31}+0 & a_{32} & a_{33} \end{bmatrix}$$

$$= \det\begin{bmatrix} 0 & a_{12} & a_{13} \\ 0 & a_{22} & a_{23} \\ a_{31} & a_{32} & a_{33} \end{bmatrix} + \det\begin{bmatrix} a_{11} & a_{12} & a_{13} \\ a_{21} & a_{22} & a_{23} \\ 0 & a_{32} & a_{33} \end{bmatrix}$$

$$= \det\begin{bmatrix} 0 & a_{12} & a_{13} \\ 0 & a_{22} & a_{23} \\ a_{31} & a_{32} & a_{33} \end{bmatrix} + \det\begin{bmatrix} a_{11} & 0+a_{12} & a_{13} \\ a_{21} & 0+a_{22} & a_{23} \\ 0 & a_{32}+0 & a_{33} \end{bmatrix}$$

$$= \det\begin{bmatrix} 0 & a_{12} & a_{13} \\ 0 & a_{22} & a_{23} \\ a_{31} & a_{32} & a_{33} \end{bmatrix} + \det\begin{bmatrix} a_{11} & 0 & a_{13} \\ a_{21} & 0 & a_{23} \\ 0 & a_{32} & a_{33} \end{bmatrix} + \det\begin{bmatrix} a_{11} & a_{12} & a_{13} \\ a_{21} & a_{22} & a_{23} \\ 0 & 0 & a_{33} \end{bmatrix}$$

$$= a_{31}\varDelta_{31} + a_{32}\varDelta_{32} + a_{33}\varDelta_{33}$$

となる．ただし

$$\varDelta_{31} = \det\begin{bmatrix} a_{12} & a_{13} \\ a_{22} & a_{23} \end{bmatrix} \quad \varDelta_{32} = -\det\begin{bmatrix} a_{11} & a_{13} \\ a_{21} & a_{23} \end{bmatrix} \quad \varDelta_{33} = \det\begin{bmatrix} a_{11} & a_{12} \\ a_{21} & a_{22} \end{bmatrix}$$

である．ここで，$\varDelta_{ij}$ は a_{ij} の余因子と呼ばれ，元の行列から，i 行と j 列とを除いた小行列 $[B]$ を用いて

$$\varDelta_{ij} = (-1)^{i+j} \det[B] \tag{22-13}$$

と定義される．また，(22−4) 式より

$$\det[A_3] = a_{31}\varDelta_{31} + a_{32}\varDelta_{32} + a_{33}\varDelta_{33} = \vec{a}_3 \cdot (\vec{a}_1 \times \vec{a}_2) = \vec{a}_1 \times \vec{a}_2 \cdot \vec{a}_3$$

となっていることがわかる．3つのベクトル $\vec{a}_1$，$\vec{a}_2$，$\vec{a}_3$ の作る体積は3通りの表現があり

$$(\vec{a}_1 \times \vec{a}_2) \cdot \vec{a}_3 = (\vec{a}_3 \times \vec{a}_1) \cdot \vec{a}_2 = (\vec{a}_2 \times \vec{a}_3) \cdot \vec{a}_1$$

$$\rightarrow \quad (\vec{a}_1 \times \vec{a}_2) \cdot \vec{a}_3 = a_{31}\varDelta_{31} + a_{32}\varDelta_{32} + a_{33}\varDelta_{33}$$

$$(\vec{a}_3 \times \vec{a}_1) \cdot \vec{a}_2 = a_{21}\varDelta_{21} + a_{22}\varDelta_{22} + a_{23}\varDelta_{23}$$

$$(\vec{a}_2 \times \vec{a}_3) \cdot \vec{a}_1 = a_{11}\varDelta_{11} + a_{12}\varDelta_{12} + a_{13}\varDelta_{13}$$

となることから

$$\det[A_3] = \sum_{j=1}^{3} a_{ij}\varDelta_{ij} \quad (i = 1, 2, 3) \tag{22-14}$$

と表される．4×4行列の場合についても，まず

$$[A_4] = \begin{bmatrix} a_{11} & a_{12} & a_{13} & 0 \\ a_{21} & a_{22} & a_{23} & 0 \\ a_{31} & a_{32} & a_{33} & 0 \\ 0 & 0 & 0 & a_{44} \end{bmatrix}$$

を考え

$$\Delta_{44} = (-1)^{4+4} \det[B] = \det \begin{bmatrix} a_{11} & a_{12} & a_{13} \\ a_{21} & a_{22} & a_{23} \\ a_{31} & a_{32} & a_{33} \end{bmatrix}$$

で与えられる余因子が 4 次元における面積（3 次元での体積）に，a_{44} が高さに対応していると考えれば，2×2 行列から 3×3 行列の行列式に拡張したのと同様にして，3×3 行列から 4×4 行列の行列式へと順次拡張できる．なお，4×4 行列の行列式は 4 次元における体積（4 次元超体積）を表している．このことを順次繰り返すことによって，$n \times n$ 行列の行列式を得ることができる．$n \times n$ 行列の行列式は，次式で与えられる．

$$\det[A_n] = \sum_{j=1}^{n} a_{ij}\Delta_{ij} \qquad (i = 1, 2, 3, \cdots, n) \tag{22-15}$$

22.4　行列積の行列式

行列の積の行列式は，以下のようにして計算される．まず

$$[C_3] = \begin{bmatrix} c_{11} & c_{12} & c_{13} \\ c_{21} & c_{22} & c_{23} \\ c_{31} & c_{32} & c_{33} \end{bmatrix} = [\vec{c}_1 \ \ \vec{c}_2 \ \ \vec{c}_3], \ \ \vec{c}_1 = \begin{pmatrix} c_{11} \\ c_{21} \\ c_{31} \end{pmatrix}, \ \ \vec{c}_2 = \begin{pmatrix} c_{12} \\ c_{22} \\ c_{32} \end{pmatrix}, \ \ \vec{c}_3 = \begin{pmatrix} c_{13} \\ c_{23} \\ c_{33} \end{pmatrix}$$

$$[A_3] = \begin{bmatrix} a_{11} & a_{12} & a_{13} \\ a_{21} & a_{22} & a_{23} \\ a_{31} & a_{32} & a_{33} \end{bmatrix} = [\vec{a}_1 \ \ \vec{a}_2 \ \ \vec{a}_3], \ \ \vec{a}_1 = \begin{pmatrix} a_{11} \\ a_{21} \\ a_{31} \end{pmatrix}, \ \ \vec{a}_2 = \begin{pmatrix} a_{12} \\ a_{22} \\ a_{32} \end{pmatrix}, \ \ \vec{a}_3 = \begin{pmatrix} a_{13} \\ a_{23} \\ a_{33} \end{pmatrix}$$

$$[B_3] = \begin{bmatrix} b_{11} & b_{12} & b_{13} \\ b_{21} & b_{22} & b_{23} \\ b_{31} & b_{32} & b_{33} \end{bmatrix}$$

とすれば，以下のように計算される．

$$[C_3] = [A_3][B_3]$$

$$\vec{c}_1 = \begin{pmatrix} c_{11} \\ c_{21} \\ c_{31} \end{pmatrix} = \begin{pmatrix} a_{11}b_{11}+a_{12}b_{21}+a_{13}b_{31} \\ a_{21}b_{11}+a_{22}b_{21}+a_{23}b_{31} \\ a_{31}b_{11}+a_{32}b_{21}+a_{33}b_{31} \end{pmatrix} = b_{11}\begin{pmatrix} a_{11} \\ a_{21} \\ a_{31} \end{pmatrix} + b_{21}\begin{pmatrix} a_{12} \\ a_{22} \\ a_{32} \end{pmatrix} + b_{31}\begin{pmatrix} a_{13} \\ a_{23} \\ a_{33} \end{pmatrix} = \sum_{k=1}^{3} b_{k1}\vec{a}_k$$

$$\vec{c}_2 = \begin{pmatrix} c_{12} \\ c_{22} \\ c_{32} \end{pmatrix} = \begin{pmatrix} a_{11}b_{12}+a_{12}b_{22}+a_{13}b_{32} \\ a_{21}b_{12}+a_{22}b_{22}+a_{23}b_{32} \\ a_{31}b_{12}+a_{32}b_{22}+a_{33}b_{32} \end{pmatrix} = b_{12}\begin{pmatrix} a_{11} \\ a_{21} \\ a_{31} \end{pmatrix} + b_{22}\begin{pmatrix} a_{12} \\ a_{22} \\ a_{32} \end{pmatrix} + b_{32}\begin{pmatrix} a_{13} \\ a_{23} \\ a_{33} \end{pmatrix} = \sum_{k=1}^{3} b_{k2}\vec{a}_k$$

$$\vec{c}_3 = \begin{pmatrix} c_{13} \\ c_{23} \\ c_{33} \end{pmatrix} = \begin{pmatrix} a_{11}b_{13}+a_{12}b_{23}+a_{13}b_{33} \\ a_{21}b_{13}+a_{22}b_{23}+a_{23}b_{33} \\ a_{31}b_{13}+a_{32}b_{23}+a_{33}b_{33} \end{pmatrix} = b_{13}\begin{pmatrix} a_{11} \\ a_{21} \\ a_{31} \end{pmatrix} + b_{23}\begin{pmatrix} a_{12} \\ a_{22} \\ a_{32} \end{pmatrix} + b_{33}\begin{pmatrix} a_{13} \\ a_{23} \\ a_{33} \end{pmatrix} = \sum_{k=1}^{3} b_{k3}\vec{a}_k$$

したがって，行列式は

$$\det[C_3] = \det([A_3][B_3]) = \det\left[\sum_{k=1}^{3} b_{k1}\vec{a}_k \ \ \sum_{k=1}^{3} b_{k2}\vec{a}_k \ \ \sum_{k=1}^{3} b_{k3}\vec{a}_k\right]$$

$$= \det\left[b_{11}\vec{a}_1+b_{21}\vec{a}_2+b_{31}\vec{a}_3 \ \ \sum_{k=1}^{3} b_{k2}\vec{a}_k \ \ \sum_{k=1}^{3} b_{k3}\vec{a}_k\right]$$

$$= \det\left[b_{11}\vec{a}_1 \ \ \sum_{k=1}^{3} b_{k2}\vec{a}_k \ \ \sum_{k=1}^{3} b_{k3}\vec{a}_k\right] + \det\left[b_{21}\vec{a}_2 \ \ \sum_{k=1}^{3} b_{k2}\vec{a}_k \ \ \sum_{k=1}^{3} b_{k3}\vec{a}_k\right]$$

$$+ \det\left[b_{31}\vec{a}_3 \ \ \sum_{k=1}^{3} b_{k2}\vec{a}_k \ \ \sum_{k=1}^{3} b_{k3}\vec{a}_k\right]$$

となり，右辺の第1項は

$$\det\left[b_{11}\vec{a_1} \ \sum_{k=1}^{3} b_{k2}\vec{a_k} \ \sum_{k=1}^{3} b_{k3}\vec{a_k}\right] = b_{11}\det\left[\vec{a_1} \ \sum_{k=1}^{3} b_{k2}\vec{a_k} \ \sum_{k=1}^{3} b_{k3}\vec{a_k}\right]$$

$$= b_{11}\det\left[\vec{a_1} \ \ b_{12}\vec{a_1}+b_{22}\vec{a_2}+b_{32}\vec{a_3} \ \ \sum_{k=1}^{3} b_{k3}\vec{a_k}\right]$$

$$= b_{11}\det\left[\vec{a_1} \ \ b_{12}\vec{a_1} \ \ \sum_{k=1}^{3} b_{k3}\vec{a_k}\right] + b_{11}\det\left[\vec{a_1} \ \ b_{22}\vec{a_2} \ \ \sum_{k=1}^{3} b_{k3}\vec{a_k}\right] + b_{11}\det\left[\vec{a_1} \ \ b_{32}\vec{a_3} \ \ \sum_{k=1}^{3} b_{k3}\vec{a_k}\right]$$

$$= b_{11}b_{12}\det\left[\vec{a_1} \ \ \vec{a_1} \ \ \sum_{k=1}^{3} b_{k3}\vec{a_k}\right] + b_{11}b_{22}\det\left[\vec{a_1} \ \ \vec{a_2} \ \ \sum_{k=1}^{3} b_{k3}\vec{a_k}\right] + b_{11}b_{32}\det\left[\vec{a_1} \ \ \vec{a_3} \ \ \sum_{k=1}^{3} b_{k3}\vec{a_k}\right]$$

$$= b_{11}b_{22}\det\left[\vec{a_1} \ \ \vec{a_2} \ \ \sum_{k=1}^{3} b_{k3}\vec{a_k}\right] + b_{11}b_{32}\det\left[\vec{a_1} \ \ \vec{a_3} \ \ \sum_{k=1}^{3} b_{k3}\vec{a_k}\right]$$

$$= b_{11}b_{22}\det[\vec{a_1} \ \vec{a_2} \ \ b_{13}\vec{a_1}+b_{23}\vec{a_2}+b_{33}\vec{a_3}] + b_{11}b_{32}\det[\vec{a_1} \ \vec{a_3} \ \ b_{13}\vec{a_1}+b_{23}\vec{a_2}+b_{33}\vec{a_3}\ ]$$

$$= b_{11}b_{22}b_{33}\det[\vec{a_1} \ \vec{a_2} \ \vec{a_3}] + b_{11}b_{32}b_{23}\det[\vec{a_1} \ \vec{a_3} \ \vec{a_2}] = (b_{11}b_{22}b_{33}-b_{11}b_{32}b_{23})\det[\vec{a_1} \ \ \vec{a_2} \ \ \vec{a_3}]$$

$$= (b_{11}b_{22}b_{33}-b_{23}b_{32}b_{11})\det[A_3]$$

と計算されるので，残りの第2項，第3項も同様に計算すれば，以下のようになる．

$$\det[C_3] = \det([A_3][B_3])$$
$$= (b_{11}b_{22}b_{33}-b_{23}b_{32}b_{11})\det[A_3]$$
$$+ (b_{21}b_{32}b_{13}-b_{33}b_{12}b_{21})\det[A_3]$$
$$+ (b_{31}b_{12}b_{23}-b_{13}b_{22}b_{31})\det[A_3]$$
$$= \det[A_3]\{(b_{11}b_{22}b_{33}-b_{23}b_{32}b_{11})+(b_{21}b_{32}b_{13}-b_{33}b_{12}b_{21})+(b_{31}b_{12}b_{23}-b_{13}b_{22}b_{31})\}$$
$$= \det[A_3]\det[B_3] \tag{22-16}$$

(22-16) 式の導出と同様にして，$n \times n$ 行列の場合には，以下のように計算できる．

$$\det[C_n] = \det([A_n][B_n]) = \det\left[\sum_{k=1}^{n} b_{k1}\vec{a_k} \ \ \sum_{k=1}^{n} b_{k2}\vec{a_k} \ \ \sum_{k=1}^{n} b_{k3}\vec{a_k} \cdots \sum_{k=1}^{n} b_{kn}\vec{a_k}\right]$$

$$= \det\left[b_{11}\vec{a_1}+b_{21}\vec{a_2}+\cdots+b_{n1}\vec{a_n} \ \ \sum_{k=1}^{n} b_{k2}\vec{a_k} \ \ \sum_{k=1}^{n} b_{k3}\vec{a_k} \cdots \sum_{k=1}^{n} b_{kn}\vec{a_k}\right]$$

$$= b_{11}\det\left[\vec{a_1} \ \ \sum_{k=1}^{n} b_{k2}\vec{a_k} \ \ \sum_{k=1}^{n} b_{k3}\vec{a_k} \cdots \sum_{k=1}^{n} b_{kn}\vec{a_k}\right] + b_{21}\det\left[\vec{a_2} \ \ \sum_{k=1}^{n} b_{k2}\vec{a_k} \ \ \sum_{k=1}^{n} b_{k3}\vec{a_k} \cdots \sum_{k=1}^{n} b_{kn}\vec{a_k}\right]$$

$$+ \cdots + b_{n1}\det\left[\vec{a_n} \ \ \sum_{k=1}^{n} b_{k2}\vec{a_k} \ \ \sum_{k=1}^{n} b_{k3}\vec{a_k} \cdots \sum_{k=1}^{n} b_{kn}\vec{a_k}\right]$$

$$= \det[A_n]\det[B_n] \tag{22-17}$$

<例題 22.1> 次の行列の行列式を計算せよ．

$$[A_3] = \begin{bmatrix} -2 & 0 & 2 \\ 0 & -1 & 2 \\ 2 & 1 & 4 \end{bmatrix}$$

【解答】 1列目を3列目に加えると

$$\det[A_3] = \det\begin{bmatrix} -2 & 0 & 2 \\ 0 & -1 & 2 \\ 2 & 1 & 4 \end{bmatrix} = \det\begin{bmatrix} -2 & 0 & 2-2 \\ 0 & -1 & 2+0 \\ 2 & 1 & 4+2 \end{bmatrix} = \det\begin{bmatrix} -2 & 0 & 0 \\ 0 & -1 & 2 \\ 2 & 1 & 6 \end{bmatrix}$$

$$= (-2)\det\begin{bmatrix} -1 & 2 \\ 1 & 6 \end{bmatrix} = 16$$

(別解) (22-14) 式において，$i=1$ として

$$\det[A_3] = \sum_{j=1}^{3} a_{1j}\varDelta_{1j} = a_{11}\varDelta_{11}+a_{12}\varDelta_{12}+a_{13}\varDelta_{13} = (-2)\,\varDelta_{11}+2\,\varDelta_{13}$$

$$\Delta_{11} = (-1)^{1+1}(-4-2) = -6 , \quad \Delta_{13} = (-1)^{1+3}(0+2) = 2$$

よって, $\det[A_3] = (-2)(-6)+2\times2 = 16$

<例題 22.2>　次の行列の行列式を計算せよ.

$$[A_4] = \begin{bmatrix} 2 & 1 & -1 & 3 \\ -2 & 2 & 0 & 1 \\ 3 & -3 & 2 & 1 \\ 1 & 0 & -2 & 2 \end{bmatrix}$$

【解答】　1列目 $-$ 2列目 $\times$ 2, 3列目 $+$ 2列目, 4列目 $-$ 2列目 $\times$ 3を計算すれば

$$\det[A_4] = \det \begin{bmatrix} 2-2 & 1 & -1+1 & 3-3 \\ -2-4 & 2 & 0+2 & 1-6 \\ 3+6 & -3 & 2-3 & 1+9 \\ 1-0 & 0 & -2+0 & 2-0 \end{bmatrix}$$

$$= \det \begin{bmatrix} 0 & 1 & 0 & 0 \\ -6 & 2 & 2 & -5 \\ 9 & -3 & -1 & 10 \\ 1 & 0 & -2 & 2 \end{bmatrix} = -\det \begin{bmatrix} 1 & 0 & 0 & 0 \\ 2 & -6 & 2 & -5 \\ -3 & 9 & -1 & 10 \\ 0 & 1 & -2 & 2 \end{bmatrix} = -\det \begin{bmatrix} -6 & 2 & -5 \\ 9 & -1 & 10 \\ 1 & -2 & 2 \end{bmatrix}$$

さらに, 1行目 $+$ 2行目 $\times$ 2, 3行目 $-$ 2行目 $\times$ 2より

$$\det[A_4] = -\det \begin{bmatrix} -6 & 2 & -5 \\ 9 & -1 & 10 \\ 1 & -2 & 2 \end{bmatrix} = -\det \begin{bmatrix} -6+18 & 2-2 & -5+20 \\ 9 & -1 & 10 \\ 1-18 & -2+2 & 2-20 \end{bmatrix}$$

$$= -\det \begin{bmatrix} 12 & 0 & 15 \\ 9 & -1 & 10 \\ -17 & 0 & -18 \end{bmatrix} = -(-1)\,\Delta_{22} = \Delta_{22} = (-1)^{2+2}(12\times(-18)-15\times(-17))$$

$$= 39$$

22.5　行列のランク

　$m \times n$ 行列 $[A]$ を用いた, 以下の線形写像 $(f : \boldsymbol{R}^n \to \boldsymbol{R}^m)$ を考える (方程式ではないことに注意). ここでは, $m \leq n$ と仮定するが $m > n$ の場合でも同様である.

$$\begin{pmatrix} y_1 \\ y_2 \\ \vdots \\ y_m \end{pmatrix} = [A] \begin{pmatrix} x_1 \\ x_2 \\ x_3 \\ \vdots \\ x_n \end{pmatrix} \tag{22-18}$$

ただし, 以下のような表記を用いる.

$$[A] = \begin{bmatrix} a_{11} & a_{12} & a_{13} & \cdots & a_{1n} \\ a_{21} & a_{22} & a_{23} & \cdots & a_{2n} \\ \vdots & \vdots & \vdots & \ddots & \vdots \\ a_{m1} & a_{m2} & a_{m3} & \cdots & a_{mn} \end{bmatrix} = \begin{bmatrix} \vec{b}_1 & \vec{b}_2 & \vec{b}_3 & \cdots & \vec{b}_n \end{bmatrix} = \begin{bmatrix} \vec{c}_1^{\,T} \\ \vec{c}_2^{\,T} \\ \vdots \\ \vec{c}_m^{\,T} \end{bmatrix}$$

$$\left[\vec{b}_k\right] = \begin{bmatrix} a_{1k} \\ a_{2k} \\ \vdots \\ a_{mk} \end{bmatrix}, \quad \left[\vec{c}_k^{\,T}\right] = \begin{bmatrix} a_{k1} & a_{k2} & a_{k3} & \cdots & a_{kn} \end{bmatrix}, \quad \vec{x} = \begin{pmatrix} x_1 \\ x_2 \\ x_3 \\ \vdots \\ x_n \end{pmatrix}$$

ここで，$\left[\vec{c}_k^{\,T}\right] = \begin{bmatrix} a_{k1} & a_{k2} & a_{k3} & \cdots & a_{kn} \end{bmatrix}\,(1 \leq k \leq m)$ のうち，α 個の横ベクトルが一次独立である場合に，$\text{rank}[A] = \alpha$ と表記し，行列 $[A]$ のランク（階数）は α であるという.

一次独立である α 個のベクトルが上の行から並ぶように行を入れ換えると

$$\begin{pmatrix} y_1^* \\ y_2^* \\ \vdots \\ y_m^* \end{pmatrix} = [A^*] \begin{pmatrix} x_1 \\ x_2 \\ x_3 \\ \vdots \\ x_n \end{pmatrix} \tag{22-19}$$

となり，$[A^*]$ において，上から α 行目までが一次独立な横ベクトルとなる．したがって，$\alpha+1$ 行目からの行については，α 行目までの横ベクトルの一次従属となり，α 行目までの行を利用することで係数を消去できるので，$[A^*]$ は次のように変形される.

$$[A_0^*] = \begin{bmatrix} a_{11}^* & a_{12}^* & a_{13}^* & \cdots & a_{1n}^* \\ \vdots & \vdots & \vdots & \vdots & \vdots \\ a_{\alpha 1}^* & a_{\alpha 2}^* & a_{\alpha 3}^* & \cdots & a_{\alpha n}^* \\ 0 & 0 & 0 & 0 & 0 \\ \vdots & \vdots & \vdots & \ddots & \vdots \\ 0 & 0 & 0 & 0 & 0 \end{bmatrix}$$

すなわち，

$$\begin{pmatrix} y_1^* \\ \vdots \\ y_\alpha^* \\ 0 \\ \vdots \\ 0 \end{pmatrix} = [A_0^*] \begin{pmatrix} x_1 \\ \vdots \\ x_\alpha \\ x_{\alpha+1} \\ \vdots \\ x_n \end{pmatrix} = \begin{bmatrix} a_{11}^* & a_{12}^* & a_{13}^* & \cdots & a_{1n}^* \\ \vdots & \vdots & \vdots & \vdots & \vdots \\ a_{\alpha 1}^* & a_{\alpha 2}^* & a_{\alpha 3}^* & \cdots & a_{\alpha n}^* \\ 0 & 0 & 0 & 0 & 0 \\ \vdots & \vdots & \vdots & \ddots & \vdots \\ 0 & 0 & 0 & 0 & 0 \end{bmatrix} \begin{pmatrix} x_1 \\ \vdots \\ x_\alpha \\ x_{\alpha+1} \\ \vdots \\ x_n \end{pmatrix} \tag{22-20}$$

となるので，ランクと同じ $\alpha(= \text{rank}[A])$ 個の式が意味を持つことになる．つまり，(22-18) 式で示すような，n 次元のベクトルに対する行列 $[A]$ で与えられる写像を考えたとき，(22-20) 式の左辺を見れば明らかなように写像後の意味のある次元は α となる.

ここで，写像によって移った部分を像と呼び，$\text{Im}([A])$ と書き，その次元は一次独立な横ベクトルによって決まるので，

$$\dim(\text{Im}([A])) = \text{rank}[A] = \alpha \tag{22-21}$$

となる.

次に，(22-20) 式の，i 行目から j 行目の β 倍を引く作業を行い，得られた行列 $[A_0^{**}]$ が

$$a_{ik}^{**} = 0 \,(i \leq \alpha, 1 \leq k \leq i-1)$$

となるようにする．このとき，

$$a_{ii}^{**} = 0$$

であるならば，$i+1$ 列目以降でゼロとはならない項がある列と入れ換えることで，

$$
[A_0^{**}] =
\begin{bmatrix}
a_{11}^{**} & a_{12}^{**} & \cdots & \cdots & \cdots & a_{1n}^{**} \\
0 & a_{22}^{**} & \cdots & \cdots & \cdots & a_{2n}^{**} \\
\vdots & & \ddots & \ddots & \ddots & \vdots \\
0 & 0 & \ddots & a_{\alpha\alpha}^{**} & \cdots & a_{\alpha n}^{**} \\
0 & 0 & \cdots & 0 & \cdots & 0 \\
\vdots & \vdots & \vdots & \ddots & \ddots & 0 \\
0 & 0 & \cdots & 0 & \cdots & 0
\end{bmatrix}
\tag{22-22}
$$

となる．入れ換えを行っても

$$
a_{\alpha\alpha}^{**} = 0
$$

となるということは，α 行目がすべてゼロになるということであり，$\mathrm{rank}[A] \leq \alpha - 1$ となるので，最初の仮定に反するため，

$$
a_{\alpha\alpha}^{**} \neq 0
$$

である．したがって，(22-22) 式より，$[A_0^{**}]$ の縦ベクトルのうち一次独立なものも α 個となる．

　なお，行列 $[A]$ が正方行列 $(m = n)$ の場合，$\mathrm{rank}[A] < n(= m)$ ならば

$$
\det[A] = 0
$$

となる．

　さて，(22-20) 式の左辺（線形写像 f の像）がゼロとなる場合を考えると，

$$
\begin{bmatrix}
a_{11}^{*} & a_{12}^{*} & a_{13}^{*} & \cdots & a_{1n}^{*} \\
\vdots & \vdots & \vdots & \vdots & \vdots \\
a_{\alpha 1}^{*} & a_{\alpha 2}^{*} & a_{\alpha 3}^{*} & \cdots & a_{\alpha n}^{*} \\
0 & 0 & 0 & 0 & 0 \\
\vdots & \vdots & \vdots & \ddots & \vdots \\
0 & 0 & 0 & 0 & 0
\end{bmatrix}
\begin{pmatrix}
x_1 \\
\vdots \\
x_\alpha \\
x_{\alpha+1} \\
\vdots \\
x_n
\end{pmatrix}
=
\begin{pmatrix}
0 \\
\vdots \\
0 \\
0 \\
\vdots
\end{pmatrix}
\tag{22-23}
$$

となり，意味のある式が α 個，変数が n 個となる．したがって，(22-21) 式を導出したように，順次，変数を消去していけば，

$$
\begin{bmatrix}
a_{11}^{**} & a_{12}^{**} & \cdots & \cdots & \cdots & a_{1n}^{**} \\
0 & a_{22}^{**} & \cdots & \cdots & \cdots & a_{2n}^{**} \\
\vdots & \ddots & \ddots & \ddots & \cdots & \vdots \\
0 & 0 & \ddots & a_{\alpha\alpha}^{**} & \cdots & a_{\alpha n}^{**} \\
0 & 0 & \cdots & 0 & \cdots & 0 \\
\vdots & \vdots & \vdots & \ddots & \ddots & 0 \\
0 & 0 & \cdots & 0 & \cdots & 0
\end{bmatrix}
\begin{pmatrix}
x_1 \\
\vdots \\
x_\alpha \\
x_{\alpha+1} \\
\vdots \\
x_n
\end{pmatrix}
=
\begin{pmatrix}
0 \\
\vdots \\
0 \\
0 \\
\vdots
\end{pmatrix}
\tag{22-24}
$$

となる．よって，最終的には α 個の式が得られ，α 行目の式から，

$$
x_\alpha = -\frac{1}{a_{\alpha\alpha}^{**}} \sum_{i=\alpha+1}^{n} a_{\alpha i}^{**} x_i = g_\alpha(x_{\alpha+1}, x_{\alpha+2}, \cdots, x_n)
$$

となるので，x_α は $(x_{\alpha+1}, x_{\alpha+2}, \cdots, x_n)$ の関数となる．さらに，この式を使えば，

$$
\begin{aligned}
x_{\alpha-1} &= -\frac{1}{a_{(\alpha-1)(\alpha-1)}^{**}} \sum_{i=\alpha}^{n} a_{(\alpha-1)i}^{**} x_i = -\frac{1}{a_{(\alpha-1)(\alpha-1)}^{**}} \left(a_{(\alpha-1)\alpha}^{**} x_\alpha + \sum_{i=\alpha+1}^{n} a_{(\alpha-1)i}^{**} x_i \right) \\
&= -\frac{1}{a_{(\alpha-1)(\alpha-1)}^{**}} (a_{(\alpha-1)\alpha}^{**} g_\alpha(x_{\alpha+1}, x_{\alpha+2}, \cdots, x_n) = g_{\alpha-1}(x_{\alpha+1}, x_{\alpha+2}, \cdots, x_n))
\end{aligned}
$$

と計算され，$x_{\alpha-1}$ も $(x_{\alpha+1}, x_{\alpha+2}, \cdots, x_n)$ の関数となる．同様に計算することで，（22−23）式を満足する解は

$$\vec{x} = \begin{pmatrix} x_1 \\ \vdots \\ x_j \\ \vdots \\ x_\alpha \\ x_{\alpha+1} \\ \vdots \\ x_n \end{pmatrix} = \begin{pmatrix} g_1(x_{\alpha+1}, x_{\alpha+2}, \cdots, x_n) \\ \vdots \\ g_j(x_{\alpha+1}, x_{\alpha+2}, \cdots, x_n) \\ \vdots \\ g_\alpha(x_{\alpha+1}, x_{\alpha+2}, \cdots, x_n) \\ x_{\alpha+1} \\ \vdots \\ x_n \end{pmatrix} \tag{22−25}$$

となり，すべての成分が $(x_{\alpha+1}, x_{\alpha+2}, \cdots, x_n)$ の関数となる．ここで，この写像において，（22−23）式を満足する $\vec{x}$ の集合を核と呼び，Ker[A] と書き，その次元は自由度と等しいので

$$\dim(\mathrm{Ker}\,[A]) = n-\alpha \tag{22−26}$$

となり，次式で与えられる線形写像の次元定理が得られることになる．

$$n = \alpha+\dim(\mathrm{Ker}[A]) = \mathrm{rank}[A]+\dim(\mathrm{Ker}[A]) = \dim(\mathrm{Im}[A])+\dim(\mathrm{Ker}[A]) \tag{22−27}$$

<例題 22.3> 次の行列のランクを求めよ．

$$[A] = \begin{bmatrix} 1 & 1 & 0 \\ -1 & -1 & 1 \\ 2 & 2 & 3 \\ 0 & 3 & 1 \end{bmatrix}$$

【解答】 2行目＋1行目 ⇒ 3行目−1行目×2 ⇒ 4行目を1行目の下に移動 ⇒ 4行目−3行目×3より，

$$\begin{bmatrix} 1 & 1 & 0 \\ 0 & 0 & 1 \\ 2 & 2 & 3 \\ 0 & 3 & 1 \end{bmatrix} \Rightarrow \begin{bmatrix} 1 & 1 & 0 \\ 0 & 0 & 1 \\ 0 & 0 & 3 \\ 0 & 3 & 1 \end{bmatrix} \Rightarrow \begin{bmatrix} 1 & 1 & 0 \\ 0 & 3 & 1 \\ 0 & 0 & 1 \\ 0 & 0 & 3 \end{bmatrix} \Rightarrow \begin{bmatrix} 1 & 1 & 0 \\ 0 & 3 & 1 \\ 0 & 0 & 1 \\ 0 & 0 & 0 \end{bmatrix}$$

となるので，rank[A] = 3

練習問題 22.1 ＜例題 22.1＞の行列式を，（22−14）式において，$i = 2$ とした場合と，$i = 3$ とした場合から求めよ．

練習問題 22.2 ＜例題 22.2＞の行列式を，（22−15）式を利用して求めよ．

練習問題 22.3 次の2つの行列について以下の問いに答えよ．

$$[A_3] = \begin{bmatrix} a_{11} & a_{12} & a_{13} \\ a_{21} & a_{22} & a_{23} \\ a_{31} & a_{32} & a_{33} \end{bmatrix}, \quad [B_3] = \begin{bmatrix} \cos\theta & \sin\theta & 0 \\ -\sin\theta & \cos\theta & 0 \\ 0 & 0 & 1 \end{bmatrix}$$

（1） 2つの行列の積 $[B_3][A_3]$ の行列式を求めよ．

（2）$[B_3]\vec{c}$ は，$\vec{c}$ を z 軸まわりに角度 θ だけ回転させることを意味する．このことを使って，$[B_3][A_3]$ の行列式を求めよ．

練習問題22.4　次の行列の行列式を求めよ．

$$[A_4] = \begin{bmatrix} 1 & 2 & 3 & 4 \\ 2 & 3 & 4 & 1 \\ 3 & 4 & 1 & 2 \\ 4 & 1 & 2 & 3 \end{bmatrix}$$

練習問題22.5　次の行列の行列式，ランク，核とその次元を求めよ．

$$[A_4] = \begin{bmatrix} 1 & 2 & 0 & 2 \\ 0 & 1 & 1 & 2 \\ 2 & 3 & -1 & 2 \\ 1 & 3 & 1 & 4 \end{bmatrix}$$

● ● ● ● ●

演習問題22.1　次の行列の行列式を工夫して求めよ．

$$\begin{bmatrix} 1 & 1^2 & 1^3 \\ 2 & 2^2 & 2^3 \\ 3 & 3^2 & 3^3 \end{bmatrix}$$

演習問題22.2　A, B を n 次の正方行列とする．

（1）このとき

$$\det \begin{bmatrix} A & B \\ B & A \end{bmatrix} = \det[A+B] \det[A-B]$$

であることを示せ．ただし，S，T，U を任意の m 次の正方行列としたとき

$$\det \begin{bmatrix} S & O \\ U & T \end{bmatrix} = \det[S] \det[T]$$

であることを用いよ．

（2）次の行列式の値を求めよ．

$$\det \begin{bmatrix} 1 & 1 & 0 & 0 \\ 0 & 1 & 1 & 0 \\ 0 & 0 & 1 & 1 \\ 1 & 0 & 0 & 1 \end{bmatrix}$$

演習問題 22.3　行列 $[A]$ で与えられる写像を考える. 以下の場合の, $\dim(\mathrm{Im}[A])$ と $\dim(\mathrm{Ker}[A])$ を求め, 線型写像の次元定理が成立することを示せ.

(1) $[A] = \begin{bmatrix} 1 & 2 & 3 & 4 \\ 0 & 1 & 1 & 2 \\ 1 & 0 & 1 & 0 \end{bmatrix}$

(2) $[A] = \begin{bmatrix} 1 & 0 & 1 \\ 2 & 1 & 0 \\ 3 & 1 & 1 \\ 4 & 2 & 0 \end{bmatrix}$

ちょっといっぷく

ラグランジュ補間

　ある物理量を測定する実験を行い, $n+1$ 個の相異なる測定データ (x_0, y_0), (x_1, y_1), (x_2, y_2), .., (x_n, y_n) が得られたとして, これらすべての点を通る関数は n 次関数を使えば求めることができます. つまり, 求める関数 y を

$$y = a_0 + a_1 x + a_2 x^2 + \cdots + a_n x^n$$

とおいて, 係数 a_i を求めればよいのです. この問題を行列を使って考えてみましょう.

　以下, 簡単のため $n = 2$ とします. 2次関数 y は 3 個の測定データ (x_0, y_0), (x_1, y_1), (x_2, y_2) を通らなければならないので, 以下のような行列の方程式がつくられます.

$$\begin{bmatrix} 1 & x_0 & x_0^2 \\ 1 & x_1 & x_1^2 \\ 1 & x_2 & x_2^2 \end{bmatrix} \begin{bmatrix} a_0 \\ a_1 \\ a_2 \end{bmatrix} = \begin{bmatrix} y_0 \\ y_1 \\ y_2 \end{bmatrix}$$

　左辺の 3×3 の行列は, 各行が等比数列になっており, このような行列はヴァンデルモンド行列として知られています. その行列式は以下のように表されます.

$$\det \begin{bmatrix} 1 & x_0 & x_0^2 \\ 1 & x_1 & x_1^2 \\ 1 & x_2 & x_2^2 \end{bmatrix} = (x_1 - x_0)(x_2 - x_0)(x_2 - x_1) \neq 0$$

　したがって, 逆行列が存在するので係数 a_i を求めることができます.

23 逆行列と連立一次方程式

本章では，線形代数で学習する逆行列と連立一次方程式の解について，理解を深める．

23.1 2×2 行列の逆行列

2×2 行列の逆行列は，$a_{11}a_{22} - a_{21}a_{12} \neq 0$ ならば

$$[A_2] = \begin{bmatrix} a_{11} & a_{12} \\ a_{21} & a_{22} \end{bmatrix} \quad \Rightarrow \quad [A_2]^{-1} = \frac{1}{a_{11}a_{22} - a_{21}a_{12}} \begin{bmatrix} a_{22} & -a_{12} \\ -a_{21} & a_{11} \end{bmatrix} \tag{23-1}$$

となることは，新しい表記法で示した（当然，$[A][A]^{-1} = [I]$ である）．このことを，第 22 章で学んだ行列式の導出を使って求める．まず，$[A_2]$ の行列式は，(22-15) 式より

$$\det[A_2] = a_{11}\Delta_{11} + a_{12}\Delta_{12} = a_{11}(-1)^{1+1}a_{22} + a_{12}(-1)^{1+2}a_{21} = a_{11}a_{22} - a_{21}a_{12}$$

$$\det[A_2] = a_{22}\Delta_{22} + a_{21}\Delta_{21} = a_{22}(-1)^{2+2}a_{11} + a_{21}(-1)^{2+1}a_{12} = a_{11}a_{22} - a_{21}a_{12} \tag{23-2}$$

となる．ここで，第 22 章で学んだように，Δ_{ij} を a_{ij} の余因子とし，次式で定義される $[B_2]$ 行列を考える（ただし，例えば，$b_{21} = \Delta_{12}$ となっており，添字が逆になっていることに注意）．

$$[B_2] = \begin{bmatrix} b_{11} & b_{12} \\ b_{21} & b_{22} \end{bmatrix} = \begin{bmatrix} \Delta_{11} & \Delta_{21} \\ \Delta_{12} & \Delta_{22} \end{bmatrix} \tag{23-3}$$

したがって，2 つの行列の積 $[A_2][B_2]$ は

$$[A_2][B_2] = \begin{bmatrix} a_{11} & a_{12} \\ a_{21} & a_{22} \end{bmatrix} \begin{bmatrix} \Delta_{11} & \Delta_{21} \\ \Delta_{12} & \Delta_{22} \end{bmatrix} = \begin{bmatrix} a_{11}\Delta_{11} + a_{12}\Delta_{12} & a_{11}\Delta_{21} + a_{12}\Delta_{22} \\ a_{21}\Delta_{11} + a_{22}\Delta_{12} & a_{21}\Delta_{21} + a_{22}\Delta_{22} \end{bmatrix} \tag{23-4}$$

と計算される．ここで，(23-2) 式より

$$a_{11}\Delta_{11} + a_{12}\Delta_{12} = \det[A_2]$$
$$a_{21}\Delta_{21} + a_{22}\Delta_{22} = a_{22}\Delta_{22} + a_{21}\Delta_{21} = \det[A_2]$$

となるので，対角成分は $\det[A_2]$ に等しくなっている．また，それ以外の成分は，行列 $\begin{bmatrix} a_{11} & a_{12} \\ a_{21} & a_{22} \end{bmatrix}$

と $\begin{bmatrix} c_{11} & c_{12} \\ a_{21} & a_{22} \end{bmatrix}$ の Δ_{11} と Δ_{12} はそれぞれ等しくなり，$c_{11} = a_{21}$，$c_{12} = a_{22}$ とおくことで

$$\det \begin{bmatrix} c_{11} & c_{12} \\ a_{21} & a_{22} \end{bmatrix} = \det \begin{bmatrix} a_{21} & a_{22} \\ a_{21} & a_{22} \end{bmatrix} = a_{21}\Delta_{11} + a_{22}\Delta_{12} = 0$$

と計算される（1 行目と 2 行目が，まったく同じになっているため）．同様にして

$$\det \begin{bmatrix} a_{11} & a_{12} \\ a_{11} & a_{12} \end{bmatrix} = a_{11}\Delta_{21} + a_{12}\Delta_{22} = 0$$

となっているので，(23-4) 式は

$$[A_2][B_2] = \begin{bmatrix} a_{11}\Delta_{11} + a_{12}\Delta_{12} & a_{11}\Delta_{21} + a_{12}\Delta_{22} \\ a_{21}\Delta_{11} + a_{22}\Delta_{12} & a_{21}\Delta_{21} + a_{22}\Delta_{22} \end{bmatrix} = \begin{bmatrix} \det[A_2] & 0 \\ 0 & \det[A_2] \end{bmatrix}$$

となり，$\det[A_2] \neq 0$ ならば

$$[A_2]\left(\frac{1}{\det[A_2]}[B_2]\right) = \begin{bmatrix} 1 & 0 \\ 0 & 1 \end{bmatrix} = [I] \quad \rightarrow \quad [A_2]^{-1} = \frac{1}{\det[A_2]}[B_2] = \frac{1}{\det[A_2]} \begin{bmatrix} \Delta_{11} & \Delta_{21} \\ \Delta_{12} & \Delta_{22} \end{bmatrix}$$

となり，(23−1) 式が得られる．

23.2　3×3 行列の逆行列

2×2 行列の場合と同様にして，Δ_{ij} を a_{ij} の余因子とし

$$[A_3] = \begin{bmatrix} a_{11} & a_{12} & a_{13} \\ a_{21} & a_{22} & a_{23} \\ a_{31} & a_{32} & a_{33} \end{bmatrix} \qquad [B_3] = \begin{bmatrix} b_{11} & b_{12} & b_{13} \\ b_{21} & b_{22} & b_{23} \\ b_{31} & b_{32} & b_{33} \end{bmatrix} = \begin{bmatrix} \Delta_{11} & \Delta_{21} & \Delta_{31} \\ \Delta_{12} & \Delta_{22} & \Delta_{32} \\ \Delta_{13} & \Delta_{23} & \Delta_{33} \end{bmatrix}$$

とすれば（ただし，例えば，$b_{12} = \Delta_{21}$ となっていることに注意）

$$[A_3][B_3] = \begin{bmatrix} a_{11} & a_{12} & a_{13} \\ a_{21} & a_{22} & a_{23} \\ a_{31} & a_{32} & a_{33} \end{bmatrix}\begin{bmatrix} \Delta_{11} & \Delta_{21} & \Delta_{31} \\ \Delta_{12} & \Delta_{22} & \Delta_{32} \\ \Delta_{13} & \Delta_{23} & \Delta_{33} \end{bmatrix} = \begin{bmatrix} \sum_{k=1}^{3} a_{1k}\Delta_{1k} & \sum_{k=1}^{3} a_{1k}\Delta_{2k} & \sum_{k=1}^{3} a_{1k}\Delta_{3k} \\ \sum_{k=1}^{3} a_{2k}\Delta_{1k} & \sum_{k=1}^{3} a_{2k}\Delta_{2k} & \sum_{k=1}^{3} a_{2k}\Delta_{3k} \\ \sum_{k=1}^{3} a_{3k}\Delta_{1k} & \sum_{k=1}^{3} a_{3k}\Delta_{2k} & \sum_{k=1}^{3} a_{3k}\Delta_{3k} \end{bmatrix} \qquad (23-5)$$

と計算される．ここで，$[B_3]$ は余因子行列と呼ばれる．対角成分は，(22−14) 式より

$$\sum_{k=1}^{3} a_{1k}\Delta_{1k} = \sum_{k=1}^{3} a_{2k}\Delta_{2k} = \sum_{k=1}^{3} a_{3k}\Delta_{3k} = \det[A_3] \qquad (23-6)$$

となる．また，それ以外の項を計算するため，次の2つの行列を考える．これらの2つの行列において，Δ_{11}，Δ_{12}，Δ_{13} は等しくなる．

$$[A_3] = \begin{bmatrix} a_{11} & a_{12} & a_{13} \\ a_{21} & a_{22} & a_{23} \\ a_{31} & a_{32} & a_{33} \end{bmatrix} \qquad [A_3'] = \begin{bmatrix} c_{11} & c_{12} & c_{13} \\ a_{21} & a_{22} & a_{23} \\ a_{31} & a_{32} & a_{33} \end{bmatrix}$$

ここで，$c_{11} = a_{21}$，$c_{12} = a_{22}$，$c_{13} = a_{23}$ とおけば，(22−14) 式より

$$\det\begin{bmatrix} c_{11} & c_{12} & c_{13} \\ a_{21} & a_{22} & a_{23} \\ a_{31} & a_{32} & a_{33} \end{bmatrix} = \sum_{k=1}^{3} c_{1k}\Delta_{1k} = \det\begin{bmatrix} a_{21} & a_{22} & a_{23} \\ a_{21} & a_{22} & a_{23} \\ a_{31} & a_{32} & a_{33} \end{bmatrix} = \sum_{k=1}^{3} a_{2k}\Delta_{1k} = 0 \qquad (23-7)$$

となり，残りの項も同様にゼロとなるので，(23−6)，(23−7) 式をまとめて

$$\sum_{k=1}^{3} a_{ik}\Delta_{jk} = \delta_{ij} \det[A_3] \qquad (i, j = 1, 2, 3) \qquad (23-8)$$

となる．ただし，δ_{ij} はクロネッカーのデルタと呼ばれ

$$\delta_{ij} = \begin{cases} 1 & (i = j) \\ 0 & (i \neq j) \end{cases}$$

で定義される．(23−8) 式を用いれば

$$[A_3][B_3] = \begin{bmatrix} \sum_{k=1}^{3} a_{1k}\Delta_{1k} & \sum_{k=1}^{3} a_{1k}\Delta_{2k} & \sum_{k=1}^{3} a_{1k}\Delta_{3k} \\ \sum_{k=1}^{3} a_{2k}\Delta_{1k} & \sum_{k=1}^{3} a_{2k}\Delta_{2k} & \sum_{k=1}^{3} a_{2k}\Delta_{3k} \\ \sum_{k=1}^{3} a_{3k}\Delta_{1k} & \sum_{k=1}^{3} a_{3k}\Delta_{2k} & \sum_{k=1}^{3} a_{3k}\Delta_{3k} \end{bmatrix} = \begin{bmatrix} \det[A_3] & 0 & 0 \\ 0 & \det[A_3] & 0 \\ 0 & 0 & \det[A_3] \end{bmatrix}$$

が，簡単に得られる．したがって，$[A_3]$ の逆行列は，$\det[A_3] \neq 0$ ならば

$$[A_3]^{-1} = \frac{1}{\det[A_3]}[B_3] = \frac{1}{\det[A_3]}\begin{bmatrix} \Delta_{11} & \Delta_{21} & \Delta_{31} \\ \Delta_{12} & \Delta_{22} & \Delta_{32} \\ \Delta_{13} & \Delta_{23} & \Delta_{33} \end{bmatrix} \qquad (23-9)$$

と与えられる．第6章の (6−4) 式と比較すれば，Δ_{ij} の意味がわかる．

23.3　$n \times n$ 行列の逆行列

(23−6)，(23−7) 式は，n 次元でも同様に計算されるので

$$\det[A_n] = \sum_{k=1}^{n} a_{1k}\Delta_{1k} = \sum_{k=1}^{n} a_{2k}\Delta_{2k} \cdots = \sum_{k=1}^{n} a_{nk}\Delta_{nk}, \qquad \sum_{k=1}^{n} a_{2k}\Delta_{1k} = 0$$

が成立し

$$\sum_{k=1}^{n} a_{ik}\Delta_{jk} = \delta_{ij}\det[A_n] \qquad (i, j = 1, 2, \cdots, n) \tag{23−10}$$

が得られる．したがって，3×3 の行列の場合と同様にして，Δ_{ij} を a_{ij} の余因子とし

$$[A_n] = \begin{bmatrix} a_{11} & a_{12} & \cdots & a_{1n} \\ a_{21} & a_{22} & \cdots & a_{2n} \\ \vdots & \vdots & \ddots & \vdots \\ a_{n1} & a_{n2} & \cdots & a_{nn} \end{bmatrix} \qquad [B_n] = \begin{bmatrix} \Delta_{11} & \Delta_{21} & \cdots & \Delta_{n1} \\ \Delta_{12} & \Delta_{22} & \cdots & \Delta_{n2} \\ \vdots & \vdots & \ddots & \vdots \\ \Delta_{1n} & \Delta_{2n} & \cdots & \Delta_{nn} \end{bmatrix}$$

とすれば（$[B_n]$ は余因子行列）

$$[A_n][B_n] = \begin{bmatrix} a_{11} & a_{12} & \cdots & a_{1n} \\ a_{21} & a_{22} & \cdots & a_{2n} \\ \vdots & \vdots & \ddots & \vdots \\ a_{n1} & a_{n2} & \cdots & a_{nn} \end{bmatrix} \begin{bmatrix} \Delta_{11} & \Delta_{21} & \cdots & \Delta_{n1} \\ \Delta_{12} & \Delta_{22} & \cdots & \Delta_{n2} \\ \vdots & \vdots & \ddots & \vdots \\ \Delta_{1n} & \Delta_{2n} & \cdots & \Delta_{nn} \end{bmatrix}$$

$$= \begin{bmatrix} \sum_{k=1}^{n} a_{1k}\Delta_{1k} & \sum_{k=1}^{n} a_{1k}\Delta_{2k} & \cdots & \sum_{k=1}^{n} a_{1k}\Delta_{nk} \\ \sum_{k=1}^{n} a_{2k}\Delta_{1k} & \sum_{k=1}^{n} a_{2k}\Delta_{2k} & \cdots & \sum_{k=1}^{n} a_{2k}\Delta_{nk} \\ \vdots & \vdots & \ddots & \vdots \\ \sum_{k=1}^{n} a_{nk}\Delta_{1k} & \sum_{k=1}^{n} a_{nk}\Delta_{2k} & \cdots & \sum_{k=1}^{n} a_{nk}\Delta_{nk} \end{bmatrix} = \begin{bmatrix} \det[A_n] & 0 & \cdots & 0 \\ 0 & \det[A_n] & \cdots & 0 \\ \vdots & \vdots & \ddots & \vdots \\ 0 & 0 & \cdots & \det[A_n] \end{bmatrix}$$

と計算されるので，$[A_n]$ の逆行列は，$\det[A_n] \neq 0$ ならば，次式で与えられる．

$$[A_n]^{-1} = \frac{1}{\det[A_n]}[B_n] = \frac{1}{\det[A_n]} \begin{bmatrix} \Delta_{11} & \Delta_{21} & \cdots & \Delta_{n1} \\ \Delta_{12} & \Delta_{22} & \cdots & \Delta_{n2} \\ \vdots & \vdots & \ddots & \vdots \\ \Delta_{1n} & \Delta_{2n} & \cdots & \Delta_{nn} \end{bmatrix} \tag{23−11}$$

なお，$n \times n$ の単位行列は，次式で与えられる．

$$[I_n] = \begin{bmatrix} 1 & 0 & \cdots & 0 \\ 0 & 1 & \cdots & 0 \\ \vdots & \vdots & \ddots & \vdots \\ 0 & 0 & \cdots & 1 \end{bmatrix}$$

＜例題 23.1＞　次の行列の逆行列を求めよ．

$$[A_3] = \begin{bmatrix} -2 & 0 & 2 \\ 0 & -1 & 2 \\ 2 & 1 & 4 \end{bmatrix}$$

【解答】　第22章の＜例題22.1＞より，$\det[A_3] = 16$ となる．また，余因子は

$$\Delta_{11} = (-1)^{1+1}(a_{22}a_{33} - a_{32}a_{23}) = (-1)^{1+1}\{(-1) \times 4 - 1 \times 2\} = -6$$

$$\Delta_{12} = (-1)^{1+2}(a_{21}a_{33} - a_{31}a_{23}) = (-1)^{1+2}\{0 \times 4 - 2 \times 2\} = 4$$

$$\Delta_{13} = (-1)^{1+3}(a_{21}a_{32} - a_{31}a_{22}) = (-1)^{1+3}\{0 \times 1 - 2 \times (-1)\} = 2$$

$$\Delta_{21} = (-1)^{2+1}(a_{12}a_{33} - a_{32}a_{13}) = (-1)^{2+1}(0 \times 4 - 1 \times 2) = 2$$

$$\Delta_{22} = (-1)^{2+2}(a_{11}a_{33}-a_{31}a_{13}) = (-1)^{2+2}\{(-2)\times 4-2\times 2\} = -12$$

$$\Delta_{23} = (-1)^{2+3}(a_{11}a_{32}-a_{31}a_{12}) = (-1)^{2+3}\{(-2)\times 1-2\times 0\} = 2$$

$$\Delta_{31} = (-1)^{3+1}(a_{12}a_{23}-a_{22}a_{13}) = (-1)^{3+1}\{0\times 2-(-1)\times 2\} = 2$$

$$\Delta_{32} = (-1)^{3+2}(a_{11}a_{23}-a_{21}a_{13}) = (-1)^{3+2}\{(-2)\times 2-0\times 2\} = 4$$

$$\Delta_{33} = (-1)^{3+3}(a_{11}a_{22}-a_{21}a_{12}) = (-1)^{3+3}\{(-2)\times(-1)-0\times 0\} = 2$$

となるので，逆行列は，以下のように求められる．

$$[A_3]^{-1} = \frac{1}{\det[A_3]}\begin{bmatrix} \Delta_{11} & \Delta_{21} & \Delta_{31} \\ \Delta_{12} & \Delta_{22} & \Delta_{32} \\ \Delta_{13} & \Delta_{23} & \Delta_{33} \end{bmatrix} = \frac{1}{16}\begin{bmatrix} -6 & 2 & 2 \\ 4 & -12 & 4 \\ 2 & 2 & 2 \end{bmatrix} = \frac{1}{8}\begin{bmatrix} -3 & 1 & 1 \\ 2 & -6 & 2 \\ 1 & 1 & 1 \end{bmatrix}$$

<例題 23.2> 次の行列の逆行列を求めよ．

$$[A_4] = \begin{bmatrix} 2 & 1 & -1 & 3 \\ -2 & 2 & 0 & 1 \\ 3 & -3 & 2 & 1 \\ 1 & 0 & -2 & 2 \end{bmatrix}$$

【解答】 第22章の<例題22.2>より，$\det[A_4] = 39$ となる．また，余因子は

$$\Delta_{11} = (-1)^{1+1}\det\begin{bmatrix} 2 & 0 & 1 \\ -3 & 2 & 1 \\ 0 & -2 & 2 \end{bmatrix} = 18, \quad \Delta_{12} = (-1)^{1+2}\det\begin{bmatrix} -2 & 0 & 1 \\ 3 & 2 & 1 \\ 1 & -2 & 2 \end{bmatrix} = 20$$

$$\Delta_{13} = (-1)^{1+3}\det\begin{bmatrix} -2 & 2 & 1 \\ 3 & -3 & 1 \\ 1 & 0 & 2 \end{bmatrix} = 5, \quad \Delta_{14} = (-1)^{1+4}\det\begin{bmatrix} -2 & 2 & 0 \\ 3 & -3 & 2 \\ 1 & 0 & -2 \end{bmatrix} = -4$$

$$\Delta_{21} = (-1)^{2+1}\det\begin{bmatrix} 1 & -1 & 3 \\ -3 & 2 & 1 \\ 0 & -2 & 2 \end{bmatrix} = -18, \quad \Delta_{22} = (-1)^{2+2}\det\begin{bmatrix} 2 & -1 & 3 \\ 3 & 2 & 1 \\ 1 & -2 & 2 \end{bmatrix} = -7$$

$$\Delta_{23} = (-1)^{2+3}\det\begin{bmatrix} 2 & 1 & 3 \\ 3 & -3 & 1 \\ 1 & 0 & 2 \end{bmatrix} = 8, \quad \Delta_{24} = (-1)^{2+4}\det\begin{bmatrix} 2 & 1 & -1 \\ 3 & -3 & 2 \\ 1 & 0 & -2 \end{bmatrix} = 17$$

$$\Delta_{31} = (-1)^{3+1}\det\begin{bmatrix} 1 & -1 & 3 \\ 2 & 0 & 1 \\ 0 & -2 & 2 \end{bmatrix} = -6, \quad \Delta_{32} = (-1)^{3+2}\det\begin{bmatrix} 2 & -1 & 3 \\ -2 & 0 & 1 \\ 1 & -2 & 2 \end{bmatrix} = -11$$

$$\Delta_{33} = (-1)^{3+3}\det\begin{bmatrix} 2 & 1 & 3 \\ -2 & 2 & 1 \\ 1 & 0 & 2 \end{bmatrix} = 7, \quad \Delta_{34} = (-1)^{3+4}\det\begin{bmatrix} 2 & 1 & -1 \\ -2 & 2 & 0 \\ 1 & 0 & -2 \end{bmatrix} = 10$$

$$\Delta_{41} = (-1)^{4+1}\det\begin{bmatrix} 1 & -1 & 3 \\ 2 & 0 & 1 \\ -3 & 2 & 1 \end{bmatrix} = -15, \quad \Delta_{42} = (-1)^{4+2}\det\begin{bmatrix} 2 & -1 & 3 \\ -2 & 0 & 1 \\ 3 & 2 & 1 \end{bmatrix} = -21$$

$$\Delta_{43} = (-1)^{4+3}\det\begin{bmatrix} 2 & 1 & 3 \\ -2 & 2 & 1 \\ 3 & -3 & 1 \end{bmatrix} = -15, \quad \Delta_{44} = (-1)^{4+4}\det\begin{bmatrix} 2 & 1 & -1 \\ -2 & 2 & 0 \\ 3 & -3 & 2 \end{bmatrix} = 12$$

となるので，逆行列は，以下のように求められる．

$$[A_4]^{-1} = \frac{1}{\det[A_4]}\begin{bmatrix} \Delta_{11} & \Delta_{21} & \Delta_{31} & \Delta_{41} \\ \Delta_{12} & \Delta_{22} & \Delta_{32} & \Delta_{42} \\ \Delta_{13} & \Delta_{23} & \Delta_{33} & \Delta_{43} \\ \Delta_{14} & \Delta_{24} & \Delta_{34} & \Delta_{44} \end{bmatrix} = \frac{1}{39}\begin{bmatrix} 18 & -18 & -6 & -15 \\ 20 & -7 & -11 & -21 \\ 5 & 8 & 7 & -15 \\ -4 & 17 & 10 & 12 \end{bmatrix}$$

23.4　連立方程式

$n \times n$ 行列 $[A]$ を用いた，以下の連立一次方程式を考える．

$$[A]\begin{pmatrix} x_1 \\ x_2 \\ x_3 \\ \vdots \\ x_n \end{pmatrix} = \begin{pmatrix} b_1 \\ b_2 \\ b_3 \\ \vdots \\ b_n \end{pmatrix} \tag{23-12}$$

この方程式を解く場合に，$\det[A] \neq 0$（あるいは，$\mathrm{rank}[A] = n$）ならば，$[A]$ の逆行列が存在するので解は存在し，一意となる．（解は，$[A]^{-1}$ を（23−12）式に左側から掛けるか，掃き出し法等で求めることができる）．

一方，$\det[A] = 0$（あるいは，$\mathrm{rank}[A] < n$）の場合には，以下のように分類される．

（その1）

$$[A_0^*]\begin{pmatrix} x_1 \\ \vdots \\ x_\alpha \\ x_{\alpha+1} \\ \vdots \\ x_n \end{pmatrix} = \begin{bmatrix} a_{11}^* & a_{12}^* & a_{13}^* & \cdots & a_{1n}^* \\ \vdots & \vdots & \vdots & \vdots & \vdots \\ a_{\alpha1}^* & a_{\alpha2}^* & a_{\alpha3}^* & \cdots & a_{\alpha n}^* \\ 0 & 0 & 0 & 0 & 0 \\ \vdots & \vdots & \vdots & \ddots & \vdots \\ 0 & 0 & 0 & 0 & 0 \end{bmatrix}\begin{pmatrix} x_1 \\ \vdots \\ x_\alpha \\ x_{\alpha+1} \\ \vdots \\ x_n \end{pmatrix} = \begin{pmatrix} b_1^* \\ \vdots \\ b_\alpha^* \\ 0 \\ \vdots \\ 0 \end{pmatrix} \tag{23-13}$$

となるとき，$x_{\alpha+1}, \cdots, x_n$ はどのような値でも（23−13）式を満足するので，解が存在するが一意とはならない（不定）．また，（23−13）式をランクを使って表現すると

$$\mathrm{rank}[A] = \mathrm{rank}[A^*|\vec{b}^*] = \mathrm{rank}[A|\vec{b}] \tag{23-14}$$

となる．ここで，$[A|\vec{b}]$ は，$[A]$ 行列の $n+1$ 列目に $\vec{b}$ を加えた $n \times (n+1)$ 行列で拡大係数行列と呼ばれている．

（その2）

$$[A_0^*]\begin{pmatrix} x_1 \\ \vdots \\ x_\alpha \\ x_{\alpha+1} \\ \vdots \\ x_n \end{pmatrix} = \begin{bmatrix} a_{11}^* & a_{12}^* & a_{13}^* & \cdots & a_{1n}^* \\ \vdots & \vdots & \vdots & \vdots & \vdots \\ a_{\alpha1}^* & a_{\alpha2}^* & a_{\alpha3}^* & \cdots & a_{\alpha n}^* \\ 0 & 0 & 0 & 0 & 0 \\ \vdots & \vdots & \vdots & \ddots & \vdots \\ 0 & 0 & 0 & 0 & 0 \end{bmatrix}\begin{pmatrix} x_1 \\ \vdots \\ x_\alpha \\ x_{\alpha+1} \\ \vdots \\ x_n \end{pmatrix} = \begin{pmatrix} b_1^* \\ \vdots \\ b_\alpha^* \\ b_{\alpha+1}^* \\ 0 \\ \vdots \\ 0 \end{pmatrix}, \quad b_{\alpha+1}^* \neq 0 \tag{23-15}$$

となるとき，$x_{\alpha+1}, \cdots, x_n$ はどのような値でも（23−15）式を満足することができないので解は存在しない（不能）．また，（23−15）式をランクを使って表現すると

$$\mathrm{rank}[A] < \mathrm{rank}[A^*|\vec{b}^*] = \mathrm{rank}[A|\vec{b}] \tag{23-16}$$

となり，拡大係数行列のランクが元の行列のランクより大きくなっている．

<例題 23.3> 次の連立方程式の解を求めよ.

$$\begin{bmatrix} 1 & 1 & 2 \\ 2 & 0 & 1 \\ -1 & 1 & 2 \end{bmatrix} \begin{pmatrix} x_1 \\ x_2 \\ x_3 \end{pmatrix} = \begin{pmatrix} 5 \\ 4 \\ 1 \end{pmatrix}$$

【解答】 拡大係数行列を作り, 掃き出し法を用いて求める.

2行目 − 2 × 1行目 ⇒ 3行目 + 1行目 ⇒ 3行目 + 2行目 とすれば

$$\begin{bmatrix} 1 & 1 & 2 & 5 \\ 2 & 0 & 1 & 4 \\ -1 & 1 & 2 & 1 \end{bmatrix} \Rightarrow \begin{bmatrix} 1 & 1 & 2 & 5 \\ 0 & -2 & -3 & -6 \\ -1 & 1 & 2 & 1 \end{bmatrix} \Rightarrow \begin{bmatrix} 1 & 1 & 2 & 5 \\ 0 & -2 & -3 & -6 \\ 0 & 2 & 4 & 6 \end{bmatrix} \Rightarrow \begin{bmatrix} 1 & 1 & 2 & 5 \\ 0 & -2 & -3 & -6 \\ 0 & 0 & 1 & 0 \end{bmatrix}$$

となり, さらに, 2行目 + 3 × 1行目 ⇒ 2行目 ／ (−2) ⇒ 1行目 − 2行目 − 3行目 × 2 を計算すれば

$$\Rightarrow \begin{bmatrix} 1 & 1 & 2 & 5 \\ 0 & -2 & 0 & -6 \\ 0 & 0 & 1 & 0 \end{bmatrix} \Rightarrow \begin{bmatrix} 1 & 1 & 2 & 5 \\ 0 & 1 & 0 & 3 \\ 0 & 0 & 1 & 0 \end{bmatrix} \Rightarrow \begin{bmatrix} 1 & 0 & 0 & 2 \\ 0 & 1 & 0 & 3 \\ 0 & 0 & 1 & 0 \end{bmatrix}$$

となるので, 方程式の解は

$$\begin{pmatrix} x_1 \\ x_2 \\ x_3 \end{pmatrix} = \begin{pmatrix} 2 \\ 3 \\ 0 \end{pmatrix}$$

となる.

<例題 23.4> 次の連立方程式の解を求めよ.

（1） $\begin{bmatrix} 1 & 1 & 2 \\ 2 & 0 & 1 \\ -1 & 1 & 1 \end{bmatrix} \begin{pmatrix} x_1 \\ x_2 \\ x_3 \end{pmatrix} = \begin{pmatrix} 5 \\ 4 \\ 1 \end{pmatrix}$ （2） $\begin{bmatrix} 1 & 1 & 2 \\ 2 & 0 & 1 \\ -1 & 1 & 1 \end{bmatrix} \begin{pmatrix} x_1 \\ x_2 \\ x_3 \end{pmatrix} = \begin{pmatrix} 5 \\ 4 \\ 0 \end{pmatrix}$

【解答】 元の行列 $[A]$ を, 拡大係数行列を $[A|\vec{b}]$ とし, 掃き出し法を用いて求める.

（1） 2行目 − 1行目 × 2 ⇒ 3行目 + 1行目 ⇒ 3行目 + 2行目 とすれば

$$\begin{bmatrix} 1 & 1 & 2 & 5 \\ 2 & 0 & 1 & 4 \\ -1 & 1 & 1 & 1 \end{bmatrix} \Rightarrow \begin{bmatrix} 1 & 1 & 2 & 5 \\ 0 & -2 & -3 & -6 \\ -1 & 1 & 1 & 1 \end{bmatrix} \Rightarrow \begin{bmatrix} 1 & 1 & 2 & 5 \\ 0 & -2 & -3 & -6 \\ 0 & 2 & 3 & 6 \end{bmatrix} \Rightarrow \begin{bmatrix} 1 & 1 & 2 & 5 \\ 0 & -2 & -3 & -6 \\ 0 & 0 & 0 & 0 \end{bmatrix}$$

が得られ, $\mathrm{rank}[A] = \mathrm{rank}[A|\vec{b}] = 2$ となるので, 拡大係数行列のランクと元の行列のランク等しく, かつ $\mathrm{rank}[A] < 3$ なので不定である.

（2） 同様に計算すれば,

$$\begin{bmatrix} 1 & 1 & 2 & 5 \\ 2 & 0 & 1 & 4 \\ -1 & 1 & 1 & 0 \end{bmatrix} \Rightarrow \begin{bmatrix} 1 & 1 & 2 & 5 \\ 0 & -2 & -3 & -6 \\ -1 & 1 & 1 & 0 \end{bmatrix} \Rightarrow \begin{bmatrix} 1 & 1 & 2 & 5 \\ 0 & -2 & -3 & -6 \\ 0 & 2 & 3 & 5 \end{bmatrix} \Rightarrow \begin{bmatrix} 1 & 1 & 2 & 5 \\ 0 & -2 & -3 & -6 \\ 0 & 0 & 0 & -1 \end{bmatrix}$$

となるので, $\mathrm{rank}[A] = 2 < \mathrm{rank}[A|\vec{b}] = 3$ となるので, 不能である.

● ● ● ● ●

練習問題 23.1 $n \times n$ 行列 $[A_n]$ とその逆行列 $[A_n]^{-1}$ について,次式が成立することを示せ.

$$\det[A_n] = \frac{1}{\det[A_n]^{-1}}$$

練習問題 23.2 次の行列の逆行列を (6−4) 式,(23−9) 式を使ってそれぞれ求め,同じ解が得られることを確認せよ.

$$[A_3] = \begin{bmatrix} 2 & 0 & 2 \\ 0 & 3 & -2 \\ 2 & 1 & 1 \end{bmatrix}$$

練習問題 23.3 次の行列について以下の問いに答えよ.

$$[A_3] = \begin{bmatrix} \cos\theta & \sin\theta & 0 \\ -\sin\theta & \cos\theta & 0 \\ 0 & 0 & 1 \end{bmatrix}$$

(1) 行列 $[A_3]$ の逆行列 $[A_3]^{-1}$ を (23−9) 式より求めよ.

(2) $[A_3]\vec{a}$ は,$\vec{a}$ を z 軸まわりに角度 $-\theta$ だけ回転させることを意味する.このことを使って,逆行列 $[A_3]^{-1}$ を求めよ.

練習問題 23.4 次の行列の逆行列を求めよ.また,得られた逆行列と元の行列の積が単位行列になることを確認せよ.

$$[A_4] = \begin{bmatrix} 2 & 0 & -3 & 0 \\ 2 & 1 & 0 & 1 \\ 0 & -1 & 2 & 1 \\ 1 & 0 & -2 & 0 \end{bmatrix}$$

練習問題 23.5 次の方程式の解を求めよ.

$$\begin{bmatrix} 1 & 1 & 2 \\ 2 & \alpha & 1 \\ 0 & -1 & \alpha \end{bmatrix} \begin{pmatrix} x_1 \\ x_2 \\ x_3 \end{pmatrix} = \begin{pmatrix} 5 \\ 4 \\ \alpha-1 \end{pmatrix}$$

● ● ● ● ●

演習問題 23.1 2×2 行列 $[A_2]$ とその逆行列 $[A_2]^{-1}$ について,次式が成立することを示せ.

$$\det[A_2] = \frac{1}{\det[A_2]^{-1}}$$

演習問題 23.2　次の行列について以下の問いに答えよ.

$$[A_3] = \begin{bmatrix} \dfrac{1}{2} & \dfrac{\sqrt{3}}{2} & 0 \\ -\dfrac{\sqrt{3}}{2} & \dfrac{1}{2} & 0 \\ 0 & 0 & 1 \end{bmatrix}$$

（1）　行列 $[A_3]$ の逆行列 $[A_3]^{-1}$ を求めよ.

（2）　$\vec{a} = \begin{pmatrix} \dfrac{1}{2} \\ \dfrac{\sqrt{3}}{2} \\ 0 \end{pmatrix}$ のとき，$\vec{b} = [A_3]^{-1}\vec{a} - [A_3]\vec{a}$ となるベクトル $\vec{b}$ を求めよ. また，このベクト

ル $\vec{b}$ と $\vec{a}$ との関係を述べよ.

演習問題 23.3　　次の方程式の解を求めよ.

$$\begin{bmatrix} \alpha & 2 & -2 \\ 0 & 1 & \alpha \\ 2 & \alpha & -\alpha \end{bmatrix} \begin{pmatrix} x_1 \\ x_2 \\ x_3 \end{pmatrix} = \begin{pmatrix} 1 \\ 2 \\ \alpha^2 - 5 \end{pmatrix}$$

ちょっといっぷく

疎行列

　数値シミュレーションを行う際によく現れる連立一次方程式の係数行列は，規模は大きいものの成分のほとんどが 0 であることが多く，このような行列を疎行列と呼びます. なぜ疎行列が出現するのかというと，例えば N 個の質点がばねにより直線状に繋がれている場合，i 番目の質点の変位は両隣の $i-1$ 番目と $i+1$ 番目の変位にのみ依存することを考えれば明らかです. 疎行列は適当なアルゴリズムを用いることで，面倒な逆行列を求めることなく効率的に連立方程式を解くことができます.

$$\begin{bmatrix} a_1 & b_1 & 0 & 0 & 0 & 0 \\ c_2 & a_2 & b_2 & 0 & 0 & 0 \\ 0 & c_3 & a_3 & b_3 & 0 & 0 \\ 0 & 0 & c_4 & a_4 & b_4 & 0 \\ 0 & 0 & 0 & c_5 & a_5 & b_5 \\ 0 & 0 & 0 & 0 & c_6 & a_6 \end{bmatrix}$$

疎行列の例　（三重対角行列）

固有値と固有ベクトル

本章では，線形代数で学習する固有値と固有ベクトルについて理解し，その応用として楕円の原点まわりの回転と応力について学習する.

24.1　固有値

次式で与えられる行列 $[A_n]$ とベクトル $\vec{b}$ を考える.

$$[A_n] = \begin{bmatrix} a_{11} & a_{12} & \cdots & a_{1n} \\ a_{21} & a_{22} & \cdots & a_{2n} \\ \vdots & \vdots & \ddots & \vdots \\ a_{n1} & a_{n2} & \cdots & a_{nn} \end{bmatrix}, \quad \vec{b} = \begin{pmatrix} b_1 \\ b_2 \\ \vdots \\ b_n \end{pmatrix} \quad (|\vec{b}| \neq 0)$$

このとき，以下の関係式が成立するとき

$$[A_n]\vec{b} = \lambda\vec{b} \quad \Rightarrow \quad \begin{bmatrix} a_{11} & a_{12} & \cdots & a_{1n} \\ a_{21} & a_{22} & \cdots & a_{2n} \\ \vdots & \vdots & \ddots & \vdots \\ a_{n1} & a_{n2} & \cdots & a_{nn} \end{bmatrix}\begin{pmatrix} b_1 \\ b_2 \\ \vdots \\ b_n \end{pmatrix} = \lambda\begin{pmatrix} b_1 \\ b_2 \\ \vdots \\ b_n \end{pmatrix} \tag{24-1}$$

λ を $[A_n]$ の固有値，$\vec{b}$ を $[A_n]$ の固有ベクトルと呼ぶ.（24-1）式より

$$[A_n]\vec{b} = \lambda\vec{b} \quad \Rightarrow \quad [A_n]\vec{b} - \lambda\vec{b} = [A_n]\vec{b} - \lambda[I_n]\vec{b} = ([A_n] - \lambda[I_n])\vec{b} = 0$$

ただし，$[I_n]$ は $n \times n$ の単位行列である. さて，この式が $|\vec{b}| \neq 0$ の解を持つためには

$$\det([A_n] - \lambda[I_n]) = 0 \tag{24-2}$$

でなければならない. これは，$\det([A_n] - \lambda[I_n]) \neq 0$ ならば，$([A_n] - \lambda[I_n])$ の逆行列が存在するので

$$([A_n] - \lambda[I_n])\vec{b} = \vec{0} \quad \Rightarrow \quad \vec{b} = ([A_n] - \lambda[I_n])^{-1}\vec{0} = \vec{0}$$

となるからである.（24-2）式は，λ に関する n 次方程式になるので，解に重解がなければ，固有値は n 個あることになる. 一般には複数の固有値が存在するので，固有値とその固有値に対応する固有ベクトルを λ_k, $\vec{b}_k$ $(k = 1, 2, \cdots m \quad (m \leq n))$ と表す.

24.2　2×2 行列の固有値・固有ベクトル

2×2 行列の固有値は，以下のように求められる.

$$[A_2] = \begin{bmatrix} a_{11} & a_{12} \\ a_{21} & a_{22} \end{bmatrix} \quad \Rightarrow \quad \det([A_2] - \lambda[I_2]) = \det\begin{bmatrix} a_{11} - \lambda & a_{12} \\ a_{21} & a_{22} - \lambda \end{bmatrix}$$

$$= (a_{11} - \lambda)(a_{22} - \lambda) - a_{12}a_{21} = \lambda^2 - (a_{11} + a_{22})\lambda + (a_{11}a_{22} - a_{12}a_{21})$$

となるので

$$\lambda^2 - (a_{11} + a_{22})\lambda + (a_{11}a_{22} - a_{12}a_{21}) = 0 \tag{24-3}$$

を満足する λ が固有値である.

<例題 24.1>　次の行列の固有値と固有ベクトルを求めよ.

$$[A_2] = \begin{bmatrix} 2 & 2 \\ 1 & 3 \end{bmatrix}$$

【解答】 (24−3) 式より

$$\lambda^2 - 5\lambda + 4 = (\lambda - 1)(\lambda - 4) = 0 \quad \to \quad \lambda = 1, 4$$

となるので, $\lambda_1 = 1$, $\lambda_2 = 4$ とする.

1) $\lambda_1 = 1$ に対する固有ベクトルは

$$\begin{bmatrix} 2 & 2 \\ 1 & 3 \end{bmatrix}\begin{pmatrix} b_1 \\ b_2 \end{pmatrix} = \begin{pmatrix} b_1 \\ b_2 \end{pmatrix} \to \begin{pmatrix} 2b_1 + 2b_2 \\ b_1 + 3b_2 \end{pmatrix} = \begin{pmatrix} b_1 \\ b_2 \end{pmatrix} \to b_1 + 2b_2 = 0, \ b_1 + 2b_2 = 0$$

となり, b_1 と b_2 の関係式は与えられるが, 一意には決まらない. 固有ベクトルは, k_1 をゼロでない任意の定数とすれば, 次式のように求められる.

$$\lambda_1 = 1, \quad \vec{b}_1 = \begin{pmatrix} b_1 \\ b_2 \end{pmatrix} = k_1 \begin{pmatrix} 2 \\ -1 \end{pmatrix} \quad (k_1 \neq 0)$$

2) $\lambda_2 = 4$ に対する固有ベクトルは

$$\begin{bmatrix} 2 & 2 \\ 1 & 3 \end{bmatrix}\begin{pmatrix} b_1 \\ b_2 \end{pmatrix} = 4\begin{pmatrix} b_1 \\ b_2 \end{pmatrix} \to \begin{pmatrix} 2b_1 + 2b_2 \\ b_1 + 3b_2 \end{pmatrix} = \begin{pmatrix} 4b_1 \\ 4b_2 \end{pmatrix} \to -b_1 + b_2 = 0, \ b_1 - b_2 = 0$$

となることから, k_2 をゼロでない任意の定数とすれば

$$\lambda_2 = 4, \quad \vec{b}_2 = \begin{pmatrix} b_1 \\ b_2 \end{pmatrix} = k_2 \begin{pmatrix} 1 \\ 1 \end{pmatrix} \quad (k_2 \neq 0)$$

と求められる. なお, k_1, k_2 は任意の定数なので, 固有ベクトルとして最も簡単なベクトルである

$$\vec{b}_1 = \begin{pmatrix} 2 \\ -1 \end{pmatrix}, \quad \vec{b}_2 = \begin{pmatrix} 1 \\ 1 \end{pmatrix}$$

とする場合や, 単位ベクトルになるように

$$\vec{b}_1 = \frac{1}{\sqrt{5}}\begin{pmatrix} 2 \\ -1 \end{pmatrix}, \quad \vec{b}_2 = \frac{1}{\sqrt{2}}\begin{pmatrix} 1 \\ 1 \end{pmatrix}$$

とする場合もある.

24.3 2×2 行列の対角化

固有ベクトルを利用することにより行列の対角化が可能となる. $[A_2]$ 行列が2つの異なる固有値 λ_1, λ_2 を持ち, その固有ベクトルをそれぞれ $\vec{b}_1$, $\vec{b}_2$ とおいて, 行列 $[P_2]$ を考える.

$$\vec{b}_1 = \begin{pmatrix} b_{11} \\ b_{21} \end{pmatrix} \ \vec{b}_2 = \begin{pmatrix} b_{12} \\ b_{22} \end{pmatrix} \Rightarrow [P_2] = \begin{bmatrix} b_{11} & b_{12} \\ b_{21} & b_{22} \end{bmatrix}$$

$[A_2]$ の固有値が異なることから $\vec{b}_1$, $\vec{b}_2$ は一次独立となり, $[P_2]$ の逆行列は存在する. よって

$$[P_2]^{-1}[A_2][P_2] = [P_2]^{-1}\left([A_2]\begin{bmatrix} b_{11} & b_{12} \\ b_{21} & b_{22} \end{bmatrix}\right) = [P_2]^{-1}\begin{bmatrix} \lambda_1 b_{11} & \lambda_2 b_{12} \\ \lambda_1 b_{21} & \lambda_2 b_{22} \end{bmatrix} = \begin{bmatrix} \lambda_1 & 0 \\ 0 & \lambda_2 \end{bmatrix} \tag{24−4}$$

と計算され, $[A_2]$ 行列を対角化することができる. このことを利用すれば

$$[P_2]^{-1}[A_2][P_2] = \begin{bmatrix} \lambda_1 & 0 \\ 0 & \lambda_2 \end{bmatrix} \Rightarrow [A_2] = [P_2]\begin{bmatrix} \lambda_1 & 0 \\ 0 & \lambda_2 \end{bmatrix}[P_2]^{-1}$$

となるので

$$[A_2]^n = \left([P_2]\begin{bmatrix} \lambda_1 & 0 \\ 0 & \lambda_2 \end{bmatrix}[P_2]^{-1}\right)\left([P_2]\begin{bmatrix} \lambda_1 & 0 \\ 0 & \lambda_2 \end{bmatrix}[P_2]^{-1}\right)\cdots\left([P_2]\begin{bmatrix} \lambda_1 & 0 \\ 0 & \lambda_2 \end{bmatrix}[P_2]^{-1}\right)$$

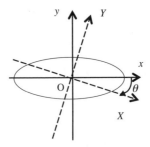

図 24.1　座標軸の回転

$$= [P_2]\begin{bmatrix} \lambda_1 & 0 \\ 0 & \lambda_2 \end{bmatrix}\begin{bmatrix} \lambda_1 & 0 \\ 0 & \lambda_2 \end{bmatrix} \cdots \begin{bmatrix} \lambda_1 & 0 \\ 0 & \lambda_2 \end{bmatrix}[P_2]^{-1} = [P_2]\begin{bmatrix} \lambda_1^{\,n} & 0 \\ 0 & \lambda_2^{\,n} \end{bmatrix}[P_2]^{-1}$$

と計算される.

　さて，第 1 章で学んだ原点まわりの回転を用いて楕円を回転させることを考える（図 24.1）.
ある点 (x, y) を固定して，座標系を θ だけ時計回りに回転させた場合の新しい座標系での座標
(X, Y) は，元の点 (x, y) を θ だけ反時計回りに回転させた後の値と等しくなるので

$$\begin{pmatrix} X \\ Y \end{pmatrix} = \begin{bmatrix} \cos\theta & -\sin\theta \\ \sin\theta & \cos\theta \end{bmatrix}\begin{pmatrix} x \\ y \end{pmatrix} \quad \Rightarrow \quad \begin{pmatrix} x \\ y \end{pmatrix} = \begin{bmatrix} \cos\theta & \sin\theta \\ -\sin\theta & \cos\theta \end{bmatrix}\begin{pmatrix} X \\ Y \end{pmatrix}$$

となる. よって

$$\frac{x^2}{a^2} + \frac{y^2}{b^2} = 1 \quad \rightarrow$$

$$\frac{(X\cos\theta + Y\sin\theta)^2}{a^2} + \frac{(-X\sin\theta + Y\cos\theta)^2}{b^2}$$

$$= \left(\frac{\cos^2\theta}{a^2} + \frac{\sin^2\theta}{b^2}\right)X^2 + 2\sin\theta\cos\theta\left(\frac{1}{a^2} - \frac{1}{b^2}\right)XY + \left(\frac{\sin^2\theta}{a^2} + \frac{\cos^2\theta}{b^2}\right)Y^2 = 1 \quad (24-5)$$

となり，もともと楕円であった曲線が $X-Y$ 座標系では，上式で与えられることになる.

　このことから，一般に次式で与えられる曲線は楕円となっている可能性がある.

$$ax^2 + 2bxy + cy^2 = 1 \quad \rightarrow \quad (\,x \;\; y\,)\begin{bmatrix} a & b \\ b & c \end{bmatrix}\begin{pmatrix} x \\ y \end{pmatrix} = 1$$

<例題 24.2>　次の方程式で与えられる楕円を，反時計回りに $\dfrac{\pi}{6}$ 回転させると，どのような方
程式になるかを導出せよ.

$$\frac{x^2}{4} + y^2 = 1$$

【解答】　(24-5) 式より

$$\left(\frac{\cos^2\theta}{a^2} + \frac{\sin^2\theta}{b^2}\right)X^2 + 2\sin\theta\cos\theta\left(\frac{1}{a^2} - \frac{1}{b^2}\right)XY + \left(\frac{\sin^2\theta}{a^2} + \frac{\cos^2\theta}{b^2}\right)Y^2$$

$$= \left(\frac{3}{16} + \frac{1}{4}\right)X^2 + 2\frac{1}{2}\frac{\sqrt{3}}{2}\left(\frac{1}{4} - 1\right)XY + \left(\frac{1}{16} + \frac{3}{4}\right)Y^2$$

$$= \frac{7}{16}X^2 - \frac{3\sqrt{3}}{8}XY + \frac{13}{16}Y^2 = 1$$

となるので，次式で与えられる.

$$7x^2-6\sqrt{3}\,xy+13y^2 = 16$$

<例題 24.3> 次の方程式が表す曲線は，どのような曲線となっているのかを説明せよ．

$$7x^2-6\sqrt{3}\,xy+13y^2 = 16$$

【解答】 まず，方程式を行列で表現すると

$$7x^2-6\sqrt{3}\,xy+13y^2 = 16 \quad \Rightarrow \quad (x \;\; y)\begin{bmatrix} 7 & -3\sqrt{3} \\ -3\sqrt{3} & 13 \end{bmatrix}\begin{pmatrix} x \\ y \end{pmatrix} = 16$$

となる．

$$\det\begin{bmatrix} 7-\lambda & -3\sqrt{3} \\ -3\sqrt{3} & 13-\lambda \end{bmatrix} = (7-\lambda)(13-\lambda)-27 = \lambda^2-20\lambda+91-27$$

$$= \lambda^2-20\lambda+64 = (\lambda-4)(\lambda-16) = 0 \quad \Rightarrow \quad \lambda_1 = 4 \;,\;\; \lambda_2 = 16$$

よって，固有ベクトルの成分の間に成立する関係式は

$$\begin{bmatrix} 7 & -3\sqrt{3} \\ -3\sqrt{3} & 13 \end{bmatrix}\begin{pmatrix} b_{11} \\ b_{21} \end{pmatrix} = 4\begin{pmatrix} b_{11} \\ b_{21} \end{pmatrix} \Rightarrow 3b_{11}-3\sqrt{3}\,b_{21} = 0 \Rightarrow b_{11}-\sqrt{3}\,b_{21} = 0$$

$$\begin{bmatrix} 7 & -3\sqrt{3} \\ -3\sqrt{3} & 13 \end{bmatrix}\begin{pmatrix} b_{12} \\ b_{22} \end{pmatrix} = 16\begin{pmatrix} b_{12} \\ b_{22} \end{pmatrix} \Rightarrow -9b_{12}-3\sqrt{3}\,b_{22} = 0 \Rightarrow 3b_{12}+\sqrt{3}\,b_{22} = 0$$

となることから，大きさが 1 となる固有ベクトルを求めると

$$\vec{b}_1 = \begin{pmatrix} b_{11} \\ b_{21} \end{pmatrix} = k_1\begin{pmatrix} 1 \\ \dfrac{1}{\sqrt{3}} \end{pmatrix} \Rightarrow \vec{b}_1 = \frac{\sqrt{3}}{2}\begin{pmatrix} 1 \\ \dfrac{1}{\sqrt{3}} \end{pmatrix} = \begin{pmatrix} \dfrac{\sqrt{3}}{2} \\ \dfrac{1}{2} \end{pmatrix}$$

$$\vec{b}_2 = \begin{pmatrix} b_{12} \\ b_{22} \end{pmatrix} = k_2\begin{pmatrix} -\dfrac{1}{\sqrt{3}} \\ 1 \end{pmatrix} \Rightarrow \vec{b}_2 = \frac{\sqrt{3}}{2}\begin{pmatrix} -\dfrac{1}{\sqrt{3}} \\ 1 \end{pmatrix} = \begin{pmatrix} -\dfrac{1}{2} \\ \dfrac{\sqrt{3}}{2} \end{pmatrix}$$

となる．よって

$$[P_2] = \begin{bmatrix} b_{11} & b_{12} \\ b_{21} & b_{22} \end{bmatrix} = \begin{bmatrix} \dfrac{\sqrt{3}}{2} & -\dfrac{1}{2} \\ \dfrac{1}{2} & \dfrac{\sqrt{3}}{2} \end{bmatrix} = \begin{bmatrix} \cos\dfrac{\pi}{6} & -\sin\dfrac{\pi}{6} \\ \sin\dfrac{\pi}{6} & \cos\dfrac{\pi}{6} \end{bmatrix}$$

$$[P_2]^{-1} = \begin{bmatrix} \cos\dfrac{\pi}{6} & -\sin\dfrac{\pi}{6} \\ \sin\dfrac{\pi}{6} & \cos\dfrac{\pi}{6} \end{bmatrix}^{-1} = \begin{bmatrix} \cos\dfrac{\pi}{6} & \sin\dfrac{\pi}{6} \\ -\sin\dfrac{\pi}{6} & \cos\dfrac{\pi}{6} \end{bmatrix} = \begin{bmatrix} \cos\dfrac{\pi}{6} & -\sin\dfrac{\pi}{6} \\ \sin\dfrac{\pi}{6} & \cos\dfrac{\pi}{6} \end{bmatrix}^{T} = [P_2]^{T}$$

とおけるので

$$(x \;\; y)\begin{bmatrix} 7 & -3\sqrt{3} \\ -3\sqrt{3} & 13 \end{bmatrix}\begin{pmatrix} x \\ y \end{pmatrix} = 16 \quad \rightarrow$$

$$(x \;\; y)\begin{bmatrix} 7 & -3\sqrt{3} \\ -3\sqrt{3} & 13 \end{bmatrix}\begin{pmatrix} x \\ y \end{pmatrix} = (x \;\; y)[P_2]\begin{bmatrix} 4 & 0 \\ 0 & 16 \end{bmatrix}[P_2]^{-1}\begin{pmatrix} x \\ y \end{pmatrix}$$

$$= (x \;\; y)[P_2]\begin{bmatrix} 4 & 0 \\ 0 & 16 \end{bmatrix}[P_2]^{T}\begin{pmatrix} x \\ y \end{pmatrix} = \left([P_2]^{T}\begin{pmatrix} x \\ y \end{pmatrix}\right)^{T}\begin{bmatrix} 4 & 0 \\ 0 & 16 \end{bmatrix}\left([P_2]^{T}\begin{pmatrix} x \\ y \end{pmatrix}\right)$$

となる. ただし

$$([A][B])^T = [B]^T[A]^T \quad \rightarrow \quad \left([C]^T\binom{d_1}{d_2}\right)^T = \binom{d_1}{d_2}^T[C]^{TT} = (\ d_1 \quad d_2\ )[C]$$

の関係式を用いた. ここで

$$\binom{X}{Y} = [P_2]^T\binom{x}{y} = \begin{bmatrix} \cos\dfrac{\pi}{6} & \sin\dfrac{\pi}{6} \\ -\sin\dfrac{\pi}{6} & \cos\dfrac{\pi}{6} \end{bmatrix}\binom{x}{y} = \begin{bmatrix} \cos\left(-\dfrac{\pi}{6}\right) & -\sin\left(-\dfrac{\pi}{6}\right) \\ \sin\left(-\dfrac{\pi}{6}\right) & \cos\left(-\dfrac{\pi}{6}\right) \end{bmatrix}\binom{x}{y}$$

とおけば

$$(\ x \quad y\ )[P_2]\begin{bmatrix} 4 & 0 \\ 0 & 16 \end{bmatrix}[P_2]^T\binom{x}{y} = (\ X \quad Y\ )\begin{bmatrix} 4 & 0 \\ 0 & 16 \end{bmatrix}\binom{X}{Y} = 16$$

$$\rightarrow \quad 4X^2 + 16Y^2 = 16 \quad \rightarrow \quad \frac{X^2}{4} + Y^2 = 1$$

となる. したがって, 与えられた方程式を反時計回りに $-\dfrac{\pi}{6}\left(時計回りに\dfrac{\pi}{6}\right)$ 回転させると,

$\dfrac{x^2}{4} + y^2 = 1$ で与えられる楕円の方程式になっている. よって, 与えられた方程式は $\dfrac{x^2}{4} + y^2 = 1$

で与えられる楕円を時計回りに $\dfrac{\pi}{6}$ 回転させた楕円を表している.

24.4　3×3 行列の対角化

　2×2 行列の場合と同様にして, 行列の対角化が可能となる. $[A_3]$ 行列が 3 つの異なる固有値をもち, その固有ベクトルを, それぞれ $\vec{b_1}$, $\vec{b_2}$, $\vec{b_3}$ とおいて, 行列 $[P_3]$ を考える.

$$\vec{b_1} = \begin{pmatrix} b_{11} \\ b_{21} \\ b_{31} \end{pmatrix} \quad \vec{b_2} = \begin{pmatrix} b_{12} \\ b_{22} \\ b_{32} \end{pmatrix} \quad \vec{b_3} = \begin{pmatrix} b_{13} \\ b_{23} \\ b_{33} \end{pmatrix} \quad \rightarrow \quad [P_3] = \begin{bmatrix} b_{11} & b_{12} & b_{13} \\ b_{21} & b_{22} & b_{23} \\ b_{31} & b_{32} & b_{33} \end{bmatrix}$$

$[A_3]$ の固有値が異なることから, $\vec{b_1}$, $\vec{b_2}$, $\vec{b_3}$ は一次独立となり, $[P_3]$ の逆行列は存在する. よって

$$[P_3]^{-1}[A_3][P_3] = [P_3]^{-1}\left([A_3]\begin{bmatrix} b_{11} & b_{12} & b_{13} \\ b_{21} & b_{22} & b_{23} \\ b_{31} & b_{32} & b_{33} \end{bmatrix}\right) = [P_3]^{-1}\begin{bmatrix} \lambda_1 b_{11} & \lambda_2 b_{12} & \lambda_3 b_{13} \\ \lambda_1 b_{21} & \lambda_2 b_{22} & \lambda_3 b_{23} \\ \lambda_1 b_{31} & \lambda_2 b_{32} & \lambda_3 b_{33} \end{bmatrix}$$

$$= \begin{bmatrix} \lambda_1 & 0 & 0 \\ 0 & \lambda_2 & 0 \\ 0 & 0 & \lambda_3 \end{bmatrix} \tag{24-6}$$

と計算され, $[A_3]$ 行列を対角化することができる. このことを利用すれば

$$[P_3]^{-1}[A_3][P_3] = \begin{bmatrix} \lambda_1 & 0 & 0 \\ 0 & \lambda_2 & 0 \\ 0 & 0 & \lambda_3 \end{bmatrix} \Rightarrow [A_3] = [P_3]\begin{bmatrix} \lambda_1 & 0 & 0 \\ 0 & \lambda_2 & 0 \\ 0 & 0 & \lambda_3 \end{bmatrix}[P_3]^{-1}$$

となる.

24.5　3×3 行列の応用例

　構造物に働く力と変形を考える際は, バネに働く力と伸びを次のように一般化して考える. ま

ず，力は大きさそのものではなく，単位面積あたりに働く力を用い，応力と呼ぶ．また，伸びも元の長さに対しての伸びの割合を用い，ひずみと呼ぶ．ここでは，応力について考える．図24.2に示すように，断面積 A の角棒に力 F が印加されているときの応力は

$$\sigma = \frac{F}{A} \quad [\text{N/m}^2]$$

となる．このように，断面に垂直に力が働く場合の応力を垂直応力と呼ぶ．一方，断面に平行に力が働く場合の応力を剪断応力と呼ぶ．実際の構造物に発生する応力は，z 軸に垂直な面を考え，その面に対して x 軸方向，y 軸方向，z 軸方向に力が働いているので，応力は3種類存在する．これを $(\sigma_{zx}, \sigma_{zy}, \sigma_{zz})$ と書く．すなわち，下付き添字の最初 z は，考えている面に垂直な方向の座標を，2つ目の x, y, z はそれぞれ力の働いている方向を表す．したがって，図24.2に示すような座標系を考えれば

$$\sigma_{zz} = \frac{F}{A} \quad [\text{N/m}^2]$$

となる．同様に，x 軸に垂直な面，y 軸に垂直な面を考えれば

$$[\sigma] = \begin{bmatrix} \sigma_{xx} & \sigma_{xy} & \sigma_{xz} \\ \sigma_{yx} & \sigma_{yy} & \sigma_{yz} \\ \sigma_{zx} & \sigma_{zy} & \sigma_{zz} \end{bmatrix} \tag{24-7}$$

となり，9つの応力を考える必要がある．この様子を図24.3に示す．

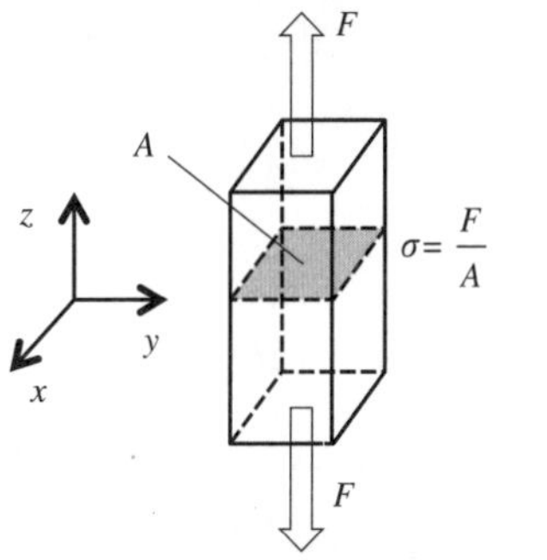

図24.2　最も簡単な応力の例

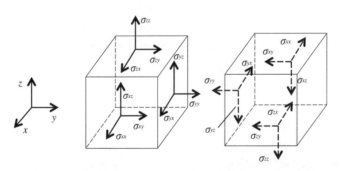

図24.3　応力の働く面と方向

（実線は見えている面に関する応力，破線は見えていない面に関する応力）

なお，応力には

$$\sigma_{xy} = \sigma_{yx}, \ \sigma_{xz} = \sigma_{zx}, \ \sigma_{yz} = \sigma_{zy}$$

の関係があるので

$$[\sigma] = \begin{bmatrix} \sigma_{xx} & \sigma_{xy} & \sigma_{xz} \\ \sigma_{yx} & \sigma_{yy} & \sigma_{yz} \\ \sigma_{zx} & \sigma_{zy} & \sigma_{zz} \end{bmatrix} = \begin{bmatrix} \sigma_{xx} & \sigma_{xy} & \sigma_{xz} \\ \sigma_{yx} & \sigma_{yy} & \sigma_{yz} \\ \sigma_{zx} & \sigma_{zy} & \sigma_{zz} \end{bmatrix}^T$$

となる．

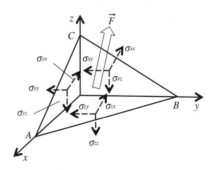

図24.4　三角錐での力と応力

さて，図24.4には構造物の一部を取り出した様子を示す．このとき，図中の斜面 ABC に働

く力 $\vec{F} = (F_x, F_y, F_z)$ と，応力の釣り合いを考える．

まず，斜面の方程式を

$$n_x x + n_y y + n_z z = d$$

とする．ただし，$\vec{n} = (n_x, n_y, n_z)$ は単位法線ベクトルであり，原点と平面までの距離は d で与えられる．応力は単位面積あたりの力であることから，力の釣り合いを考えると

$$F_x = \sigma_{xx}\left(\frac{1}{2}\frac{d}{n_y}\frac{d}{n_z}\right) + \sigma_{yx}\left(\frac{1}{2}\frac{d}{n_x}\frac{d}{n_z}\right) + \sigma_{zx}\left(\frac{1}{2}\frac{d}{n_x}\frac{d}{n_y}\right) = \frac{d^2}{2}\left(\frac{\sigma_{xx}}{n_y n_z} + \frac{\sigma_{yx}}{n_x n_z} + \frac{\sigma_{zx}}{n_x n_y}\right)$$

$$F_y = \sigma_{xy}\left(\frac{1}{2}\frac{d}{n_y}\frac{d}{n_z}\right) + \sigma_{yy}\left(\frac{1}{2}\frac{d}{n_x}\frac{d}{n_z}\right) + \sigma_{zy}\left(\frac{1}{2}\frac{d}{n_x}\frac{d}{n_y}\right) = \frac{d^2}{2}\left(\frac{\sigma_{xy}}{n_y n_z} + \frac{\sigma_{yy}}{n_x n_z} + \frac{\sigma_{zy}}{n_x n_y}\right) \quad (24\text{--}8)$$

$$F_z = \sigma_{xz}\left(\frac{1}{2}\frac{d}{n_y}\frac{d}{n_z}\right) + \sigma_{yz}\left(\frac{1}{2}\frac{d}{n_x}\frac{d}{n_z}\right) + \sigma_{zz}\left(\frac{1}{2}\frac{d}{n_x}\frac{d}{n_y}\right) = \frac{d^2}{2}\left(\frac{\sigma_{xz}}{n_y n_z} + \frac{\sigma_{yz}}{n_x n_z} + \frac{\sigma_{zz}}{n_x n_y}\right)$$

が得られる．さて，三角形 ABC の面積を ΔABC とおけば，三角錐の体積より

$$\frac{1}{3}d\,\Delta ABC = \frac{1}{3}\left(\frac{1}{2}\frac{d}{n_y}\frac{d}{n_z}\right)\frac{d}{n_x} \quad \Rightarrow \quad \Delta ABC = \frac{1}{2}\frac{d^2}{n_x n_y n_z}$$

となる．もし，$\vec{n}$ と $\vec{F}$ の方向が一致すれば，斜面には垂直な力のみが印加され，斜面に働く応力は垂直応力のみになる．このような応力を主応力と呼び，剪断応力が働かないので，応力状態を考える際に非常に便利である．$\vec{n}$ と $\vec{F}$ の方向が一致することから，主応力は

$$\begin{pmatrix} F_x \\ F_y \\ F_z \end{pmatrix} = \begin{pmatrix} n_x \sigma\,\Delta ABC \\ n_y \sigma\,\Delta ABC \\ n_z \sigma\,\Delta ABC \end{pmatrix} = \sigma\,\Delta ABC \begin{pmatrix} n_x \\ n_y \\ n_z \end{pmatrix}$$

となるので

$$\sigma \begin{pmatrix} n_x \\ n_y \\ n_z \end{pmatrix} = \frac{1}{\Delta ABC} \begin{pmatrix} F_x \\ F_y \\ F_z \end{pmatrix} = \frac{2 n_x n_y n_z}{d^2} \begin{pmatrix} F_x \\ F_y \\ F_z \end{pmatrix} = \begin{pmatrix} n_x \sigma_{xx} + n_y \sigma_{yx} + n_z \sigma_{zx} \\ n_x \sigma_{xy} + n_y \sigma_{yy} + n_z \sigma_{zy} \\ n_x \sigma_{xz} + n_y \sigma_{yz} + n_z \sigma_{zz} \end{pmatrix}$$

$$= \begin{bmatrix} \sigma_{xx} & \sigma_{yx} & \sigma_{zx} \\ \sigma_{xy} & \sigma_{yy} & \sigma_{zy} \\ \sigma_{xz} & \sigma_{yz} & \sigma_{zz} \end{bmatrix} \begin{pmatrix} n_x \\ n_y \\ n_z \end{pmatrix} = \begin{bmatrix} \sigma_{xx} & \sigma_{xy} & \sigma_{xz} \\ \sigma_{yx} & \sigma_{yy} & \sigma_{yz} \\ \sigma_{zx} & \sigma_{zy} & \sigma_{zz} \end{bmatrix} \begin{pmatrix} n_x \\ n_y \\ n_z \end{pmatrix}$$

$$\Rightarrow \begin{bmatrix} \sigma_{xx} & \sigma_{xy} & \sigma_{xz} \\ \sigma_{yx} & \sigma_{yy} & \sigma_{yz} \\ \sigma_{zx} & \sigma_{zy} & \sigma_{zz} \end{bmatrix} \begin{pmatrix} n_x \\ n_y \\ n_z \end{pmatrix} = \sigma \begin{pmatrix} n_x \\ n_y \\ n_z \end{pmatrix} \quad (24\text{--}9)$$

が得られる．(24−9) 式は，主応力が応力行列の固有値であり，その方向が，固有ベクトルの方向であることを示している．

<例題 24.4>   対称な 2×2 次の行列が 2 つの固有値を持つとする．このとき，固有ベクトルが直交することを示せ．

【解答】   行列 $[A_2]$ の固有値を λ_1，λ_2，その固有ベクトルをそれぞれ $\vec{b}_1$，$\vec{b}_2$ とすると

$$[A_2]\,\vec{b}_1 = \lambda_1\,\vec{b}_1 \quad , \quad [A_2]\,\vec{b}_2 = \lambda_2\,\vec{b}_2 \quad , \quad \vec{b}_1 = \begin{pmatrix} b_{11} \\ b_{21} \end{pmatrix} \quad , \quad \vec{b}_2 = \begin{pmatrix} b_{12} \\ b_{22} \end{pmatrix}$$

$$\rightarrow \quad \vec{b}_2^T[A_2]\,\vec{b}_1 = \lambda_1\,\vec{b}_2^T\,\vec{b}_1 = \lambda_1(\vec{b}_1 \cdot \vec{b}_2)$$

$$\vec{b}_1^T[A_2]\,\vec{b}_2 = \lambda_2\,\vec{b}_1^T\,\vec{b}_2 = \lambda_2(\vec{b}_1 \cdot \vec{b}_2)$$

となる．また，行列 $[A_2]$ が対称行列なので，以下のようになる．

$$(\vec{b_2}^T[A_2]\,\vec{b_1})^T = \vec{b_1}^t[A_2]^T\,\vec{b_2} = \vec{b_1}^t[A_2]\,\vec{b_2}$$
$$\rightarrow \quad [\lambda_1(\,\vec{b_1}\cdot\vec{b_2})]^T = \lambda_1(\,\vec{b_1}\cdot\vec{b_2}) = \lambda_2(\,\vec{b_1}\cdot\vec{b_2}) \quad \Rightarrow \quad (\,\vec{b_1}\cdot\vec{b_2}) = 0 \quad (\because \lambda_1 \neq \lambda_2)$$

● ● ● ● ●

練習問題 24.1 次の行列について，以下の問いに答えよ．

$$[A_2] = \begin{bmatrix} 6 & -3 \\ 4 & -1 \end{bmatrix}$$

（1） 固有値と固有ベクトルを求めよ．

（2） $[A_2]^n$ を求めよ．

練習問題 24.2 次の方程式がどのような曲線を表しているか，行列の対角化を利用して求めよ．

$$7x^2 + 6\sqrt{3}\,xy + 13y^2 = 16$$

練習問題 24.3 次の行列について，以下の問いに答えよ．

$$[A_3] = \begin{bmatrix} 2 & 1 & 1 \\ 0 & 2 & 1 \\ 0 & 1 & 2 \end{bmatrix}$$

（1） 固有値と固有ベクトルを求めよ．

（2） $[A_3]^n$ を求めよ．

練習問題 24.4 対称な 3×3 の行列が，3 つの固有値を持つとする．このとき，異なる固有値に対する固有ベクトル同士が，直交することを示せ．

練習問題 24.5 次の連立常微分方程式を解け．

$$\frac{dy_1}{dx} = 4y_1 - 2y_2 \quad , \quad \frac{dy_2}{dx} = y_1 + y_2$$

● ● ● ● ●

演習問題 24.1 下記の行列の固有値，固有ベクトルを求め，行列を対角化せよ．

$$[A_2] = \begin{bmatrix} 1 & 3 \\ -2 & -4 \end{bmatrix}$$

演習問題 24.2 $f(x,y) = ax^2 + 2bxy + cy^2$ について以下の問いに答えよ．ただし，$a, b, c \neq 0$ とする．

（1） $f(x,y) = (\,x \quad y\,)[A]\begin{pmatrix} x \\ y \end{pmatrix}$ となる行列 $[A]$ を求めよ．

（2） 行列 $[A]$ は 2 つの異なる固有値を持つことを示せ．

（3）　行列 $[A]$ の固有値を λ_1 , λ_2 とそれらに対応する固有ベクトルを

$$\vec{b}_1 = \begin{pmatrix} b_{11} \\ b_{21} \end{pmatrix} \quad \vec{b}_2 = \begin{pmatrix} b_{12} \\ b_{22} \end{pmatrix}$$

とする．このとき，次式を満足する対角行列 $[C]$ と，行列 $[P]$ を求めよ．

$$f(x,y) = (x \quad y)[P]^T[C][P]\begin{pmatrix} x \\ y \end{pmatrix} = (X \quad Y)[C]\begin{pmatrix} X \\ Y \end{pmatrix}$$

（4）　$f(x,y)$ が常に同じ符号を持つため必要となる，λ_1 , λ_2 に対する条件を求めよ．

（5）　(4) の条件を満足するために必要となる，a, b, c に対する条件を求めよ．
　　　（この条件は，(5−6) 式に対する (5−7) 式の条件と同じになることに注意）

演習問題 24.3　下記の行列を対角化せよ．

$$[A_3] = \begin{bmatrix} 0 & 14 & 2 \\ -1 & 9 & -1 \\ -2 & 4 & 8 \end{bmatrix}$$

25 複素関数論

本章では，独立変数を複素数とすることによって得られる複素関数について学習し，留数の定理と呼ばれる積分定理について学習する．

25.1 複素関数

複素数は一般に

$$z = x+iy \qquad\qquad (x, y \text{ は実数}) \qquad (25-1)$$

と表される．さらに，極座標系では

$$x = r\cos\theta, \quad y = r\sin\theta$$

となることと，第2章で学んだ

$$e^{i\theta} = \cos\theta + i\sin\theta$$

を用いれば，（25-1）式は

$$z = x+iy = r\cos\theta + i\,r\sin\theta = r(\cos\theta + i\sin\theta) = re^{i\theta} \qquad (25-2)$$

と書くことができる．さて，複素関数は，z が（25-2）式で定義されているとき

$$f(z) = \mathrm{Re}(f(z)) + i\,\mathrm{Im}(f(z)) = \Phi(x, y) + i\Psi(x, y) = \Phi(r, \theta) + i\Psi(r, \theta) \qquad (25-3)$$

で与えられる．例えば

$$f(z) = z^2 + 3z - 4 = (x+iy)^2 + 3(x+iy) - 4 = (x^2 + 3x - y^2 - 4) + i(2xy + 3y) \qquad (25-4)$$

または

$$f(z) = (r^2\cos 2\theta + 3r\cos\theta + 4) + i(r^2\sin 2\theta + 3r\sin\theta) \qquad (25-5)$$

となり，実部と虚部はそれぞれ次式で与えられる．

$$\Phi(x, y) = x^2 + 3x - y^2 - 4, \quad \Phi(r, \theta) = r^2\cos 2\theta + 3r\cos\theta + 4$$

$$\Psi(x, y) = 2xy + 3y \quad, \qquad \Psi(r, \theta) = r^2\sin 2\theta + 3r\sin\theta$$

25.2 複素関数の微分

微分可能な複素関数 $f(z)$ を考える（正則関数と呼ぶ）．この関数の微分は，a をある複素数として

$$f'(a) = \lim_{z \to a} \frac{f(z) - f(a)}{z - a} \qquad (25-6)$$

となるが，$z \to a$ とする方法として，次の2つを考える．

まず，a を

$$a = a_1 + ia_2 \qquad\qquad (a_1, a_2 \text{ は実数})$$

とし，$z = x + ia_2$ とすると

$$f'(a) = \lim_{z \to a} \frac{f(z) - f(a)}{z - a} = \lim_{x \to a_1} \frac{f(x + ia_2) - f(a_1 + ia_2)}{x - a_1}$$

$$= \lim_{x \to a_1} \frac{\Phi(x, a_2) + i\Psi(x, a_2) - (\Phi(a_1, a_2) + i\Psi(a_1, a_2))}{x - a_1}$$

$$= \lim_{x \to a_1} \frac{\Phi(x, a_2) - \Phi(a_1, a_2)}{x - a_1} + i \lim_{x \to a_1} \frac{\Psi(x, a_2) - \Psi(a_1, a_2)}{x - a_1}$$

$$= \frac{\partial \Phi}{\partial x}\bigg|_{\substack{x=a_1 \\ y=a_2}} + i \frac{\partial \Psi}{\partial x}\bigg|_{\substack{x=a_1 \\ y=a_2}} \tag{25-7}$$

となる.

　また, $z = a_1 + iy$ とすると, 同様にして

$$f'(a) = \lim_{z \to a} \frac{f(z) - f(a)}{z - a} = \lim_{y \to a_2} \frac{f(a_1 + iy) - f(a_1 + ia_2)}{iy - ia_2}$$

$$= \frac{1}{i} \frac{\partial \Phi}{\partial y}\bigg|_{\substack{x=a_1 \\ y=a_2}} + \frac{\partial \Psi}{\partial y}\bigg|_{\substack{x=a_1 \\ y=a_2}} = \frac{\partial \Psi}{\partial y}\bigg|_{\substack{x=a_1 \\ y=a_2}} - i \frac{\partial \Phi}{\partial y}\bigg|_{\substack{x=a_1 \\ y=a_2}} \tag{25-8}$$

と計算される. (25-7) 式, (25-8) 式は, ともに, $f'(a)$ を与えるので, 等しくならなければならない. また, a は任意の点なので, $f(z)$ が微分可能な領域では

$$\frac{\partial \Phi}{\partial x} = \frac{\partial \Psi}{\partial y}, \quad \frac{\partial \Phi}{\partial y} = -\frac{\partial \Psi}{\partial x} \tag{25-9}$$

が成立する. この関係式はコーシー・リーマンの関係式と呼ばれており, 微分可能な複素関数で成立する重要な関係式である.

　例えば, (25-4) 式で与えられる $f(z)$ について

$$\Phi(x, y) = x^2 + 3x - y^2 - 4 \quad \Rightarrow \quad \frac{\partial \Phi}{\partial x} = 2x + 3, \quad \frac{\partial \Phi}{\partial y} = -2y$$

$$\Psi(x, y) = 2xy + 3y \quad\quad\quad \Rightarrow \quad \frac{\partial \Psi}{\partial x} = 2y \quad, \quad \frac{\partial \Psi}{\partial y} = 2x + 3$$

となるので, (25-9) 式を満足していることがわかる. 逆に, (25-9) 式が成立すれば, あらゆる方向から $z \to a$ としても, $f'(a)$ が同じ値になる. また, θ_0 をある実数値とおくと

$$z - a = re^{i\theta_0} \quad \Rightarrow \quad dz = e^{i\theta_0} dr$$

となるので

$$f'(z) = \frac{df}{dz} = e^{-i\theta_0} \frac{df}{dr} = e^{-i\theta_0} \left(\frac{d\Phi(r, \theta_0)}{dr} + i \frac{d\Psi(r, \theta_0)}{dr} \right)$$

となる. 右辺の第一項, 第二項は, (25-9) 式を用いれば

$$\frac{d\Phi(r, \theta_0)}{dr} = \frac{\partial \Phi}{\partial x} \frac{dx}{dr} + \frac{\partial \Phi}{\partial y} \frac{dy}{dr} = \frac{\partial \Phi}{\partial x} \cos \theta_0 + \frac{\partial \Phi}{\partial y} \sin \theta_0 = \frac{\partial \Phi}{\partial x} \cos \theta_0 - \frac{\partial \Psi}{\partial x} \sin \theta_0$$

$$= \cos \theta_0 \frac{\partial \Phi}{\partial x} + i^2 \sin \theta_0 \frac{\partial \Psi}{\partial x}$$

$$\frac{d\Psi(r, \theta_0)}{dr} = \frac{\partial \Psi}{\partial x} \frac{dx}{dr} + \frac{\partial \Psi}{\partial y} \frac{dy}{dr} = \frac{\partial \Psi}{\partial x} \cos \theta_0 + \frac{\partial \Psi}{\partial y} \sin \theta_0 = \cos \theta_0 \frac{\partial \Psi}{\partial x} + \sin \theta_0 \frac{\partial \Phi}{\partial x}$$

と変形できるので

$$f'(z) = e^{-i\theta_0} \left(\frac{d\Phi(r, \theta_0)}{dr} + i \frac{d\Psi(r, \theta_0)}{dr} \right)$$

$$= e^{-i\theta_0} \left\{ \left(\cos \theta_0 \frac{\partial \Phi}{\partial x} + i^2 \sin \theta_0 \frac{\partial \Psi}{\partial x} \right) + i \left(\cos \theta_0 \frac{\partial \Psi}{\partial x} + \sin \theta_0 \frac{\partial \Phi}{\partial x} \right) \right\}$$

$$= e^{-i\theta_0} \left\{ \frac{\partial \Phi}{\partial x} (\cos \theta_0 + i \sin \theta_0) + i \frac{\partial \Psi}{\partial x} (\cos \theta_0 + i \sin \theta_0) \right\}$$

$$= e^{-i\theta_0} e^{i\theta_0} \left(\frac{\partial \Phi}{\partial x} + i \frac{\partial \Psi}{\partial x} \right) = \frac{\partial \Phi}{\partial x} + i \frac{\partial \Psi}{\partial x}$$

となる. 得られた微分値は θ_0 には依存しないので, あらゆる方向から $z \to a$ としても, 同じ値

になる.

25.3　留数の定理

　閉曲線 C に沿った複素関数 $f(z)$ の周回線積分を考える. ただし, 積分経路に含まれるすべての領域で微分可能とすると

$$\oint_C f(z)\,dz = \oint_C (\Phi(x,y)+i\Psi(x,y))\;d(x+iy)$$
$$= \oint_C (\Phi(x,y)dx-\Psi(x,y)dy)+ i\oint_C (\Psi(x,y)dx+\Phi(x,y)dy) \tag{25-10}$$

と計算される. ここで

$$\vec{A} = (\Phi(x,y)\,,\,-\Psi(x,y)\,,\,0)\quad,\quad \vec{B}=(\Psi(x,y)\,,\,\Phi(x,y)\,,\,0)$$
$$\vec{n}=(0,0,1)\quad,\quad d\vec{r}=(dx,dy,0)$$

とおき, (15-13) 式で与えられるストークスの定理を用いれば, (25-10) 式の右辺第一項は

$$\oint_C (\Phi(x,y)dx-\Psi(x,y)dy)=\oint_C (\Phi(x,y),-\Psi(x,y),0)\cdot(dx,dy,0)$$
$$=\oint_C \vec{A}\cdot d\vec{r}=\int_S (\nabla\times\vec{A})\cdot\vec{n}dS$$
$$=\int_S\left(0,0,-\frac{\partial\Psi(x,y)}{\partial x}-\frac{\partial\Phi(x,y)}{\partial y}\right)\cdot\vec{n}dS=-\int_S\left(\frac{\partial\Psi(x,y)}{\partial x}+\frac{\partial\Phi(x,y)}{\partial y}\right)dS=0$$

となり, 第二項の積分は

$$\oint_C (\Psi(x,y)dx+\Phi(x,y)dy)=\oint_C (\Psi(x,y),\Phi(x,y),0)\cdot(dx,dy,0)$$
$$=\oint_C \vec{B}\cdot d\vec{r}=\int_S (\nabla\times\vec{B})\cdot\vec{n}dS$$
$$=\int_S\left(0,0,\frac{\partial\Phi(x,y)}{\partial x}-\frac{\partial\Psi(x,y)}{\partial y}\right)\cdot\vec{n}dS=\int_S\left(\frac{\partial\Phi(x,y)}{\partial x}-\frac{\partial\Psi(x,y)}{\partial y}\right)dS=0$$

となる. ただし, (25-9) 式で与えられる関係式を用いた. したがって, 積分経路 C に含まれるすべての領域で微分可能とすると, 次式が得られる.

$$\oint_C f(z)\,dz = 0 \tag{25-11}$$

　次に, $f(z)$ を正則関数とし

$$g(z) = \frac{f(z)}{z-a}$$

を考え, 閉曲線 C に沿った次式で与えられる周回線積分を考える.

$$\oint_C g(z)\,dz = \oint_C \frac{f(z)}{z-a}\,dz \tag{25-12}$$

もし, 閉曲線 C の内部に点 a が含まれなければ, (25-11) 式より

$$\oint_C g(z)\,dz = \oint_C \frac{f(z)}{z-a}\,dz = 0$$

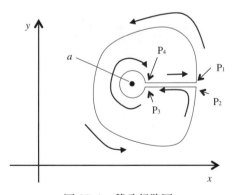

図 25.1　積分経路図

となる. しかしながら, 閉曲線 C の内部に点 a が含まれる場合には, 微分不可能な点が存在する (このような点を特異点と呼ぶ) ので, 図 25.1 に示すように, 点 a を含まないような積分経路 C^* を考えると

$$\oint_{C*} g(z)\,dz = \int_{P_1}^{P_2} g(z)\,dz + \int_{P_2}^{P_3} g(z)\,dz + \int_{P_3}^{P_4} g(z)\,dz + \int_{P_4}^{P_1} g(z)\,dz = 0 \tag{25-13}$$

となる．ここで，点 P_1 と点 P_2 を限りなく近づければ，(25-12) 式に対応する積分は

$$\oint_C g(z)\,dz = \int_{P_1}^{P_2} g(z)\,dz$$

となる．また，(25-13) 式において点 P_1 と点 P_2 を限りなく近づけるので

$$\int_{P_4}^{P_1} g(z)\,dz = \int_{P_3}^{P_2} g(z)\,dz = -\int_{P_2}^{P_3} g(z)\,dz$$

となり，(25-13) 式より

$$\oint_C g(z)\,dz = \int_{P_1}^{P_2} g(z)\,dz = -\int_{P_3}^{P_4} g(z)\,dz \tag{25-14}$$

が得られる．ここで，点 a を避けるための積分経路（点 P_3→点 P_4）は任意に選べるので，点 a を中心とする半径 r_0 の円を考えると

$$z - a = r_0 e^{i\theta} \quad \Rightarrow \quad dz = ir_0 e^{i\theta} d\theta$$

となるので

$$-\int_{P_3}^{P_4} g(z)\,dz = -\int_{P_3}^{P_4} \frac{f(z)}{z-a}\,dz = -\int_{2\pi}^{0} \frac{f(a+r_0 e^{i\theta})}{r_0 e^{i\theta}} ir_0 e^{i\theta} d\theta = i\int_0^{2\pi} f(a+r_0 e^{i\theta})\,d\theta$$

と計算される．最後に $r_0 \to 0$ とすると，次式が得られる．

$$\lim_{r_0 \to 0} i\int_0^{2\pi} f(a+r_0 e^{i\theta})\,d\theta = i\int_0^{2\pi} f(a)\,d\theta = 2\pi i\,f(a)$$

以上をまとめると

$$\oint_C g(z)\,dz = -\int_{P_3}^{P_4} g(z)\,dz = 2\pi i f(a) \quad \Rightarrow \quad f(a) = \frac{1}{2\pi i}\oint_C \frac{f(z)}{z-a}\,dz \tag{25-15}$$

この式を，留数の定理と呼ぶ．閉曲線 C の内部に複数の特異点がある場合には，図25.2 に示すように，複数の迂回ループを導入し，それぞれのループ周りの積分値を計算し足し合わせれば積分値が得られる．

また，$f(z)$ を正則関数としたとき，閉曲線 C 内に点 a が含まれる場合には，次式で計算される．

$$f'(a) = \frac{1}{2\pi i}\oint_C \frac{f(z)}{(z-a)^2}\,dz \tag{25-16}$$

証）(25-15) 式を利用すると

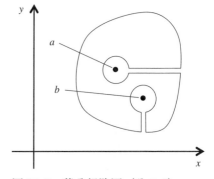

図25.2　積分経路図（その2）

$$f'(a) = \lim_{h \to 0} \frac{f(a+h)-f(a)}{h}$$

$$= \lim_{h \to 0} \frac{\dfrac{1}{2\pi i}\oint_C \dfrac{f(z)}{z-(a+h)}\,dz - \dfrac{1}{2\pi i}\oint_C \dfrac{f(z)}{z-a}\,dz}{h}$$

$$= \frac{1}{2\pi i}\lim_{h \to 0}\oint_C \frac{1}{h}\left(\frac{f(z)}{z-(a+h)} - \frac{f(z)}{z-a}\right)dz = \frac{1}{2\pi i}\lim_{h \to 0}\oint_C \frac{1}{h}\left(\frac{h\,f(z)}{\{z-(a+h)\}(z-a)}\right)dz$$

$$= \frac{1}{2\pi i}\lim_{h \to 0}\oint_C \frac{f(z)}{\{z-(a+h)\}(z-a)}\,dz = \frac{1}{2\pi i}\oint_C \frac{f(z)}{(z-a)^2}\,dz$$

<例題 25.1>　$\displaystyle\oint_C \frac{z^2}{(z-3)(z+i)}\,dz$　について，

積分経路が $|z|=2$ および，$|z|=4$ の場合について計算せよ．

【解答】　$|z|=2$ の場合

閉曲線の中に存在する微分不可能な点（特異点）は，$z=-i$ である．よって

$$\oint_C \frac{z^2}{(z-3)(z+i)}\,dz = \oint_C \frac{\dfrac{z^2}{z-3}}{(z+i)}\,dz = 2\pi i\frac{i^2}{-i-3} = 2\pi i\frac{3-i}{(3+i)(3-i)} = \frac{\pi}{5}(1+3i)$$

と計算される．

【解答】　$|z|=4$ の場合

閉曲線の中に存在する微分不可能な点は，$z=-i$ と $z=3$ の 2 点である．よって

$$\oint_C \frac{z^2}{(z-3)(z+i)}\,dz = 2\pi i\frac{i^2}{-i-3} + 2\pi i\frac{3^2}{3+i} = 2\pi i\frac{1}{i+3} + 2\pi i\frac{9}{3+i} = \frac{20\pi i}{i+3} = 2\pi i(3-i)$$
$$= 2\pi(1+3i)$$

と計算される．

<例題 25.2>　$\displaystyle\int_{-\infty}^{\infty} \frac{\sin(ax)}{x}\,dx = \pi$　（a は実数の定数）　となることを示せ．

【解答】　$\displaystyle\int_C \frac{e^{iaz}}{z}\,dz$ を考える．ここで特異点を避けるために，図に示すように原点を中心とした

半円を含む積分経路を考えると被積分関数は正則関数となり積分値は 0 である．また

$$\int_C \frac{e^{iaz}}{z}\,dz = \int_{-R}^{-\rho}\frac{e^{iax}}{x}\,dx + \int_\pi^0 \frac{e^{i\rho ae^{i\theta}}}{\rho e^{i\theta}}\,i\rho e^{i\theta}d\theta + \int_\rho^R \frac{e^{iax}}{x}\,dx + \int_0^\pi \frac{e^{iRae^{i\theta}}}{Re^{i\theta}}\,iRe^{i\theta}d\theta$$

となる．ここで，$\rho\to 0$，$R\to\infty$ とすると

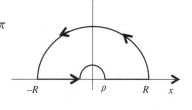

$$\lim_{\rho\to 0}\int_\pi^0 \frac{e^{i\rho ae^{i\theta}}}{\rho e^{i\theta}}\,i\rho e^{i\theta}d\theta = i\lim_{\rho\to 0}\int_\pi^0 e^{i\rho ae^{i\theta}}\,d\theta = i\int_\pi^0 d\theta = -i\pi$$

$$\lim_{\rho\to 0,\,R\to\infty}\left(\int_{-R}^{-\rho}\frac{e^{iax}}{x}\,dx + \int_\rho^R \frac{e^{iax}}{x}\,dx\right) = \int_{-\infty}^{\infty}\frac{e^{iax}}{x}\,dx$$

$$= \int_{-\infty}^{\infty}\frac{\cos(ax)}{x}\,dx + i\int_{-\infty}^{\infty}\frac{\sin(ax)}{x}\,dx$$

$$\lim_{R\to\infty}\int_0^\pi \frac{e^{iaRe^{i\theta}}}{Re^{i\theta}}\,iRe^{i\theta}d\theta = i\lim_{R\to\infty}\int_0^\pi e^{iaRe^{i\theta}}\,d\theta$$

$$= i\lim_{R\to\infty}\int_0^\pi e^{iaR(\cos\theta + i\sin\theta)}\,d\theta = i\lim_{R\to\infty}\int_0^\pi e^{iaR\cos\theta}e^{-aR\sin\theta}\,d\theta$$

ここで，絶対値をとると

$$\left|i\lim_{R\to\infty}\int_0^\pi e^{iaR\cos\theta}e^{-aR\sin\theta}\,d\theta\right| \le \lim_{R\to\infty}\int_0^\pi |e^{iaR\cos\theta}||e^{-aR\sin\theta}|\,d\theta \le \lim_{R\to\infty}\int_0^\pi |e^{-aR\sin\theta}|\,d\theta$$

$$= \lim_{R\to\infty}\int_0^{\pi/2}|e^{-aR\sin\theta}|\,d\theta + \lim_{R\to\infty}\int_{\pi/2}^\pi |e^{-aR\sin\theta}|\,d\theta = 2\lim_{R\to\infty}\int_0^{\pi/2}|e^{-aR\sin\theta}|\,d\theta$$

$$\le 2\lim_{R\to\infty}\int_0^{\pi/2}\left|e^{-aR\frac{2\theta}{\pi}}\right|\,d\theta = 2\lim_{R\to\infty}\frac{\pi}{2aR}(1-e^{-aR}) = 0$$

となる．ただし，$\sin\theta \ge \dfrac{2\theta}{\pi}$ $\left(0\le\theta\le\dfrac{\pi}{2}\right)$ を用いた（ジョルダンの不等式）．よって

$$\int_{-\infty}^{\infty}\frac{\cos(ax)}{x}\,dx + i\int_{-\infty}^{\infty}\frac{\sin(ax)}{x}\,dx - i\pi = 0 \;\rightarrow\; \int_{-\infty}^{\infty}\frac{\cos(ax)}{x}\,dx = 0,\; \int_{-\infty}^{\infty}\frac{\sin(ax)}{x}\,dx = \pi$$

● ● ● ● ●

練習問題 25.1　次式で与えられる $f(z)$ が微分可能であるとする.
$$f(z) = f(re^{i\theta}) = \Phi(r, \theta) + i\Psi(r, \theta)$$
このとき, (25−9) 式を使って
$$\frac{\partial \Phi}{\partial r} = \frac{1}{r}\frac{\partial \Psi}{\partial \theta} \quad , \quad \frac{\partial \Psi}{\partial r} = -\frac{1}{r}\frac{\partial \Phi}{\partial \theta}$$
が成立することを示せ.

練習問題 25.2　右図に示すように, 点が積分経路上に存
在する場合の
$$\oint_c g(z)\, dz = \oint_c \frac{f(z)}{z-a}\, dz$$
を求めよ.

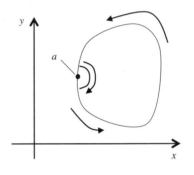

練習問題 25.3　$\oint_c \dfrac{z}{(z-3)(z+1+i)}\, dz$　について, 積分経
路が $|z| = 1$ および, $|z| = 4$ の場合について, 計算せよ.

練習問題 25.4　積分 $\oint_c \dfrac{d\theta}{z+\cos\theta}$ について, 積分経路が $|z| = 1$　$(z = e^{i\theta}, 0 \leq \theta \leq 2\pi)$ の場合
について計算せよ.

練習問題 25.5　複素平面上で, 図に示す積分経路 C を考
え, 次の積分を求めよ.
$$\int_{-\infty}^{\infty} \frac{x\sin x}{x^2+a^2}\, dx \quad (a > 0)$$

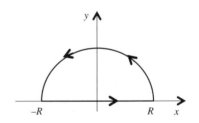

● ● ● ● ●

演習問題 25.1　次の複素積分を求めよ.
$$\int_c z^2 dz \qquad ただし, \quad c : z = t + 2ti\, (0 \leq t \leq 1)$$

演習問題 25.2　単一閉曲線 C_1 があり, 点 a は C_1 の外部にあるとする. 次の等式を証明せよ.
ただし n は正の整数とする.

（1）$\oint_{C_1}(z-a)^n dz = 0$　（2）$\oint_{C_1}\dfrac{1}{(z-a)^n}dz = 0$

演習問題 25.3　積分 $\displaystyle\oint_c \frac{z}{z^2+1}dz$ を求めよ．ただし，C は円 $|z|=2$ である．

26 複素関数の応用

本章では，複素関数の応用例として振動解析と，偏微分方程式への応用について学習する．

26.1 振動

図 26.1 に示すように，質点とバネからなる系において，速度に比例して抵抗が働く場合の運動方程式は

$$\vec{F} = m\vec{a} \quad \Rightarrow \quad m\frac{d^2x}{dt^2} = -kx - Cv = -kx - C\frac{dx}{dt} \quad \Rightarrow \quad m\frac{d^2x}{dt^2} + C\frac{dx}{dt} + kx = 0 \quad (26-1)$$

となる．この方程式は，第 11 章に示す方法で解くことができる．さらに，外部から強制力

$$F = f_0 \cos(\omega t)$$

が加えられた場合には，(26-1) 式は

$$m\frac{d^2x}{dt^2} + C\frac{dx}{dt} + kx = f_0 \cos(\omega t) \qquad (f_0 \text{ は定数}) \tag{26-2}$$

となるので，(26-1) 式を満たす解（斉次解）に，式を満たす解（特殊解）を加えれば良い．この特殊解を求める際に

$$m\frac{d^2y}{dt^2} + C\frac{dy}{dt} + ky = f_0 \sin(\omega t) \tag{26-3}$$

とおいて

$$z = x + iy$$

とすれば

$$m\frac{d^2z}{dt^2} + C\frac{dz}{dt} + kz = f_0\, e^{i\omega t} \tag{26-4}$$

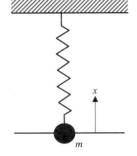

図 26.1　バネによる振動

を解いて z の実数部を求めれば，(26-2) 式の解が，虚数部を求めれば (26-3) 式の解が得られる．

ここで，$z = B\, e^{i\omega t}$ を (26-4) 式に代入すれば

$$-Bm\omega^2 e^{i\omega t} + BiC\omega\, e^{i\omega t} + Bk\, e^{i\omega t} = f_0\, e^{i\omega t}$$

$$\Rightarrow \quad B = \frac{f_0}{(k - m\omega^2) + iC\omega} = f_0 \frac{(k - m\omega^2) - iC\omega}{(k - m\omega^2)^2 + (C\omega)^2}$$

と簡単に B を求めることができ，特殊解の実部，虚部は，それぞれ以下のようになる．

$$x = \frac{f_0}{(k - m\omega^2)^2 + (C\omega)^2}\{(k - m\omega^2)\cos(\omega t) + C\omega \sin(\omega t)\}$$

$$y = \frac{f_0}{(k - m\omega^2)^2 + (C\omega)^2}\{(k - m\omega^2)\sin(\omega t) - C\omega \cos(\omega t)\}$$

もし，$z = B\, e^{i\omega t}$ という式を使用せずに，(26-2) 式を満たす特殊解を求めると，計算がかなり大変となる．

26.2 交流回路

図 26.2 に示すように，交流電源・抵抗・コイル・コンデンサーからなる電気回路を考える．電源の電圧を

$$V = V_0 \, e^{i\omega t} \tag{26-5}$$

で表す．今，流れる電流を $I = I_0 \, e^{i\omega t}$ とすると，抵抗部（電気抵抗 R），コイル部（自己インダクタンス L），コンデンサー部（静電容量 C）での電圧降下は，それぞれ

$$V_R = R\,I, \quad V_L = L\frac{dI}{dt}, \quad V_C = \frac{1}{C}\int_{-\infty}^{t} I\,dt$$

と与えられるので

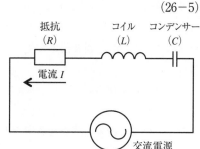

図 26.2 RLC 直列回路

$$V = V_R + V_L + V_C = R\,I + L\frac{dI}{dt} + \frac{1}{C}\int_{-\infty}^{t} I\,dt$$

$$\Rightarrow \quad \frac{dV}{dt} = L\frac{d^2 I}{dt^2} + R\frac{dI}{dt} + \frac{1}{C}I$$

が得られる．よって

$$i\,\omega\,V_0\,e^{i\omega t} = -L\omega^2 I_0\,e^{i\omega t} + R\,i\,\omega\,I_0\,e^{i\omega t} + \frac{1}{C}I_0\,e^{i\omega t}$$

$$\Rightarrow \quad i\,\omega\,V_0 = -L\omega^2 I_0 + R\,i\,\omega\,I_0 + \frac{1}{C}I_0$$

$$\Rightarrow \quad V_0 = \frac{-L\omega^2 + R\,i\,\omega + \dfrac{1}{C}}{i\omega}I_0 = \frac{iL\omega^2 + R\,\omega - \dfrac{i}{C}}{\omega}I_0 = \left\{R + i\left(\omega L - \frac{1}{C\omega}\right)\right\}I_0 \tag{26-6}$$

と計算される．右辺の { } で囲まれたものが，RLC 直列回路の合成インピーダンスとなる．

26.3 偏微分方程式への応用

あるベクトル場 $\vec{A} = (u(x, y), v(x, y), 0)$ が

$$\nabla \cdot \vec{A} = \frac{\partial u}{\partial x} + \frac{\partial v}{\partial y} = 0 \qquad \text{（沸き出し無し）} \tag{26-7}$$

$$\nabla \times \vec{A} = (0, 0, \frac{\partial v}{\partial x} - \frac{\partial u}{\partial y}) = 0 \qquad \text{（渦無し）} \tag{26-8}$$

の両方の式を満たす場合を考える．このとき

$$\nabla \cdot \vec{A} = 0 \quad \Rightarrow \quad \vec{A} = \nabla \times \vec{\psi}$$
$$\nabla \times \vec{A} = 0 \quad \Rightarrow \quad \vec{A} = \nabla \phi$$

となることを利用すれば

$$\vec{\psi} = (0, 0, \Psi(x, y)) \quad \Rightarrow \quad \vec{A} = (u(x, y), v(x, y), 0) = \left(\frac{\partial \Psi(x, y)}{\partial y}, -\frac{\partial \Psi(x, y)}{\partial x}, 0\right)$$

$$\phi = \Phi(x, y) \quad \Rightarrow \quad \vec{A} = (u(x, y), v(x, y), 0) = \left(\frac{\partial \Phi(x, y)}{\partial x}, \frac{\partial \Phi(x, y)}{\partial y}, 0\right)$$

とおける．(26−7) 式と (26−8) 式を同時に満たすためには

$$u(x, y) = \frac{\partial \Psi(x, y)}{\partial y} = \frac{\partial \Phi(x, y)}{\partial x}$$
$$v(x, y) = -\frac{\partial \Psi(x, y)}{\partial x} = \frac{\partial \Phi(x, y)}{\partial y} \tag{26-9}$$

となる必要があるが，この式は，第25章の（25−9）式とまったく同じになっている．したがって，微分可能な複素関数の実数部と虚数部をそれぞれ Φ と Ψ とし，（26−9）式でベクトルの成分を与えれば，（26−7）式，（26−8）式を自動的に満足することになる．流れ場に関しては，Φ と Ψ はそれぞれ，速度ポテンシャル，流れ関数と呼ばれている．

図26.3に示すような，斜線部を除く領域で，（26−7）式，（26−8）式を満足するベクトル場を求める．ただし，斜線部との境界上では，境界に垂直なベクトルの成分はゼロとする．すなわち

$$u(0, y) = 0 \quad (y < 0) \quad , \quad v(x, 0) = 0 \quad (x > 0)$$
$$(26-10)$$

となる．いま，微分可能な複素関数として

$$f(z) = z^\alpha = (re^{i\theta})^\alpha = r^\alpha e^{i\alpha\theta}$$
$$= r^\alpha(\cos(\alpha\theta) + i\sin(\alpha\theta))$$
$$= r^\alpha \cos(\alpha\theta) + i\, r^\alpha \sin(\alpha\theta) \quad (\alpha > 0)$$

を考えると，以下のように計算される．

$$\Phi(r, \theta) = r^\alpha \cos(\alpha\theta)$$
$$\Psi(r, \theta) = r^\alpha \sin(\alpha\theta)$$
$$\Downarrow$$

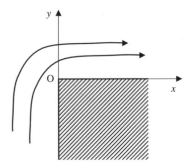

図26.3　角での流れの例

$$u(x, y) = \frac{\partial \Psi(x, y)}{\partial y} = \frac{\partial \Psi(r, \theta)}{\partial r}\frac{\partial r}{\partial y} + \frac{\partial \Psi(r, \theta)}{\partial \theta}\frac{\partial \theta}{\partial y}$$

$$= \alpha r^{\alpha-1}\sin(\alpha\theta)\sin\theta + \alpha r^\alpha \cos(\alpha\theta)\frac{\cos\theta}{r} = \alpha r^{\alpha-1}\cos((\alpha-1)\theta)$$

$$v(x, y) = -\frac{\partial \Psi(x, y)}{\partial x} = -\frac{\partial \Psi(r, \theta)}{\partial r}\frac{\partial r}{\partial x} - \frac{\partial \Psi(r, \theta)}{\partial \theta}\frac{\partial \theta}{\partial x}$$

$$= -\alpha r^{\alpha-1}\sin(\alpha\theta)\cos\theta + \alpha r^\alpha \cos(\alpha\theta)\frac{\sin\theta}{r} = -\alpha r^{\alpha-1}\sin((\alpha-1)\theta)$$

よって

$$u(r, \theta) = \alpha r^{\alpha-1}\cos((\alpha-1)\theta) \quad (26-11) \qquad v(r, \theta) = -\alpha r^{\alpha-1}\sin((\alpha-1)\theta) \quad (26-12)$$

となる．ただし，以下の関係式を用いた．

$$\frac{\partial r}{\partial x} = \frac{\partial}{\partial x}\sqrt{x^2+y^2} = \frac{x}{\sqrt{x^2+y^2}} = \cos\theta \quad , \quad \frac{\partial r}{\partial y} = \frac{\partial}{\partial y}\sqrt{x^2+y^2} = \frac{y}{\sqrt{x^2+y^2}} = \sin\theta$$

$$\frac{\partial \theta}{\partial x} = \frac{\partial}{\partial x}\left(\tan^{-1}\frac{y}{x}\right) = -\frac{y}{x^2+y^2} = -\frac{1}{r}\sin\theta \quad , \quad \frac{\partial \theta}{\partial y} = \frac{\partial}{\partial y}\left(\tan^{-1}\frac{y}{x}\right) = \frac{x}{x^2+y^2} = \frac{1}{r}\cos\theta$$

境界条件を与える（26−10）式を満足するためには，m, n を整数として

$$(x, y) = (0, y) \Rightarrow (r, \theta) = \left(r, \frac{3}{2}\pi + 2m\pi\right) , \quad (x, y) = (x, 0) \Rightarrow (r, \theta) = (r, 2n\pi)$$

となることから

$$u\left(r, \frac{3}{2}\pi + 2m\pi\right) = \alpha r^{\alpha-1}\cos\left((\alpha-1)\left(\frac{3}{2}\pi + 2m\pi\right)\right) = \alpha r^{\alpha-1}\cos\left(\alpha\left(\frac{3}{2}\pi + 2m\pi\right) - \left(\frac{3}{2}\pi + 2m\pi\right)\right)$$

$$= -\alpha r^{\alpha-1}\sin\left(\alpha\left(\frac{3}{2}\pi + 2m\pi\right)\right) = 0$$

$$v(r, 2n\pi) = \alpha r^{\alpha-1}\sin((\alpha-1)2n\pi) = \alpha r^{\alpha-1}\sin(\alpha 2n\pi - 2n\pi) = -\alpha r^{\alpha-1}\sin(\alpha 2n\pi) = 0$$

となる必要がある．よって，k, l, m, n を整数として

$$\alpha\left(\frac{3}{2}\pi+2m\pi\right) = k\pi, \quad 2n\alpha\pi = l\pi$$

を満たす, 最小の α (>0) を探すと

$$\alpha\left(\frac{3}{2}\pi+2m\pi\right) = k\pi \quad \Rightarrow \quad \alpha = \frac{2}{3}, m=0, k=1 \tag{26-13}$$

$$2n\alpha\pi = l\pi \quad \Rightarrow \quad n=l=0 \quad (任意の \alpha が解)$$

となるので,

$$f(z) = z^{2/3} \tag{26-14}$$

が, 境界条件を満足する解となる. これまでの議論は, (26-14) 式を定数倍した場合にも成立するので, C を定数とすれば

$$f(z) = C z^{2/3}$$

が解となる. したがって

$$U = \sqrt{u(x,y)^2+v(x,y)^2} = C \alpha r^{\alpha-1} = \frac{2}{3}C\, r^{-1/3}$$

の, 原点近傍での値を求めると

$$\lim_{r\to0} U = \lim_{r\to0}\left(\frac{2}{3}C\, r^{-1/3}\right) = +\infty$$

となり, 原点での U は無限大になる. このことは, 角となる原点において, 電流密度が無限大になることや, 仮想的流体の特殊な流れ（非圧縮性完全流体の渦無し流れ）の流速が無限大になることに対応している. また, L字型の構造物の角が壊れやすいことも, 同様な方法を拡張して示すことができる.

● ● ● ● ●

練習問題 26.1　次の微分方程式を複素数を用いて解け.

$$\begin{cases} \dfrac{d^2x}{dt^2}+3\dfrac{dx}{dt}+2x = \cos(4t) \\[2mm] \dfrac{d^2y}{dt^2}+3\dfrac{dy}{dt}+2y = \sin(4t) \end{cases}$$

練習問題 26.2　次式で与えられる複素関数を考える.

$$f(z) = z+\frac{a^2}{z}$$

（1）　$f(z)$ の実数部 $\Phi(r,\theta)$ と虚数部 $\Psi(r,\theta)$ を求めよ.

（2）　$u_r(r,\theta) = \dfrac{\partial\Phi}{\partial r}$　が $r=a$ では0となることを示せ.

（この例は, 半径 a の円柱のまわりの流れに対応している）

練習問題 26.3　図 26.3 で与えられる流れにおいて,（26-10）式に対応する境界条件を Ψ に関して求めよ.

練習問題 26.4　下図に示すような, 太線部を除く領域で,（26-7）式,（26-8）式を満足する

ベクトル場を求め，その大きさを求めよ．なお，境界条件は

$$v(x, 0) = 0 \quad (x > 0) \quad \Rightarrow \quad v(r, \theta) = 0 \quad (r > 0, \theta = 0, 2\pi)$$

となることに注意せよ．

（この例は，切り込みが入っている部分であれば，容易に壊れる・切れることに対応している．）

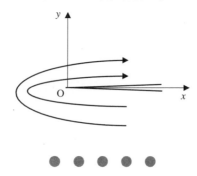

演習問題 26.1　直列につながれた質点とばねとダンパからなる系において，運動方程式を求め解け．質量 $m = 2\,[\mathrm{kg}]$，ばね定数 $k = 6\,[\mathrm{N/m}]$，ダンパの減衰係数 $C = 4\,[\mathrm{Ns/m}]$ であり，外力 $F = 2\cos(t)\,[\mathrm{N}]$ が働くとする．ただし空気抵抗，バネの重さ，ダンパの重さ等は無視する．

演習問題 26.2　2 次元のポテンシャル流れ場で，複素ポテンシャル $W(z)$ が以下のように定義される．

$$W(z) = \Phi + i\Psi$$

ここで $W(z) = U\left(z + \dfrac{a}{z}\right)$ と表されるとき，以下の問いに答えよ．

（1）　速度ポテンシャル Φ，流れ関数 Ψ を求めよ．

（2）　(26−9) 式から r 方向の速度 v_r と θ 方向の速度 v_θ を求めよ．

演習問題 26.3　複素ポテンシャルが $W(z) = Ue^{-i\frac{\pi}{3}}z$ で表されるとき，流線（流れ場の速度ベクトルを接線とする曲線）を図示せよ．また，このときの $(0,0)$ 点での $\theta = \dfrac{\pi}{3}$ 方向の速度を求めよ．なお，流線は $\Psi = \mathrm{C}$（一定）で与えられる．

［ヒント］流れ関数 Ψ を求め，$\Psi = \mathrm{C}$（一定）としたときの式を示し図示する．

　交流電圧は $V(t) = V_0 \sin(\omega t + \delta)$ と表せましたね．この式を見るとある交流電圧の波形を決定づけるためには，振幅 V_0 と角周波数 ω と位相角 δ が必要であることがわかります．一般に，抵抗とコイルとコンデンサからなる回路は線形システムと呼ばれ，入力（電源の電圧など）の角周波数が ω であったら，出力（測定したい部分の回路素子にかかる電圧など）の角周波数も ω になります．ですから，電気回路の問題では，実際のところ振幅 V_0 と位相角 δ のみを考えればよいことになります．ところで，回路の方程式を解く際には時間で微分や積分をすることが多いのですが，電圧を $V(t) = V_0 \sin(\omega t + \delta)$ とおいてしまうと微分や積分の度に符号が変わったり，sin と cos が入れ替わったりと大変でしたね．そこで本章で学んだように $V(t) = V_0 e^{i(\omega t + \delta)}$ とおけば計算が非常に楽になることを実感してもらえれば幸いです．

27 ラプラス変換とラプラス逆変換

本章では，フーリエ変換，フーリエ逆変換の発展型であるラプラス変換，ラプラス逆変換について勉強する．

27.1 ラプラス変換

第19章で学んだ複素型のフーリエ変換とその逆変換を表す（19−9），（19−10）式において変数を $x \to t$ と書き換える．

$$F^*(\omega) = \frac{1}{\sqrt{2\pi}} \int_{-\infty}^{\infty} f^*(t) \, e^{-i\omega t} dt \tag{27−1}$$

$$f^*(t) \approx \frac{1}{2} \{ f^*(t+0) + f^*(t-0) \} = \frac{1}{\sqrt{2\pi}} \int_{-\infty}^{\infty} F^*(\omega) \, e^{i\omega t} d\omega \tag{27−2}$$

新しい関数 $f^*(t)$ は $t \geq 0$ で定義されている関数とし

$$t \geq 0 \qquad f^*(t) = \sqrt{2\pi} \, e^{-\sigma t} f(t)$$
$$t < 0 \qquad f^*(t) = 0$$

とおく．ただし，σ は，$t \to \infty$ のときに $f^*(t) \to 0$ となるような実数定数とする．したがって，$F^*(\omega)$ は

$$F^*(\omega) = \frac{1}{\sqrt{2\pi}} \int_{-\infty}^{\infty} f^*(t) \, e^{-i\omega t} dt = \int_0^{\infty} f(t) \, e^{-\sigma t - i\omega t} dt = \int_0^{\infty} f(t) \, e^{-(\sigma + i\omega)t} dt$$

となる．ここで

$$s = \sigma + i\omega$$

とおけば

$$F(s) = \int_0^{\infty} f(t) \, e^{-st} dt \tag{27−3}$$

が得られ，これを $f(t)$ の**ラプラス変換**と呼び

$$F(s) = L\{f(t)\}$$

と表す．例えば

$$f(t) = e^{at} \quad (t > 0) \;\; \to \;\; F(s) = L\{e^{at}\} = \int_0^{\infty} e^{at} \, e^{-st} dt = \frac{1}{s-a} \quad (\sigma = \mathrm{Re}(s) > a) \tag{27−4}$$

と計算される．また，ラプラス変換の定義から，次式が導出できる．

$$L\{f(t)\} = F(s) = \int_0^{\infty} f(t) \, e^{-st} dt \;\; \Rightarrow \;\; L\{e^{at}f(t)\} = \int_0^{\infty} f(t) \, e^{-(s-a)t} dt = F(s-a) \tag{27−5}$$

<例題 27.1>　以下の関数のラプラス変換を求めよ．

$$f(t) = \begin{cases} e^{3t} & t \geq 0 \\ 0 & t < 0 \end{cases}$$

【解答】

$$f(t) = e^{3t} \;\; \to \;\; F(s) = \int_0^{\infty} f(t) \, e^{-st} dt = \int_0^{\infty} e^{-(s-3)t} dt$$

ここで，$s = \sigma + i\omega \neq 3$ より

$$F(s) = \int_0^\infty e^{-(s-3)t}dt = \frac{1}{-s+3}[e^{-(s-3)t}]_0^\infty = \frac{1}{s-3} + \lim_{t\to\infty}(e^{-(s-3)t}) = \frac{1}{s-3} + \lim_{t\to\infty}(e^{-(\sigma-3)t} \cdot e^{-i\omega t})$$

が得られる．σ が $\sigma > 3$ を満足するように選べば

$$\lim_{t\to\infty}(e^{-(\sigma-3)t} \cdot e^{-i\omega t}) = \lim_{t\to\infty}\frac{e^{-i\omega t}}{e^{(\sigma-3)t}} = 0$$

となるので，以下のように計算される．

$$F(s) = \frac{1}{s-3}$$

27.2 ラプラス逆変換

フーリエ逆変換の式である（27-2）式より

$$f^*(t) = \frac{1}{2}\{f^*(t+0)+f^*(t-0)\} = \sqrt{2\pi}\ e^{-\sigma t}\frac{1}{2}\{f(t+0)+f(t-0)\} = \frac{1}{\sqrt{2\pi}}\int_{-\infty}^\infty F^*(\omega)\ e^{i\omega t}d\omega$$

となるので

$$\frac{1}{2}\{f(t+0)+f(t-0)\} = \frac{1}{2\pi}\ e^{\sigma t}\int_{-\infty}^\infty F^*(\omega)\ e^{i\omega t}d\omega = \frac{1}{2\pi}\int_{-\infty}^\infty F^*(\omega)\ e^{(\sigma+i\omega)\,t}d\omega$$

$$= \frac{1}{2\pi i}\int_{\sigma-i\infty}^{\sigma+i\infty} F(s)\ e^{st}ds \qquad (27-6)$$

が得られる．ここで

$$ds = i\,d\omega$$

を用いた．これを $F(s)$ の**ラプラス逆変換**と呼び

$$\frac{1}{2}\{f(t+0)+f(t-0)\} = L^{-1}\{F(s)\}$$

と表す．また，（27-6）式より明らかなように

$$F(s) = F_1(s)+F_2(s)\,, \quad f_1(t) = L^{-1}\{F_1(s)\}\,, \quad f_2(t) = L^{-1}\{F_2(s)\}$$

ならば

$$L^{-1}\{F(s)\} = L^{-1}\{F_1(s)+F_2(s)\} = f_1(t)+f_2(t)$$

となる．

<例題 27.2> $F(s) = \dfrac{1}{s-3}$ のラプラス逆変換を求めよ．

【解答】

$$f(t) = \frac{1}{2\pi i}\int_{\sigma-i\infty}^{\sigma+i\infty} F(s)\ e^{st}ds = \frac{1}{2\pi i}\int_{\sigma-i\infty}^{\sigma+i\infty} \frac{e^{st}}{s-3}ds$$

$\sigma > 3$ としてラプラス変換を実施しているので，ここでも $\sigma > 3$ とする．

i）$t > 0$ の場合　この積分値は，図 27.1 に示すような周回積分において半径 $R \to \infty$ とした場合の実線部での積分値と等しくなる．周回積分値は，第 25 章で学んだ（25-15）式（留数の定理）より

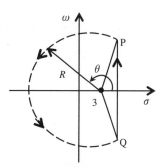

図 27.1　周回積分経路（その 1）

$$\frac{1}{2\pi i}\oint_{C}\frac{e^{st}}{s-3}ds = e^{3t}$$

と求められる．また，図中の破線に沿った積分値は

$$s-3 = R\,e^{i\theta}$$

とおけば

$$ds = iR\,e^{i\theta}\,d\theta\,,\quad \cos^{-1}\frac{\sigma-3}{R} < \theta < 2\pi-\cos^{-1}\frac{\sigma-3}{R}$$

となるので

$$\frac{1}{2\pi i}\int_{P}^{Q}\frac{e^{st}}{s-3}\,ds = \frac{1}{2\pi i}\int_{\cos^{-1}\frac{\sigma-3}{R}}^{2\pi-\cos^{-1}\frac{\sigma-3}{R}}\frac{e^{(R\,e^{i\theta}+3)t}}{R\,e^{i\theta}}\,iR\,e^{i\theta}d\theta$$

$$= \frac{e^{3\,t}}{2\pi}\int_{\cos^{-1}\frac{\sigma-3}{R}}^{2\pi-\cos^{-1}\frac{\sigma-3}{R}}e^{R\,e^{i\theta}\,t}\,d\theta = \frac{e^{3\,t}}{2\pi}\int_{\cos^{-1}\frac{\sigma-3}{R}}^{2\pi-\cos^{-1}\frac{\sigma-3}{R}}e^{R\,(\cos\theta+i\sin\theta)\,t}\,d\theta$$

$$= \frac{e^{3\,t}}{2\pi}\int_{\cos^{-1}\frac{\sigma-3}{R}}^{2\pi-\cos^{-1}\frac{\sigma-3}{R}}e^{Rt\,\cos\theta}e^{iRt\sin\theta}\,d\theta$$

$$= \frac{e^{3\,t}}{2\pi}\left\{\int_{\cos^{-1}\frac{\sigma-3}{R}}^{\frac{\pi}{2}}e^{Rt\cos\theta}e^{iRt\sin\theta}\,d\theta+\int_{\frac{\pi}{2}}^{\frac{3\pi}{2}}e^{Rt\cos\theta}e^{iRt\sin\theta}\,d\theta+\int_{\frac{3\pi}{2}}^{2\pi-\cos^{-1}\frac{\sigma-3}{R}}e^{Rt\cos\theta}e^{iRt\sin\theta}\,d\theta\right\}$$

となる．また

$$\lim_{R\to\infty}\left(\cos^{-1}\frac{\sigma-3}{R}\right) = \frac{\pi}{2},\quad t>0,\quad |e^{i\,Rt\sin\theta}| = 1$$

$$R\cos\theta \le \sigma-3\quad\left(\cos^{-1}\frac{\sigma-3}{R}\le\theta\le\frac{\pi}{2},\,\frac{3\pi}{2}\le\theta\le2\pi-\cos^{-1}\frac{\sigma-3}{R}\right)$$

$$\cos\theta \le 0\quad\left(\frac{\pi}{2}\le\theta\le\frac{3\pi}{2}\right)$$

であることから

$$\lim_{R\to\infty}\left|\int_{\cos^{-1}\frac{\sigma-3}{R}}^{\frac{\pi}{2}}e^{Rt\cos\theta}e^{i\,Rt\sin\theta}\,d\theta\right| \le \lim_{R\to\infty}\left(\int_{\cos^{-1}\frac{\sigma-3}{R}}^{\frac{\pi}{2}}|e^{t\,R\cos\theta}||e^{i\,Rt\sin\theta}|\,d\theta\right) = \lim_{R\to\infty}\left(\int_{\cos^{-1}\frac{\sigma-3}{R}}^{\frac{\pi}{2}}|e^{t\,R\cos\theta}|\,d\theta\right)$$

$$\le \lim_{R\to\infty}\left(\int_{\cos^{-1}\frac{\sigma-3}{R}}^{\frac{\pi}{2}}|e^{t(\sigma-3)}|\,d\theta\right) = 0$$

$$\lim_{R\to\infty}\int_{\frac{\pi}{2}}^{\frac{3\pi}{2}}e^{tR\cos\theta}e^{i\,Rt\sin\theta}\,d\theta = \lim_{R\to\infty}\int_{\frac{\pi}{2}}^{\frac{3\pi}{2}}(e^{\cos\theta})^{tR}e^{i\,Rt\sin\theta}\,d\theta = 0$$

$$\lim_{R\to\infty}\left|\int_{\frac{3\pi}{2}}^{2\pi-\cos^{-1}\frac{\sigma-3}{R}}e^{Rt\cos\theta}e^{i\,Rt\sin\theta}\,d\theta\right| \le \lim_{R\to\infty}\left(\int_{\frac{3\pi}{2}}^{2\pi-\cos^{-1}\frac{\sigma-3}{R}}|e^{tR\cos\theta}||e^{i\,Rt\sin\theta}|\,d\theta\right) = \lim_{R\to\infty}\left(\int_{\frac{3\pi}{2}}^{2\pi-\cos^{-1}\frac{\sigma-3}{R}}|e^{tR\cos\theta}|\,d\theta\right)$$

$$\le \lim_{R\to\infty}\left(\int_{\frac{3\pi}{2}}^{2\pi-\cos^{-1}\frac{\sigma-3}{R}}|e^{t(\sigma-3)}|\,d\theta\right) = 0$$

となる．すなわち，図27.1中の破線に沿った積分値は0となるので次式が得られる．

$$f(t) = e^{3t}$$

ii) $t<0$ の場合

この積分は図27.2に示すような周回積分を，i) の場合と同様に考えると

$$f(t) = 0$$

が得られる．

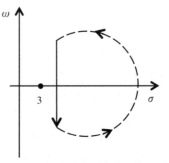

図27.2　周回積分経路（その2）

iii) $t = 0$ の場合

$$f(t) = \frac{1}{2\pi i}\int_{\sigma-i\infty}^{\sigma+i\infty}\frac{1}{s-3}ds = \frac{1}{2\pi i}\int_{-\infty}^{+\infty}\frac{1}{(\sigma+i\omega)-3}id\omega$$

$$= \frac{1}{2\pi}\int_{-\infty}^{+\infty}\frac{1}{(\sigma-3)+i\omega}d\omega = \frac{1}{2\pi}\int_{-\infty}^{+\infty}\frac{(\sigma-3)-i\omega}{(\sigma-3)^2+\omega^2}d\omega$$

$$= \frac{1}{2\pi}\int_{-\infty}^{+\infty}\frac{\sigma-3}{(\sigma-3)^2+\omega^2}d\omega - \frac{i}{2\pi}\int_{-\infty}^{+\infty}\frac{\omega}{(\sigma-3)^2+\omega^2}d\omega$$

虚数部は奇関数なので，積分値はゼロとなる．したがって

$$f(0) = \frac{1}{2\pi}\int_{-\infty}^{+\infty}\frac{\sigma-3}{(\sigma-3)^2+\omega^2}d\omega = \frac{1}{2\pi}\left[\tan^{-1}\frac{\omega}{\sigma-3}\right]_{\omega=-\infty}^{\omega=\infty} = \frac{1}{2\pi}\left(\frac{\pi}{2}-\left(-\frac{\pi}{2}\right)\right) = \frac{1}{2}$$

が得られる．このことは，$t = 0$ で＜例題27.1＞で与えられている元の関数が不連続であるため，$t = 0$ の場合にラプラス逆変換を計算すると

$$f(0) = \frac{f(+0)+f(-0)}{2} = \frac{1+0}{2} = \frac{1}{2}$$

となることに対応している．しかし，通常は $t > 0$ の場合のラプラス逆変換を求め

$$f(0) = f(+0) = \lim_{t\to 0}e^{3t} = 1$$

として扱い，$t = 0$ における不連続の問題を解決している．したがって，最終的には

$$f(t) = e^{3t} \quad (t \geq 0)$$

と求められる．なお，a が複素数の場合も含め一般的には

$$f(t) = \frac{1}{2\pi i}\int_{\sigma-i\infty}^{\sigma+i\infty}F(s)\,e^{st}ds = \frac{1}{2\pi i}\int_{\sigma-i\infty}^{\sigma+i\infty}\frac{e^{st}}{s-a}ds = e^{at} \tag{27-7}$$

となる．

＜例題27.3＞　$F(s) = \dfrac{1}{(s-a)^2}$ のラプラス逆変換を求めよ．

【解答】　＜例題27.2＞と同様にして以下の積分を考える．

$$f(t) = \frac{1}{2\pi i}\int_{\sigma-i\infty}^{\sigma+i\infty}F(s)\,e^{st}ds = \frac{1}{2\pi i}\int_{\sigma-i\infty}^{\sigma+i\infty}\frac{e^{st}}{(s-a)^2}ds$$

この積分は，（25－16）式を利用すると

$$\frac{1}{2\pi i}\oint_C\frac{e^{st}}{(s-a)^2}ds = f'(a) = t\,e^{at}$$

と計算されるので，＜例題27.2＞と同様に場合分けを行うことで

$$L^{-1}\left\{\frac{1}{(s-a)^2}\right\} = t\,e^{at} \quad (t > 0)$$

と求められる．

＜例題27.4＞　$P(s)$，$Q(s)$ は s の多項式であり

$$P(s) = (s-a_1)(s-a_2)\cdots(s-a_n), \quad a_k \text{ は互いに異なる，} \quad Q(s) \text{ の次数} < n$$

とする．このとき，次式が成立することを示せ．

$$L^{-1}\left\{\frac{Q(s)}{P(s)}\right\} = \sum_{k=1}^{n}\frac{Q(a_k)}{P'(a_k)}e^{a_k t}$$

【解答】　$\dfrac{Q(s)}{P(s)}$ を以下のような部分分数に展開する．

$$\frac{Q(s)}{P(s)} = \frac{c_1}{s-a_1} + \frac{c_2}{s-a_2} + \cdots + \frac{c_n}{s-a_n}$$

ここで，両辺に $(s-a_1)$ を掛ければ

$$(s-a_1)\frac{Q(s)}{P(s)} = \frac{Q(s)}{\dfrac{P(s)}{(s-a_1)}} = c_1 + (s-a_1)\left(\frac{c_2}{s-a_2} + \cdots + \frac{c_n}{s-a_n}\right)$$

となる．よって，両辺に対して，$s \to a_1$ の極限をとれば

$$\frac{Q(a_1)}{P'(a_1)} = c_1$$

となるので

$$L^{-1}\left\{\frac{Q(s)}{P(s)}\right\} = L^{-1}\left\{\frac{c_1}{s-a_1} + \frac{c_2}{s-a_2} + \cdots + \frac{c_n}{s-a_n}\right\}$$

$$= L^{-1}\left\{\frac{c_1}{s-a_1}\right\} + L^{-1}\left\{\frac{c_2}{s-a_2}\right\} + \cdots + L^{-1}\left\{\frac{c_n}{s-a_n}\right\}$$

$$= c_1 e^{a_1 t} + c_2 e^{a_2 t} \cdots + c_n e^{a_n t} = \sum_{k=1}^{n} \frac{Q(a_k)}{P'(a_k)} e^{a_k t}$$

と計算される．なお，$a_1 = a_2$ の場合には

$$\frac{Q(s)}{P(s)} = \frac{c_{11}}{(s-a_1)^2} + \frac{c_{12}}{s-a_1} + \frac{c_3}{s-a_3} + \cdots + \frac{c_n}{s-a_n}$$

と分解されるので

$$(s-a_1)^2 \frac{Q(s)}{P(s)} = c_{11} + (s-a_1)c_{12} + (s-a_1)^2\left\{\frac{c_3}{s-a_3} + \cdots + \frac{c_n}{s-a_n}\right\}$$

と変形し，まず，両辺に対して，$s \to a_1$ の極限をとれば

$$\lim_{s \to a_1} (s-a_1)^2 \frac{Q(s)}{P(s)} = c_{11}$$

となる．また，s で微分した後に，$s \to a_1$ の極限をとれば

$$\lim_{s \to a_1} \frac{d}{ds}\left\{(s-a_1)^2 \frac{Q(s)}{P(s)}\right\} = c_{12}$$

と係数を求めることができる．したがって，ラプラス逆変換は

$$L^{-1}\left\{\frac{Q(s)}{P(s)}\right\} = L^{-1}\left\{\frac{c_{11}}{(s-a_1)^2} + \frac{c_{12}}{s-a_1} + \frac{c_3}{s-a_3} + \cdots + \frac{c_n}{s-a_n}\right\}$$

$$= L^{-1}\left\{\frac{c_{11}}{(s-a_1)^2}\right\} + L^{-1}\left\{\frac{c_{12}}{s-a_1}\right\} + L^{-1}\left\{\frac{c_3}{s-a_3}\right\} + \cdots + L^{-1}\left\{\frac{c_n}{s-a_n}\right\}$$

$$= c_{11} t\, e^{a_1 t} + c_{12} e^{a_1 t} \cdots + c_n e^{a_n t}$$

となる．

　様々な関数についてのラプラス逆変換は，ラプラス逆変換表としてまとめられており，その一部を表に示す．

ラプラス逆変換表

$F(s)$	$f(t)$	$F(s)$	$f(t)$	$F(s)$	$f(t)$
$\dfrac{1}{s}$	1	1	$\delta(t)$	$\dfrac{a}{s^2-a^2}$	$\sinh at$
$\dfrac{1}{s^n}$	$\dfrac{t^{n-1}}{(n-1)!}$	$\dfrac{1}{\sqrt{s}}$	$\dfrac{1}{\sqrt{\pi t}}$	$\dfrac{s}{s^2-a^2}$	$\cosh at$
$\dfrac{1}{s-a}$	e^{at}	$\dfrac{a}{s^2+a^2}$	$\sin at$	$\dfrac{a}{(s^2+a^2)^2}$	$\dfrac{1}{2a^2}(\sin at - at\cos at)$
$\dfrac{1}{(s-a)^n}$	$\dfrac{t^{n-1}}{(n-1)!}e^{at}$	$\dfrac{s}{s^2+a^2}$	$\cos at$	$\dfrac{s}{(s^2+a^2)^2}$	$\dfrac{t}{2a}\sin at$

● ● ● ● ●

練習問題 27.1 以下の関数のラプラス変換を計算により求めよ.

$$f(t) = \begin{cases} 1 & t \geq 0 \\ 0 & t < 0 \end{cases}$$

練習問題 27.2 以下の関数のラプラス変換を計算により求めよ.

$$f(t) = \begin{cases} \sin(at) & t \geq 0 \\ 0 & t < 0 \end{cases}$$

練習問題 27.3 以下の関数のラプラス逆変換を計算により求めよ.

$$F(s) = \frac{1}{s^2}$$

● ● ● ● ●

演習問題 27.1 以下の関数のラプラス変換を計算により求めよ.

$$f(t) = \begin{cases} t & t \geq 0 \\ 0 & t < 0 \end{cases}$$

演習問題 27.2 以下の関数のラプラス逆変換を計算により求めよ.

$$F(s) = \frac{1}{s^2-s-6}$$

演習問題 27.3 以下の関係式を数学的帰納法によって求めよ.

$$L\left\{\frac{t^{n-1}}{(n-1)!}e^{at}\right\} = \frac{1}{(s-a)^n}$$

28 **ラプラス変換の応用**

本章では，ラプラス変換，ラプラス逆変換の典型的な応用である常微分方程式の解法と，制御等で使用する伝達関数の基礎について勉強する．

28.1 線形常微分方程式の解法

第10章・第11章で学んだ常微分方程式をラプラス変換を用いて解くことが可能となる．
まず，(27−3) 式を用いれば

$$L\{f'(t)\} = \int_0^\infty f'(t)\, e^{-st} dt = \int_0^\infty (f(t)\, e^{-st})' dt + s\int_0^\infty f(t)\, e^{-st} dt = sF(s) - f(0) \qquad (28-1)$$

$$L\{f''(t)\} = \int_0^\infty f''(t) e^{-st} dt = \int_0^\infty (f(t)'\, e^{-st})' dt + s\int_0^\infty f(t)'\, e^{-st} dt = s\{sF(s) - f(0)\} - f'(0)$$
$$\qquad (28-2)$$

と計算される．したがって

$$\frac{df}{dt} + 3f(t) = 0$$

に対してラプラス変換を施すと

$$\{-f(0) + sF(s)\} + 3F(s) = 0 \quad \rightarrow \quad F(s) = \frac{f(0)}{s+3}$$

となるので，ラプラス逆変換を施せば

$$f(t) = L^{-1}\{F(s)\} = L^{-1}\left\{\frac{f(0)}{s+3}\right\} = f(0)\, e^{-3t}$$

という解が得られる．さらに

$$\frac{d^2 f}{dt^2} + 3\frac{df}{dt} + 2\, f(t) = 0$$

に対してラプラス変換を施すと (28−1)，(28−2) 式より

$$s\{sF(s) - f(0)\} - f'(0) + 3\{sF(s) - f(0)\} + 2F(s) = 0$$
$$\rightarrow \quad F(s) = \frac{sf(0) + (f'(0) + 3f(0))}{s^2 + 3s + 2} = \frac{sf(0) + (f'(0) + 3f(0))}{(s+1)(s+2)} = \frac{2f(0) + f'(0)}{s+1} - \frac{f(0) + f'(0)}{s+2}$$

となるので，ラプラス逆変換を施せば

$$f(t) = L^{-1}\{F(s)\} = \{2f(0) + f'(0)\}\, e^{-t} - \{f(0) + f'(0)\}\, e^{-2t} \qquad (28-3)$$

という解が得られる．なお，(11−2) 式を用いて解を求めると

$$f(t) = C_1\, e^{-t} + C_2\, e^{-2t}$$

となるが，C_1, C_2 を $f(0), f'(0)$ で表すと

$$f(0) = C_1 + C_2, \quad f'(0) = -C_1 - 2C_2 \quad \Rightarrow \quad C_1 = 2f(0) + f'(0), \quad C_2 = -\{f(0) + f'(0)\}$$

となり，(28−3) 式と同じになる．

<例題 28.1>　$\dfrac{d^2 f}{dt^2} + 4\dfrac{df}{dt} + 3f(t) = e^{tt}$　をラプラス変換を用いて解け．

【解答】 ラプラス変換を施すと

$$s\{sF(s)-f(0)\}-f'(0)+4\{sF(s)-f(0)\}+3F(s) = \frac{1}{s-i}$$

となるので

$$F(s) = \frac{1}{s^2+4s+3}\left\{\frac{1}{s-i}+s\,f(0)+4f(0)+f'(0)\right\}$$

$$= \frac{1}{(s+1)(s+3)(s-i)}+\frac{s\,f(0)}{(s+1)(s+3)}+\frac{4f(0)+f'(0)}{(s+1)(s+3)}$$

が得られ，さらに第 27 章＜例題 27.4＞の公式を使用すれば，次式が得られる．

$$P(s) = (s+1)(s+3)(s-i) \quad \Rightarrow \quad P'(s) = (s+3)(s-i)+(s+1)(s-i)+(s+1)(s+3)$$

$$P(s) = (s+1)(s+3) \qquad\qquad \Rightarrow \quad P'(s) = (s+3)+(s+1)$$

したがって，ラプラス逆変換は以下のように計算される．

$$f(t) = \frac{1}{2(-1-i)}e^{-t}+\frac{1}{2(3+i)}e^{-3t}+\frac{1}{2+4i}e^{it}+f(0)\left(-\frac{1}{2}e^{-t}+\frac{3}{2}e^{-3t}\right)$$

$$+\{4f(0)+f'(0)\}\left(\frac{1}{2}e^{-t}-\frac{1}{2}e^{-3t}\right)$$

$$= \frac{-1+i}{4}e^{-t}+\frac{3-i}{20}e^{-3t}+\frac{1-2i}{10}e^{it}+f(0)\left(\frac{3}{2}e^{-t}-\frac{1}{2}e^{-3t}\right)+f'(0)\left(\frac{1}{2}e^{-t}-\frac{1}{2}e^{-3t}\right)$$

＜例題 28.2＞　$\dfrac{d^2f}{dt^2}+2\dfrac{df}{dt}+f(t) = \sin(t)$　をラプラス変換を用いて解け．

【解答】 ラプラス変換を施すと

$$s\{sF(s)-f(0)\}-f'(0)+2\{sF(s)-f(0)\}+F(s) = \frac{1}{s^2+1}$$

となるので

$$F(s) = \frac{1}{s^2+2s+1}\left\{\frac{1}{s^2+1}+s\,f(0)+2f(0)+f'(0)\right\} = \frac{1}{(s+1)^2}\frac{1}{s^2+1}+\frac{s\,f(0)}{(s+1)^2}+\frac{2f(0)+f'(0)}{(s+1)^2}$$

$$= \frac{1}{2}\frac{1}{(s+1)^2}+\frac{1}{2}\frac{1}{s+1}-\frac{1}{2}\frac{s}{s^2+1}+f(0)\left\{\frac{1}{s+1}-\frac{1}{(s+1)^2}\right\}+\frac{2f(0)+f'(0)}{(s+1)^2}$$

が得られ，以下の結果が得られる．

$$f(t) = \frac{1}{2}te^{-t}+\frac{1}{2}e^{-t}-\frac{1}{2}\cos t+f(0)(e^{-t}-te^{-t})+\{2f(0)+f'(0)\}te^{-t}$$

28.2　伝達関数

　制御理論で使われる伝達関数について説明する．第 26 章で取り扱った電気回路を一部変更した回路（図 28.1）を考える．まず，電圧源は，直流・交流にとらわれず，任意のものを考え，その電圧が

$$V = v_{input}(t)$$

で与えられるものとし，ここでは，この $v_{input}(t)$ を入力信号と考え，コンデンサー間に発生する電圧を出力信号と考え，$v_{output}(t)$ とする．回路の特性を，入力信号と出力信号の比をとることで簡単に表すものとする．また，初期条件として

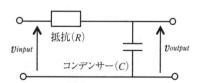

図 28.1　回路図（RC 回路）

$$v_{output}(0) = 0$$

とする．$v_{output}(t)$ を変数とすると，解くべき方程式は

$$v_{input} = Ri + v_{output} = RC\frac{dv_{output}}{dt} + v_{output}$$

となる．ただし，i は電流値である．よって，ラプラス変換を施すことにより

$$V_{input}(s) = RC\{sV_{output}(s) - v_{output}(0)\} + V_{output}(s) = RCs\,V_{output}(s) + V_{output}(s)$$

$$\Rightarrow\quad V_{output}(s) = \frac{V_{input}(s)}{RC\,s + 1}$$

が得られる．

i) $v_{input}(t) = 1\quad (t > 0)$ で与えられる場合

$$V_{input}(s) = \frac{1}{s}$$

となるので

$$V_{output}(s) = \frac{1}{(RC\,s + 1)s} = \frac{1}{s} - \frac{RC}{RC\,s + 1} = \frac{1}{s} - \frac{1}{s + \dfrac{1}{RC}}\quad \Rightarrow\quad v_{output}(t) = 1 - e^{-\frac{t}{RC}}$$

となる．したがって

$$\frac{v_{output}(t)}{v_{input}(t)} = 1 - e^{-\frac{t}{RC}} \tag{28-3}$$

と計算される．

ii) $v_{input}(t) = t\quad (t \geq 0)$ で与えられる場合

$$V_{input}(s) = \frac{1}{s^2}$$

となるので

$$V_{output}(s) = \frac{1}{(RC\,s + 1)s^2} = \frac{1}{s^2} - \frac{RC}{s} + \frac{(RC)^2}{RC\,s + 1} = \frac{1}{s^2} - \frac{RC}{s} + RC\frac{1}{s + \dfrac{1}{RC}}$$

$$\Rightarrow\quad v_{output}(t) = t - RC + RCe^{-\frac{t}{RC}} = t - RC(1 - e^{-\frac{t}{RC}})$$

となる．したがって

$$\frac{v_{output}(t)}{v_{input}(t)} = \frac{t - RC(1 - e^{-\frac{t}{RC}})}{t} = 1 - RC\frac{1 - e^{-\frac{t}{RC}}}{t} \tag{28-4}$$

と計算される．

　(28-3)，(28-4) 式を比較すると明らかに，入力信号と出力信号の比は異なっている．一方，ラプラス変換後の入出力の信号の比をとると

$$V_{output}(s) = \frac{V_{input}(s)}{RC\,s + 1}\quad \Rightarrow\quad \frac{V_{output}(s)}{V_{input}(s)} = \frac{1}{RC\,s + 1} \tag{28-5}$$

となり，入出力の信号の比は入力信号によらない．一般に，入力信号を $X(s)$，出力信号を $Y(s)$ とし，これらの信号の比を**伝達関数**と呼び，$G(s)$ で表す．

$$G(s) = \frac{Y(s)}{X(s)} \tag{28-6}$$

ラプラス変換は，電気回路や制御回路における非常に重要な解析方法である．

● ● ● ● ●

練習問題 28.1 $f''(t)+3 f'(t)+2f(t) = \cos(t)$ を，ラプラス変換を用いて解け.

練習問題 28.2 $f''(t)+ t f'(t)-3 f(t) = 6t$ を，ラプラス変換を用いて解け.
　ただし，$f(0) = 0$ ，$f'(0) = 0$ とする.

練習問題 28.3 図に示す電気回路の伝達関数を求めよ. ただし，初期値はすべてゼロとする.

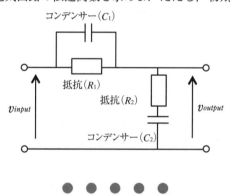

● ● ● ● ●

演習問題 28.1 $f''(t)+2 f'(t)+2f(t) = \sin(t)$ を，ラプラス変換を用いて解け.
　ただし，$f(0) = 0$ ，$f'(0) = 0$ とする.

演習問題 28.2 $(t+1)f''(t)+ f'(t)-t f(t) = e^t$ を，ラプラス変換を用いて解け.
　ただし，$f(0) = 1$ ，$f'(0) = 0$ とする.

演習問題 28.3 図に示す電気回路の伝達関数を求めよ. ただし，初期値はすべてゼロとする.

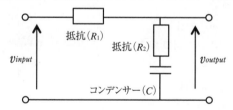

発展学習

ベクトル解析の応用

本章では，ベクトル解析の発展として積分形の公式について述べる．

A.1　ベクトル解析の公式

3つのベクトル間で，以下の式が成り立つ．

$$\vec{A}\cdot(\vec{B}\times\vec{C}) = \vec{B}\cdot(\vec{C}\times\vec{A}) = \vec{C}\cdot(\vec{A}\times\vec{B}) \tag{A-1}$$

$$(\vec{A}\times\vec{B})\times\vec{C} = (\vec{A}\cdot\vec{C})\vec{B}-(\vec{B}\cdot\vec{C})\vec{A} \tag{A-2}$$

ここで，（A-2）式の $\vec{B}$ と $\vec{C}$ を入れ替えて

$$(\vec{A}\times\vec{C})\times\vec{B} = (\vec{A}\cdot\vec{B})\vec{C}-(\vec{C}\cdot\vec{B})\vec{A} = (\vec{A}\cdot\vec{B})\vec{C}-(\vec{B}\cdot\vec{C})\vec{A}$$

となるので

$$(\vec{A}\times\vec{B})\times\vec{C}+(\vec{A}\cdot\vec{B})\vec{C} = (\vec{A}\cdot\vec{C})\vec{B}-(\vec{B}\cdot\vec{C})\vec{A}+(\vec{A}\cdot\vec{B})\vec{C}$$
$$= \{(\vec{A}\cdot\vec{B})\vec{C}-(\vec{B}\cdot\vec{C})\vec{A}\}+(\vec{A}\cdot\vec{C})\vec{B} = (\vec{A}\times\vec{C})\times\vec{B}+(\vec{A}\cdot\vec{C})\vec{B}$$

が得られる．さらに，上の式と（A-1）式を利用すれば

$$\{(\vec{A}\times\vec{B})\times\vec{C}+(\vec{A}\cdot\vec{B})\vec{C}\}\cdot\vec{D} = \{\underline{(\vec{A}\times\vec{C})}\times\vec{B}+(\vec{A}\cdot\vec{C})\vec{B}\}\cdot\vec{D}$$
$$= \vec{D}\cdot\{\underline{(\vec{A}\times\vec{C})}\times\vec{B}\}+(\vec{A}\cdot\vec{C})(\vec{B}\cdot\vec{D})$$
$$= (\vec{A}\times\vec{C})\cdot(\vec{B}\times\vec{D})+\vec{A}\cdot\{(\vec{B}\cdot\vec{D})\vec{C}\}$$
$$= \underline{(\vec{D}\times\vec{B})}\cdot(\vec{C}\times\vec{A})+\vec{A}\cdot\{(\vec{B}\cdot\vec{D})\vec{C}\}$$
$$= \vec{A}\cdot\{\underline{(\vec{D}\times\vec{B})}\times\vec{C}\}+\vec{A}\cdot\{(\vec{D}\cdot\vec{B})\vec{C}\} \tag{A-3}$$

が得られる．ただし，下線部は一つのベクトルとみなして，（A-1）式を適用している．

また，微分に関するベクトル公式の代表的なものとして

$$\nabla(\phi\varphi) = \varphi\nabla\phi+\phi\nabla\varphi \tag{A-4}$$

$$\nabla\cdot(\phi\vec{A}) = \nabla\phi\cdot\vec{A}+\phi\nabla\cdot\vec{A} \tag{A-5}$$

$$\nabla\times(\phi\vec{A}) = \nabla\phi\times\vec{A}+\phi\nabla\times\vec{A} \tag{A-6}$$

$$\nabla(\vec{A}\cdot\vec{B}) = \vec{A}\times(\nabla\times\vec{B})+\vec{B}\times(\nabla\times\vec{A})+(\vec{A}\cdot\nabla)\vec{B}+(\vec{B}\cdot\nabla)\vec{A} \tag{A-7}$$

$$\nabla\cdot(\vec{A}\times\vec{B}) = \vec{B}\cdot\nabla\times\vec{A}-\vec{A}\cdot\nabla\times\vec{B} \tag{A-8}$$

$$\nabla\times(\vec{A}\times\vec{B}) = \vec{A}(\nabla\cdot\vec{B})-\vec{B}(\nabla\cdot\vec{A})-(\vec{A}\cdot\nabla)\vec{B}+(\vec{B}\cdot\nabla)\vec{A} \tag{A-9}$$

があり，（A-7）式と（A-9）式より次式が得られる．

$$\nabla(\vec{A}\cdot\vec{B})+\nabla\times(\vec{A}\times\vec{B}) = \vec{A}\times(\nabla\times\vec{B})+\vec{B}\times(\nabla\times\vec{A})+\vec{A}(\nabla\cdot\vec{B})-\vec{B}(\nabla\cdot\vec{A})+2(\vec{B}\cdot\nabla)\vec{A} \tag{A-10}$$

さらに，（A-5）式に

$$\vec{A} = \nabla\varphi$$

を代入することによって，

$$\nabla\cdot(\phi\nabla\varphi) = \nabla\phi\cdot\nabla\varphi+\phi\nabla\cdot(\nabla\varphi) = \nabla\phi\cdot\nabla\varphi+\phi\nabla^2\varphi$$

と計算されるので，

$$\phi\nabla^2\varphi = \nabla\cdot(\phi\nabla\varphi)-\nabla\phi\cdot\nabla\varphi \tag{A-11}$$

が得られる.（A−11）式の ϕ と φ とを入れ替えることで

$$\varphi\nabla^2\phi = \nabla\cdot(\varphi\nabla\phi)-\nabla\varphi\cdot\nabla\phi = \nabla\cdot(\varphi\nabla\phi)-\nabla\phi\cdot\nabla\varphi \tag{A−11'}$$

となるので，（A−11）式から（A−11'）式を引くことで，

$$\phi\nabla^2\varphi-\varphi\nabla^2\phi = \nabla\cdot(\phi\nabla\varphi)-\nabla\cdot(\varphi\nabla\phi) \tag{A−12}$$

が得られる．さらに，（A−12）式を体積分し，第15章（15−10）式で与えられるガウスの発散定理を用いれば

$$\int_V(\phi\nabla^2\varphi-\varphi\nabla^2\phi)dV = \int_V\{\nabla\cdot(\phi\nabla\varphi)-\nabla\cdot(\varphi\nabla\phi)\}dV = \int_S\{\vec{n}\cdot(\phi\nabla\varphi)-\vec{n}\cdot(\varphi\nabla\phi)\}dS$$

$$= \int_S\left(\phi\frac{\partial\varphi}{\partial n}-\varphi\frac{\partial\phi}{\partial n}\right)dS \tag{A−13}$$

が得られる．

A.2 スカラーに関する積分公式

2点 $P'(x',y',z'), P(x,y,z)$ 間の距離
$$r = \sqrt{(x'-x)^2+(y'-y)^2+(z'-z)^2}$$
の関数である

$$\phi^* = \phi^*(x',y',z',x,y,z) = \frac{1}{4\pi r} \tag{A−14}$$

を考え，
$$\vec{r} = (x'-x,y'-y,z'-z)$$
とする.

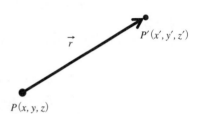

図 A.1

また，2種類のナブラを以下のように定義すると，

$$\nabla \equiv \left(\frac{\partial}{\partial x},\frac{\partial}{\partial y},\frac{\partial}{\partial z}\right), \quad \nabla' \equiv \left(\frac{\partial}{\partial x'},\frac{\partial}{\partial y'},\frac{\partial}{\partial z'}\right)$$

それぞれ，

$$\nabla\phi^* = \frac{(x'-x,y'-y,z'-z)}{4\pi r^3} = \frac{\vec{r}}{4\pi r^3} \tag{A−15}$$

$$\nabla'\phi^* = \frac{(x-x',y-y',z-z')}{4\pi r^3} = -\nabla\phi^* \tag{A−16}$$

となる．また，第17章の（17−4）式において

$$\frac{Q}{\varepsilon_0} = 1$$

とし，原点の代わりに点 P' を考えると

$$\nabla^2\phi^*+\delta(P,P') = 0 \tag{A−17}$$

の関係式が成り立つ．（A−12）式において

$$\phi = \phi^*$$

とし，点 $P(x,y,z)$ について積分を実施することで

$$\int_V(\phi^*\nabla^2\varphi-\varphi\nabla^2\phi^*)dV = \int_S\left(\phi^*\frac{\partial\varphi}{\partial n}-\varphi\frac{\partial\phi^*}{\partial n}\right)dS$$

が得られ，左辺第2項は，（A−17）式を利用すれば

$$\int_V(-\varphi\nabla^2\phi^*)dV = \int_V\{\varphi\delta(P,P')\}dV = \frac{\Omega}{4\pi}\varphi(x',y',z') \tag{A−18}$$

と計算される．ここで，Ω は点 $P'(x', y', z')$ から見た領域の立体角であり，例えば

$$\Omega = \begin{cases} 0 & P' \notin V \\ 2\pi & P' \in S \\ 4\pi & P' \in V \end{cases}$$

となる．ただし，S は V の表面で滑らかであるとする．よって

$$\frac{\Omega}{4\pi}\,\varphi(x', y', z') = -\int_V \phi^* \nabla^2 \varphi\, dV + \int_S \left(\phi^* \frac{\partial \varphi}{\partial n} - \varphi \frac{\partial \phi^*}{\partial n}\right) dS \qquad \text{(A–19)}$$

と計算され，ラプラス方程式である

$$\nabla^2 \varphi = 0$$

の解は，

$$\frac{\Omega}{4\pi}\,\varphi(x', y', z') = \int_S \left(\phi^* \frac{\partial \varphi}{\partial n} - \varphi \frac{\partial \phi^*}{\partial n}\right) dS \qquad \text{(A–20)}$$

を満足する．なお，φ を数値計算で求める方法の一つである境界要素法では，この関係式を利用している．

また，（A–20）式において，表面積分の領域 S を，P' を中心として半径 r_0 の球面とすると

$$\varphi(x', y', z') = \int_S \left(\frac{1}{4\pi r_0}\frac{\partial \varphi}{\partial n} + \frac{1}{4\pi r_0^2}\varphi\right) dS = \frac{1}{4\pi r_0}\int_S \nabla\varphi \cdot \vec{n}\, dS + \frac{1}{4\pi r_0^2}\int_S \varphi\, dS$$

$$= \frac{1}{4\pi r_0}\int_S \nabla^2\varphi\, dV + \frac{1}{4\pi r_0^2}\int_S \varphi\, dS = \frac{1}{4\pi r_0^2}\int_S \varphi\, dS$$

が得られる．この式から，ある点でのラプラス方程式の解は，その点を中心とした球面上での解の平均値であることがわかる．さらに，このことから，ラプラス方程式の解は調和関数と呼ばれている．

A.3　ベクトルに関する積分公式

次に，ベクトルについて同様な公式を導出する．まず，$\vec{a}$ を任意の一定のベクトルとし，スカラー f を

$$f = \vec{a} \cdot \vec{A}$$

とする．（A–11′）式において

$$\phi = \phi^*, \quad \varphi = f = \vec{a} \cdot \vec{A}$$

とすれば，

$$(\vec{a} \cdot \vec{A})\nabla^2 \phi^* = \nabla \cdot \{(\vec{a} \cdot \vec{A})\nabla \phi^*\} - \nabla(\vec{a} \cdot \vec{A}) \cdot \nabla \phi^* \qquad \text{(A–21)}$$

となる．

ここで，$\vec{a}$ が任意の一定のベクトルであることに注意して，（A–10）式を利用すると

$$\nabla(\vec{a} \cdot \vec{A}) + \nabla \times (\vec{a} \times \vec{A}) = \vec{a} \times (\nabla \times \vec{A}) + \vec{A} \times (\nabla \times \vec{a}) + \vec{a}(\nabla \cdot \vec{A}) - \vec{A}(\nabla \cdot \vec{a}) + 2(\vec{A} \cdot \nabla)\vec{a}$$

$$= \vec{a} \times (\nabla \times \vec{A}) + \vec{a}(\nabla \cdot \vec{A})$$

となるので，（A–21）式の右辺第 2 項を変形すると，以下のようになる．

$$\nabla(\vec{a} \cdot \vec{A}) \cdot \nabla \phi^* = \vec{a} \times (\nabla \times \vec{A}) \cdot \nabla \phi^* + \vec{a}(\nabla \cdot \vec{A}) \cdot \nabla \phi^* - \nabla \times (\vec{a} \times \vec{A}) \cdot \nabla \phi^*$$

$$= \vec{a} \cdot (\nabla \times \vec{A}) \times \nabla \phi^* + \vec{a} \cdot (\nabla \cdot \vec{A})\nabla \phi^* - \left[\nabla \cdot \{(\vec{a} \times \vec{A}) \times \nabla \phi^*\} + (\vec{a} \times \vec{A}) \cdot (\nabla \times \nabla \phi^*)\right]$$

$$= \vec{a} \cdot (\nabla \times \vec{A}) \times \nabla \phi^* + \vec{a} \cdot (\nabla \cdot \vec{A})\nabla \phi^* - \nabla \cdot \{(\vec{a} \times \vec{A}) \times \nabla \phi^*\}$$

ただし，上式の右辺第 1 項の変形には，（A–1）式を利用し，右辺第 3 項の変形には，（A–8）

式を利用し，さらに第9章の（9-9）式を利用している．

よって，（A-21）式は

$$(\vec{a}\cdot\vec{A})\nabla^2\phi^* = \nabla\cdot\{(\vec{a}\cdot\vec{A})\nabla\phi^*\} - \vec{a}\cdot(\nabla\times\vec{A})\times\nabla\phi^* - \vec{a}\cdot(\nabla\cdot\vec{A})\nabla\phi^* + \nabla\cdot\{(\vec{a}\times\vec{A})\times\nabla\phi^*\}$$
$$= -\vec{a}\cdot(\nabla\times\vec{A})\times\nabla\phi^* - \vec{a}\cdot(\nabla\cdot\vec{A})\nabla\phi^* + \nabla\cdot\{(\vec{a}\times\vec{A})\times\nabla\phi^* + (\vec{a}\cdot\vec{A})\nabla\phi^*\}$$

と変形される．この式を（A-18）式に代入すると

$$\frac{\Omega}{4\pi}\vec{a}\cdot\vec{A}(x',y',z') = -\int_V(\vec{a}\cdot\vec{A})\nabla^2\phi^* dV$$
$$= \int_V[\vec{a}\cdot(\nabla\times\vec{A})\times\nabla\phi^* + \vec{a}\cdot(\nabla\cdot\vec{A})\nabla\phi^* - \nabla\cdot\{(\vec{a}\times\vec{A})\times\nabla\phi^* + (\vec{a}\cdot\vec{A})\nabla\phi^*\}]dV$$
$$= \vec{a}\cdot\left\{\int_V(\nabla\times\vec{A})\times\nabla\phi^* dV + \int_V(\nabla\cdot\vec{A})\nabla\phi^* dV\right\} - \int_S\{(\vec{a}\times\vec{A})\times\nabla\phi^* + (\vec{a}\cdot\vec{A})\nabla\phi^*\}\cdot\vec{n}dS$$

となる．ここでも，（15-10）式で与えられるガウスの発散定理を利用している．右辺の表面積分の被積分項は，（A-3）式において $\vec{A}\to\vec{a}$, $\vec{B}\to\vec{A}$, $\vec{C}\to\nabla\phi^*$, $\vec{D}\to\vec{n}$ と置き換えることで，

$$\{(\vec{a}\times\vec{A})\times\nabla\phi^* + (\vec{a}\cdot\vec{A})\nabla\phi^*\}\cdot\vec{n} = \vec{a}\cdot\{(\vec{n}\times\vec{A})\times\nabla\phi^* + (\vec{n}\cdot\vec{A})\nabla\phi^*\}$$

となるので，

$$\frac{\Omega}{4\pi}\vec{a}\cdot\vec{A}(x',y',z') = -\int_V(\vec{a}\cdot\vec{A})\nabla^2\phi^* dV$$
$$= \int_V[\vec{a}\cdot(\nabla\times\vec{A})\times\nabla\phi^* + \vec{a}\cdot(\nabla\cdot\vec{A})\nabla\phi^* - \nabla\cdot\{(\vec{a}\times\vec{A})\times\nabla\phi^*\} - \nabla\cdot\{(\vec{a}\cdot\vec{A})\nabla\phi^*\}]dV$$
$$= \vec{a}\cdot\left\{\int_V(\nabla\times\vec{A})\times\nabla\phi^* dV + \int_V(\nabla\cdot\vec{A})\nabla\phi^* dV\right\} - \vec{a}\cdot\int_S\{(\vec{n}\times\vec{A})\times\nabla\phi^* + (\vec{n}\cdot\vec{A})\nabla\phi^*\}dS$$

と計算される．ここで，$\vec{a}$ が任意のベクトルであることから，

$$\frac{\Omega}{4\pi}\vec{A}(x',y',z') = \int_V(\nabla\times\vec{A})\times\nabla\phi^* dV$$
$$+ \int_V(\nabla\cdot\vec{A})\nabla\phi^* dV - \int_S\{(\vec{n}\times\vec{A})\times\nabla\phi^*\}dS - \int_S\{(\vec{n}\cdot\vec{A})\nabla\phi^*\}dS \qquad \text{(A-22)}$$

が得られる．スカラーの場合には（A-19）式，ベクトルの場合には（A-22）式が，成立する．

A.4　応用例

電磁気学においては無限に広い空間を考え，無限遠方では，物理量（磁界，電界等）やポテンシャルがゼロになるという境界条件を使用する．ここで，ポテンシャルは無限遠方で $\frac{1}{r}$ のオーダーとなり，その微分で与えられる物理量は $\frac{1}{r^2}$ のオーダーとなる．よって，（A-22）式における表面積分については，

$$|\vec{A}| \propto \frac{1}{r^2}\ or\ \frac{1}{r}, \quad |\nabla\phi| \propto \frac{1}{r^2}, \quad S \propto r^2$$

となるので，表面積分の値はゼロとなる．そこで，無限に広い空間中で磁束密度 $\vec{B}$ を考え，（A-22）式に代入すると，空間中のある点における $\vec{B}$ は

$$\vec{B}(x',y',z') = \int_V(\nabla\times\vec{B})\times\nabla\phi^* dV + \int_V(\nabla\cdot\vec{B})\nabla\phi^* dV$$

となる．ここで，（16-2）式と，（16-5）式において透磁率が μ_0 で一定の場合を考え，さらに，（16-1）式で $\frac{\partial\vec{D}}{\partial t}$（変位電流）が存在しない場合を考えると

$$\vec{B}(x', y', z') = \int_V (\nabla \times \mu_0 \vec{H}) \times \nabla \phi^* dV = \mu_0 \int_V (\nabla \times \vec{H}) \times \nabla \phi^* dV = \mu_0 \int_V \vec{J} \times \nabla \phi^* dV$$

となるので，電流が存在する領域を V_c とし，（A−15）式を代入すれば

$$\vec{B}(x', y', z') = \mu_0 \int_V \vec{J} \times \nabla \phi^* dV = \mu_0 \int_{V_c} \vec{J} \times \nabla \phi^* dV = \mu_0 \int_{V_c} \vec{J} \times \frac{\vec{r}}{4\pi r^3} dV$$

となり，ビオサバールの法則が得られる．また，電流によって作られる磁束密度は，

$$\int_S \vec{J} dS = \vec{I}$$

なので，

$$\vec{B}(x', y', z') = \mu_0 \int_{V_c} \vec{J} \times \frac{\vec{r}}{4\pi r^3} dV = \mu_0 \int_C \left(\int_S \vec{J} dS \right) \times \frac{\vec{r}}{4\pi r^3} dl = \mu_0 \int_C \vec{I} \times \frac{\vec{r}}{4\pi r^3} dl \qquad \text{(A−23)}$$

が得られる．また，微小な長さの電流要素によって作られる微小磁界 $d\vec{H}$ は，電流の向きが微小な要素と同じ方向であることに注意すれば

$$d\vec{H} = \frac{d\vec{B}(x', y', z')}{\mu_0} = \vec{I} \times \frac{\vec{r}}{4\pi r^3} dl = \frac{\vec{I} dl \times \vec{r}}{4\pi r^3}$$

と計算される．

　また，次式で定義される磁気ベクトルポテンシャル $\vec{A}_M$ を考える．

$$\vec{B} = \nabla \times \vec{A}_M \qquad \text{(A−24)}$$

ただし，このままでは

$$\vec{B} = \nabla \times \vec{A}_M = \nabla \times (\vec{A}_M + \nabla f)$$

となるので，$\vec{A}_M$ に ∇f を足した $\vec{A}_M^*$ ベクトルも同じ磁束密度を与えるので $\vec{A}_M$ を一意に定めることはできない．そこで，クーロンゲージと呼ばれる

$$\nabla \cdot \vec{A}_M = 0 \qquad \text{(A−25)}$$

を条件として加えると，

$$\nabla \cdot \vec{A}_M = \nabla \cdot \vec{A}_M^* = \nabla \cdot (\vec{A}_M + \nabla f) = 0 \Rightarrow \nabla^2 f = 0$$

となり，無限遠方での境界条件より

$$\vec{A}_M = \vec{A}_M^* = \vec{A}_M + \nabla f = 0 \Rightarrow \nabla f = 0 \ (\text{無限遠方})$$

が得られ，すべての領域において

$$\nabla f = 0$$

となるので，$\vec{A}_M$ を一意に定めることができる．そこで，ビオサバールの式の導出と同様に無限遠方での表面積分をゼロとし，（A−24）式，（A−25）式を（A−22）式に代入すると

$$\frac{\Omega}{4\pi} \vec{A}_M(x', y', z') = \int_V (\nabla \times \vec{A}_M) \times \nabla \phi^* dV = \int_V \vec{B} \times \nabla \phi^* dV = -\int_V \nabla \phi^* \times \vec{B} dV$$

$$= \int_V \{\phi^* (\nabla \times \vec{B}) - \nabla \times (\phi^* \vec{B})\} dV = \int_V \mu_0 \phi^* (\nabla \times \vec{H}) dV - \int_V \nabla \times (\phi^* \vec{B}) dV$$

が得られる．ここで，

$$\vec{a} \cdot \{\nabla \times (\phi^* \vec{B})\} = \nabla \cdot \{\vec{a} \times (\phi^* \vec{B})\} - \phi^* \vec{B} \times (\nabla \times \vec{a}) = \nabla \cdot \{\vec{a} \times (\phi^* \vec{B})\}$$

$$\vec{a} \cdot \int_V \nabla \times (\phi^* \vec{B}) dV = \int_V \vec{a} \cdot \{\nabla \times (\phi^* \vec{B})\} dV = \int_V \nabla \cdot \{\vec{a} \times (\phi^* \vec{B})\} dV$$

$$= \int_S \vec{n} \cdot \{\vec{a} \times (\phi^* \vec{B})\} dS = \int_S \vec{a} \cdot \{(\phi^* \vec{B}) \times \vec{n}\} dS$$

$$= \vec{a} \cdot \int_S \{(\phi^* \vec{B}) \times \vec{n}\} dS$$

となり，$\vec{a}$ は任意の一定のベクトルなので，

$$\int_V \nabla \times (\phi^* \vec{B}) dV = \int_S \{(\phi^* \vec{B}) \times \vec{n}\} dS$$

と計算され，積分領域を無限に広い領域とすることで，

$$|\vec{B}| \propto \frac{1}{r^2}, \quad \phi \propto \frac{1}{r}, \quad S \propto r^2$$

となるので，表面積分項は，ゼロとなる．よって

$$\frac{\Omega}{4\pi} \vec{A}_M(x', y', z') = \int_V \mu_0 \phi^* (\nabla \times \vec{H}) dV = \int_V \mu_0 \phi^* \vec{J} dV = \mu_0 \int_V \frac{\vec{J}}{4\pi r} dV \tag{A-26}$$

が得られる．（A−26）式の導出から明らかなように，この式は，（A−25）式で与えられるクーロンゲージを仮定した場合にのみ成立する式であることに注意する必要がある．

さらに，（A−16）式を使って，∇' は (x', y', z') に関する微分演算子であることと，$\vec{A} = \vec{A}(x, y, z)$ であることに注意して，（A−22）式の被積分項を変形すると

$$(\nabla \times \vec{A}) \times \nabla \phi^* = -(\nabla \times \vec{A}) \times \nabla' \phi^* = \nabla' \phi^* \times (\nabla \times \vec{A}) = \nabla' \times \{\phi^* (\nabla \times \vec{A})\}$$

$$(\nabla \cdot \vec{A}) \nabla \phi^* = -(\nabla \cdot \vec{A}) \nabla' \phi^* = -\nabla' \{\phi^* (\nabla \cdot \vec{A})\}$$

$$(\vec{n} \times \vec{A}) \times \nabla \phi^* = -(\vec{n} \times \vec{A}) \times \nabla' \phi^* = \nabla' \phi^* \times (\vec{n} \times \vec{A}) = \nabla' \times \{\phi^* (\vec{n} \times \vec{A})\}$$

$$(\vec{n} \cdot \vec{A}) \nabla \phi^* = -(\vec{n} \cdot \vec{A}) \nabla' \phi^* = -\nabla' \{\phi^* (\vec{n} \cdot \vec{A})\}$$

となるので，

$$\frac{\Omega}{4\pi} \vec{A}(x', y', z')$$

$$= \int_V \nabla' \times \{\phi^* (\nabla \times \vec{A})\} dV - \int_V \nabla' \{\phi^* (\nabla \cdot \vec{A})\} dV - \int_S \nabla' \times \{\phi^* (\vec{n} \times \vec{A})\} dS + \int_S [\nabla' \{\phi^* (\vec{n} \cdot \vec{A})\}] dS$$

$$= \nabla' \times \left[\int_V \{\phi^* (\nabla \times \vec{A})\} dV - \int_S \{\phi^* (\vec{n} \times \vec{A})\} dS \right] - \nabla' \left[\int_V \{\phi^* (\nabla \cdot \vec{A})\} dV - \int_S \{\phi^* (\vec{n} \cdot \vec{A})\} \} dS \right]$$

$$= \nabla' \times \vec{F} - \nabla' \lambda \tag{A-27}$$

となり，任意のベクトルは，あるベクトルの回転とあるスカラーの勾配の和で表されることがわかる（ヘルムホルツの定理）．

線形計画法と双対問題

本章では，行列の応用としての線型計画法と双対問題について述べる．

B.1 吐き出し法

連立方程式を解く方法の一つで，連立方程式

$$
\begin{cases}
a_{11}x_1 + a_{12}x_2 + \cdots + a_{1n}x_n = b_1 \\
a_{21}x_1 + a_{22}x_2 + \cdots + a_{2n}x_n = b_2 \\
\qquad\qquad\vdots \\
a_{n1}x_1 + a_{n2}x_2 + \cdots + a_{nn}x_n = b_n
\end{cases}
\tag{B--1}
$$

を行列で以下のように表記する．

$$
\begin{bmatrix}
a_{11} & a_{12} & \cdots & a_{1n} \\
a_{21} & a_{22} & \cdots & a_{2n} \\
\vdots & \vdots & \ddots & \vdots \\
a_{n1} & a_{n2} & \cdots & a_{nn}
\end{bmatrix}
\begin{pmatrix}
x_1 \\ x_2 \\ \vdots \\ x_n
\end{pmatrix}
=
\begin{pmatrix}
b_1 \\ b_2 \\ \vdots \\ b_n
\end{pmatrix}
\tag{B--2}
$$

さらに，拡大係数行列を作る．

$$
\left[
\begin{array}{cccc|c}
a_{11} & a_{12} & \cdots & a_{1n} & b_1 \\
a_{21} & a_{22} & \cdots & a_{2n} & b_2 \\
\vdots & \vdots & \ddots & \vdots & \vdots \\
a_{n1} & a_{n2} & \cdots & a_{nn} & b_n
\end{array}
\right]
\tag{B--3}
$$

この拡大係数行列の左側の行列を対角項が 1 となる上三角行列に変形する（前進消去と呼ばれる過程）．

＜ステップ 1 ＞

1）$a_{11} \neq 0$ の場合

1 行目を a_{11} で割り，

$$
\left[
\begin{array}{cccc|c}
1 & a_{12}/a_{11} & \cdots & a_{1n}/a_{11} & b_1/a_{11} \\
a_{21} & a_{22} & \cdots & a_{2n} & b_2 \\
\vdots & \vdots & \ddots & \vdots & \vdots \\
a_{n1} & a_{n2} & \cdots & a_{nn} & b_n
\end{array}
\right]
\tag{B--4}
$$

とし，j 行目 $(2 \leq j \leq n)$ の行に対して，1 行目 $\times a_{j1}$ を引き算することによって

$$
\left[
\begin{array}{cccc|c}
1 & a'_{12} & \cdots & a'_{1n} & b'_1 \\
0 & a'_{22} & \cdots & a'_{2n} & b'_2 \\
\vdots & \vdots & \ddots & \vdots & \vdots \\
0 & a'_{n2} & \cdots & a'_{nn} & b'_n
\end{array}
\right]
\tag{B--5}
$$

と計算する．

2）$a_{11} = 0$ の場合

1 行目と，$a_{k1} \neq 0$ となっている k 行目とを入れ替えて，

$$
\begin{bmatrix}
1 & a_{k2}/a_{k1} & \cdots & a_{kn}/a_{k1} & \vline & b_k/a_{k1} \\
a_{21} & a_{22} & \cdots & a_{2n} & \vline & b_2 \\
\vdots & \vdots & \vdots & \vdots & \vline & \vdots \\
a_{11} & a_{12} & \cdots & a_{1n} & \vline & b_1 \\
\vdots & \vdots & \ddots & \vdots & \vline & \vdots \\
a_{n1} & a_{n2} & & a_{nn} & \vline & b_n
\end{bmatrix}
\tag{B-4'}
$$

として，1）と同様に，以下のように2行目以下の1列目の値をゼロにする．

$$
\begin{bmatrix}
1 & a''_{12} & \cdots & a''_{1n} & \vline & b''_1 \\
0 & a''_{22} & \cdots & a''_{2n} & \vline & b''_2 \\
\vdots & \vdots & \ddots & \vdots & \vline & \vdots \\
0 & a''_{n2} & \cdots & a''_{nn} & \vline & b''_n
\end{bmatrix}
\tag{B-5'}
$$

なお，行を入れ替えているので，得られる解も x_1 と x_k とが入れ替わっていることに注意しなければならない．

＜ステップ2＞

同様にして，2行目，2列目の項が1となるようにし，3行目以下の2列目の項がゼロとなるように計算して行くことで，

$$
\begin{bmatrix}
1 & a'''_{12} & \cdots & a'''_{1n} & \vline & b'''_1 \\
0 & 1 & \cdots & a'''_{2n} & \vline & b'''_2 \\
\vdots & \vdots & \ddots & \vdots & \vline & \vdots \\
0 & 0 & \cdots & 1 & \vline & b'''_n
\end{bmatrix}
\tag{B-6}
$$

が得られる．

＜ステップ3＞

今後は，n 行目 $\times a_{kn}$ を k 行目から引くことによって，以下のようにして，k 行目の n 列目をゼロにする．

$$
\begin{bmatrix}
1 & a'''_{12} & \cdots & a'''_{1\,n-1} & 0 & \vline & b''''_1 \\
0 & 1 & \cdots & a'''_{2\,n-1} & 0 & \vline & b''''_2 \\
\vdots & \vdots & \ddots & \vdots & \vdots & \vline & \vdots \\
0 & 0 & \cdots & 1 & 0 & \vline & b''''_{n-1} \\
0 & 0 & \cdots & 0 & 1 & \vline & b'''_n
\end{bmatrix}
\tag{B-7}
$$

＜ステップ4＞

同様にして，順次，計算して行くことで

$$
\begin{bmatrix}
1 & 0 & \cdots & 0 & \vline & b^*_1 \\
0 & 1 & \cdots & 0 & \vline & b^*_2 \\
\vdots & \vdots & \ddots & \vdots & \vline & \vdots \\
0 & 0 & \cdots & 1 & \vline & b^*_n
\end{bmatrix}
\tag{B-8}
$$

となり，解が得られる．

＜例題 A.1＞以下の連立方程式の解を求めよ．

$$
\begin{cases}
2x_1 + x_2 - 3x_3 = -1 \\
-x_1 + 3x_2 + x_3 = 10 \\
\quad\ 2x_2 - x_3 = 4
\end{cases}
$$

【解答】吐き出し法を用いて

$$\begin{bmatrix} 2 & 1 & -3 & -1 \\ -1 & 3 & 1 & 10 \\ 0 & 2 & -1 & 4 \end{bmatrix} \Rightarrow \begin{bmatrix} 1 & \dfrac{1}{2} & -\dfrac{3}{2} & -\dfrac{1}{2} \\ -1 & 3 & 1 & 10 \\ 0 & 2 & -1 & 4 \end{bmatrix} \Rightarrow \begin{bmatrix} 1 & \dfrac{1}{2} & -\dfrac{3}{2} & -\dfrac{1}{2} \\ 0 & \dfrac{7}{2} & -\dfrac{1}{2} & \dfrac{19}{2} \\ 0 & 2 & -1 & 4 \end{bmatrix}$$

$$\begin{bmatrix} 1 & \dfrac{1}{2} & -\dfrac{3}{2} & -\dfrac{1}{2} \\ 0 & 1 & -\dfrac{1}{7} & \dfrac{19}{7} \\ 0 & 2 & -1 & 4 \end{bmatrix} \Rightarrow \begin{bmatrix} 1 & \dfrac{1}{2} & -\dfrac{3}{2} & -\dfrac{1}{2} \\ 0 & 1 & -\dfrac{1}{7} & \dfrac{19}{7} \\ 0 & 0 & -\dfrac{5}{7} & -\dfrac{10}{7} \end{bmatrix} \Rightarrow \begin{bmatrix} 1 & \dfrac{1}{2} & -\dfrac{3}{2} & -\dfrac{1}{2} \\ 0 & 1 & -\dfrac{1}{7} & \dfrac{19}{7} \\ 0 & 0 & 1 & 2 \end{bmatrix}$$

$$\begin{bmatrix} 1 & \dfrac{1}{2} & 0 & \dfrac{5}{2} \\ 0 & 1 & 0 & 3 \\ 0 & 0 & 1 & 2 \end{bmatrix} \Rightarrow \begin{bmatrix} 1 & 0 & 0 & 1 \\ 0 & 1 & 0 & 3 \\ 0 & 0 & 1 & 2 \end{bmatrix}$$

となる.

B.2　最適化問題

　1次式で与えられた制約条件を満足する解の中で，1次式の目的関数の最大化（あるは最小化）する解を求める問題は，線形計画法と呼ばれている.

　例えば，$x_1, x_2 \geq 0$ とし，以下の制約条件下で，目的関数を最大化する最適解を求めることを考える.

＜制約条件＞

$$\begin{cases} x_1 + x_2 \leq 4 & \text{(B−9)} \\ -2x_1 + x_2 \leq 1 & \text{(B−10)} \\ x_1 - x_2 \leq 2 & \text{(B−11)} \end{cases}$$

＜目的関数＞

$$x_1 + 2x_2 \tag{B−12}$$

（1）グラフを利用して解く方法

　グラフを使って解く方法であり，（B−12）式を

$$x_1 + 2x_2 = k \quad \Rightarrow \quad x_2 = -\frac{1}{2}x_1 + \frac{k}{2}$$

と置き換えれば，最大値は y 切片が最大になる場合であり，図 B.1 より $k = 7$ と求められる.また，最大値を与える解は，

$$(x_1, x_2) = (1, 3)$$

であり，（B−9）式と式（B−10）式の等号が成立する点，すなわち，2つの式が表す直線の交点が解となっており，この点では（B−11）式の不等号が成立している.

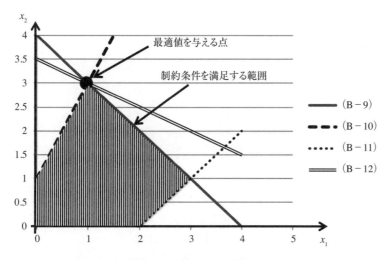

図 B.1 グラフを利用した最適解を求める方法

(2) 単体法

(B−9) 式〜 (B−12) 式で与えられる不等式にスラッグ変数と呼ばれる変数 $x_3, x_4, x_5, x_6 \geq 0$ を導入し，さらに目的関数を x_6 とおき，

$$
\begin{cases}
x_1 + x_2 + x_3 = 4 & \text{(B−9′)} \\
-2x_1 + x_2 + x_4 = 1 & \text{(B−10′)} \\
x_1 - x_2 + x_5 = 2 & \text{(B−11′)} \\
-x_1 - 2x_2 + x_6 = 0 & \text{(B−12′)}
\end{cases}
$$

として解を求める方法である．上記の式を行列を使って表せば，

$$
\begin{bmatrix}
1 & 1 & 1 & 0 & 0 & 0 \\
-2 & 1 & 0 & 1 & 0 & 0 \\
1 & -1 & 0 & 0 & 1 & 0 \\
-1 & -2 & 0 & 0 & 0 & 1
\end{bmatrix}
\begin{pmatrix}
x_1 \\ x_2 \\ x_3 \\ x_4 \\ x_5 \\ x_6
\end{pmatrix}
=
\begin{pmatrix}
4 \\ 1 \\ 2 \\ 0
\end{pmatrix}
\tag{B−13}
$$

となる．方法1で最大値を与える解は求められており，その結果から以下のようになる．

$$(x_1, x_2, x_3, x_4, x_5, x_6) = (1, 3, 0, 0, 4, 7)$$

実際には，次のように計算して解を求める．

$$
\begin{bmatrix}
1 & 1 & 1 & 0 & 0 & 0 & 4 \\
-2 & 1 & 0 & 1 & 0 & 0 & 1 \\
1 & -1 & 0 & 0 & 1 & 0 & 2 \\
-1 & -2 & 0 & 0 & 0 & 1 & 0
\end{bmatrix}
\Rightarrow
\begin{bmatrix}
1 & 1 & 1 & 0 & 0 & 0 & 4 \\
0 & 3 & 2 & 1 & 0 & 0 & 9 \\
0 & -2 & -1 & 0 & 1 & 0 & -2 \\
0 & -1 & 1 & 0 & 0 & 1 & 4
\end{bmatrix}
\Rightarrow
\begin{bmatrix}
1 & 0 & \frac{1}{3} & -\frac{1}{3} & 0 & 0 & 1 \\
0 & 1 & \frac{2}{3} & \frac{1}{3} & 0 & 0 & 3 \\
0 & 0 & \frac{1}{3} & \frac{2}{3} & 1 & 0 & 4 \\
0 & 0 & \frac{5}{3} & \frac{1}{3} & 0 & 1 & 7
\end{bmatrix}
\tag{B−14}
$$

(B−14) 式の最下段の行を

$$(a_1, a_2, a_3, a_4, a_5, a_6) = \left(0, 0, \frac{5}{3}, \frac{1}{3}, 0, 1\right)$$

すると，$x_1, x_2, x_3, x_4, x_5, x_6 \geq 0, a_1, a_2, a_3, a_4, a_5 \geq 0$ なので，

$$x_6 = 7 - a_1 x_1 - a_2 x_2 - a_3 x_3 - a_4 x_4 - a_5 x_5 \leq 7$$

となるので最大値は 7 と求められる．また，この最大値を与え，$x_1, x_2, x_3, x_4, x_5, x_6 \geq 0$ を満足する解として，

$$(a_3, a_4) = \left(\frac{5}{3}, \frac{1}{3}\right) > 0$$

とすれば，

$$(x_3, x_4) = (0, 0)$$

が得られるので

$$(x_1, x_2, x_3, x_4, x_5, x_6) = (1, 3, 0, 0, 4, 7) \tag{B-15}$$

が解となる．すなわち，(B-14) 式の最後の式の右下の項，この場合には，7 の所の項を除いた，最下段と最後の列の項が非負の値になるようにすれば良い．

　また，得られた解から，(B-9) 式と式 (B-10) 式については，等号が成立し，(B-11) 式については不等号が成立していることがわかる．

　もし，(B-9) 式 ～ (B-12) 式で与えられる問題で，(B-9) 式と (B-11) 式で与えれる交点 (3,1) を誤って最適解として求めると，

$$\begin{bmatrix} 1 & 1 & 1 & 0 & 0 & 0 & | & 4 \\ -2 & 1 & 0 & 1 & 0 & 0 & | & 1 \\ 1 & -1 & 0 & 0 & 1 & 0 & | & 2 \\ -1 & -2 & 0 & 0 & 0 & 1 & | & 0 \end{bmatrix} \Rightarrow \begin{bmatrix} 1 & 1 & 1 & 0 & 0 & 0 & | & 4 \\ 0 & 3 & 2 & 1 & 0 & 0 & | & 9 \\ 0 & -2 & -1 & 0 & 1 & 0 & | & -2 \\ 0 & -1 & 1 & 0 & 0 & 1 & | & 4 \end{bmatrix} \Rightarrow$$

$$\begin{bmatrix} 1 & 1 & 1 & 0 & 0 & 0 & | & 4 \\ 0 & 3 & 2 & 1 & 0 & 0 & | & 9 \\ 0 & 1 & \frac{1}{2} & 0 & -\frac{1}{2} & 0 & | & 1 \\ 0 & -1 & 1 & 0 & 0 & 1 & | & 4 \end{bmatrix} \Rightarrow \begin{bmatrix} 1 & 0 & \frac{1}{2} & 0 & \frac{1}{2} & 0 & | & 3 \\ 0 & 0 & \frac{1}{2} & 1 & \frac{3}{2} & 0 & | & 6 \\ 0 & 1 & \frac{1}{2} & 0 & -\frac{1}{2} & 0 & | & 1 \\ 0 & 0 & \frac{3}{2} & 0 & -\frac{1}{2} & 1 & | & 5 \end{bmatrix}$$

となり，

$$(a_1, a_2, a_3, a_4, a_5, a_6) = \left(0, 0, \frac{3}{2}, 0, -\frac{1}{2}, 1\right)$$

とすると

$$x_6 = 5 - a_1 x_1 - a_2 x_2 - a_3 x_3 - a_4 x_4 - a_5 x_5 > 5 - a_5 x_5 = 5 + \frac{1}{2} x_5$$

となるので，この式からは最大値を定めることができない．このような場合には，この負の項 (a_5) をなくすための作業が必要となる．まず，最下行の項の中で負となっているもので，絶対値が最大となっている項を探すと，5 列目の $-\frac{1}{2}$ となる．次に，この 5 列目の 1 行目から 3 行目までの中で正の値をとり，さらに，7 列目の項の値との比が最小になる項を探すと，2 行目 5 列目の項となるので，この項の値が 1 となるようにし，5 列目のその他の行の値がゼロとなるようにする．もし，最下行に負の値が出ないようになればそこで終了となる．以上の作業を実際に適用すると

$$\begin{bmatrix} 1 & 0 & \frac{1}{2} & 0 & \frac{1}{2} & 0 & \bigm| & 3 \\ 0 & 0 & \frac{1}{2} & 1 & \frac{3}{2} & 0 & \bigm| & 6 \\ 0 & 1 & \frac{1}{2} & 0 & -\frac{1}{2} & 0 & \bigm| & 1 \\ 0 & 0 & \frac{3}{2} & 0 & -\frac{1}{2} & 1 & \bigm| & 5 \end{bmatrix} \Rightarrow \begin{bmatrix} 1 & 0 & \frac{1}{2} & 0 & \frac{1}{2} & 0 & \bigm| & 3 \\ 0 & 0 & \frac{1}{3} & \frac{2}{3} & 1 & 0 & \bigm| & 4 \\ 0 & 1 & \frac{1}{2} & 0 & -\frac{1}{2} & 0 & \bigm| & 1 \\ 0 & 0 & \frac{3}{2} & 0 & -\frac{1}{2} & 1 & \bigm| & 5 \end{bmatrix} \Rightarrow$$

$$\begin{bmatrix} 1 & 0 & \frac{1}{2} & 0 & \frac{1}{2} & 0 & \bigm| & 3 \\ 0 & 0 & \frac{1}{3} & \frac{2}{3} & 1 & 0 & \bigm| & 4 \\ 0 & 1 & \frac{1}{2} & 0 & -\frac{1}{2} & 0 & \bigm| & 1 \\ 0 & 0 & \frac{5}{3} & \frac{1}{3} & 0 & 1 & \bigm| & 7 \end{bmatrix} \Rightarrow \begin{bmatrix} 1 & 0 & \frac{1}{3} & -\frac{1}{3} & 0 & 0 & \bigm| & 1 \\ 0 & 0 & \frac{1}{3} & \frac{2}{3} & 1 & 0 & \bigm| & 4 \\ 0 & 1 & \frac{2}{3} & \frac{1}{3} & 0 & 0 & \bigm| & 3 \\ 0 & 0 & \frac{5}{3} & \frac{1}{3} & 0 & 1 & \bigm| & 7 \end{bmatrix}$$

が得られ，（B−14）式の2行目と3行目を入れ換えた式が得られる．

B.3 双対問題

（B−9)〜(B−12）式で与えられた問題を一般的に書くと，制約条件

$$[A]\vec{x} \le \vec{b} \quad (\vec{x} \ge 0) \tag{B−16}$$

の下で

$$\max \vec{c} \cdot \vec{x} \left(= \max \vec{c}^T \vec{x}\right) \tag{B−17}$$

となる $\vec{x}$ を求める問題である．ここで

$$[A] = \begin{bmatrix} a_{11} & a_{12} & \cdots & a_{1m} \\ a_{21} & a_{22} & \cdots & a_{2m} \\ \vdots & \vdots & \ddots & \vdots \\ a_{n1} & a_{n2} & \cdots & a_{nm} \end{bmatrix}, \quad \vec{x} = \begin{pmatrix} x_1 \\ x_2 \\ \vdots \\ x_m \end{pmatrix}, \quad \vec{b} = \begin{pmatrix} b_1 \\ b_2 \\ \vdots \\ b_n \end{pmatrix}, \quad \vec{c} = \begin{pmatrix} c_1 \\ c_2 \\ \vdots \\ c_m \end{pmatrix}$$

であり，$m \le n$ とする．今，この問題に対する双対問題を以下のように定義する．

制約条件

$$[A]^T \vec{y} \ge \vec{c} \tag{B−18}, \quad \vec{y} = \begin{pmatrix} y_1 \\ y_2 \\ \vdots \\ y_n \end{pmatrix} \ge 0 \tag{B−19}$$

の下で

$$\min \vec{b} \cdot \vec{y} \left(= \min \vec{b}^T \vec{y}\right)$$

となる $\vec{y}$ を求める問題である（双対問題の具体的な考え方は，B.4.2.3 に記載されている）．

まず，

$$\max \vec{c}^T \vec{x} \le \min \vec{b}^T \vec{y} \tag{B−20}$$

となることを示す．元の問題（主問題）の最適値を与える解を $\vec{x}^*$ とし，双対問題の制約条件である（B−18）式，（B−19）式を満足する任意の $\vec{y}$ を用いると

$$\max \vec{c}^{\mathrm{T}}\vec{x} = \vec{c}^{\mathrm{T}}\vec{x}^* \leq \vec{c}^{\mathrm{T}}\vec{x}^* + \vec{y}^{\mathrm{T}}\left(\vec{b} - [A]\vec{x}^*\right) = \vec{y}^{\mathrm{T}}\vec{b} + \vec{c}^{\mathrm{T}}\vec{x}^* - \vec{y}^{\mathrm{T}}[A]\vec{x}^*$$
$$= \vec{b}^{\mathrm{T}}\vec{y} + \vec{x}^{*\mathrm{T}}\left(\vec{c} - [A]^{\mathrm{T}}\vec{y}\right) \leq \vec{b}^{\mathrm{T}}\vec{y}$$

となる．なお，以下の式を用いた．

$$\vec{c}^{\mathrm{T}}\vec{x}^* = \vec{x}^{*\mathrm{T}}\vec{c}, \quad \vec{y}^{\mathrm{T}}\vec{b} = \vec{b}^{\mathrm{T}}\vec{y}, \quad \left(\vec{y}^{\mathrm{T}}[A]\vec{x}^*\right)^{\mathrm{T}} = \vec{x}^{*\mathrm{T}}[A]^{\mathrm{T}}\vec{y}$$

ここで，$\vec{y}$ は制約条件を満足する任意の値をとることができるので，最小値を与える解も含まれる．よって，次式が成立する．

$$\max \vec{c}^{\mathrm{T}}\vec{x} \leq \min \vec{b}^{\mathrm{T}}\vec{y} \tag{B-21}$$

すでに示したように，$\max \vec{c}^{\mathrm{T}}\vec{x}$ を与える $\vec{x}$ は，（B-17）式の条件の中で等号が成立する場合と不等号が成立する場合に分けられる．そこで，$[A_{nm}]$ は n 行 m 列の行列を意味するものとし，

$$[A] = [A_{nm}] = \begin{bmatrix} A_{mm} \\ A_{n-mm} \end{bmatrix}, [A_{mm}] = \begin{bmatrix} a_{11} & a_{12} & \cdots & a_{1m} \\ a_{21} & a_{22} & \cdots & a_{2m} \\ \vdots & \vdots & \ddots & \vdots \\ a_{m1} & a_{m2} & \cdots & a_{mm} \end{bmatrix}, [A_{n-mm}] = \begin{bmatrix} a_{m+1\,1} & a_{m+1\,2} & \cdots & a_{m+1\,m} \\ a_{m+2\,1} & a_{m+2\,2} & \cdots & a_{m+2\,m} \\ \vdots & \vdots & \ddots & \vdots \\ a_{n1} & a_{n2} & \cdots & a_{nm} \end{bmatrix},$$

$$\vec{b} = \begin{pmatrix} \vec{b}_M \\ \vec{b}_N \end{pmatrix}, \quad \vec{b}_M = \begin{pmatrix} b_1 \\ \vdots \\ b_m \end{pmatrix}, \quad \vec{b}_N = \begin{pmatrix} b_{m+1} \\ \vdots \\ b_n \end{pmatrix}$$

とする．さらに，最適値を与える解を $\vec{x}^*$ として，

$$[A_{mm}]\vec{x}^* = \vec{b}_M, \quad [A_{n-mm}]\vec{x}^* < \vec{b}_N$$

を満足するものとする．また，

$$\vec{y} = \begin{pmatrix} \vec{y}_M \\ \vec{y}_N \end{pmatrix}, \quad \vec{y}_M = \begin{pmatrix} y_1 \\ y_2 \\ \vdots \\ y_m \end{pmatrix} \geq 0, \quad \vec{y}_N = \begin{pmatrix} y_{m+1} \\ y_{m+2} \\ \vdots \\ y_n \end{pmatrix} = 0$$

として，計算すると

$$\max \vec{c}^{\mathrm{T}}\vec{x} = \vec{c}^{\mathrm{T}}\vec{x}^* = \vec{c}^{\mathrm{T}}\vec{x}^* + \vec{y}_M^{\mathrm{T}}\left(\vec{b}_M - [A_{mm}]\vec{x}^*\right) + \vec{y}_N^{\mathrm{T}}\left(\vec{b}_N - [A_{m-nn}]\vec{x}^*\right)$$
$$= \vec{c}^{\mathrm{T}}\vec{x}^* + \vec{y}^{\mathrm{T}}\vec{b} - \vec{y}_M^{\mathrm{T}}[A_{mm}]\vec{x}^* - \vec{y}_N^{\mathrm{T}}[A_{n-mm}]\vec{x}^* = \vec{b}^{\mathrm{T}}\vec{y} + \vec{x}^{*T}\left(\vec{c} - [A_{mm}]^{\mathrm{T}}\vec{y}_M\right)$$

となる．ここで，

$$\vec{c} - [A_{mm}]^{\mathrm{T}}\vec{y}_M^* = 0$$

を満足する解が存在すると仮定すると

$$\max \vec{c}^{\mathrm{T}}\vec{x} = \vec{b}^{\mathrm{T}}\begin{pmatrix} \vec{y}_M^* \\ \vec{y}_N \end{pmatrix} \tag{B-22}$$

となるので，（B-20）式と（B-22）式より，

$$\max \vec{c}^{\mathrm{T}}\vec{x} = \vec{c}^{\mathrm{T}}\vec{x}^* = \vec{b}^{\mathrm{T}}\begin{pmatrix} \vec{y}_M^* \\ \vec{y}_N \end{pmatrix} = \min \vec{b}^{\mathrm{T}}\vec{y} \tag{B-23}$$

となることがわかる．すなわち，双対問題の解が存在し，その目的関数の最適値を求めることで，主問題の目的関数の最適値を求めることができる．

（B-9）式～（B-12）式に対する双対問題を考え，解を求めてみる．

$$[A] = \begin{bmatrix} 1 & 1 \\ -2 & 1 \\ 1 & -1 \end{bmatrix}, \quad \vec{b} = \begin{pmatrix} 4 \\ 1 \\ 2 \end{pmatrix}, \quad \vec{c} = \begin{pmatrix} 1 \\ 2 \end{pmatrix}, \quad \vec{y} = \begin{pmatrix} y_1 \\ y_2 \\ y_3 \end{pmatrix}$$

となるので，

$$[A]^T \vec{y} = \begin{bmatrix} 1 & -2 & 1 \\ 1 & 1 & -1 \end{bmatrix} \begin{pmatrix} y_1 \\ y_2 \\ y_3 \end{pmatrix} \geq \begin{pmatrix} 1 \\ 2 \end{pmatrix}, \quad \min \vec{b}^T \vec{y} = (4 \ 1 \ 2) \begin{pmatrix} y_1 \\ y_2 \\ y_3 \end{pmatrix} = 4y_1 + y_2 + 2y_3$$

が得られる．単射法を用いて解を求めるために，不等式にスラッグ変数 $y_4, y_5, y_6 \geq 0$ を導入し，制約条件の不等式の不等号の向きが逆になっているので，スラッグ変数の係数は負となり

$$\begin{bmatrix} 1 & -2 & 1 \\ 1 & 1 & -1 \end{bmatrix} \begin{pmatrix} y_1 \\ y_2 \\ y_3 \end{pmatrix} \geq \begin{pmatrix} 1 \\ 2 \end{pmatrix} \Rightarrow \begin{bmatrix} 1 & -2 & 1 & -1 & 0 \\ 1 & 1 & -1 & 0 & -1 \end{bmatrix} \begin{pmatrix} y_1 \\ y_2 \\ y_3 \\ y_4 \\ y_5 \end{pmatrix} = \begin{pmatrix} 1 \\ 2 \end{pmatrix}$$

となる．また，最小値を求める問題なので，$-(4y_1 + y_2 + 2y_3)$ の最大値を求める問題とし

$$4y_1 + y_2 + 2y_3 + y_6 = 0$$

とすると，

$$\begin{bmatrix} 1 & -2 & 1 & -1 & 0 & 0 \\ 1 & 1 & -1 & 0 & -1 & 0 \\ 4 & 1 & 2 & 0 & 0 & 1 \end{bmatrix} \begin{pmatrix} y_1 \\ y_2 \\ y_3 \\ y_4 \\ y_5 \\ y_6 \end{pmatrix} = \begin{pmatrix} 1 \\ 2 \\ 0 \end{pmatrix}$$

となるので，単射法を用いて以下のように計算できる．

$$\begin{bmatrix} 1 & -2 & 1 & -1 & 0 & 0 & | & 1 \\ 1 & 1 & -1 & 0 & -1 & 0 & | & 2 \\ 4 & 1 & 2 & 0 & 0 & 1 & | & 0 \end{bmatrix} \Rightarrow \begin{bmatrix} 1 & -2 & 1 & -1 & 0 & 0 & | & 1 \\ 0 & 3 & -2 & 1 & -1 & 0 & | & 1 \\ 0 & 9 & -2 & 4 & 0 & 1 & | & -4 \end{bmatrix}$$

$$\Rightarrow \begin{bmatrix} 1 & 0 & -\dfrac{1}{3} & \dfrac{1}{3} & \dfrac{2}{3} & 0 & | & \dfrac{5}{3} \\ 0 & 1 & -\dfrac{2}{3} & -\dfrac{1}{3} & \dfrac{1}{3} & 0 & | & \dfrac{1}{3} \\ 0 & 0 & 4 & 1 & 3 & 1 & | & -7 \end{bmatrix} \tag{B-24}$$

最適値は，$-(-7) = 7$ と求められる．また，

$$(y_1, y_2, y_3, y_4, y_5, y_6) = \left(\frac{5}{3}, \frac{1}{3}, 0, 0, 4, -7 \right) \tag{B-25}$$

となる．

以下に示すように（B-16）式と（22-24）式を比較すると，

$$\begin{bmatrix} 1 & 0 & \dfrac{1}{3} & -\dfrac{1}{3} & 0 & 0 & | & 1 \\ 0 & 1 & \dfrac{2}{3} & \dfrac{1}{3} & 0 & 0 & | & 3 \\ 0 & 0 & \dfrac{1}{3} & \dfrac{2}{3} & 1 & 0 & | & 4 \\ 0 & 0 & \dfrac{5}{3} & \dfrac{1}{3} & 0 & 1 & | & 7 \end{bmatrix} \Leftrightarrow \begin{bmatrix} 1 & 0 & -\dfrac{1}{3} & \dfrac{1}{3} & \dfrac{2}{3} & 0 & | & \dfrac{5}{3} \\ 0 & 1 & -\dfrac{2}{3} & -\dfrac{1}{3} & \dfrac{1}{3} & 0 & | & \dfrac{1}{3} \\ 0 & 0 & 4 & 1 & 3 & 1 & | & -7 \end{bmatrix} \tag{B-26}$$

となっており，単射法を用いると双対問題も解けていることになっている．これは偶然ではないことを，次に示す．

B.4　主問題と双対問題の関係

B.4.1　単射法の場合

（B−17），（B−18）式で与えれらる一般的な問題に対して，単射法を適用する．まず，以下の表現を用いる．

$$[I_{mm}] = \begin{pmatrix} 1 & 0 & \cdots & 0 \\ 0 & 1 & \cdots & 0 \\ \vdots & \vdots & \ddots & \vdots \\ 0 & 0 & \cdots & 1 \end{pmatrix}\!\Big\} m \qquad [O_{nm}] = \begin{pmatrix} 0 & 0 & \cdots & 0 \\ 0 & 0 & \cdots & 0 \\ \vdots & \vdots & \ddots & \vdots \\ 0 & 0 & \cdots & 0 \end{pmatrix}\!\Big\} n$$

$$\vec{X} = \begin{pmatrix} \vec{x} \\ \vec{x}_{Sm} \\ \vec{x}_{Sn-m} \\ x_{So} \end{pmatrix}, \quad \vec{x} = \begin{pmatrix} x_1 \\ \vdots \\ x_m \end{pmatrix}, \quad \vec{x}_{Sm} = \begin{pmatrix} x_{m+1} \\ \vdots \\ x_{2m} \end{pmatrix}, \quad \vec{x}_{Sn-m} = \begin{pmatrix} x_{2m+1} \\ \vdots \\ x_{m+n} \end{pmatrix}, \quad x_{So} = x_{m+n+1}$$

$$[c_{1m}] = \vec{c}^{\mathrm{T}} = [c_1 \quad c_2 \quad \cdots \quad c_m]$$

ここで，添字の S はスラッグ変数を意味しており，（B−13）式の一般形として

$$\begin{bmatrix} A_{mm} & I_{mm} & 0_{m\,n-m} & 0_{m1} \\ A_{n-m\,m} & 0_{n-m\,m} & I_{n-m\,n-m} & 0_{n-m\,1} \\ -c_{1m} & 0_{1m} & 0_{1\,n-m} & 1 \end{bmatrix} \begin{pmatrix} \vec{x} \\ \vec{x}_{Sm} \\ \vec{x}_{Sn-m} \\ x_{So} \end{pmatrix} = \begin{pmatrix} \vec{b}_M \\ \vec{b}_N \\ 0 \end{pmatrix} \tag{B−27}$$

が得られる．（B−26）式で，$m=2$, $n=3$ とすれば，

$$\vec{x} = \begin{pmatrix} x_1 \\ x_2 \end{pmatrix}, \quad \vec{x}_{Sm} = \begin{pmatrix} x_3 \\ x_4 \end{pmatrix}, \quad \vec{x}_{Sn-m} = x_5, \quad x_{So} = x_6$$

となっており，（B−13）式が得られる．（B−27）式の左側から

$$\begin{bmatrix} A_{mm}^{-1} & 0_{m\,n-m} & 0_{m1} \\ -A_{n-m\,m}A_{mm}^{-1} & I_{n-m\,n-m} & 0_{n-m\,1} \\ c_{1m}A_{mm}^{-1} & 0_{1\,n-m} & 1 \end{bmatrix}$$

を掛けると

$$\begin{bmatrix} A_{mm}^{-1} & 0_{m\,n-m} & 0_{m1} \\ -A_{n-m\,m}A_{mm}^{-1} & I_{n-m\,n-m} & 0_{n-m\,1} \\ c_{1m}A_{mm}^{-1} & 0_{1\,n-m} & 1 \end{bmatrix} \begin{bmatrix} A_{mm} & I_{mm} & 0_{m\,n-m} & 0_{m1} \\ A_{n-m\,m} & 0_{n-m\,m} & I_{n-m\,n-m} & 0_{n-m\,1} \\ -c_{1m} & 0_{1m} & 0_{1\,n-m} & 1 \end{bmatrix}$$

$$= \begin{bmatrix} I_{mm} & A_{mm}^{-1} & 0_{m\,n-m} & 0_{m1} \\ O_{n-m\,m} & -A_{n-m\,m}A_{mm} & I_{n-m\,n-m} & 0_{m-n\,1} \\ O_{1m} & c_{1m}A_{mm}^{-1} & 0_{1\,n-m} & 1 \end{bmatrix} = \begin{bmatrix} I_{mm} & A_{mm}^{-1} & 0_{m\,n-m} & 0_{m1} \\ O_{n-m\,m} & -A_{n-m\,m}A_{mm} & I_{n-m\,n-m} & 0_{m-n\,1} \\ O_{1m} & \vec{c}^{\,\mathrm{T}}A_{mm}^{-1} & 0_{1\,n-m} & 1 \end{bmatrix}$$

$$\begin{bmatrix} A_{mm}^{-1} & 0_{m\,n-m} & 0_{m1} \\ -A_{n-m\,m}A_{mm}^{-1} & I_{n-m\,n-m} & 0_{n-m\,1} \\ c_{1m}A_{mm}^{-1} & 0_{1\,n-m} & 1 \end{bmatrix} \begin{pmatrix} \vec{b}_M \\ \vec{b}_N \\ 0 \end{pmatrix} = \begin{pmatrix} A_{mm}^{-1}\vec{b}_M \\ -A_{n-m\,m}A_{mm}^{-1}\vec{b}_M + \vec{b}_N \\ c_{1m}A_{mm}^{-1}\vec{b}_M \end{pmatrix} = \begin{pmatrix} A_{mm}^{-1}\vec{b}_M \\ -A_{n-m\,m}A_{mm}^{-1}\vec{b}_M + \vec{b}_N \\ \vec{c}^{\,\mathrm{T}}A_{mm}^{-1}\vec{b}_M \end{pmatrix}$$

となることから

$$
\begin{bmatrix}
I_{m\,m} & A_{m\,m}^{-1} & 0_{m\,n-m} & 0_{m\,1} \\
O_{n-m\,m} & -A_{n-m\,m}A_{m\,m} & I_{n-m\,n-m} & 0_{m\,n\,1} \\
O_{1\,m} & \vec{c}^{\mathrm{T}}A_{m\,m}^{-1} & 0_{1\,n-m} & 1
\end{bmatrix}
\begin{pmatrix}
\vec{x} \\
\vec{x}_{Sm} \\
\vec{x}_{Sn-m} \\
x_{So}
\end{pmatrix}
=
\begin{pmatrix}
A_{m\,m}^{-1}\vec{b}_M \\
-A_{n-m\,m}A_{m\,m}^{-1}\vec{b}_M+\vec{b}_N \\
\vec{c}^{\mathrm{T}}A_{m\,m}^{-1}\vec{b}_M
\end{pmatrix}
\tag{B-28}
$$

が得られ，この式が（B−16）式に対応する一般形となっている．また，得られる解は

$$
\begin{pmatrix}
\vec{x} \\
\vec{x}_{Sm} \\
\vec{x}_{Sn-m} \\
x_{So}
\end{pmatrix}
=
\begin{pmatrix}
A_{m\,m}^{-1}\vec{b}_M \\
\vec{0} \\
-A_{n-m\,m}\vec{x}+\vec{b}_N \\
c_{1\,m}A_{m\,m}^{-1}\vec{b}_M
\end{pmatrix}
=
\begin{pmatrix}
A_{m\,m}^{-1}\vec{b}_M \\
\vec{0} \\
-A_{n-m\,m}A_{m\,m}^{-1}\vec{b}_M+\vec{b}_N \\
\vec{c}^{\mathrm{T}}A_{m\,m}^{-1}\vec{b}_M
\end{pmatrix}
\tag{B-29}
$$

となり，（B−15）式の一般形となっている．

一方，双対問題については，

$$
\vec{Y}=
\begin{pmatrix}
\vec{y}_M \\
\vec{y}_N \\
\vec{y}_{Sm} \\
y_{S_o}
\end{pmatrix},\quad
\vec{y}_M=
\begin{pmatrix}
y_1 \\
\vdots \\
y_m
\end{pmatrix},\quad
\vec{y}_N=
\begin{pmatrix}
y_{m+1} \\
\vdots \\
y_n
\end{pmatrix},\quad
\vec{y}_{Sm}=
\begin{pmatrix}
y_{n+1} \\
\vdots \\
y_{m+n}
\end{pmatrix},\quad
y_{S_o}=y_{m+n+1}
$$

$$
b_{1\,m}=\vec{b}_M^{\mathrm{T}}=[b_1\quad b_2\quad \cdots\quad b_m]
$$
$$
b_{1\,n-m}=\vec{b}_N^{\mathrm{T}}=[b_{m+1}\quad b_{m+2}\quad \cdots\quad b_n]
$$

とすれば，

$$
\begin{bmatrix}
A_{m\,m}^{\mathrm{T}} & A_{n-m\,m}^{\mathrm{T}} & -I_{m\,m} & 0_{m\,1} \\
b_{1\,m} & b_{1\,n-m} & 0_{1\,m} & 1
\end{bmatrix}
\begin{pmatrix}
\vec{y}_M \\
\vec{y}_N \\
\vec{y}_{Sm} \\
y_{S_o}
\end{pmatrix}
=
\begin{pmatrix}
\vec{c} \\
0
\end{pmatrix}
\tag{B-30}
$$

となる．（B−30）式の左側から

$$
\begin{bmatrix}
(A_{m\,m}^{\mathrm{T}})^{-1} & 0_{m1} \\
-b_{1\,m}(A_{m\,m}^{\mathrm{T}})^{-1} & 1
\end{bmatrix}
$$

を掛けると

$$
\begin{bmatrix}
(A_{m\,m}^{\mathrm{T}})^{-1} & 0_{m1} \\
-b_{1\,m}(A_{m\,m}^{\mathrm{T}})^{-1} & 1
\end{bmatrix}
\begin{bmatrix}
A_{m\,m}^{\mathrm{T}} & A_{n-m\,m}^{\mathrm{T}} & -I_{m\,m} & 0_{m1} \\
b_{1\,m} & b_{1\,n-m} & 0_{1\,m} & 1
\end{bmatrix}
=
\begin{bmatrix}
I_{m\,m} & (A_{m\,m}^{\mathrm{T}})^{-1}A_{n-m\,m}^{\mathrm{T}} & -(A_{m\,m}^{\mathrm{T}})^{-1} & 0_{m1} \\
0_{1\,m} & -b_{1m}(A_{m\,m}^{\mathrm{T}})^{-1}A_{n-m\,m}^{\mathrm{T}}+b_{1\,n-m} & b_{1\,m}(A_{m\,m}^{\mathrm{T}})^{-1} & 1
\end{bmatrix}
$$

$$
=
\begin{bmatrix}
I_{m\,m} & (A_{m\,m}^{\mathrm{T}})^{-1}A_{n-m\,m}^{\mathrm{T}} & -(A_{m\,m}^{\mathrm{T}})^{-1} & 0_{m1} \\
0_{1\,m} & -\vec{b}_M^{\mathrm{T}}(A_{m\,m}^{\mathrm{T}})^{-1}A_{n-m\,m}^{\mathrm{T}}+\vec{b}_N^{\mathrm{T}} & \vec{b}_M^{\mathrm{T}}(A_{m\,m}^{\mathrm{T}})^{-1} & 1
\end{bmatrix}
$$

$$
\begin{bmatrix}
(A_{m\,m}^{\mathrm{T}})^{-1} & 0_{m1} \\
-b_{1\,m}(A_{m\,m}^{\mathrm{T}})^{-1} & 1
\end{bmatrix}
\begin{pmatrix}
\vec{c} \\
0
\end{pmatrix}
=
\begin{pmatrix}
(A_{m\,m}^{\mathrm{T}})^{-1}\vec{c} \\
-b_{1\,m}(A_{m\,m}^{\mathrm{T}})^{-1}\vec{c}
\end{pmatrix}
=
\begin{pmatrix}
(A_{m\,m}^{\mathrm{T}})^{-1}\vec{c} \\
-\vec{b}_M^{\mathrm{T}}(A_{m\,m}^{\mathrm{T}})^{-1}\vec{c}
\end{pmatrix}
$$

となるので，

$$
\begin{bmatrix}
I_{m\,m} & (A_{m\,m}^{\mathrm{T}})^{-1}A_{n-m\,m}^{\mathrm{T}} & -(A_{m\,m}^{\mathrm{T}})^{-1} & 0_{m1} \\
0_{1\,m} & -\vec{b}_M^{\mathrm{T}}(A_{m\,m}^{\mathrm{T}})^{-1}A_{n-m\,m}^{\mathrm{T}}+\vec{b}_N^{\mathrm{T}} & \vec{b}_M^{\mathrm{T}}(A_{m\,m}^{\mathrm{T}})^{-1} & 1
\end{bmatrix}
\begin{pmatrix}
\vec{y}_M \\
\vec{y}_N \\
\vec{y}_{Sm} \\
y_{S_o}
\end{pmatrix}
=
\begin{pmatrix}
(A_{m\,m}^{\mathrm{T}})^{-1}\vec{c} \\
-\vec{b}_M^{\mathrm{T}}(A_{m\,m}^{\mathrm{T}})^{-1}\vec{c}
\end{pmatrix}
\tag{B-31}
$$

と計算される．よって解は

$$
\begin{pmatrix} \vec{y}_M \\ \vec{y}_N \\ \vec{y}_{S_m} \\ y_{S_0} \end{pmatrix} = \begin{pmatrix} (A^{\mathrm{T}}_{m\,m})^{-1}\vec{c} \\ \vec{0} \\ \vec{0} \\ -\vec{b}^{\mathrm{T}}_M(A^{\mathrm{T}}_{m\,m})^{-1}\vec{c} \end{pmatrix}
\tag{B-32}
$$

となり，(B−25) 式の一般解となっている．ここで，

$$
\big((A^{\mathrm{T}}_{m\,m})^{-1}\big)A^{\mathrm{T}}_{m\,m} = I_{m\,m} \Rightarrow \big(((A^{\mathrm{T}}_{m\,m})^{-1})A^{\mathrm{T}}_{m\,m}\big)^{\mathrm{T}} = A_{m\,m}\big((A^{\mathrm{T}}_{m\,m})^{-1}\big)^{\mathrm{T}} = (I_{m\,m})^{\mathrm{T}} = I_{m\,m}
$$
$$
\Rightarrow \big((A^{\mathrm{T}}_{m\,m})^{-1}\big)^{\mathrm{T}} = A^{-1}_{m\,m}
$$

となることに注意して，(B−28) 式と (B−31) 式をそれぞれ比較すると

$$
\begin{bmatrix}
I_{m\,m} & A^{-1}_{m\,m} & 0_{m\,n-m} & 0_{m\,1} & A^{-1}_{m\,m}\vec{b}_M \\
O_{n-m\,m} & -A_{n-m\,m}A_{m\,m} & I_{n-m\,n-m} & 0_{m-n\,1} & -A_{n-m\,m}A^{-1}_{m\,m}\vec{b}_M+\vec{b}_N \\
O_{1\,m} & \vec{c}^{\,\mathrm{T}}A^{-1}_{m\,m} & 0_{1\,n-m} & 1 & \vec{c}^{\,\mathrm{T}}A^{-1}_{m\,m}\vec{b}_M
\end{bmatrix}
$$

$$
\begin{bmatrix}
I_{m\,m} & (A^{\mathrm{T}}_{n\,m})^{-1}A^{\mathrm{T}}_{n-m\,m} & -(A^{\mathrm{T}}_{m\,m})^{-1} & 0_{m\,1} & (A^{\mathrm{T}}_{m\,m})^{-1}\vec{c} \\
0_{1\,m} & -\vec{b}^{\mathrm{T}}_M(A^{\mathrm{T}}_{m\,m})^{-1}A^{\mathrm{T}}_{n-m\,m}+\vec{b}^{\mathrm{T}}_N & \vec{b}^{\mathrm{T}}_M(A^{\mathrm{T}}_{m\,m})^{-1} & 1 & -\vec{b}^{\mathrm{T}}_M(A^{\mathrm{T}}_{m\,m})^{-1}\vec{c}
\end{bmatrix}
$$

$$\downarrow$$

———— $: \big(A^{-1}_{m\,m}\vec{b}_M\big)^{\mathrm{T}} = \vec{b}^{\mathrm{T}}_M(A^{-1}_{m\,m})^{\mathrm{T}} = \vec{b}^{\mathrm{T}}_M\big\{\big((A^{\mathrm{T}}_{m\,m})^{-1}\big)^{\mathrm{T}}\big\}^{\mathrm{T}} = \vec{b}^{\mathrm{T}}_M(A^{\mathrm{T}}_{m\,m})^{-1}$

‑‑‑‑‑ $: \big(-A_{n-m\,m}A^{-1}_{m\,m}\vec{b}_M+\vec{b}_N\big)^{\mathrm{T}} = -\vec{b}^{\mathrm{T}}_M(A^{\mathrm{T}}_{m\,m})^{\mathrm{T}}A^{\mathrm{T}}_{n-m\,m}+\vec{b}^{\mathrm{T}}_N = -\vec{b}^{\mathrm{T}}_M(A^{\mathrm{T}}_{m\,m})^{-1}A^{\mathrm{T}}_{n-m\,m}+\vec{b}^{\mathrm{T}}_N$

══════ $: \big(\vec{c}^{\,\mathrm{T}}A^{-1}_{m\,m}\vec{b}_M\big)^{\mathrm{T}} = \vec{b}^{\mathrm{T}}_M(A^{-1}_{m\,m})^{\mathrm{T}}\vec{c} = \vec{b}^{\mathrm{T}}_M(A^{\mathrm{T}}_{m\,m})^{-1}\vec{c}$

‑‑‑‑‑‑‑‑‑ $: \big(\vec{c}^{\,\mathrm{T}}A^{-1}_{m\,m}\big)^{\mathrm{T}} = (A^{-1}_{m\,m})^{\mathrm{T}}\vec{c} = (A^{\mathrm{T}}_{m\,m})^{-1}\vec{c}$

と計算され，それぞれ等しくなっていることがわかる（最適値の符号は異なる）．具体的に最初の B.2 の問題について計算してみると，

$$
A_{m\,m} = A_{22} = \begin{bmatrix} 1 & 1 \\ -2 & 1 \end{bmatrix} \quad I_{m\,m} = I_{22} = \begin{bmatrix} 1 & 0 \\ 0 & 1 \end{bmatrix} \quad 0_{m\,n-m} = 0_{21} = \begin{bmatrix} 0 \\ 0 \end{bmatrix} \quad 0_{m\,1} = 0_{21} = \begin{bmatrix} 0 \\ 0 \end{bmatrix}
$$

$$
A_{n-m\,m} = A_{12} = [1 \;\; -1] \quad 0_{n-m\,m} = 0_{12} = [0 \;\; 0] \quad I_{n-m\,n-m} = I_{11} = [1] \quad 0_{n-m\,1} = 0_{11} = [0]
$$

$$
C_{1\,m} = C_{12} = [1 \;\; 2] \quad 0_{1\,m} = 0_{12} = [0 \;\; 0] \quad 0_{1\,n-m} = 0_{11} = [0]
$$

$$
b_{1\,m} = b_{12} = \vec{b}^{\mathrm{T}}_M = [4 \;\; 1] \quad b_{1\,n-m} = b_{11} = \vec{b}^{\mathrm{T}}_N = [2]
$$

$$
A^{-1}_{m\,m} = A^{-1}_{22} = \frac{1}{3}\begin{bmatrix} 1 & -1 \\ 2 & 1 \end{bmatrix}
$$

$$
A_{n-m\,m}A^{-1}_{m\,m} = A_{12}A^{-1}_{22} = \frac{1}{3}[1 \;\; -1]\begin{bmatrix} 1 & -1 \\ 2 & 1 \end{bmatrix} = \frac{1}{3}[-1 \;\; -2] = -\frac{1}{3}[1 \;\; 2]
$$

$$
C_{1\,m}A^{-1}_{m\,m} = C_{12}A^{-1}_{22} = \frac{1}{3}[1 \;\; 2]\begin{bmatrix} 1 & -1 \\ 2 & 1 \end{bmatrix} = \frac{1}{3}[5 \;\; 1]
$$

となるので，

$$
\begin{bmatrix}
A^{-1}_{m\,m} & 0_{m\,n-m} & 0_{m\,1} \\
-A_{n-m\,m}A^{-1}_{m\,m} & I_{n-m\,n-m} & 0_{n-m\,1} \\
c_{1\,m}A^{-1}_{m\,m} & 0_{1\,n-m} & 1
\end{bmatrix} =
\begin{bmatrix}
\frac{1}{3} & -\frac{1}{3} & 0 & 0 \\
\frac{2}{3} & \frac{1}{3} & 0 & 0 \\
\frac{1}{3} & \frac{2}{3} & 1 & 0 \\
\frac{5}{3} & \frac{1}{3} & 0 & 1
\end{bmatrix}
$$

$$\begin{bmatrix} \dfrac{1}{3} & -\dfrac{1}{3} & 0 & 0 \\[2mm] \dfrac{2}{3} & \dfrac{1}{3} & 0 & 0 \\[2mm] \dfrac{1}{3} & \dfrac{2}{3} & 1 & 0 \\[2mm] \dfrac{5}{3} & \dfrac{1}{3} & 0 & 1 \end{bmatrix} \begin{bmatrix} 1 & 1 & 1 & 0 & 0 & 0 \\ -2 & 1 & 0 & 1 & 0 & 0 \\ 1 & -1 & 0 & 0 & 1 & 0 \\ -1 & -2 & 0 & 0 & 0 & 1 \end{bmatrix} = \begin{bmatrix} 1 & 1 & 1 & 0 & 0 & 0 \\ -2 & 1 & 0 & 1 & 0 & 0 \\ 1 & -1 & 0 & 0 & 1 & 0 \\ -1 & -2 & 0 & 0 & 0 & 1 \end{bmatrix}$$

$$A_{m\,m}^{-1}\vec{b}_M = A_{22}^{-1}\vec{b}_M = \frac{1}{3}\begin{bmatrix} 1 & -1 \\ 2 & 1 \end{bmatrix}\binom{4}{1} = \frac{1}{3}\binom{3}{9} = \binom{1}{3}$$

$$-A_{n-m\,m}A_{m\,m}^{-1}\vec{b}_M + \vec{b}_N = -A_{12}A_{22}^{-1}\vec{b}_M + \vec{b}_N = \frac{1}{3}[1\ \ 2]\binom{4}{1} + 2 = 4$$

$$\vec{c}^{\mathrm{T}}A_{m\,m}^{-1}\vec{b}_M = \vec{c}^{\mathrm{T}}A_{22}^{-1}\vec{b}_M = \frac{1}{3}[1\ \ 2]\begin{bmatrix} 1 & -1 \\ 2 & 1 \end{bmatrix}\binom{4}{1} = \frac{1}{3}[1\ \ 2]\binom{3}{9} = 7$$

が得られ，吐き出し法で得られた結果と同じ結果が得られる．

双対問題に対しても具体的に計算すると，

$$(A_{m\,m}^{\mathrm{T}})^{-1} = (A_{22}^{\mathrm{T}})^{-1} = \frac{1}{3}\begin{bmatrix} 1 & 2 \\ -1 & 1 \end{bmatrix}$$

$$-b_{1\,m}(A_{m\,m}^{\mathrm{T}})^{-1} = -b_{12}(A_{22}^{\mathrm{T}})^{-1} = -\frac{1}{3}[4\ \ 1]\begin{bmatrix} 1 & 2 \\ -1 & 1 \end{bmatrix} = -\frac{1}{3}[3\ \ 9] = [-1\ \ -3]$$

$$\begin{bmatrix} (A_{m\,m}^{\mathrm{T}})^{-1} & 0_{m\,1} \\ -b_{1\,m}(A_{m\,m}^{\mathrm{T}})^{-1} & 1 \end{bmatrix} = \begin{bmatrix} \dfrac{1}{3} & \dfrac{2}{3} & 0 \\[2mm] -\dfrac{1}{3} & \dfrac{1}{3} & 0 \\[2mm] -1 & -3 & 1 \end{bmatrix}$$

$$\begin{bmatrix} \dfrac{1}{3} & \dfrac{2}{3} & 0 \\[2mm] -\dfrac{1}{3} & \dfrac{1}{3} & 0 \\[2mm] -1 & -3 & 1 \end{bmatrix} \begin{bmatrix} 1 & -2 & 1 & -1 & 0 & 0 \\ 1 & 1 & -1 & 0 & -1 & 0 \\ 4 & 1 & 2 & 0 & 0 & 1 \end{bmatrix} = \begin{bmatrix} 1 & 0 & -\dfrac{1}{3} & -\dfrac{1}{3} & -\dfrac{2}{3} & 0 \\[2mm] 0 & 1 & -\dfrac{2}{3} & \dfrac{1}{3} & -\dfrac{1}{3} & 0 \\[2mm] 0 & 0 & 4 & 1 & 3 & 1 \end{bmatrix}$$

となり，吐き出し法による結果と同じものが得られる．

B.4.2 ラグランジュの緩和係数を導入した場合

まず，主問題の目的関数に制約条件を取り入れるため，ラグランジュの緩和係数と呼ばれる $y_1, y_2, y_3 \geq 0$ を導入し

$$x_1 + 2x_2 + y_1(4 - x_1 - x_2) + y_2(1 + 2x_1 - x_2) + y_3(2 - x_1 + x_2)$$

を考えれば

$$x_1 + 2x_2 \leq x_1 + 2x_2 + y_1(4 - x_1 - x_2) + y_2(1 + 2x_1 - x_2) + y_3(2 - x_1 + x_2) \tag{B-33}$$

が常に成立するので，

$$\max(x_1 + 2x_2) \leq x_1 + 2x_2 + y_1(4 - x_1 - x_2) + y_2(1 + 2x_1 - x_2) + y_3(2 - x_1 + x_2) \tag{B-34}$$

となる．そこで，左辺を求める代わりに，等号が成立する場合の右辺の最大値を求める．この問題の場合には，

$$y_1, y_2 > 0, \quad y_3 = 0, \quad x_1 + x_2 = 4, \quad -2x_1 + x_2 = 1, \quad x_1 - x_2 < 2$$

のときに等号が成立し，さらに，右辺が最大となる．

　ここで，(B−34) 式の右辺を

$$x_1+2x_2+y_1(4-x_1-x_2)+y_2(1+2x_1-x_2)+y_3(2-x_1+x_2)$$
$$= 4y_1+y_2+2y_3+x_1(1-y_1+2y_2-y_3)+x_2(2-y_1-y_2+y_3) \tag{B−35}$$

と変形しておく．

　次に，同様な方法で，双対問題の目的関数に制約条件を取り入れるため，ラグランジュの緩和係数を $x_1, x_2 \geq 0$ を導入すると

$$4y_1+y_2+2y_3 \geq 4y_1+y_2+2y_3+x_1(1-y_1+2y_2-y_3)+x_2(2-y_1-y_2+y_3) \tag{B−36}$$

となり，この式の右辺は，(B−35) 式の右辺と同じになる．よって，(B−35)，(B−36) 式から，

$$x_1+2x_2 \leq x_1+2x_2+y_1(4-x_1-x_2)+y_2(1+2x_1-x_2)+y_3(2-x_1+x_2)$$
$$= 4y_1+y_2+2y_3+x_1(1-y_1+2y_2-y_3)+x_2(2-y_1-y_2+y_3)$$
$$\leq 4y_1+y_2+2y_3$$

となるので，最後の辺が最小となる場合の値（双対問題の最小値）が，主問題値の最大値と同じになるような解が存在すれば，目的関数の最適値を求めることができる（この場合を強双対性が成立すると呼ぶ）．

B.4.3　具体的な例

　ある工場で，製品 A（生産量 x_1 ユニット）と B（生産量 x_2 ユニット）を生産しており，それぞれ，物質 a, b, c を，生成あるいは消費している．例えば，表 B.1 に示すように，製品 A を 1 つ作るのに，物質 a, b, c が，それぞれ，1 ユニット消費，2 ユニット生成，1 ユニット消費される．また，製品 A, B を 1 ユニットずつ作ると，それぞれ，利益が 1 と 2 得られるようになっている．したがって，(B−9)〜(B−12) 式で与えられる問題は，この工場で，最大供給量を守りつつ，利益を最大にする問題ということになる．

表 B.1　原料と製品の情報

		A	B	最大供給量
製品 1 ユニットを生産するのに必要な原料の量	a	1	1	4
	b	-2	1	1
	c	1	-1	2
製品 1 ユニットの利益		1	2	

　最も利益が発生する場合のそれぞれの製品の生産量を $\tilde{x}_1, \tilde{x}_2$ とすれば，B.2 で求めたように

$$(\tilde{x}_1, \tilde{x}_2) = (1, 3)$$

であり，最大の利益は，7 である．

　一方，この原料を工場から買う方の立場からの最適化を考える．原料 a, b, c は独占的にこの工場が買い付けており，この工場から最大供給量のすべてを購入し，価格はできるだけ下げたいという問題を考える．すなわち原料 a, b, c の買取価格をそれぞれ，y_1, y_2, y_3 として，総額を最小にする問題となるので，

$$\min (4y_1+y_2+2y_3)$$

を求めることになる．また，制約条件に対応するものとしては，製品を作った場合よりも利益が出ないのでは，工場側は原料を販売しないので，式で表すと，

$$\begin{cases} y_1 - 2y_2 + y_3 \geq 1 \\ y_1 + y_2 - y_3 \geq 2 \end{cases}$$

となるので，この買取側の立場からの最適化が，双対問題の具体的な内容となり，その解は

$$(\tilde{y}_1, \tilde{y}_2, \tilde{y}_3) = \left(\frac{5}{3}, \frac{1}{3}, 0 \right)$$

であり，原料すべてを買い取る場合の金額の最小値は，7である.

　ここで，製品工場において原料 a，b，c について，余りが発生した場合には販売することを考え，それぞれの利益を $(\tilde{y}_1, \tilde{y}_2, \tilde{y}_3)$ とすると，この工場での利益は <u>B.4.2</u> のラグランジュの緩和法の式である（B−35）式の最初の式の右辺に，$(\tilde{y}_1, \tilde{y}_2, \tilde{y}_3)$ を代入した式となり，

$$x_1 + 2x_2 + \tilde{y}_1(4 - x_1 - x_2) + \tilde{y}_2(1 + 2x_1 - x_2) + \tilde{y}_3(2 - x_1 + x_2)$$
$$= x_1 + 2x_2 + \frac{5}{3}(4 - x_1 - x_2) + \frac{1}{3}(1 + 2x_1 - x_2) + 0 \times (2 - x_1 + x_2)$$
$$= x_1 + 2x_2 + \frac{20}{3} - \frac{5}{3}x_1 - \frac{5}{3}x_2 + \frac{1}{3} + \frac{2}{3}x_1 - \frac{1}{3}x_2 = 7$$

が得られる．この結果より，製品の生産量に関係なく利益が7となり，利益 $(\tilde{y}_1, \tilde{y}_2, \tilde{y}_3)$ を確保して原料を販売しても利益が変わらないので，逆に，原料の買い手があれば，すべての量の原料を販売できることになる.

　一方，製品工場において製品の生産量を $(\tilde{x}_1, \tilde{x}_2)$ とすると，ラグランジュの緩和法の式である（B−35）式の2つ目の式の右辺に $(\tilde{x}_1, \tilde{x}_2)$ を代入した式になり，

$$4y_1 + y_2 + 2y_3 + \tilde{x}_1(1 - y_1 + 2y_2 - y_3) + \tilde{x}_2(2 - y_1 - y_2 + y_3)$$
$$= 4y_1 + y_2 + 2y_3 + 1 \times (1 - y_1 + 2y_2 - y_3) + 3 \times (2 - y_1 - y_2 + y_3)$$
$$= 4y_1 + y_2 + 2y_3 + 1 - y_1 + 2y_2 - y_3 + 6 - 3y_1 - 3y_2 + 3y_3$$
$$= 7 + 4y_3$$

となる．すなわち，余った原料 c の買い手がなく，利益がゼロ（$y_3 = 0$）となっても，製品を作った場合の最大の利益を確保できることになっている.

練習問題　解答例

第1章

<u>練習問題 1.1</u>

$$2 \cosh \frac{x+y}{2} \cosh \frac{x-y}{2}$$

$$= 2 \times \frac{e^{\frac{x+y}{2}} + e^{-\frac{x+y}{2}}}{2} \times \frac{e^{\frac{x-y}{2}} + e^{-\frac{x-y}{2}}}{2} = \frac{1}{2}(e^x + e^y + e^{-x} + e^{-y}) = \cosh x + \cosh y$$

となり，与式は成立する．

<u>練習問題 1.2</u>

$$\tanh^{-1} x = \frac{1}{2} \log \frac{1+x}{1-x} \qquad (|x| \leq 1).$$

$u = \dfrac{1}{2} \log \dfrac{1+x}{1-x}$　とおく．

$$\frac{1+x}{1-x} = e^{2u} \ \rightarrow \ x = \frac{e^{2u}-1}{e^{2u}+1} = \frac{(e^u - e^{-u})/2}{(e^u + e^{-u})/2} = \frac{\sinh u}{\cosh u} = \tanh u \ \rightarrow \ u = \tanh^{-1} x$$

$\therefore \tanh^{-1} x = \dfrac{1}{2} \log \dfrac{1+x}{1-x}$ となり与式は成立する．

<u>練習問題 1.3</u>

（1）　$a = -\sin^{-1} x$　とおく．

$\quad x = \sin(-a) = -\sin a \ \rightarrow \ a = \sin^{-1}(-x)$

$\therefore \sin^{-1}(-x) = -\sin^{-1} x$ となり与式は成立する．

（2）　$a = \pi - \cos^{-1} x$　とおく．

$\quad \cos^{-1} x = \pi - a \ \rightarrow \ x = \cos(\pi - a) = \cos \pi \cos a + \sin \pi \sin a = -\cos a$

$\quad \rightarrow \ a = \cos^{-1}(-x)$

$\therefore \cos^{-1}(-x) = \pi - \cos^{-1} x$ となり与式は成立する．

（3）　$a = -\tan^{-1} x$ とおく．

$\quad x = \tan(-a) = \dfrac{\sin(-a)}{\cos(-a)} = -\dfrac{\sin a}{\cos a} = -\tan a \ \rightarrow \ a = \tan^{-1}(-x)$

$\therefore \tan^{-1}(-x) = -\tan^{-1} x$ となり与式は成立する．

（4）　$a = 2 \sin^{-1} \sqrt{\dfrac{1+x}{2}} - \dfrac{\pi}{2}$　とおく．

$\quad \dfrac{1}{2}\Big(a + \dfrac{\pi}{2}\Big) = \sin^{-1} \sqrt{\dfrac{1+x}{2}} \rightarrow \sqrt{\dfrac{1+x}{2}} = \sin\Big\{\dfrac{1}{2}\Big(a + \dfrac{\pi}{2}\Big)\Big\}$

両辺を2乗し，右辺に半角の公式を用いると

$$\frac{1+x}{2} = \frac{1 - \cos\Big(a + \dfrac{\pi}{2}\Big)}{2} \ \rightarrow \ x = -\cos\Big(a + \frac{\pi}{2}\Big) = -\Big(\cos a \cos \frac{\pi}{2} - \sin a \sin \frac{\pi}{2}\Big) = \sin a$$

$\quad \rightarrow \ a = \sin^{-1} x$

$\therefore \sin^{-1} x = 2 \sin^{-1} \sqrt{\dfrac{1+x}{2}} - \dfrac{\pi}{2}$ となり与式は成立する．

（5）　$a = \pi - \sin^{-1}\sqrt{1-x^2}$　とおく.

$\pi - a = \sin^{-1}\sqrt{1-x^2}$　→　$\sqrt{1-x^2} = \sin a$　（∵ $\sin(\pi - a) = \sin a$）

両辺を2乗して

$1 - x^2 = \sin^2 a$　→　$x^2 = 1 - \sin^2 a = \cos^2 a$

→　$x = \cos a$　（∵ $-1 \leq x \leq 0$）　→　$a = \cos^{-1} x$

∴ $\cos^{-1} x = \pi - \sin^{-1}\sqrt{1-x^2}$ より与式は成立する.

練習問題1.4

（1）

$$\begin{bmatrix} \cos\dfrac{\pi}{3} & -\sin\dfrac{\pi}{3} \\ \sin\dfrac{\pi}{3} & \cos\dfrac{\pi}{3} \end{bmatrix}\begin{pmatrix} 2 \\ 3 \end{pmatrix} = \begin{pmatrix} 2\cos\dfrac{\pi}{3} - 3\sin\dfrac{\pi}{3} \\ 2\sin\dfrac{\pi}{3} + 3\cos\dfrac{\pi}{3} \end{pmatrix} = \begin{pmatrix} 1 - \dfrac{3}{2}\sqrt{3} \\ \dfrac{3}{2} + \sqrt{3} \end{pmatrix}$$

（2）

$$\begin{bmatrix} \cos\dfrac{\pi}{6} & -\sin\dfrac{\pi}{6} \\ \sin\dfrac{\pi}{6} & \cos\dfrac{\pi}{6} \end{bmatrix}\begin{pmatrix} 2 \\ 3 \end{pmatrix} = \begin{pmatrix} 2\cos\dfrac{\pi}{6} - 3\sin\dfrac{\pi}{6} \\ 2\sin\dfrac{\pi}{6} + 3\cos\dfrac{\pi}{6} \end{pmatrix} = \begin{pmatrix} -\dfrac{3}{2} + \sqrt{3} \\ 1 + \dfrac{3}{2}\sqrt{3} \end{pmatrix}$$

（3）

$$\begin{bmatrix} \cos\dfrac{\pi}{12} & -\sin\dfrac{\pi}{12} \\ \sin\dfrac{\pi}{12} & \cos\dfrac{\pi}{12} \end{bmatrix}\begin{pmatrix} 2 \\ 3 \end{pmatrix} = \begin{pmatrix} 2\cos\dfrac{\pi}{12} - 3\sin\dfrac{\pi}{12} \\ 2\sin\dfrac{\pi}{12} + 3\cos\dfrac{\pi}{12} \end{pmatrix} = \begin{pmatrix} \dfrac{5\sqrt{2} - \sqrt{6}}{4} \\ \dfrac{\sqrt{2} + 5\sqrt{6}}{4} \end{pmatrix}$$

ただし，$\cos\dfrac{\pi}{12} = \cos\left(\dfrac{\pi}{3} - \dfrac{\pi}{4}\right)$ として求めている.

第2章

練習問題2.1

$f(x) = e^{\sin x}$ を $x = 0$ のまわりでテイラー展開する.

$f'(x) = \cos x\, e^{\sin x}$　→ $f'(0) = 1$　　　　$f''(x) = (-\sin x + \cos^2 x)e^{\sin x} \to f''(0) = 1$

$f'''(x) = \left(-\cos x - \dfrac{3}{2}\sin 2x + \cos^3 x\right)e^{\sin x} \to f'''(0) = 0$

$f^{(4)}(x) = (\sin x - 3\cos 2x - \cos^2 x - 3\sin 2x \cos x + \cos^4 x)e^{\sin x} \to f^{(4)}(0) = -3$

$f^{(5)}(x) = (\cos x + 6\sin 2x - 2\cos x \sin x - 6\cos 2x \cos x + 3\sin 2x \sin x - 4\cos^3 x \sin x)e^{\sin x}$
$\qquad + (\sin x \cos x - 3\cos 2x \cos x - \cos^3 x - 3\sin 2x \cos^2 x + \cos^5 x)e^{\sin x} \to f^{(5)}(0) = -8$

以上より，$f(x) = e^{\sin x} \approx 1 + x + \dfrac{x^2}{2} - \dfrac{x^4}{8} - \dfrac{x^5}{15}$

練習問題2.2

$\lim\limits_{n \to +\infty} \sqrt[n]{|a_n|}\,|x| = \kappa < 1$ より，ある十分大きな自然数 $n (n \geq N)$ に対して，$\sqrt[n]{|a_n|}\,|x| < \kappa < 1$ が成立する κ が存在する. この辺々を n 乗すると，$(\sqrt[n]{|a_n|}\,|x|)^n = |a_n||x|^n = |a_n x^n| < \kappa^n < 1$ である. これより，$\sum\limits_{n=0}^{+\infty} |a_n x^n| = \sum\limits_{n=0}^{N-1} |a_n x^n| + \sum\limits_{n=N}^{+\infty} |a_n x^n| < \sum\limits_{n=0}^{N-1} |a_n x^n| + \sum\limits_{n=N}^{+\infty} \kappa^n$ と書ける.

ここで，$\sum\limits_{n=0}^{N} |a_n x^n|$ は有限であり，$\sum\limits_{n=N}^{+\infty} \kappa^n$ は公比 $\kappa (< 1)$ の等比数列であるから収束する. したがって，$\sum\limits_{n=0}^{+\infty} |a_n x^n|$ も収束する.

練習問題 2.3　$a_n = \dfrac{1}{\log(n+2)}$ とおく.

$$l = \lim_{n \to \infty}\left|\frac{a_{n+1}}{a_n}\right| = \lim_{n \to \infty}\frac{\log(n+2)}{\log(n+3)} = \lim_{n \to \infty}\left\{\frac{\log(n+3) - \log(n+3) + \log(n+2)}{\log(n+3)}\right\}$$

$$= \lim_{n \to \infty}\left\{1 + \frac{\log\dfrac{n+2}{n+3}}{\log(n+3)}\right\} = \lim_{n \to \infty}\left\{1 + \frac{\log\dfrac{1+2/n}{1+3/n}}{\log(n+3)}\right\} = 1 \qquad \Rightarrow \qquad 収束半径\ r = \frac{1}{l} = 1.$$

練習問題 2.4

i) $y = \sin x$ を $x = 0$ のまわりで 2 次の項までテイラー展開　$\Rightarrow$　$y = \sin x \approx x$

ii) $y = \sin x$ を $x = \dfrac{\pi}{2}$ のまわりで 2 次の項までテイラー展開　$\Rightarrow$　$y = \sin x \approx 1 - \dfrac{1}{2}\left(x - \dfrac{\pi}{2}\right)^2$

または, $y = \cos x$ を $x = 0$ のまわりで 2 次の項までテイラー展開　$\Rightarrow$　$y = \cos x \approx 1 - \dfrac{x^2}{2}$

すなわち, $y = \cos x$ の $x = 0$ の近傍のグラフは, $y = \sin x$ の $x = \dfrac{\pi}{2}$ の近傍のグラフと同じになる. 以上より, $y = \sin x$ のグラフをフリーハンドで描く際には, 直線と放物線の組み合わせだと考えればよい. (図は省略)

第 3 章

練習問題 3.1

三平方の定理より円錐の底面の円の半径について, $r^2 + (h-1)^2 = 1$ から, $r^2 = 1 - (h-1)^2$ と表せる. 円錐の体積 V は

$$V = \frac{\pi}{3}r^2 h = \frac{\pi}{3}\{1 - (h-1)^2\}h = \frac{\pi}{3}(-h^3 + 2h^2)$$

と表せるので, $V' = \dfrac{\pi}{3}(-3h^2 + 4h) = 0$ のとき, 極値は体積の最大値をとる.

$$-3h^2 + 4h = 0 \ \rightarrow\ h = \frac{4}{3} \ (\because h > 0) \ \rightarrow\ r = \frac{2\sqrt{2}}{3}$$

練習問題 3.2

（1）　$y = e^x$ をテイラー展開して, $y = e^x \approx 1 + x + \dfrac{1}{2}x^2 + \dfrac{1}{6}x^3 + \cdots$ — ①,

また $y' = e^x$ をテイラー展開して, $y' = e^x \approx 1 + x + \dfrac{1}{2}x^2 + \dfrac{1}{6}x^3 + \cdots$ — ②,

①を x について微分して, $y' = e^x \approx 1 + x + \dfrac{1}{2}x^2 + \dfrac{1}{6}x^3 + \cdots$ — ①'

したがって①' = ②となり, 命題は成立する.

（2）　$y = \cos x$ をテイラー展開して, $y = \cos x \approx 1 - \dfrac{1}{2}x^2 + \dfrac{1}{24}x^4 - \dfrac{1}{720}x^6 + \cdots$ — ①,

また, $y' = -\sin x$ をテイラー展開して, $y' = -\sin x \approx -x + \dfrac{1}{6}x^3 - \dfrac{1}{120}x^5 + \cdots$ — ②,

①を x について微分して, $y' = -\sin x \approx -x + \dfrac{1}{6}x^3 - \dfrac{1}{120}x^5 + \cdots$ — ①'

したがって①' = ②となり命題は成立する.

練習問題 3.3

曲線の $x=a$ における接線の方程式は，$y=f(x)$ を $x=a$ のまわりに 1 次の項までテイラー展開したものである．すなわち

$$y = f\Big(a\cos\frac{\pi}{4}\Big(1+\cos\frac{\pi}{4}\Big)\Big)+f'\Big(a\cos\frac{\pi}{4}\Big(1+\cos\frac{\pi}{4}\Big)\Big)\Big(x-a\cos\frac{\pi}{4}\Big(1+\cos\frac{\pi}{4}\Big)\Big)$$

$$f\Big(a\cos\frac{\pi}{4}\Big(1+\cos\frac{\pi}{4}\Big)\Big) = a\frac{1}{\sqrt{2}}\Big(1+\frac{1}{\sqrt{2}}\Big) = a\frac{\sqrt{2}+1}{2}$$

$$f'\Big(a\cos\frac{\pi}{4}\Big(1+\cos\frac{\pi}{4}\Big)\Big) = \dfrac{\dfrac{df}{d\theta}}{\dfrac{dx}{d\theta}}\Bigg|_{\theta=\pi/4} = \dfrac{a(\cos\theta(1+\cos\theta)-\sin\theta\sin\theta)}{a(-\sin\theta(1+\cos\theta)-\cos\theta\sin\theta)}\Bigg|_{\theta=\pi/4}$$

$$= \dfrac{\dfrac{1}{\sqrt{2}}}{-\dfrac{1}{\sqrt{2}}-1} = -\dfrac{1}{\sqrt{2}+1} = 1-\sqrt{2}$$

よって求める直線の方程式は

$$y = \frac{\sqrt{2}+1}{2}a+(1-\sqrt{2})\Big(x-\frac{\sqrt{2}+1}{2}a\Big)$$

となる．

練習問題 3.4

（1） $u=x^x$ として，$y=x^u$ より，両辺に対数をとり，$\log y = u\log x$ から x について微分すると次式が得られる．

$$\frac{d(\log y)}{dx} = \frac{du}{dx}\log x+u\frac{1}{x}$$

ここで

$$\frac{d(\log y)}{dx} = \frac{d(\log y)}{dy}\frac{dy}{dx} = \frac{1}{y}\frac{dy}{dx} \;\rightarrow\; \frac{dy}{dx} = y\frac{d(\log y)}{dx} = y\Big(\frac{du}{dx}\log x+u\frac{1}{x}\Big) = x^u\Big(\frac{du}{dx}\log x+u\frac{1}{x}\Big)$$

となる．また，$u=x^x$ に両辺に対数をとり，$\log u = x\log x$ から

$$\frac{d(\log u)}{dx} = \log x+1$$

と計算される．ここで

$$\frac{d(\log u)}{dx} = \frac{d(\log u)}{du}\frac{du}{dx} = \frac{1}{u}\frac{du}{dx} \;\rightarrow\; \frac{du}{dx} = u\frac{d(\log u)}{dx} = u(\log x+1) = x^x(\log x+1)$$

となるので，次式が得られる．

$$\frac{dy}{dx} = x^{x^x}\Big\{x^x(\log x+1)\log x+x^x\frac{1}{x}\Big\} = x^{x^x+(x-1)}(x\log^2 x+x\log x+1)$$

（2） $y=\tan^{-1}(ax) \;\rightarrow\; ax=\tan y$ から，両辺を x について微分すれば，以下のように求められる．

$$a = \frac{d(\tan y)}{dx} = \frac{d(\tan y)}{dy}\frac{dy}{dx} = \frac{1}{\cos^2 y}\frac{dy}{dx} \;\rightarrow\; \frac{dy}{dx} = a\cos^2 y = \frac{a}{1+\tan^2 y} = \frac{a}{1+a^2x^2}$$

練習問題 3.5

（1） $$\lim_{\theta\to 0}\frac{\sin\theta}{\theta} = \lim_{\theta\to 0}\frac{\theta-\dfrac{\theta^3}{6}+\cdots}{\theta} = \lim_{\theta\to 0}\frac{1-\dfrac{\theta^2}{6}+\cdots}{1} = 1$$

$$\lim_{\theta\to 0}\frac{\sin\theta}{\theta} = \lim_{\theta\to 0}\frac{(\sin\theta)'}{(\theta)'} = \lim_{\theta\to 0}\frac{\cos\theta}{1} = 1$$

（2）　$\displaystyle\lim_{\theta\to 0}\frac{\left(1-\frac{1}{2}\theta^2+\frac{1}{4!}\theta^4-\cdots\right)-1}{\theta}=\lim_{\theta\to 0}\frac{-\frac{1}{2}\theta^2+\frac{1}{4!}\theta^4-\cdots}{\theta}=\lim_{\theta\to 0}\left(-\frac{1}{2}\theta+\frac{1}{4!}\theta^3-\cdots\right)=0$

　　　　$\displaystyle\lim_{\theta\to 0}\frac{(\cos\theta-1)'}{\theta'}=\lim_{\theta\to 0}\frac{-\sin\theta}{1}=0$

第4章

練習問題 4.1

$n\neq -1$ のとき

$$\int\frac{(\log x)^n}{x}dx=\int(\log x)^n(\log x)'dx=\frac{1}{n+1}(\log x)^{n+1}$$

$n=-1$ のとき

$$\int\frac{(\log x)^n}{x}dx=\int\frac{1}{x\log x}dx=\int\frac{(\log x)'}{\log x}dx=\log(\log x)$$

練習問題 4.2

$$\frac{1}{(x^2+a^2)(x^2+b^2)}=\frac{A}{x^2+a^2}+\frac{B}{x^2+b^2}$$

$$A(x^2+b^2)+B(x^2+a^2)=1$$

$$(A+B)x^2+Ab^2+Ba^2=1$$

$$\begin{cases}A+B=0\\Ab^2+Ba^2=1\end{cases}\to\ B=-A,A=\frac{1}{b^2-a^2}$$

$$\int_0^\infty\left(\frac{1}{b^2-a^2}\frac{1}{x^2+a^2}+\frac{1}{a^2-b^2}\frac{1}{x^2+b^2}\right)dx=\left[\frac{1}{b^2-a^2}\frac{1}{a}\tan^{-1}\left(\frac{x}{a}\right)+\frac{1}{a^2-b^2}\frac{1}{b}\tan^{-1}\left(\frac{x}{b}\right)\right]_0^\infty$$

$$=\frac{1}{a(b^2-a^2)}\left(\frac{\pi}{2}-0\right)+\frac{1}{b(a^2-b^2)}\left(\frac{\pi}{2}-0\right)$$

$$=\frac{\pi}{2a(b^2-a^2)}+\frac{\pi}{2b(a^2-b^2)}=\frac{\pi}{2(a^2-b^2)}\left(\frac{1}{b}-\frac{1}{a}\right)$$

練習問題 4.3

$$\int_{-\infty}^1\frac{x}{(x^2+1)^2}\tan^{-1}\frac{x}{\sqrt{3}}dx$$

$$=\lim_{a\to -\infty}\left[\int_a^1\frac{x}{(x^2+1)^2}\tan^{-1}\frac{x}{\sqrt{3}}dx\right]$$

$$=\lim_{a\to -\infty}\left\{\left[-\frac{1}{2(x^2+1)}\tan^{-1}\frac{x}{\sqrt{3}}\right]_a^1+\frac{1}{2}\int_a^1\frac{1}{x^2+1}\frac{\sqrt{3}}{x^2+3}dx\right\}$$

$$=\lim_{a\to -\infty}\left\{-\frac{1}{4}\frac{\pi}{6}+\frac{1}{2(a^2+1)}\tan^{-1}\frac{a}{\sqrt{3}}+\frac{\sqrt{3}}{4}\int_a^1\left(\frac{1}{x^2+1}-\frac{1}{x^2+3}\right)dx\right\}$$

$\displaystyle\int_{-\infty}^1\left(\frac{1}{x^2+1}-\frac{1}{x^2+3}\right)dx$　の第1項について　$x=\tan t$ とおくと

$$dx=\frac{1}{\cos^2 t}dt\ \to\ \int_{-\infty}^1\frac{1}{x^2+1}dx=\int_{-\frac{\pi}{2}}^{\frac{\pi}{4}}\frac{1}{\tan^2 t+1}\frac{1}{\cos^2 t}dt=\int_{-\frac{\pi}{2}}^{\frac{\pi}{4}}dt=\frac{3}{4}\pi$$

$\displaystyle\int_{-\infty}^1\left(\frac{1}{x^2+1}-\frac{1}{x^2+3}\right)dx$　の第2項について　$x=\sqrt{3}\tan t$ とおくと

$$dx=\frac{\sqrt{3}}{\cos^2 t}dt\ \to\ \int_{-\infty}^1\frac{1}{x^2+3}dx=\int_{-\frac{\pi}{2}}^{\frac{\pi}{6}}\frac{1}{\sqrt{3}}dt=\frac{2\sqrt{3}}{9}\pi$$

以上より

$$\int_{-\infty}^{1} \frac{x}{(x^2+1)^2} \tan^{-1} \frac{x}{\sqrt{3}} dx = -\frac{\pi}{24} + \left(\frac{3}{4}\pi - \frac{2\sqrt{3}}{9}\pi\right)\frac{\sqrt{3}}{4} = \left(\frac{3\sqrt{3}}{16} - \frac{5}{24}\right)\pi$$

となる.

練習問題 4.4

$$\begin{cases} x = a\cos^3\theta \\ y = a\sin^3\theta \end{cases} \quad \text{とおくと}$$

x 軸と y 軸に関し対称であるから求める面積を S とすると

$$S = 4\int_0^a y\,dx$$

となる. $x = a\cos^3\theta$ より, 以下のように計算される.

$$dx = 3a\cos^2\theta(-\sin\theta)d\theta$$

$$S = 4\int_{\frac{\pi}{2}}^{0} a\sin^3\theta(-3a\cos^2\theta\sin\theta)d\theta$$

$$= 12a^2\int_0^{\frac{\pi}{2}} \sin^4\theta\cos^2\theta\,d\theta = 12a^2\left\{\int_0^{\frac{\pi}{2}} \sin^4\theta\,d\theta - \int_0^{\frac{\pi}{2}} \sin^6\theta\,d\theta\right\}$$

$$= 12a^2\left(\frac{3}{8}\frac{\pi}{2} - \frac{5}{16}\frac{\pi}{2}\right) = \frac{3}{8}\pi a^2$$

第5章

練習問題 5.1　省略

練習問題 5.2

$df = \dfrac{\partial f}{\partial x}dx + \dfrac{\partial f}{\partial y}dy$ において, 今回, $df = 0$ であることを用いれば

$$0 = \frac{\partial f}{\partial x}dx + \frac{\partial f}{\partial y}dy$$

となる. よって, 以下のように求められる.

$$\frac{dy}{dx} = -\frac{\partial f}{\partial x}\bigg/\frac{\partial f}{\partial y}$$

練習問題 5.3

$$\frac{\partial f}{\partial x} = 2x = 0\ ,\quad \frac{\partial f}{\partial y} = -2y = 0\quad \to\quad (x,y) = (0,0)$$

また判別式より

$$\frac{D}{4} = \left\{\frac{\partial^2 f}{\partial x\partial y}\bigg|_{\substack{x=0\\y=0}}\right\}^2 - \frac{\partial^2 f}{\partial x^2}\bigg|_{\substack{x=0\\y=0}}\frac{\partial^2 f}{\partial y^2}\bigg|_{\substack{x=0\\y=0}} = 4 > 0$$

より $(x,y) = (0,0)$ は極値をとらず, 鞍点となる. 図示は省略.

練習問題 5.4

$$\frac{\partial f}{\partial x} = \frac{y}{x^2+y^2} - \frac{y}{x^2+y^2} = 0\ ,\quad \frac{\partial f}{\partial y} = \frac{x}{x^2+y^2} - \frac{x}{x^2+y^2} = 0\quad \to\quad df = \frac{\partial f}{\partial x}dx + \frac{\partial f}{\partial y}dy = 0$$

よって任意の x, y に対して, 定数 c を用いて, $f(x,y) = c$ と表せる.

$$f(1,1) = \frac{\pi}{2}\quad \text{または,}\quad f(1,-1) = -\frac{\pi}{2}$$

練習問題 5.5

$$\begin{cases} x = r\cos\theta \\ y = r\sin\theta \end{cases} \text{とおくと}$$

$f(r) = (r-1)^2 \quad \text{ただし } r \geq 0 \qquad \rightarrow \qquad f'(r) = 2(r-1) \text{ より}$

増減表は以下のようになる.

r	0	$\cdots$	1	$\cdots$
$f'(r)$	$-$	$-$	0	$+$
$f(r)$	1	$\searrow$	0	$\nearrow$

以上より

$r = 0$ つまり $x = y = 0$ のとき極大値 1

$r = 1$ つまり $x^2 + y^2 = 1$ のとき極小値 0

図は省略（$f(r)$ を軸のまわりに回転した形）

第6章

練習問題 6.1

$$(\vec{A} \times \vec{B}) \times (\vec{B} \times \vec{C}) = (-22, 0, 11), \quad (\vec{A} \times \vec{B}) \times \vec{C} = (2, 4, 2)$$

$$(\vec{B} \cdot \vec{C})(\vec{A} \times \vec{B}) = (4, -6, 8)$$

練習問題 6.2 法線ベクトルを $\vec{N} = (a, b, c)$ とする. ここで平面上に互いに独立な2つのベクトルの外積はその平面の法線ベクトルであるから, 与えられた平面上にある互いに独立なベクトルを考える. そこで, 平面上の3点 A$(0, 0, 2)$, B$(1, 1, 1)$, C$(0, 3, 1)$ を選ぶと

$$\overrightarrow{AB} = \begin{pmatrix} 1 \\ 1 \\ -1 \end{pmatrix}, \quad \overrightarrow{AC} = \begin{pmatrix} 0 \\ 3 \\ -1 \end{pmatrix}$$

このときこれらのベクトルは互いに一次独立である.

$$\therefore \vec{N} = \overrightarrow{AB} \times \overrightarrow{AC} = \begin{pmatrix} 2 \\ 1 \\ 3 \end{pmatrix} \quad \text{もしくは,} \quad \therefore \vec{N} = \overrightarrow{AC} \times \overrightarrow{AB} = -\begin{pmatrix} 2 \\ 1 \\ 3 \end{pmatrix}$$

以上より求める単位法線ベクトル $\vec{n}$ は, 以下のようになる.

$$\vec{n} = \frac{\vec{N}}{|\vec{N}|} \frac{\overrightarrow{AB} \times \overrightarrow{AC}}{|\overrightarrow{AB} \times \overrightarrow{AC}|} = \frac{\pm 1}{\sqrt{14}} \begin{pmatrix} 2 \\ 1 \\ 3 \end{pmatrix}$$

練習問題 6.3

$$\begin{cases} 3x + y = 1 \\ 5x - 2y = 9 \end{cases} \Leftrightarrow \begin{pmatrix} 3 & 1 \\ 5 & -2 \end{pmatrix} \begin{pmatrix} x \\ y \end{pmatrix} = \begin{pmatrix} 1 \\ 9 \end{pmatrix}$$

ここで

$$[A] = \begin{pmatrix} 3 & 1 \\ 5 & -2 \end{pmatrix} \rightarrow [A]^{-1} = \frac{1}{\det[A]} \begin{pmatrix} a_{22} & -a_{12} \\ -a_{21} & a_{11} \end{pmatrix} = \frac{1}{-11} \begin{pmatrix} -2 & -1 \\ -5 & 3 \end{pmatrix}$$

となる. したがって, 次のように解が求められる.

$$[A]^{-1}[A] \begin{pmatrix} x \\ y \end{pmatrix} = [A]^{-1} \begin{pmatrix} 1 \\ 9 \end{pmatrix} \rightarrow \begin{pmatrix} x \\ y \end{pmatrix} = \frac{1}{-11} \begin{pmatrix} -2 & -1 \\ -5 & 3 \end{pmatrix} \begin{pmatrix} 1 \\ 9 \end{pmatrix} = \begin{pmatrix} 1 \\ -2 \end{pmatrix}$$

練習問題 6.4

$$x(t) = A_0 \cos \omega t , \quad y(t) = A_0 \sin \omega t$$

より

$$\frac{dx}{dt} = -A_0\omega \sin \omega t , \quad \frac{d^2x}{dt^2} = -A_0\omega^2 \cos \omega t$$

$$\frac{dy}{dt} = A_0\omega \cos \omega t , \quad \frac{d^2y}{dt^2} = -A_0\omega^2 \sin \omega t$$

であるから

$$v(t) = \sqrt{\left(\frac{dx}{dt}\right)^2 + \left(\frac{dy}{dt}\right)^2} = A_0\omega$$

$$a(t) = \sqrt{\left(\frac{d^2x}{dt^2}\right)^2 + \left(\frac{d^2y}{dt^2}\right)^2} = A_0\omega^2$$

練習問題 6.5

$$\vec{A} = \left(\frac{x}{\sqrt{x^2+y^2+z^2}}, \ \frac{y}{\sqrt{x^2+y^2+z^2}}, \ e^{\frac{x}{y}}\right)$$

$$d\vec{A} = \frac{\partial \vec{A}}{\partial x}dx + \frac{\partial \vec{A}}{\partial y}dy + \frac{\partial \vec{A}}{\partial z}dz$$

$$\frac{\partial \vec{A}}{\partial x} = \left(\frac{y^2+z^2}{(x^2+y^2+z^2)^{3/2}}, \ -\frac{xy}{(x^2+y^2+z^2)^{3/2}}, \ \frac{1}{y}e^{\frac{x}{y}}\right)$$

$$\frac{\partial \vec{A}}{\partial y} = \left(-\frac{xy}{(x^2+y^2+z^2)^{3/2}}, \ \frac{x^2+z^2}{(x^2+y^2+z^2)^{3/2}}, \ -\frac{x}{y^2}e^{\frac{x}{y}}\right)$$

$$\frac{\partial \vec{A}}{\partial z} = \left(-\frac{xz}{(x^2+y^2+z^2)^{3/2}}, \ -\frac{yz}{(x^2+y^2+z^2)^{3/2}}, \ 0\right)$$

以上より

$$d\vec{A} = \left(\frac{(y^2+z^2)dx-xydy-xzdz}{(x^2+y^2+z^2)^{3/2}}, \ \frac{-xydx+(x^2+z^2)dy-yzdz}{(x^2+y^2+z^2)^{3/2}}, \ \frac{e^{\frac{x}{y}}(ydx-xdy)}{y^2}\right)$$

となる.

第7章
練習問題 7.1

$$I = \iint_D \frac{dxdy}{(x+y+5)^\alpha} = \int_0^\infty \int_0^\infty (x+y+5)^{-\alpha}dxdy = \int_0^\infty \left[\frac{1}{-\alpha+1}(x+y+5)^{-\alpha+1}\right]_0^\infty dy$$

$$= \int_0^\infty \frac{-1}{-\alpha+1}(y+5)^{-\alpha+1}dy = \left[\frac{-1}{(-\alpha+1)(-\alpha+2)}(y+5)^{-\alpha+2}\right]_0^\infty = \frac{1}{(-\alpha+1)(-\alpha+2)5^{\alpha-2}}$$

練習問題 7.2

$$\begin{cases} u = x-y \\ v = x+2y \end{cases} \Leftrightarrow \begin{cases} y = -\frac{1}{3}(u-v) \\ x = \frac{1}{3}(2u+v) \end{cases}$$

また $\det[J] = \dfrac{\partial x}{\partial u}\dfrac{\partial y}{\partial v} - \dfrac{\partial x}{\partial v}\dfrac{\partial y}{\partial u} = \dfrac{2}{3}\dfrac{1}{3} - \dfrac{1}{3}\left(-\dfrac{1}{3}\right) = \dfrac{1}{3}$ となるので

$$\iint_D (x^2+2y^2)e^{-x+y}dxdy = \int_{-1}^1 \int_{-1}^0 \left\{\frac{1}{9}(2u+v)^2 + \frac{2}{9}(u-v)^2\right\}e^{-u}\frac{1}{3}dudv$$

$$= \int_{-1}^1 \int_{-1}^0 \frac{1}{3}(2u^2+v^2)e^{-u}\frac{1}{3}dudv = \frac{1}{9}\int_{-1}^1 \int_{-1}^0 (2u^2+v^2)e^{-u}dudv$$

$$= \frac{1}{9}\int_{-1}^0 du \left[2u^2e^{-u}v + \frac{1}{3}v^3e^{-u}\right]_{-1}^1 = \frac{1}{9}\int_{-1}^0 \left(4u^2e^{-u} + \frac{2}{3}e^{-u}\right)du = \frac{4}{9}(e-2) + \frac{2}{27}(e-1) = \frac{14e-26}{27}$$

練習問題 7.3

（1）　省略

（2）

$$\int_0^1 \int_{x^2}^1 y^3 e^{xy}dxdy = \int_0^1 \int_0^{\sqrt{y}} y^3 e^{xy}dxdy = \int_0^1 [y^2 e^{xy}]_0^{\sqrt{y}}dy = \int_0^1 \left(y^2(e^{y^{\frac{3}{2}}}-1)\right)dy$$

$$= \left[\frac{2}{3}e^{y^{\frac{3}{2}}}\left(y^{\frac{3}{2}}-1\right)\right]_0^1 - \left[\frac{1}{3}y^3\right]_0^1 = \frac{1}{3}$$

練習問題 7.4

（1）　$0 \le y \le a,\ y \le x \le a$ から図示する.

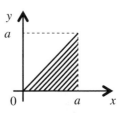

（2）

$$I = \int_0^a \left\{\int_0^x \cos(x^2)dy\right\}dx = \int_0^a x\cos(x^2)dx = \frac{1}{2}[\sin(x^2)]_0^a = \frac{\sin(a^2)}{2}$$

第8章

練習問題 8.1

$$\frac{dx}{dt} = -2\pi\sin(2\pi t),\quad \frac{dy}{dt} = 2\pi\cos(2\pi t),\quad \frac{dz}{dt} = 2$$

増減表は以下のようになる.

t	$\cdots$	0	$\cdots$	1/4	$\cdots$	1/2		3/4	$\cdots$	1	$\cdots$
dx/dt	+	0	−		−	0	+		+	0	−
dy/dt	+		+	0	−		−	0	+		+

図示は省略.

$$\int_C ds = \int \sqrt{\left(\frac{dx}{dt}\right)^2 + \left(\frac{dy}{dt}\right)^2 + \left(\frac{dz}{dt}\right)^2}\,dt = \int_0^2 \sqrt{(-2\pi\sin(2\pi t))^2 + (2\pi\cos(2\pi t))^2 + 4}\,dt$$

$$= \int_0^2 \sqrt{4\pi^2+4}\,dt = [2\sqrt{\pi^2+1}\,t]_0^2 = 4\sqrt{\pi^2+1}$$

練習問題 8.2

$$\begin{cases} \vec{a} = \left(-\dfrac{y^3}{x^2+y^2},\ \dfrac{x^3}{x^2+y^2}\right) \\ \vec{r} = (r_0\cos\theta,\ r_0\sin\theta) \end{cases} \Leftrightarrow \vec{a} = (-r_0\sin^3\theta,\ r_0\cos^3\theta)$$

以上より

$$\int_c \vec{a} \cdot d\vec{r} = \int_0^{2\pi} (-r_0 \sin^3\theta, r_0 \cos^3\theta) \cdot (-r_0 \sin\theta, r_0 \cos\theta) d\theta = r_0^2 \int_0^{2\pi} (\sin^4\theta + \cos^4\theta) d\theta$$

$$= \frac{r_0^2}{4} \int_0^{2\pi} (\cos 4\theta + 3) d\theta = \frac{r_0^2}{4} \Big[\frac{1}{4} \sin 4\theta + 3\theta \Big]_0^{2\pi} = \frac{3}{2} r_0^2 \pi$$

練習問題 8.3

$$x^2 + y^2 + z^2 = R^2 \quad \to \quad z = \pm\sqrt{R^2 - (x^2 + y^2)}$$

今，$z \geq 0$ の場合を考えて
$$\vec{r} = (x, y, z) = (x, y, \sqrt{R^2 - (x^2 + y^2)})$$
より

$$\frac{\partial \vec{r}}{\partial x} = \Big(1, 0, -\frac{x}{\sqrt{R^2 - (x^2 + y^2)}}\Big) \quad , \quad \frac{\partial \vec{r}}{\partial y} = \Big(0, 1, -\frac{y}{\sqrt{R^2 - (x^2 + y^2)}}\Big)$$

と計算される．よって

$$\frac{\partial \vec{r}}{\partial x} \times \frac{\partial \vec{r}}{\partial y} = \Big(\frac{x}{\sqrt{R^2 - (x^2 + y^2)}}, \frac{y}{\sqrt{R^2 - (x^2 + y^2)}}, 1\Big) \quad \to \quad \Big|\frac{\partial \vec{r}}{\partial x} \times \frac{\partial \vec{r}}{\partial y}\Big| = \frac{R}{\sqrt{R^2 - (x^2 + y^2)}}$$

が得られる．よって

$$S = 2 \iint_{x^2 + y^2 \leq R^2} \Big|\frac{\partial \vec{r}}{\partial x} \times \frac{\partial \vec{r}}{\partial y}\Big| dxdy$$

となるので，$x = r\cos\theta$，$y = r\sin\theta$ とおけば，以下のように求められる．

$$S = 2 \iint_{x^2 + y^2 \leq R^2} \Big|\frac{\partial \vec{r}}{\partial x} \times \frac{\partial \vec{r}}{\partial y}\Big| dxdy = 2 \int_0^{2\pi} \int_0^R \frac{R}{\sqrt{R^2 - r^2}} r\,dr\,d\theta = 4\pi R[-\sqrt{R^2 - r^2}]_0^R = 4\pi R^2$$

第 9 章で学ぶ球座標系を使うと，以下のように求めることもできる．

$$\begin{cases} x = R\sin\theta\cos\phi \\ y = R\sin\theta\sin\phi \quad \text{とおく} \\ z = R\cos\theta \end{cases}$$

$$\vec{A} = \begin{pmatrix} \dfrac{\partial x}{\partial \theta} \\ \dfrac{\partial y}{\partial \theta} \\ \dfrac{\partial z}{\partial \theta} \end{pmatrix} = \begin{pmatrix} R\cos\theta\cos\phi \\ R\cos\theta\sin\phi \\ -R\sin\theta \end{pmatrix}, \quad \vec{B} = \begin{pmatrix} \dfrac{\partial x}{\partial \phi} \\ \dfrac{\partial y}{\partial \phi} \\ \dfrac{\partial z}{\partial \phi} \end{pmatrix} = \begin{pmatrix} -R\sin\theta\sin\phi \\ R\sin\theta\cos\phi \\ 0 \end{pmatrix} \quad \to$$

$$\vec{A} \times \vec{B} = \begin{pmatrix} R^2\sin^2\theta\cos\phi \\ R^2\sin^2\theta\sin\phi \\ R^2\sin\theta\cos\theta\cos^2\phi + R^2\sin\theta\cos\theta\sin^2\phi \end{pmatrix} = \begin{pmatrix} R^2\sin^2\theta\cos\phi \\ R^2\sin^2\theta\sin\phi \\ R^2\sin\theta\cos\theta \end{pmatrix}$$

$$|\vec{A} \times \vec{B}| = \sqrt{(R^2\sin^2\theta\cos\phi)^2 + (R^2\sin^2\theta\sin\phi)^2 + (R^2\sin\theta\cos\theta)^2}$$

$$= \sqrt{R^4\sin^4\theta\cos^2\phi + R^4\sin^4\theta\sin^2\phi + R^4\sin^2\theta\cos^2\theta}$$

$$= \sqrt{R^4\sin^4\theta + R^4\sin^2\theta\cos^2\theta} = \sqrt{R^4\sin^2\theta} = R^2|\sin\theta|$$

よって，表面積は以下のように求められる．

$$\int_0^{2\pi} \int_0^{\pi} |\vec{A} \times \vec{B}| d\theta d\phi = \int_0^{2\pi} \int_0^{\pi} R^2|\sin\theta| d\theta d\phi = 4\pi R^2$$

練習問題 8.4 $\vec{r} = (x, y, z) = (x, y, x^2+y^2)$ とおくと

$$dS = \left|\frac{\partial\vec{r}}{\partial x}\times\frac{\partial\vec{r}}{\partial y}\right|dxdy = \left|\begin{pmatrix}1\\0\\2x\end{pmatrix}\times\begin{pmatrix}0\\1\\2y\end{pmatrix}\right|dxdy = \sqrt{4x^2+4y^2+1}\ dxdy$$

が得られるので，求める面積は

$$\int dS = \iint\sqrt{4x^2+4y^2+1}\ dxdy$$

$$= \int_0^{2\pi}\int_0^R\sqrt{4r^2+1}\ rdrd\theta = 2\pi\left[\frac{1}{12}(4r^2+1)^{\frac{3}{2}}\right]_0^R = \frac{\pi}{6}\left\{(4R^2+1)^{\frac{3}{2}}-1\right\}$$

となる．

第9章

練習問題 9.1

(9−6) 式の導出過程において，x 成分導出では，$z \Rightarrow x$，$x \Rightarrow y$，$y \Rightarrow z$ と書き換え，y 成分導出の際には，$z \Rightarrow y$，$x \Rightarrow z$，$y \Rightarrow x$ と書き換えて求める．

練習問題 9.2

$$\nabla\cdot\nabla\times\vec{A} = \left(\frac{\partial^2 A_z}{\partial x\partial y}-\frac{\partial^2 A_y}{\partial x\partial z}\right)+\left(\frac{\partial^2 A_x}{\partial y\partial z}-\frac{\partial^2 A_z}{\partial x\partial y}\right)+\left(\frac{\partial^2 A_y}{\partial x\partial z}-\frac{\partial^2 A_x}{\partial y\partial z}\right) = 0$$

$$\nabla\times\nabla\phi = \begin{pmatrix}\dfrac{\partial^2\phi}{\partial y\partial z}-\dfrac{\partial^2\phi}{\partial z\partial y}\\[2mm]\dfrac{\partial^2\phi}{\partial z\partial x}-\dfrac{\partial^2\phi}{\partial x\partial z}\\[2mm]\dfrac{\partial^2\phi}{\partial x\partial y}-\dfrac{\partial^2\phi}{\partial y\partial x}\end{pmatrix} = \begin{pmatrix}0\\0\\0\end{pmatrix}$$

練習問題 9.3

(8−6) 式を用いる場合

$z \geq 0$ とし，$\vec{r} = (u, v, \sqrt{b^2-(\sqrt{u^2+v^2}-a)^2})$ とすれば，以下のように計算される．

$$\frac{\partial\vec{r}}{\partial u} = \left(1, 0, \frac{-(\sqrt{u^2+v^2}-a)u}{\sqrt{u^2+v^2}\sqrt{b^2-(\sqrt{u^2+v^2}-a)^2}}\right)\ ,\quad \frac{\partial\vec{r}}{\partial v} = \left(0, 1, \frac{-(\sqrt{u^2+v^2}-a)v}{\sqrt{u^2+v^2}\sqrt{b^2-(\sqrt{u^2+v^2}-a)^2}}\right)$$

$$\frac{\partial\vec{r}}{\partial u}\times\frac{\partial\vec{r}}{\partial v} = \left(\frac{(\sqrt{u^2+v^2}-a)u}{\sqrt{u^2+v^2}\sqrt{b^2-(\sqrt{u^2+v^2}-a)^2}}, \frac{(\sqrt{u^2+v^2}-a)v}{\sqrt{u^2+v^2}\sqrt{b^2-(\sqrt{u^2+v^2}-a)^2}}, 1\right)$$

$$\Rightarrow\quad \left|\frac{\partial\vec{r}}{\partial u}\times\frac{\partial\vec{r}}{\partial v}\right| = \frac{b}{\sqrt{b^2-(\sqrt{u^2+v^2}-a)^2}}$$

$$\vec{n} = \frac{1}{\dfrac{b}{\sqrt{b^2-(\sqrt{u^2+v^2}-a)^2}}}\left(\frac{(\sqrt{u^2+v^2}-a)u}{\sqrt{u^2+v^2}\sqrt{b^2-(\sqrt{u^2+v^2}-a)^2}}, \frac{(\sqrt{u^2+v^2}-a)v}{\sqrt{u^2+v^2}\sqrt{b^2-(\sqrt{u^2+v^2}-a)^2}}, 1\right)$$

$$= \frac{1}{b}\left(\frac{(\sqrt{u^2+v^2}-a)}{\sqrt{u^2+v^2}}u, \frac{(\sqrt{u^2+v^2}-a)}{\sqrt{u^2+v^2}}v, \sqrt{b^2-(\sqrt{u^2+v^2}-a)^2}\right)$$

$$= \frac{1}{b}\left(\sqrt{\frac{b^2-z^2}{x^2+y^2}}\,x, \sqrt{\frac{b^2-z^2}{x^2+y^2}}\,y, z\right)$$

(9−4) 式を用いる場合, $f = (\sqrt{x^2+y^2}-a)^2+z^2$ とすると

$$\nabla f = \begin{pmatrix} \dfrac{2x(\sqrt{x^2+y^2}-a)}{\sqrt{x^2+y^2}} \\[2mm] \dfrac{2y(\sqrt{x^2+y^2}-a)}{\sqrt{x^2+y^2}} \\[2mm] 2z \end{pmatrix} \rightarrow |\nabla f| = 2b \rightarrow \vec{n} = \dfrac{\nabla f}{|\nabla f|} = \dfrac{1}{b}\begin{pmatrix} \sqrt{\dfrac{b^2-z^2}{x^2+y^2}}\,x \\[2mm] \sqrt{\dfrac{b^2-z^2}{x^2+y^2}}\,y \\[2mm] z \end{pmatrix}$$

練習問題 9.4

（1）

$$\nabla \cdot \vec{A} = \left(\frac{\partial}{\partial x}, \frac{\partial}{\partial y}, \frac{\partial}{\partial z}\right) \cdot (3xyz^2, 2xy^3, x^2yz) = 3yz^2+6xy^2+x^2y = 10$$

（2）

$$\nabla \times \vec{A} = \left(\frac{\partial}{\partial x}, \frac{\partial}{\partial y}, \frac{\partial}{\partial z}\right) \times (3xyz^2, 2xy^3, x^2yz) = (x^2z, 6xyz-2xyz, 2y^3-3xz^2)$$
$$= (-1, -4, -1)$$

（3）

$$\nabla \times (\phi\vec{A}) = \begin{pmatrix} \dfrac{\partial}{\partial x} \\[2mm] \dfrac{\partial}{\partial y} \\[2mm] \dfrac{\partial}{\partial z} \end{pmatrix} \times \begin{pmatrix} 9x^3yz^2-3x^2y^2z^2 \\ 6x^3y^3-2x^2y^4 \\ 3x^4yz-x^3y^2z \end{pmatrix} = \begin{pmatrix} 3x^4z-2x^3yz \\ (18x^3yz-6x^2y^2z)-(12x^3yz-3x^2y^2z) \\ (18x^2y^3-4xy^4)-(9x^3z^2-6x^2yz^2) \end{pmatrix} = \begin{pmatrix} -1 \\ -3 \\ 11 \end{pmatrix}$$

練習問題 9.5

$$\nabla \times \vec{A} = (2x^4y-2x^4y, 4x^3y^2-4x^3y^2, (3x^2+8x^3yz)-(3x^2+8x^3yz)) = \vec{0}$$

(9−9) 式より $\nabla \times (\nabla\phi) = 0$ が成立するため, $\vec{A} = \nabla\phi$ となるスカラー ϕ が存在する.

$$\phi = \int (3x^2y+4x^3y^2z)dx = x^3y+x^4y^2z+C_1(y,z)$$

$\vec{A} = \nabla\phi$ の両辺におけるベクトルの y 成分と比較により

$$\frac{\partial\phi}{\partial y} = x^3+2x^4yz+\frac{\partial C_1}{\partial y} = x^3+2x^4yz+1 \rightarrow \frac{\partial C_1}{\partial y} = 1 \rightarrow C_1(y,z) = y+C_2(z),$$

を得る. 同様にして z 成分との比較により

$$\frac{\partial\phi}{\partial z} = x^4y^2+\frac{\partial C_2}{\partial z} = x^4y^2+\frac{dC_2}{dz} = x^4y^2+3 \rightarrow \frac{dC_2}{dz} = 3 \rightarrow C_2 = 3z+C$$

よって, ϕ は次式のように求められる.

$$\phi = x^3y+x^4y^2z+y+3z+C$$

練習問題 9.6

一般に平面の方程式が, $n_x x+n_y y+n_z z = l$ で与えられたとき, 原点から, この平面までの距離は l である. また, x, y, z 軸との交点は, それぞれ, $\dfrac{l}{n_x}, \dfrac{l}{n_y}, \dfrac{l}{n_z}$ となる. ここで, 点 $p(x,y,z)$ から三角形 BCD 面までの距離 Δl とし, $\Delta l \to 0$ とすれば点 p は面 BCD 上にある. また, 図において, $\Delta x = \dfrac{\Delta l}{n_x}, \Delta y = \dfrac{\Delta l}{n_y}, \Delta z = \dfrac{\Delta l}{n_z}$ となる. 三角形 BCD 辺上のそれぞれも中点 M_1, M_2, M_3 を考えると,

$$M_1 = \left(x+\frac{\Delta x}{2}, y+\frac{\Delta y}{2}, z\right), \quad M_2 = \left(x, y+\frac{\Delta y}{2}, z+\frac{\Delta z}{2}\right) \quad M_3 = \left(x+\frac{\Delta x}{2}, y, z+\frac{\Delta z}{2}\right)$$

三角錐の体積を考えると，三角形 BCD の面積を ΔS として

$$\frac{1}{3}\Delta l \cdot \Delta S = \frac{1}{3} \times \left(\frac{1}{2}\Delta x \cdot \Delta y\right) \times \Delta z \quad \rightarrow \quad \Delta S = \frac{1}{2}\frac{\Delta x \Delta y \Delta z}{\Delta l}$$

次に三角形 BCD の各辺上で線積分を行う．

辺 BC 上での線積分は，$\vec{dr} = (-dx, dy, 0)$ とし，$\vec{A}(M_1)$ を代表値として用いれば，積分の外に出せるので，以下のように計算される．

$$I_1 = \int_B^C \vec{A} \cdot \vec{dr} = \vec{A}(M_1) \cdot \int_B^C \vec{dr} = \vec{A}(M_1) \cdot \vec{\Delta r} = \vec{A}\left(x+\frac{\Delta x}{2}, y+\frac{\Delta y}{2}, z\right) \cdot (-\Delta x, \Delta y, 0)$$

$$= -A_x\left(x+\frac{\Delta x}{2}, y+\frac{\Delta y}{2}, z\right)\Delta x + A_y\left(x+\frac{\Delta x}{2}, y+\frac{\Delta y}{2}, z\right)\Delta y$$

同様にして，C から D への線積分を I_2 で，D から B への線積分を I_3 で表すと

$$I_2 = -A_y\left(x, y+\frac{\Delta y}{2}, z+\frac{\Delta z}{2}\right)\Delta y + A_z\left(x, y+\frac{\Delta y}{2}, z+\frac{\Delta z}{2}\right)\Delta z$$

$$I_3 = A_x\left(x+\frac{\Delta x}{2}, y, z+\frac{\Delta z}{2}\right)\Delta x - A_z\left(x+\frac{\Delta x}{2}, y, z+\frac{\Delta z}{2}\right)\Delta z$$

ここで，$f\left(x+\frac{\Delta x}{2}, y, z\right) = f(x, y, z) + \frac{\Delta x}{2}\frac{\partial f}{\partial x}$ であることを利用して $I_1,\ I_2,\ I_3$ を表し，これらを足し合わせると

$$I_1 + I_2 + I_3$$

$$= \frac{1}{2}\left(-\frac{\partial A_x}{\partial y}\Delta x \Delta y + \frac{\partial A_y}{\partial x}\Delta x \Delta y\right) + \frac{1}{2}\left(-\frac{\partial A_y}{\partial z}\Delta y \Delta z + \frac{\partial A_z}{\partial y}\Delta y \Delta z\right) + \frac{1}{2}\left(\frac{\partial A_x}{\partial z}\Delta x \Delta z - \frac{\partial A_z}{\partial x}\Delta x \Delta z\right)$$

以上より

$$\frac{I_1+I_2+I_3}{\Delta S} = \frac{1}{2}\frac{\Delta x \Delta y}{\Delta S}\left(\frac{\partial A_y}{\partial x} - \frac{\partial A_x}{\partial y}\right) + \frac{1}{2}\frac{\Delta y \Delta z}{\Delta S}\left(\frac{\partial A_z}{\partial y} - \frac{\partial A_y}{\partial z}\right) + \frac{1}{2}\frac{\Delta x \Delta z}{\Delta S}\left(\frac{\partial A_x}{\partial z} - \frac{\partial A_z}{\partial x}\right)$$

$$= \frac{\Delta l}{\Delta z}\left(\frac{\partial A_y}{\partial x} - \frac{\partial A_x}{\partial y}\right) + \frac{\Delta l}{\Delta x}\left(\frac{\partial A_z}{\partial y} - \frac{\partial A_y}{\partial z}\right) + \frac{\Delta l}{\Delta y}\left(\frac{\partial A_x}{\partial z} - \frac{\partial A_z}{\partial x}\right)$$

$$\rightarrow \quad n_z\left(\frac{\partial A_y}{\partial x} - \frac{\partial A_x}{\partial y}\right) + n_x\left(\frac{\partial A_z}{\partial y} - \frac{\partial A_y}{\partial z}\right) + n_y\left(\frac{\partial A_x}{\partial z} - \frac{\partial A_z}{\partial x}\right) = \vec{n} \cdot (\nabla \times \vec{A})$$

が示される．

第 10 章

練習問題 10.1

求められた解を x について微分をすると

$$\frac{d}{dx}\left\{\frac{1}{2}(x+y)^2 + x - y\right\} = \frac{dC}{dx} \quad \rightarrow \quad (x+y)\left(1+\frac{dy}{dx}\right) + \left(1-\frac{dy}{dx}\right) = 0 \quad \rightarrow \quad \frac{dy}{dx} = -\frac{x+y+1}{x+y-1}$$

これを元の式に代入すると成立する．

練習問題 10.2

$x = X+a,\ y = Y+b$ の形で変数変換する．

$\dfrac{dY}{dX} = \dfrac{X+Y}{X-Y}$ の形になるような定数 a, b を連立方程式により求めると $a = -2,\ b = -1$ である．

これを用いて，例題 3 と同様にして X と Y の微分方程式を解くと

$$\tan^{-1}\left(\frac{Y}{X}\right) - \frac{1}{2}\log(X^2 + Y^2) = C$$

これを x, y の式に戻して，$\tan^{-1}\left(\dfrac{y+1}{x+2}\right) - \dfrac{1}{2}\log((x+2)^2 + (y+1)^2) = C$　となる．

練習問題 10.3

式を次のように変形して解く.

$$\frac{x^2}{x^2+1}dx-\frac{1}{y(y+1)}dy=0 \quad\rightarrow\quad \int\frac{x^2}{x^2+1}dx=\int\frac{1}{y(y+1)}dy \quad\rightarrow\quad x-\tan^{-1}x-\log\frac{y}{y+1}=C$$

練習問題 10.4

$u=\dfrac{y}{x}$ とおくと, $y=ux, \dfrac{dy}{dx}=x\dfrac{du}{dx}+u$ であるから, 与式は

$$x\frac{du}{dx}+u=\frac{-x^2+x^2u^2}{2x^2u} \quad\rightarrow\quad x\frac{du}{dx}=\frac{u^2-1}{2u}-u \quad\rightarrow\quad -\frac{2u}{u^2+1}\frac{du}{dx}=\frac{1}{x}$$

となる. 積分をすることで, 解が得られる.

$$-\log(u^2+1)=\log|x|+c \quad\rightarrow\quad \frac{1}{u^2+1}=|x|\cdot e^c \quad\rightarrow\quad x^2+y^2=Cx$$

練習問題 10.5

$$\frac{\partial}{\partial x}\Big(\frac{1}{2}x^2y-xy\Big)=\frac{\partial}{\partial y}\Big(x^2+\frac{x-1}{2}y^2\Big)=xy-y \quad\Rightarrow\quad \text{完全微分形}$$

$$\frac{\partial f}{\partial x}=x^2+\frac{x-1}{2}y^2 \quad\rightarrow\quad f=\int\Big(x^2+\frac{x-1}{2}y^2\Big)dx+\phi(y)=\frac{1}{3}x^3+\Big(\frac{1}{4}x^2-\frac{1}{2}x\Big)y^2+\phi(y)$$

$$\Rightarrow\quad \frac{\partial f}{\partial y}=\frac{1}{2}x^2y-xy+\frac{\partial\phi(y)}{\partial y}=\frac{1}{2}x^2y-xy \quad\rightarrow\quad \frac{\partial\phi(y)}{\partial y}=\frac{d\phi(y)}{dy}=0 \quad\rightarrow\quad \phi(y)=C$$

微分方程式の解は, 次式で与えられる.

$$f=\frac{1}{3}x^3+\frac{1}{4}x^2y^2-\frac{1}{2}xy^2=C$$

第 11 章

練習問題 11.1

$\dfrac{d^2y}{dx^2}+a\dfrac{dy}{dx}+by=0$ について考える. $\lambda^2+a\lambda+b=0$ の解が $\lambda_1,\ \lambda_2$ であるとすると

$$(\lambda-\lambda_1)(\lambda-\lambda_2)=\lambda^2-(\lambda_1+\lambda_2)\lambda+\lambda_1\lambda_2=0$$

となり $\lambda_1+\lambda_2=-a,\ \lambda_1\lambda_2=b$ が成立するので, 次式が得られる.

$$\frac{d^2y}{dx^2}+a\frac{dy}{dx}+by=\frac{d}{dx}\frac{dy}{dx}-(\lambda_1+\lambda_2)\frac{dy}{dx}+\lambda_1\lambda_2y=\Big(\frac{d}{dx}-\lambda_1\Big)\Big\{\Big(\frac{d}{dx}-\lambda_2\Big)y\Big\}=0$$

練習問題 11.2　省略

練習問題 11.3

$x=e^t$ とおくと

$$\frac{dy}{dx}=\frac{\dfrac{dy}{dt}}{\dfrac{dx}{dt}}=e^{-t}\frac{dy}{dt} \quad,\quad \frac{d^2y}{dx^2}=\frac{d}{dx}\Big(e^{-t}\frac{dy}{dt}\Big)=\frac{d\Big(e^{-t}\dfrac{dy}{dt}\Big)\Big/dt}{dx/dt}=e^{-2t}\Big(-\frac{dy}{dt}+\frac{d^2y}{dt^2}\Big)$$

と表せるから, 与式は

$$\frac{d^2y}{dt^2}+2\frac{dy}{dt}+y=\sin t$$

となる. この非同次常微分方程式を解く. まず

$$\frac{d^2y}{dt^2}+2\frac{dy}{dt}+y = 0$$

の解は

$$y_1 = e^{\lambda t}(C_1+C_2 t) = e^{-t}(C_1+C_2 t) = C_1 e^{-t}+C_2 t e^{-t} \to u_1 = e^{-t}, \quad u_2 = t e^{-t}$$

となる．(11−10) 式より一般解は

$$u_1 u_2' - u_1' u_2 = e^{-t}(e^{-t}-te^{-t})+e^{-t}te^{-t} = e^{-2t}$$

$$y_2 = e^{-t}\int^t -\frac{te^{-t}\sin t}{e^{-2t}}\,dt+te^{-t}\int^t \frac{e^{-t}\sin t}{e^{-2t}}\,dt = -e^{-t}\int^t te^t\sin t\,dt+te^{-t}\int^t e^t\sin t\,dt$$

ここで，部分積分を使えば次式が得られる．

$$\int^t e^t\sin t\,dt = \frac{e^t}{2}(\sin t-\cos t)$$

または，複素関数を使えば次式が得られる．

$$\int^t e^t e^{it}\,dt = \int^t e^{(1+i)t}\,dt = \frac{e^{(1+i)t}}{1+i} = \frac{e^t}{2}(\cos t+\sin t)+i\frac{e^t}{2}(\sin t-\cos t)$$

同様にして

$$\int^t t\,e^t\sin t\,dt = \frac{e^t}{2}\{t(\sin t-\cos t)+\cos t\}$$

あるいは

$$\int^t t\,e^t e^{it}dt = \int^t t\,e^{(1+i)t}dt = \frac{e^t}{2}\{t(\sin t+\cos t)+\cos t\}+i\frac{e^t}{2}\{t(\sin t-\cos t)+\cos t\}$$

となるので，特殊解が以下のように求められる．

$$y_2 = -e^{-t}\frac{e^t}{2}\{t(\sin t-\cos t)+\cos t\}+te^{-t}\left\{\frac{e^t}{2}(\sin t-\cos t)\right\} = -\frac{\cos t}{2}$$

$x = e^t$ であることに注意すれば

$$y = \frac{C_1+C_2\log x}{x}-\frac{1}{2}\cos(\log x)$$

と求まる．

練習問題 11.4 $\dfrac{d^2y}{dx^2}+a^2 y = 0$ の解は

$$y_1 = C_1\cos(ax)+C_2\sin(ax) \quad \to \quad u_1 = \cos(ax), \quad u_2 = \sin(ax)$$

である．次に (11−10) 式より，特殊解を求める．

$$u_1(u_2)' - (u_1)' u_2 = a\cos(ax)\cos(ax)+a\sin(ax)\sin(ax) = a$$

$$y_2 = \cos(ax)\int \frac{-\sin(ax)b\sin(\omega x)}{a}\,dx+\sin(ax)\int \frac{\cos(ax)b\sin(\omega x)}{a}\,dx$$

$$= \frac{b}{a}\Big\{\cos(ax)\frac{a\cos(ax)\sin(\omega x)-\omega\sin(ax)\cos(\omega x)}{a^2-\omega^2}$$

$$+\sin(ax)\frac{a\sin(ax)\sin(\omega x)+\omega\cos(ax)\cos(\omega x)}{a^2-\omega^2}\Big\} = \frac{b\sin(\omega x)}{a^2-\omega^2}$$

よって，求める一般解は次式となる．

$$y = C_1\cos(ax)+C_2\sin(ax)+\frac{b\sin(\omega x)}{a^2-\omega^2}$$

※一般に (11−10) 式を用いて一般解を求めるのは，非常に計算が煩雑になる．そこで，特殊解の形を予想して求める方法も知っておくと便利である．例えば，練習問題 11.4 の特殊解の形は $y = A\cos(\omega x)+B\sin(\omega x)$ と予想できる．これを元の微分方程式に代入して A, B の値を決定する

ことで，解を求めることもできる．

第12章

練習問題12.1

（1）省略

（2）軌跡の長さ L は速度の大きさを時間積分すれば良いので

$$L(t) = \int_0^{t_0} \sqrt{v_x^2 + v_y^2 + v_z^2}\, dt = \int_0^{t_0} \sqrt{A_1^2 + A_2^2 + A_3^2}\, dt = t_0 \sqrt{A_1^2 + A_2^2 + A_3^2}$$

となる．この式に，初速度 $\vec{v} = (1, 0, 1)$ より，$v_x = A_2 = 1$, $v_y = A_1 = 0$, $v_z = A_3 = 1$ を代入すれば，$L = \sqrt{2}\, t_0$ と計算される．

練習問題12.2

$v = \dfrac{mg}{k}\left\{1 - e^{-\frac{k}{m}t}\right\}$ において $t \to \infty$ とすれば，$v_\infty = \dfrac{mg}{k}$ と求まる．

また，$t \to \infty$ において v が一定になることに着目すれば，$\dfrac{dv}{dt} = 0$ より，微分方程式から $v_\infty = \dfrac{mg}{k}$ と求まる．

練習問題12.3

$$\begin{cases} m\dfrac{d^2x}{dt^2} = -T\sin\theta \\ m\dfrac{d^2y}{dt^2} = mg - T\cos\theta \end{cases}$$

また，おもりは束縛運動をするので

$$\begin{cases} x = l\sin\theta \\ y = l\cos\theta \end{cases}$$

となり，θ が十分に小さいとき，$\sin\theta = \theta$, $\cos\theta = 1$ と近似できるので

$$\begin{cases} ml\dfrac{d^2\theta}{dt^2} = -T\theta \\ 0 = mg - T \end{cases}$$

が得られる．よってこれを連立して

$$\frac{d^2\theta}{dt^2} = -\frac{g}{l}\theta$$

となるので，$\sqrt{\dfrac{g}{l}} = \omega$ とおくと

$$\frac{d^2\theta}{dt^2} + \omega^2\theta = 0$$

が得られる．

練習問題12.4

移動距離の微小要素は $ds = \sqrt{1 + \left(\dfrac{dy}{dx}\right)^2}\, dx$，微小距離を時間微分すると質点の移動速度は

$v = \dfrac{ds}{dt} = \dfrac{ds}{dx} \cdot \dfrac{dx}{dt} = \sqrt{1 + \left(\dfrac{dy}{dx}\right)^2}\dfrac{dx}{dt}$ となる．また，起点から終点までかかる時間は $T = \displaystyle\int_0^{x_A} dt$ となるので

$$T = \int_0^{x_A} \frac{dt}{ds}\frac{ds}{dx}dx = \int_0^{x_A} \frac{\sqrt{1+\left(\frac{dy}{dx}\right)^2}}{v}dx$$

が得られる．力学的エネルギー保存の法則より $v = \sqrt{2gy}$ となるから，これを上式に代入すると

$$T = \int_0^{x_A} \sqrt{\frac{1+y'^2}{2gy}}dx = \frac{1}{\sqrt{2g}}\int_0^{x_A}\{\{1+(y')^2\}^{1/2}y^{-1/2}\}dx$$

となり，これは汎関数を表しており，この積分の中身を $f(y, y')$ とする．

$$\frac{d}{dx}\left(\frac{\partial f}{\partial y'}\right) - \frac{\partial f}{\partial y} = \frac{d}{dx}(y'\{1+(y')^2\}^{-1/2}y^{-1/2}) + \frac{1}{2}\{1+(y')^2\}^{1/2}y^{-3/2}$$

$$= y''\{1+(y')^2\}^{-1/2}y^{-1/2} + y'y^{-1/2}\frac{d}{dx}\{1+(y')^2\}^{-1/2} + y'\{1+(y')^2\}^{-1/2}\frac{d}{dx}(y^{-1/2})$$

$$+ \frac{1}{2}\{1+(y')^2\}^{1/2}y^{-3/2}$$

$$= y''\{1+(y')^2\}^{-1/2}y^{-1/2} - y'y^{-1/2}y''\{1+(y')^2\}^{-3/2}y' - \frac{1}{2}(y')^2\{1+(y')^2\}^{-1/2}y^{-3/2}$$

$$+ \frac{1}{2}\{1+(y')^2\}^{1/2}y^{-3/2} = 0$$

$$\rightarrow y''\{1+(y')^2\}y - y''(y')^2y - \frac{1}{2}(y')^2\{1+(y')^2\} + \frac{1}{2}\{1+(y')^2\}^2 = 0$$

$$\rightarrow y''y + \frac{1}{2}\{1+(y')^2\} = 0 \quad \rightarrow \quad y'' = -\frac{1+(y')^2}{2y}$$

ここで $y'' = \frac{d}{dx}y' = \frac{dy}{dx}\frac{d}{dy}y' = y'\frac{dy'}{dy}$ を利用すると

$$y'\frac{dy'}{dy} = -\frac{1+(y')^2}{2y} \quad \rightarrow \quad \frac{y'}{1+(y')^2}\frac{dy'}{dy} = -\frac{1}{2y}$$

$$\therefore \int \frac{2y'}{1+(y')^2}dy' = -\int \frac{1}{y}dy \quad \rightarrow \quad \log\{1+(y')^2\} = -\log|y| + C_0 \quad \rightarrow \quad y\{1+(y')^2\} = C_1$$

$$\rightarrow \quad y' = \sqrt{\frac{C_1-y}{y}}$$

が得られる．曲線の定義としては $y \geq 0$ を考えるので

$$y' = \frac{dy}{dx} = \sqrt{\frac{C_1-y}{y}} \quad \Rightarrow \quad \sqrt{\frac{y}{C_1-y}}\frac{dy}{dx} = 1 \quad \Rightarrow \quad x = \int \sqrt{\frac{y}{C_1-y}}dy + C_2$$

となり，$y = C_1\sin^2\theta \Rightarrow dy = 2C_1\cos\theta\sin\theta\, d\theta$ とおけば

$$\int \sqrt{\frac{y}{C_1-y}}dy = \int \sqrt{\frac{C_1\sin^2\theta}{C_1-C_1\sin^2\theta}}2C_1\cos\theta\sin\theta\, d\theta = \int 2C_1\sin^2\theta\, d\theta = C_1\int(1-\cos 2\theta)\, d\theta$$

$$= C_1\left(\theta - \frac{1}{2}\sin 2\theta\right)$$

と計算されるので

$$x = C_1\left(\theta - \frac{1}{2}\sin 2\theta\right) + C_2 = \frac{C_1}{2}(2\theta - \sin 2\theta) + C_2$$

となる．ここで $t = 2\theta$ とおくと

$$\begin{pmatrix} x \\ y \end{pmatrix} = \begin{pmatrix} \frac{C_1}{2}(2\theta - \sin 2\theta) + C_2 \\ C_1\sin^2\theta \end{pmatrix} = \begin{pmatrix} \frac{C_1}{2}(t - \sin t) + C_2 \\ \frac{C_1}{2}(1 - \cos t) \end{pmatrix}$$

となり，原点を通ることから，$t = 0$ を代入すれば $C_2 = 0$ となる．したがって

$$\begin{pmatrix} x \\ y \end{pmatrix} = \begin{pmatrix} \dfrac{C_1}{2}(t-\sin t) \\[2mm] \dfrac{C_1}{2}(1-\cos t) \end{pmatrix}$$

が求める解であり，この曲線はサイクロイドと呼ばれる．

第13章

練習問題 13.1

(13−3) 式より，次式のように求められる．

$$\phi = z(x), \quad dz = \frac{dz}{dx}dx = udx \ \Rightarrow \ \phi_2(x,u) \equiv \phi - xu = z - xu \quad \left(u = \frac{dz}{dx}\right)$$

練習問題 13.2

$d\phi = \dfrac{\partial \phi}{\partial x}dx + \dfrac{\partial \phi}{\partial y}dy = (6x+2y)dx + (2x+2y)dy$ ここで，$u = 6x+2y, \ v = 2x+2y$ として

$$\phi_1(x,v) = \phi - yv = 3x^2 + 2x\frac{v-2x}{2} + \left(\frac{v-2x}{2}\right)^2 - \left(\frac{v-2x}{2}\right)v = 2x^2 - \frac{1}{4}v^2 + xv$$

となる．

練習問題 13.3

（1） $\alpha = \dfrac{1}{T}$ とおくと $\left(\dfrac{\partial}{\partial\left(\frac{1}{T}\right)}\left(\dfrac{G}{T}\right)\right)_p = \left(\dfrac{\partial}{\partial \alpha}(\alpha G)\right)_p = G + \alpha\left(\dfrac{\partial G}{\partial \alpha}\right)_p, \qquad d\alpha = -\dfrac{1}{T^2}dT$

また G について考えると $G = U + pV - ST = H - ST \ \rightarrow \ dG = Vdp - SdT = Vdp + ST^2 d\alpha$

となる．よって $\left(\dfrac{\partial G}{\partial \alpha}\right)_p = ST^2$ が得られるので，以下の関係式が導出される．

$$\left(\frac{\partial}{\partial\left(\frac{1}{T}\right)}\left(\frac{G}{T}\right)\right)_p = G + \alpha\left(\frac{\partial G}{\partial \alpha}\right)_p = G + \alpha ST^2 = (H - ST) + ST = H$$

（2） $F = U - ST \ \rightarrow \ dF = dU - TdS - SdT = -SdT - pdV$ より，$\left(\dfrac{\partial F}{\partial V}\right)_T = -p, \ \left(\dfrac{\partial F}{\partial T}\right)_V =$
$-S$ となる．これらの式から，以下の関係式が導かれるので両者は等しい．

$$\left(\frac{\partial p}{\partial T}\right)_V = -\left(\frac{\partial}{\partial T}\left(\frac{\partial F}{\partial V}\right)_T\right)_V = -\frac{\partial^2 F}{\partial V \partial T} \ , \ \left(\frac{\partial S}{\partial V}\right)_T = -\left(\frac{\partial}{\partial V}\left(\frac{\partial F}{\partial T}\right)_V\right)_T = -\frac{\partial^2 F}{\partial T \partial V} = -\frac{\partial^2 F}{\partial V \partial T}$$

（3） $dU = TdS - pdV$ より $\left(\dfrac{\partial U}{\partial V}\right)_T = T\left(\dfrac{\partial S}{\partial V}\right)_T - p$ が得られる．

ここで（2）より $\left(\dfrac{\partial S}{\partial V}\right)_T = \left(\dfrac{\partial p}{\partial T}\right)_V$ であるから，$\left(\dfrac{\partial U}{\partial V}\right)_T = T\left(\dfrac{\partial p}{\partial T}\right)_V - p$

練習問題 13.4

(13−13) 式より $\dfrac{dp}{dt} = -\dfrac{\partial H}{\partial q}, \ \dfrac{dq}{dt} = \dfrac{\partial H}{\partial p}$

H が陽に時間を含むとき，$H(p, q, t)$ とすることができる．

$$\frac{dH}{dt} = \frac{\partial H}{\partial p}\frac{dp}{dt} + \frac{\partial H}{\partial q}\frac{dq}{dt} + \frac{\partial H}{\partial t} = -\frac{\partial H}{\partial p}\frac{\partial H}{\partial q} + \frac{\partial H}{\partial p}\frac{\partial H}{\partial q} + \frac{\partial H}{\partial t} = \frac{\partial H}{\partial t}$$

H が陽に時間を含まなければ，$\dfrac{\partial H}{\partial t} = 0$ なので，$\dfrac{dH}{dt} = 0$ となる．

第 14 章

練習問題 14.1

$g(x, y, z) = x+y+z-1 = 0, f(x, y, z) = x^2+y^2+z^2$ とおくと

$$h(x, y, z, \lambda) = f(x, y, z)+\lambda g(x, y, z) = x^2+y^2+z^2+\lambda(x+y+z-1)$$

となるので

$$\frac{\partial h}{\partial x} = 2x+\lambda = 0 \, , \ \frac{\partial h}{\partial y} = 2y+\lambda = 0 \, , \ \frac{\partial h}{\partial z} = 2z+\lambda = 0, \ \frac{\partial h}{\partial \lambda} = x+y+z-1 = 0$$

より　$\lambda = -\dfrac{2}{3}, \ x = \dfrac{1}{3}, \ y = \dfrac{1}{3}, \ z = \dfrac{1}{3}$ が得られ, f の極値は $f_{ext} = f(x, y, z) = \dfrac{1}{3}$ となる.

練習問題 14.2

$g(x, y, z) = x+y+z-1 = 0, f(x, y, z) = x^2+y^2+z^2$ とおくと

$$h^*(x, y, z) = f(x, y, z)+\frac{\alpha}{2}\{g(x, y, z)\}^2 = x^2+y^2+z^2+\frac{\alpha}{2}(x+y+z-1)^2$$

となるので

$$\frac{\partial h^*}{\partial x} = 2x+\alpha(x+y+z-1) = 0, \ \frac{\partial h^*}{\partial y} = 2y+\alpha(x+y+z-1) = 0,$$

$$\frac{\partial h^*}{\partial z} = 2z+\alpha(x+y+z-1) = 0$$

より, $x = y = z, \ 2y = -\alpha(x+x+x-1) \ \rightarrow \ \dfrac{2y}{\alpha} = -3x+1$ となる.

　　α は十分に大きいことから

$$\frac{y}{\alpha} \approx 0 \ \rightarrow \ -3x+1 \approx 0 \ \rightarrow \ x \approx \frac{1}{3} \ \therefore x = y = z \approx \frac{1}{3}$$

となるので, f の極値は $f_{ext} = f(x, y, z) = \dfrac{1}{3}$ となる.

練習問題 14.3

$g_1(x, y, z) = x+y+z-3 = 0 \, , \ g_2(x, y, z) = xy+yz+zx-1 = 0 \, , \ f(x, y, z) = xyz$ とおくと

$$h(x, y, z, \lambda_1, \lambda_2) = f(x, y, z)+\lambda_1 g_1(x, y, z)+\lambda_2 g_2(x, y, z)$$
$$= xyz+\lambda_1(x+y+z-3)+\lambda_2(xy+yz+zx-1)$$

となるので

$$\frac{\partial h}{\partial x} = yz+\lambda_1+\lambda_2(y+z) = 0 \qquad \frac{\partial h}{\partial y} = zx+\lambda_1+\lambda_2(z+x) = 0$$

$$\frac{\partial h}{\partial z} = xy+\lambda_1+\lambda_2(x+y) = 0 \qquad \frac{\partial h}{\partial \lambda_1} = x+y+z-3 = 0 \qquad \frac{\partial h}{\partial \lambda_2} = xy+yz+zx-1 = 0$$

より, $x > 0, \ y > 0, \ z > 0$ であることに注意すると

$$(x, y, z) = \left(1-\frac{\sqrt{6}}{3}, 1-\frac{\sqrt{6}}{3}, 1+\frac{2\sqrt{6}}{3}\right) \quad (組み合わせは任意)$$

が得られ, f の極値は $f_{ext} = f(x, y, z) = \dfrac{-9+4\sqrt{6}}{9}$ となる.

練習問題 14.4

練習問題 14.3 と同様に, $g_1(x, y, z)$, $g_2(x, y, z)$, $f(x, y, z)$ を定義する.

$$h^*(x, y, z) = f(x, y, z)+\frac{\alpha}{2}\{g_1(x, y, z)\}^2+\frac{\beta}{2}\{g_2(x, y, z)\}^2$$

$$= xyz + \frac{\alpha}{2}(x+y+z-3)^2 + \frac{\beta}{2}(xy+yz+zx-1)^2$$

とおく.

$$\frac{\partial h^*}{\partial x} = yz + \alpha(x+y+z-3) + \beta(y+z)(xy+yz+zx-1) = 0 \quad \cdots(1)$$

$$\frac{\partial h^*}{\partial y} = xz + \alpha(x+y+z-3) + \beta(x+z)(xy+yz+zx-1) = 0 \quad \cdots(2)$$

$$\frac{\partial h^*}{\partial z} = xy + \alpha(x+y+z-3) + \beta(x+y)(xy+yz+zx-1) = 0 \quad \cdots(3)$$

(1) 式 − (2) 式, および (2) 式 − (3) 式より

$$(y-x)z + \beta(y-x)(xy+yz+zx-1) = (y-x)(z+\beta(xy+yz+zx-1)) = 0 \quad \cdots(4)$$

$$(z-y)x + \beta(z-y)(xy+yz+zx-1) = (z-y)(x+\beta(xy+yz+zx-1)) = 0 \quad \cdots(5)$$

となる. この (4) 式, (5) 式より

$$y-x = 0 \quad or \quad z+\beta(xy+yz+zx-1) = 0$$
$$z-y = 0 \quad or \quad x+\beta(xy+yz+zx-1) = 0$$

となるが, $y-x = 0$, $z-y = 0$ の組み合わせでは (1)〜(3) 式を満足させることができない. そこで

$$y-x = 0 \quad , \quad x+\beta(xy+yz+zx-1) = 0$$

の組み合わせを考えると

$$x = y \quad , \quad x+\beta(x^2+2xz-1) = 0 \quad \cdots(6)$$

(1) 式より

$$xz + \alpha(2x+z-3) + \beta(x+z)(x^2+2xz-1) = xz + \alpha(2x+z-3) - x(x+z)$$

$$= -x^2 + \alpha(2x+z-3) = 0 \quad \rightarrow \quad z = -2x+3+\frac{x^2}{\alpha} \quad \cdots(7)$$

となり, (6) 式に (7) 式を代入すれば

$$x^2+2xz-1 = -\frac{x}{\beta} \quad \rightarrow \quad x^2+2x\left(-2x+3+\frac{x^2}{\alpha}\right)-1 = -\frac{x}{\beta}$$

$$\rightarrow \quad -3x^2+6x-1 = -\left(\frac{2x^3}{\alpha}+\frac{x}{\beta}\right) \approx 0 \rightarrow \quad 3x^2-6x+1 \approx 0$$

が得られ, $x \approx \frac{3\pm\sqrt{6}}{3}$ と求められる. $x > 0$, $y > 0$, $z > 0$ に注意すれば, 練習問題 14.3 と同様な解が得られる.

第 15 章

練習問題 15.1

図示は省略. 熱流束 $\vec{q} = -k\nabla T (k=1)$ より, 以下のように計算される.

$$\vec{q} = -k\nabla T = -\left(\frac{\partial T}{\partial x}, \frac{\partial T}{\partial y}\right) = -\left(2x, \frac{2}{9}y\right)$$

練習問題 15.2 (15−10) 式を考える.

$$左辺 = \int_V \nabla \cdot \vec{A} \, dV = \int_V \left(\frac{\partial x}{\partial x}+\frac{\partial y}{\partial y}+\frac{\partial z}{\partial z}\right)dV = 3V = 4\pi R^3$$

(15−10) 式の右辺については, 第 8 章の 練習問題 8.3 と同様に計算すると

$$\frac{\partial \vec{r}}{\partial x} \times \frac{\partial \vec{r}}{\partial y} = \left(\frac{x}{\sqrt{R^2-(x^2+y^2)}}, \frac{y}{\sqrt{R^2-(x^2+y^2)}}, 1\right) \quad \rightarrow \quad \left|\frac{\partial \vec{r}}{\partial x} \times \frac{\partial \vec{r}}{\partial y}\right| = \frac{R}{\sqrt{R^2-(x^2+y^2)}}$$

が得られる. よって

$$\vec{n} = \frac{1}{R}(x, y, \sqrt{R^2 - x^2 - y^2}) \quad , \quad dS = \left|\frac{\partial \vec{r}}{\partial x} \times \frac{\partial \vec{r}}{\partial y}\right| dx\, dy = \frac{R}{\sqrt{R^2 - (x^2 + y^2)}} dx\, dy$$

となり $\vec{A} \cdot \vec{n} = \dfrac{x^2 + y^2 + (\sqrt{R^2 - x^2 - y^2})^2}{R} = R$ より，以下のように計算される．

$$右辺 = 2\iint R \frac{R}{\sqrt{R^2 - (x^2 + y^2)}} dx\, dy = 4\pi R^3$$

<u>練習問題 15.3</u>

$$
(左辺) = \int_s (\nabla \times \vec{A}) \cdot \vec{n}\, dS = \iint_D (\nabla \times \vec{A}) \cdot \frac{\frac{\partial \vec{r}}{\partial x} \times \frac{\partial \vec{r}}{\partial y}}{\left|\frac{\partial \vec{r}}{\partial x} \times \frac{\partial \vec{r}}{\partial y}\right|} \left|\frac{\partial \vec{r}}{\partial x} \times \frac{\partial \vec{r}}{\partial y}\right| dx\, dy
$$

$$
= \iint_D \left(\frac{\partial z}{\partial y} - \frac{\partial x}{\partial z}, \frac{\partial(-y)}{\partial z} - \frac{\partial z}{\partial x}, \frac{\partial x}{\partial x} - \frac{\partial(-y)}{\partial y}\right) \cdot \left(\frac{\partial \vec{r}}{\partial x} \times \frac{\partial \vec{r}}{\partial y}\right) dx\, dy
$$

$$
= \iint (0, 0, 2) \cdot (0, 0, 1) dx\, dy = 2\pi R^2
$$

$$
(右辺) = \int_0^{2\pi} (-R\sin\theta, \quad R\cos\theta) \cdot \frac{d\vec{r}}{d\theta} d\theta = \int_0^{2\pi} (-R\sin\theta, R\cos\theta) \cdot (-R\sin\theta, R\cos\theta) d\theta
$$

$$
= R^2 \int_0^{2\pi} d\theta = 2\pi R^2
$$

<u>練習問題 15.4</u>

$$
\int_V \nabla \cdot (\phi\nabla\varphi)\, dV - \int_V \nabla \cdot (\varphi\nabla\phi)\, dV = \int_V (\nabla\phi \cdot \nabla\varphi + \phi\nabla^2\varphi)\, dV - \int_V (\nabla\varphi \cdot \nabla\phi + \varphi\nabla^2\phi)\, dV
$$

$$
= \int_V \phi\nabla^2\varphi\, dV - \int_V \varphi\nabla^2\phi\, dV
$$

$$
\int_V \nabla \cdot (\phi\nabla\varphi)\, dV - \int_V \nabla \cdot (\varphi\nabla\phi)\, dV = \int_s \phi(\vec{n} \cdot \nabla\varphi)\, dS - \int_s \varphi(\vec{n} \cdot \nabla\phi)\, dS = \int_s \phi\frac{\partial\varphi}{\partial n}\, dS - \int_s \phi\frac{\partial\phi}{\partial n}\, dS
$$

よって，与式は成立する．

第16章

<u>練習問題 16.1</u>

(16−1) 式の両辺の発散をとって，$0 = \nabla \cdot \vec{J} + \nabla \cdot \left(\dfrac{\partial \vec{D}}{\partial t}\right)$ $(\because \nabla \cdot (\nabla \times \vec{H}) = 0)$ となる．

さらに，(16−4) 式より，$0 = \nabla \cdot \vec{J} + \dfrac{\partial\rho}{\partial t}$ となるので，(16−5)，(15−1) 式を代入すれば，$\nabla \cdot \vec{J} = -\nabla \cdot (\sigma\nabla V)$ が得られる．

<u>練習問題 16.2</u>

$\int_s \vec{E} \cdot \vec{n}\, dS = \dfrac{Q}{\varepsilon}$ より，半径 $r\,(\leq a)$ の球内に存在する電荷量を考える．

$$4\pi r^2 E_r(r) = \frac{Q}{\varepsilon} \cdot \left(\frac{r}{a}\right)^3 \quad \rightarrow \quad E_r(r) = \frac{Q}{4\pi r^2 \varepsilon} \cdot \left(\frac{r}{a}\right)^3$$

<u>練習問題 16.3</u>

$$\nabla \times \vec{H} = \vec{J} + \frac{\partial \vec{D}}{\partial t} \quad ①, \quad \nabla \times \vec{E} = -\frac{\partial \vec{B}}{\partial t} \quad ②, \quad \vec{B} = \mu\vec{H}, \vec{J} = \sigma\vec{E}, \vec{D} = \varepsilon\vec{E} \quad ③$$

①, ③より $\nabla \times \vec{H} = \sigma\vec{E} + \dfrac{\partial}{\partial t}(\varepsilon\vec{E}) = \sigma\vec{E} + \varepsilon\dfrac{\partial\vec{E}}{\partial t}$ ①′

②, ③より $\nabla \times \vec{E} = -\dfrac{\partial}{\partial t}(\mu\vec{H}) = -\mu\dfrac{\partial\vec{H}}{\partial t}$ ②′

ここで, $\nabla \times (\nabla \times \vec{A}) = \nabla(\nabla \cdot \vec{A}) - \nabla^2\vec{A}$ の関係式を利用すると②′は以下のようになる.

$$\nabla \times (\nabla \times \vec{E}) = \nabla(\nabla \cdot \vec{E}) - \nabla^2\vec{E} = -\mu\dfrac{\partial(\nabla \times \vec{H})}{\partial t}$$

これに①′を代入して

$$\nabla(\nabla \cdot \vec{E}) - \nabla^2\vec{E} = -\mu\dfrac{\partial}{\partial t}\Big(\sigma\vec{E} + \varepsilon\dfrac{\partial\vec{E}}{\partial t}\Big) = -\mu\sigma\dfrac{\partial\vec{E}}{\partial t} - \mu\varepsilon\dfrac{\partial^2\vec{E}}{\partial t^2}$$

となる. 真空中であることから $\nabla \cdot \vec{E} = 0$, $\sigma = 0$ であるから電界の波動方程式は以下のようになる.

$$\nabla^2\vec{E} - \mu_0\varepsilon_0\dfrac{\partial^2\vec{E}}{\partial t^2} = 0$$

磁場についても同様に $\nabla \cdot \vec{H} = 0$ を用いて $\nabla^2\vec{H} - \mu_0\varepsilon_0\dfrac{\partial^2\vec{H}}{\partial t^2} = 0$ となる.

一次元の式に置き換えて $\nabla^2 H - \mu_0\varepsilon_0\dfrac{\partial^2 H}{\partial t^2} = 0$ → $H = H_0\sin(kx - \omega t)$

となる. ここで $\omega = \dfrac{1}{\sqrt{\varepsilon_0\mu_0}}k$, 波の位相速度の定義式 $v_p = \dfrac{\omega}{k}$ と比較すれば

$$v_p = \dfrac{1}{\sqrt{\varepsilon_0\mu_0}} = 2.998 \times 10^8 = 3.00 \times 10^8 \quad [\text{m/sec}]$$

と計算される.

第17章

練習問題 17.1

質点の質量を m, 密度を ρ とすれば

$$m = \int \rho\, dV$$

となる. ここでデルタ関数 $\delta(\vec{r}, \vec{r_0}) = \begin{cases} 0 \ (\vec{r} \neq \vec{r_0}) \\ \infty \ (\vec{r} = \vec{r_0}) \end{cases}$ を用いる.

質点とは質量のみをもち, 大きさをもたない点であることから密度分布は質点上では無限大となり, それ以外ではゼロであるから, 質量密度はデルタ関数を用いて以下のように表される.

$$\rho = m\delta(\vec{r}, \vec{r_0})$$

練習問題 17.2

$$\int_V f(\vec{r})\delta(\vec{r}, \vec{r_0})dV$$

$\vec{r_0} \in V$ のとき $\quad I = f(\vec{r_0})$

$\vec{r_0} \in S$ のとき $\quad I = \dfrac{f(\vec{r_0})}{2}$ ただし, S は V の境界面で滑らかとする.

$\vec{r_0} \notin V$ のとき $\quad I = 0$

練習問題 17.3

$$\dfrac{\varepsilon_0}{r^2}\dfrac{d}{dr}\Big(r^2\dfrac{d\phi}{dr}\Big) = -Q\delta(r, 0) + \dfrac{\varepsilon_0}{\lambda_D^2}(1+c)\phi \quad (c > 0)$$

$$\frac{1}{r^2}\frac{d}{dr}\left(r^2\frac{d\phi}{dr}\right)-\frac{1}{\lambda_D^2}(1+c)\phi = -\frac{Q}{\varepsilon_0}\delta(r,0)$$

$b = -\dfrac{1}{\lambda_D^2}(1+c)$ とおくと　（このとき条件より $b < 0$）

$$\frac{1}{r^2}\frac{d}{dr}\left(r^2\frac{d\phi}{dr}\right)+b\phi = -\frac{Q}{\varepsilon_0}\delta(r,0)$$

$r \neq 0$ では右辺 $= 0$　→　$\dfrac{1}{r^2}\dfrac{d}{dr}\left(r^2\dfrac{d\phi}{dr}\right)+b\phi = 0$

となる．ここで $\phi = \dfrac{\varphi}{r}$ とおくと

$$\frac{d^2\varphi}{dr^2}+b\varphi = 0$$

となるので，$\lambda = \pm\sqrt{-b}$ とおけば解は以下のようになる．

$$\varphi = c_1 e^{\sqrt{-b}r}+c_2 e^{-\sqrt{-b}r}\quad\rightarrow\quad \phi = c_1\frac{e^{\sqrt{-b}r}}{r}+c_2\frac{e^{-\sqrt{-b}r}}{r}$$

境界条件 $\phi(r = +\infty) = 0$ より $c_1 = 0$ となるので

$$\phi = c_2\frac{e^{-\sqrt{-b}r}}{r}\quad,\quad \frac{d\phi}{dr} = c_2\frac{-\sqrt{-b}\,r e^{-\sqrt{-b}r}-e^{-\sqrt{-b}r}}{r^2}$$

となる．ここで，元の方程式を半径 r の球で体積分する．

$$\int_V\left(\frac{1}{r^2}\frac{d}{dr}\left(r^2\frac{d\phi}{dr}\right)+b\phi\right)dV = \int_s\frac{d\phi}{dr}dS+\int_V b\phi\,dV\quad(\text{☆})$$

上式の第1項は半径 r の球での表面積分であり，半径 r が一定のとき，$\dfrac{d\phi}{dr}$ は一定であるから

$$\int_s\frac{d\phi}{dr}dS = \frac{d\phi}{dr}\bigg|_{r=r}4\pi r^2 = 4\pi c_2(-\sqrt{-b}\,r e^{-\sqrt{-b}r}-e^{-\sqrt{-b}r})$$

となる．また第2項は $dV = 4\pi r^2 dr$ を用いて

$$\int_V b\phi\,dV = \int_0^r b\phi 4\pi r^2 dr = 4\pi c_2 b\int_0^r r e^{-\sqrt{-b}r}dr = 4\pi c_2 b\left[-\frac{re^{-\sqrt{-b}r}}{\sqrt{-b}}-\frac{e^{-\sqrt{-b}r}}{-b}\right]_{r=0}^{r=r}$$
$$= 4\pi c_2(\sqrt{-b}\,r e^{-\sqrt{-b}r}+e^{-\sqrt{-b}r}-1)$$

となり

$$(\text{☆})\; = 4\pi c_2(-\sqrt{-b}\,r e^{-\sqrt{-b}r}-e^{-\sqrt{-b}r})+4\pi c_2(\sqrt{-b}\,r e^{-\sqrt{-b}r}+e^{-\sqrt{-b}r}-1) = -4\pi c_2 = -\frac{Q}{\varepsilon_0}$$

$$\rightarrow\quad c_2 = \frac{Q}{4\pi\varepsilon_0}$$

以上より解は以下の式で与えられる（図示は省略）．

$$\phi = \frac{Q}{4\pi\varepsilon_0}\frac{e^{-\sqrt{-b}r}}{r} = \frac{Q}{4\pi\varepsilon_0}\frac{e^{-\sqrt{\frac{1+c}{\lambda_D^2}}r}}{r}$$

第18章
練習問題 18.1

(18−11) 式の右辺は
$$\sum_{n=-\infty}^{\infty}\left\{c_n e^{\frac{in\pi x}{L}}\right\} = \sum_{n=-\infty}^{-1}\left\{c_n e^{\frac{in\pi x}{L}}\right\}+c_0+\sum_{n=1}^{\infty}\left\{c_n e^{\frac{in\pi x}{L}}\right\}$$
となる．上式の右辺の各項は
$$\sum_{n=-\infty}^{-1}\left\{c_n e^{\frac{in\pi x}{L}}\right\} = \sum_{n=1}^{\infty}\left\{c_{-n}e^{-\frac{in\pi x}{L}}\right\} = \sum_{n=1}^{\infty}\left\{\left(\frac{1}{2}a_n+\frac{i}{2}b_n\right)e^{-\frac{in\pi x}{L}}\right\}$$
$$= \sum_{n=1}^{\infty}\left\{\frac{1}{2}a_n\cos\left(\frac{n\pi x}{L}\right)+\frac{1}{2}b_n\sin\left(\frac{n\pi x}{L}\right)\right\}+i\sum_{n=1}^{\infty}\left\{\frac{1}{2}b_n\cos\left(\frac{n\pi x}{L}\right)-\frac{1}{2}a_n\sin\left(\frac{n\pi x}{L}\right)\right\}$$

$$c_0 = \frac{a_0}{2}$$

$$\sum_{n=1}^{\infty} \left\{ c_n e^{\frac{in\pi x}{L}} \right\} = \sum_{n=1}^{\infty} \left\{ \left(\frac{1}{2}a_n - \frac{i}{2}b_n \right) e^{\frac{in\pi x}{L}} \right\}$$

$$= \sum_{n=1}^{\infty} \left\{ \frac{1}{2}a_n \cos\left(\frac{n\pi x}{L}\right) + \frac{1}{2}b_n \sin\left(\frac{n\pi x}{L}\right) \right\} + i \sum_{n=1}^{\infty} \left\{ -\frac{1}{2}b_n \cos\left(\frac{n\pi x}{L}\right) + \frac{1}{2}a_n \sin\left(\frac{n\pi x}{L}\right) \right\}$$

と計算されるので

$$\sum_{n=-\infty}^{\infty} \left\{ c_n e^{\frac{in\pi x}{L}} \right\} = \frac{a_0}{2} + 2 \sum_{n=1}^{\infty} \left\{ \frac{1}{2}a_n \cos\left(\frac{n\pi x}{L}\right) + \frac{1}{2}b_n \sin\left(\frac{n\pi x}{L}\right) \right\}$$

$$= \frac{a_0}{2} + \sum_{n=1}^{\infty} \left\{ a_n \cos\left(\frac{n\pi x}{L}\right) + b_n \sin\left(\frac{n\pi x}{L}\right) \right\} \approx f(x)$$

となり，(18−11) 式が示された.

練習問題 18.2

$$f(x) = \frac{1}{2}a_0 + \sum_{n=1}^{\infty} \left\{ a_n \cos\left(\frac{n\pi x}{L}\right) + b_n \sin\left(\frac{n\pi x}{L}\right) \right\}$$

$$a_n = \frac{1}{L} \int_{-L}^{L} f(x) \cos\left(\frac{n\pi x}{L}\right) dx, \quad b_n = \frac{1}{L} \int_{-L}^{L} f(x) \sin\left(\frac{n\pi x}{L}\right) dx$$

（1） $f(x)$ が偶関数のとき $a_n = \frac{2}{L} \int_{0}^{L} f(x) \cos\left(\frac{n\pi x}{L}\right) dx, \quad b_n = 0$ となる.

よって，フーリエ級数は以下のようになる.

$$f(x) = \frac{1}{2}a_0 + \sum_{n=1}^{\infty} \left\{ a_n \cos\left(\frac{n\pi x}{L}\right) \right\}, \quad a_n = \frac{2}{L} \int_{0}^{L} f(x) \cos\left(\frac{n\pi x}{L}\right) dx$$

（2） $f(x)$ が奇関数のとき $a_n = 0, \quad b_n = \frac{2}{L} \int_{0}^{L} f(x) \sin\left(\frac{n\pi x}{L}\right) dx$ となる.

よって，フーリエ級数は以下のようになる.

$$f(x) = \sum_{n=1}^{\infty} \left\{ b_n \sin\left(\frac{n\pi x}{L}\right) \right\}, \quad b_n = \frac{2}{L} \int_{0}^{L} f(x) \sin\left(\frac{n\pi x}{L}\right) dx$$

練習問題 18.3

（1）

$$f(x) = 2x = \frac{1}{2}a_0 + \sum_{n=1}^{\infty} (a_n \cos(nx) + b_n \sin(nx))$$

$$a_n = \frac{1}{\pi} \int_{-\pi}^{\pi} 2x \cos(nx) dx = \frac{2}{\pi} \int_{-\pi}^{\pi} x \cos(nx) dx = 0$$

$$b_n = \frac{1}{\pi} \int_{-\pi}^{\pi} 2x \sin(nx) dx = \frac{2}{\pi} \int_{-\pi}^{\pi} x \sin(nx) dx = -\frac{2}{n} 2 \cos \pi n = -\frac{4}{n} (-1)^n$$

以上より

$$f(x) = \sum_{n=1}^{\infty} \left\{ -\frac{4}{n} (-1)^n \sin(nx) \right\}$$

となる.

$$g(x) = x^2 = \frac{1}{2}a_0 + \sum_{n=1}^{\infty} (a_n \cos(nx) + b_n \sin(nx))$$

$$a_n = \frac{1}{\pi} \int_{-\pi}^{\pi} x^2 \cos(nx) dx = \frac{4}{n^2} (-1)^n$$

$$a_0 = \frac{1}{\pi} \int_{-\pi}^{\pi} x^2 dx = \frac{2}{3}\pi^2$$

$$b_n = \frac{1}{\pi} \int_{-\pi}^{\pi} x^2 \sin(nx) dx = 0$$

以上より

$$g(x) = \frac{\pi^2}{3} + 4\sum_{n=1}^{\infty} \frac{(-1)^n}{n^2}\cos(nx)$$

となる.

（2）

$$g(x) = \frac{\pi^2}{3} + 4\sum_{n=1}^{\infty} \frac{(-1)^n}{n^2}\cos(nx)$$

$$g'(x) = 4\sum_{n=1}^{\infty} \frac{(-1)^n}{n^2}(-1)n\sin(nx) = 4\sum_{n=1}^{\infty} -\frac{(-1)^n}{n}\sin(nx)$$

よって $f(x)$ のフーリエ級数と等しい.

（3）

a) $\sum_{n=1}^{\infty} \frac{(-1)^{n+1}}{n^2}$

$g(x) = \frac{\pi^2}{3} + 4\sum_{n=1}^{\infty} \frac{(-1)^n}{n^2}\cos(nx)$ において $x = 0$ とすると，以下のようになる.

$$g(0) = 0 = \frac{\pi^2}{3} + 4\sum_{n=1}^{\infty} \frac{(-1)^n}{n^2} \quad \rightarrow \quad \sum_{n=1}^{\infty} \frac{(-1)^{n+1}}{n^2} = \frac{\pi^2}{12}$$

b) $\sum_{n=1}^{\infty} \frac{1}{n^2}$

$g(x) = \frac{\pi^2}{3} + 4\sum_{n=1}^{\infty} \frac{(-1)^n}{n^2}\cos(nx)$ において $x = \pi$ とすると，以下のようになる.

$$g(\pi) = \pi^2 = \frac{\pi^2}{3} + 4\sum_{n=1}^{\infty} \frac{(-1)^n}{n^2}\cos(n\pi) = \frac{\pi^2}{3} + 4\sum_{n=1}^{\infty} \frac{1}{n^2}$$

$$\rightarrow \quad \frac{2}{3}\pi^2 = 4\sum_{n=1}^{\infty} \frac{1}{n^2} \quad \rightarrow \quad \sum_{n=1}^{\infty} \frac{1}{n^2} = \frac{\pi^2}{6}$$

練習問題 18.4

（1）

$f(x)$ は偶関数なので，$b_n = 0$ である．練習問題 18.3 と同様にしてフーリエ級数を求めると

$$a_n = \frac{2}{n^2\pi}(\cos(n\pi) - 1)$$

$$a_0 = \pi$$

であるから，n の偶奇を考慮して

$$f(x) = \frac{\pi}{2} - \frac{4}{\pi}\sum_{m=1}^{\infty} \frac{\cos\{(2m-1)x\}}{(2m-1)^2}$$

となる.

（2）

a) $f(\pi) = \frac{\pi}{2} - \frac{4}{\pi}\sum_{m=1}^{\infty} \frac{\cos\{(2m-1)\pi\}}{(2m-1)^2}$ より

$$\sum_{n=1}^{\infty} \frac{1}{(2n-1)^2} = \frac{\pi^2}{8}$$

となる.

b) $\displaystyle\sum_{n=1}^{\infty}\frac{1}{n^2} = \sum_{m=1}^{\infty}\frac{1}{(2m-1)^2} + \sum_{m=1}^{\infty}\frac{1}{(2m)^2}$ と考えて

$$\sum_{n=1}^{\infty}\frac{1}{n^2} = \frac{4}{3}\frac{\pi^2}{8} = \frac{\pi^2}{6}$$

となる.

第 19 章
練習問題 19.1

(19−8) 式と $\cos(\omega(u-x)) = \cos(w(x-u)) = \dfrac{e^{i\omega(x-u)} + e^{-i\omega(x-u)}}{2}$ より

$$f(x) \approx \frac{1}{\pi}\int_0^{\infty}d\omega\int_{-\infty}^{\infty}f(u)\cos(\omega(u-x))du$$

$$= \frac{1}{\pi}\int_0^{\infty}d\omega\int_{-\infty}^{\infty}f(u)\frac{e^{i\omega(x-u)}+e^{-i\omega(x-u)}}{2}du$$

$$= \frac{1}{2\pi}\int_0^{\infty}d\omega\int_{-\infty}^{\infty}f(u)\,e^{i\omega(x-u)}du + \frac{1}{2\pi}\int_0^{\infty}d\omega\int_{-\infty}^{\infty}f(u)\,e^{-i\omega(x-u)}du$$

となる. 2項目の $\omega \to -\omega$ として $d\omega \to -d\omega$, $\infty \to -\infty$ とすると

$$上式 = \frac{1}{2\pi}\int_0^{\infty}d\omega\int_{-\infty}^{\infty}f(u)\,e^{i\omega(x-u)}du + \frac{1}{2\pi}\int_{-\infty}^{0}d\omega\int_{-\infty}^{\infty}f(u)\,e^{-i\omega(x-u)}du$$

$$= \frac{1}{2\pi}\int_{-\infty}^{\infty}\int_{-\infty}^{\infty}f(u)\,e^{i\omega(x-u)}dud\omega$$

$$= \frac{1}{\sqrt{2\pi}}\int_{-\infty}^{\infty}\left\{\frac{1}{\sqrt{2\pi}}\int_{-\infty}^{\infty}f(u)\,e^{-i\omega u}du\right\}e^{i\omega x}d\omega$$

と計算されるので, $F(\omega) = \dfrac{1}{\sqrt{2\pi}}\displaystyle\int_{-\infty}^{\infty}f(u)\,e^{-i\omega u}du$ より

$$上式 = \frac{1}{\sqrt{2\pi}}\int_{-\infty}^{\infty}F(\omega)\,e^{i\omega x}d\omega$$

となる.

練習問題 19.2

デルタ関数の定義から

$$\int_{-\infty}^{\infty}\delta(x)dx = 1 \quad \to \quad \int_{-\infty}^{\infty}f(x)\delta(x)dx = f(0)$$

となるので

$$F(\omega) = \frac{1}{\sqrt{2\pi}}\int_{-\infty}^{\infty}\delta(x)\,e^{-i\omega x}dx = \frac{1}{\sqrt{2\pi}}\,e^0 = \frac{1}{\sqrt{2\pi}}$$

が得られる. また, 逆変換は定義より以下のようになる.

$$f(x) = \frac{1}{2\pi}\int_{-\infty}^{\infty}e^{i\omega x}dw$$

練習問題 19.3

フーリエ積分を行う. 三角関数の直角性より

$$a(\omega) = \frac{1}{\pi}\int_{-\infty}^{\infty}f(x)\cos(\omega x)dx = 0$$

となる．また

$$b(\omega) = \frac{1}{\pi}\int_{-\infty}^{\infty} f(x)\sin(\omega x)dx$$

$$= \int_{-\frac{\pi}{\omega_0}}^{\frac{\pi}{\omega_0}} \frac{1}{2\pi}\{\cos(\omega-\omega_0)x - \cos(\omega+\omega_0)x\}dx$$

$$= \int_{0}^{\frac{\pi}{\omega_0}} \frac{1}{\pi}\{\cos(\omega-\omega_0)x - \cos(\omega+\omega_0)x\}dx$$

$$= \frac{1}{\pi}\Big[\frac{1}{\omega-\omega_0}\sin(\omega-\omega_0)x - \frac{1}{\omega+\omega_0}\sin(\omega+\omega_0)x\Big]_0^{\frac{\pi}{\omega_0}}$$

$$= \frac{1}{\pi}\Big\{\frac{1}{\omega-\omega_0}\sin\Big(\frac{\omega}{\omega_0}\pi-\pi\Big) - \frac{1}{\omega+\omega_0}\sin\Big(\frac{\omega}{\omega_0}\pi+\pi\Big)\Big\}$$

$$= \frac{1}{\pi}\Big\{-\frac{1}{\omega-\omega_0}\sin\Big(\frac{\omega}{\omega_0}\pi\Big) + \frac{1}{\omega+\omega_0}\sin\Big(\frac{\omega}{\omega_0}\pi\Big)\Big\}$$

$$= \frac{1}{\pi}\Big(-\frac{1}{\omega-\omega_0}+\frac{1}{\omega+\omega_0}\Big)\sin\Big(\frac{\omega}{\omega_0}\pi\Big) = \frac{-2\omega_0}{\pi(\omega^2-\omega_0^2)}\sin\Big(\frac{\omega}{\omega_0}\pi\Big)$$

となるので，次式のように求められる．

$$f(x) = -\int_0^\infty \frac{2\omega_0}{\pi(\omega^2-\omega_0^2)}\sin\Big(\frac{\omega}{\omega_0}\pi\Big)\sin(\omega x)d\omega$$

練習問題 19.4

$$F(\omega) = \frac{1}{\sqrt{2\pi}}\int_{-\frac{\pi}{\omega_0}}^{\frac{\pi}{\omega_0}} e^{i\omega_0 x}\,e^{-i\omega x}dx = \frac{1}{\sqrt{2\pi}}\int_{-\frac{\pi}{\omega_0}}^{\frac{\pi}{\omega_0}} e^{i(\omega_0-\omega)x}dx$$

$$= \frac{1}{\sqrt{2\pi}}\Big[\frac{1}{i(\omega_0-\omega)}e^{i(\omega_0-\omega)x}\Big]_{-\frac{\pi}{\omega_0}}^{\frac{\pi}{\omega_0}}$$

$$= \frac{1}{\sqrt{2\pi}}\Big[\frac{1}{i(\omega_0-\omega)}\Big(e^{i\left(\pi-\frac{\omega}{\omega_0}\pi\right)} - e^{-i\left(\pi-\frac{\omega}{\omega_0}\pi\right)}\Big)\Big]$$

$$= \frac{\sqrt{2}}{\sqrt{\pi}(\omega_0-\omega)}\sin\Big(\frac{\omega}{\omega_0}\pi\Big)$$

練習問題 19.5

$$\frac{1}{\sqrt{2\pi}}\int_{-\infty}^{\infty} f(x-a)\,e^{-i\omega x}dx$$

$x-a=t$ として書き換えると，次式が得られる．

$$上式 = \frac{1}{\sqrt{2\pi}}\int_{-\infty}^{\infty} f(t)\,e^{-i\omega(t+a)}dt$$

$$= \frac{1}{\sqrt{2\pi}}e^{-i\omega a}\int_{-\infty}^{\infty} f(t)\,e^{-i\omega t}dt = e^{-i\omega a}F(\omega)$$

第 20 章
練習問題 20.1

$$\frac{dy}{dx} = C(u) = u \;\Rightarrow\; du = \frac{\partial u}{\partial x}dx + \frac{\partial u}{\partial y}dy = \frac{\partial u}{\partial x}dx + \frac{\partial u}{\partial y}udx = \Big(\frac{\partial u}{\partial x}+\frac{\partial u}{\partial y}u\Big)dx = 0$$

となるので，特性曲線上では，u は一定となる．よって

$$u = u(x,y) = u(0,s) = 1-s$$

$$y = C(u)x+s = (1-s)x+s$$

よって特性曲線と解は　$y = (1-s)x+s$ ，$u = \dfrac{y-1}{x-1}$ と求められる．

練習問題 20.2

$$2\frac{\partial u}{\partial x}+3\frac{\partial u}{\partial y} = u$$

$t = 3x-2y, \quad s = ax+by \quad (2a+3b \neq 0)$ として

$$2\Big(\frac{\partial u}{\partial s}\frac{\partial s}{\partial x}+\frac{\partial u}{\partial t}\frac{\partial t}{\partial x}\Big)+3\Big(\frac{\partial u}{\partial s}\frac{\partial s}{\partial y}+\frac{\partial u}{\partial t}\frac{\partial t}{\partial y}\Big) = u$$

$$2\Big(a\frac{\partial u}{\partial s}+3\frac{\partial u}{\partial t}\Big)+3\Big(b\frac{\partial u}{\partial s}-2\frac{\partial u}{\partial t}\Big) = u \quad \rightarrow \quad (2a+3b)\Big(\frac{\partial u}{\partial s}\Big) = u \quad \rightarrow \quad u = e^{c(t)}e^{\frac{s}{5}}$$

よって $u = f(3x-2y)\cdot e^{\frac{ax+by}{2a+3b}}$ と求められる.

練習問題 20.3

$$\frac{\partial^2 u}{\partial t^2}-c^2\frac{\partial^2 u}{\partial x^2} = 0$$

ここで, $r = x-ct$, $s = x+ct$ とおく.

$$\frac{\partial u}{\partial x} = \frac{\partial u}{\partial r}\frac{\partial r}{\partial x}+\frac{\partial u}{\partial s}\frac{\partial s}{\partial x} = \frac{\partial u}{\partial r}+\frac{\partial u}{\partial s}$$

$$\frac{\partial u}{\partial t} = \frac{\partial u}{\partial r}\frac{\partial r}{\partial t}+\frac{\partial u}{\partial s}\frac{\partial s}{\partial t} = c\Big(-\frac{\partial u}{\partial r}+\frac{\partial u}{\partial s}\Big)$$

これより

$$\frac{\partial^2 u}{\partial x^2} = \frac{\partial^2 u}{\partial r^2}+2\frac{\partial^2 u}{\partial r\partial s}+\frac{\partial^2 u}{\partial s^2}$$

$$\frac{\partial^2 u}{\partial t^2} = c^2\Big(\frac{\partial^2 u}{\partial r^2}-2\frac{\partial^2 u}{\partial r\partial s}+\frac{\partial^2 u}{\partial s^2}\Big)$$

が得られる. この2式を偏微分方程式に代入すると

$$\frac{\partial^2 u}{\partial r\partial s} = 0$$

が求まる. これより任意の関数 $g(r)$, $h(s)$ とおいて, 以下の解が求められる.

$$u(x, t) = g(r)+h(s) = g(x-ct)+h(x+ct)$$

第21章

練習問題 21.1

$u = X(x)Y(y)$ とすると $\frac{X''}{X} = -\frac{Y''}{Y} = p^2$ となる.

これより, 以下の解が得られる.

$$Y = C_1\cos py+C_2\sin py \quad , \quad X = C_3e^{px}+C_4e^{-px}$$

境界条件 $u(x, 0) = 0$ より $C_1 = 0$, $u(x, l) = 0$ より $p = \frac{n\pi}{l}$ となる.

境界条件 $u(0, y) = 0$ より $C_3+C_4 = 0$ となるので

$$X = C_3e^{px}+C_4e^{-px} = 2C_3\frac{e^{px}-e^{-px}}{2} = 2C_3\ \sinh(px)$$

となり,

$$u = \sum_{n=1}^{\infty} A_n \sinh\Big(\frac{n\pi}{l}x\Big)\sin\Big(\frac{n\pi}{l}y\Big)$$

となる. ここで $u(l, y) = f(y)$ より

$$f(y) = \sum_{n=1}^{\infty} A_n \sinh(n\pi)\sin\Big(\frac{n\pi}{l}y\Big)$$

となるので

$$\int_0^l f(y) \sin\left(\frac{m\pi}{l}y\right)dy = \int_0^l \sum_{n=1}^\infty A_n \sinh(n\pi) \sin\left(\frac{n\pi}{l}y\right) \sin\left(\frac{m\pi}{l}y\right)dy$$

$$= \sum_{n=1}^\infty A_n \sinh(n\pi)\int_0^l \sin\left(\frac{n\pi}{l}y\right) \sin\left(\frac{m\pi}{l}y\right)dy = \sum_{n=1}^\infty A_n \sinh(n\pi)\frac{l}{2}\delta_{mn} = \frac{l}{2}A_m \sinh(m\pi)$$

と計算される. これより以下の解が求められる.

$$u = \sum_{n=1}^\infty A_n \sinh\left(\frac{n\pi}{l}x\right) \sin\left(\frac{n\pi}{l}y\right) \ , \ \ A_m = \frac{2}{l \sinh(m\pi)}\int_0^l f(y) \sin\left(\frac{m\pi}{l}y\right)dy$$

練習問題 21.2

$u = X(x)T(t)$ とすると $\dfrac{X''}{X} = \dfrac{1}{k}\dfrac{T'}{T} = -p^2$ となる.

これより, 以下の解が得られる.

$$X = C_1 \cos px + C_2 \sin px \ \ , \ \ T = C_3\, e^{-p^2 kt}$$

境界条件から

$$C_1 = 0, \ p = \frac{n\pi}{l} \ , \ \ u = \sum_{n=1}^\infty A_n \exp\left(-\left(\frac{n\pi}{l}\right)^2 kt\right) \sin\frac{n\pi}{l}x$$

となる. さらに, 初期条件から

$$A_n = \frac{2}{l}\int_0^l x \sin\frac{n\pi}{l}x\,dx = \frac{2l}{n\pi}(-1)^{n+1}$$

となるので, 次式が求められる.

$$u = \sum_{n=1}^\infty \frac{2l}{n\pi}(-1)^{n+1}\, e^{-\left(\frac{n\pi}{l}\right)^2 kt} \sin\frac{n\pi}{l}x$$

練習問題 21.3

$u = v + ax/l$ を $\dfrac{\partial u}{\partial t} - k\dfrac{\partial^2 u}{\partial x^2} = 0$ に代入すれば, 以下の方程式と境界条件が得られる.

$$\frac{\partial v}{\partial t} = k\frac{\partial^2 v}{\partial x^2}$$

境界条件は $v(t, 0) = 0, \ v(t, l) = 0$

初期条件は $v(0, x) = -ax/l$

ここで, $v = X(x)T(t)$ として 練習問題 21.2 と同様に解くと

$$v = \sum_{n=1}^\infty A_n\, e^{-\left(\frac{n\pi}{l}\right)^2 kt} \sin\frac{n\pi}{l}x$$

が得られ, 初期条件を用いて

$$A_n = \frac{2}{l}\int_0^l -\frac{ax}{l} \sin\left(\frac{n\pi}{l}x\right)dx = \frac{2a}{n\pi}(-1)^n$$

となる. よって

$$u = \sum_{n=1}^\infty \frac{2a}{n\pi}(-1)^n e^{-\left(\frac{n\pi}{l}\right)^2 kt} \sin\left(\frac{n\pi}{l}x\right) + \frac{a}{l}x$$

が得られる.

練習問題 21.4

$u = X(x)T(t)$ とすると

$$\frac{X''}{X} = \frac{1}{c^2}\frac{T''}{T} = -p^2 \quad,\quad X = C_1\cos(px) + C_2\sin(px) \quad,\quad T = C_3\cos(cpt) + C_4\sin(cpt)$$

となる. 境界条件から $C_1 = 0$, $p = \frac{n\pi}{l}$ となるので

$$u = \sum_{n=1}^{\infty}\{A_n\sin(cpt) + B_n\cos(cpt)\}\sin(px) \;,\; \frac{\partial u}{\partial t} = \sum_{n=1}^{\infty}\{A_n cp\cos(cpt) - B_n cp\sin(cpt)\}\sin(px)$$

となる. 初期条件より

$$A_n = 0$$
$$u(t, x) = \sum_{n=1}^{\infty}B_n\cos(cpt)\sin(px)$$
$$u(0, x) = \sum_{n=1}^{\infty}B_n\sin(px) = \sin\left(\frac{\pi x}{l}\right) - \sin\left(\frac{2\pi x}{l}\right)$$

となり $n = 1$ で $B_1 = 1$

$$n = 2 \text{ で } B_2 = -1$$
$$n \neq 1, 2 \text{ で } B_n = 0$$

となる. これらより

$$u = \cos\left(\frac{c\pi t}{l}\right)\sin\left(\frac{\pi x}{l}\right) - \cos\left(\frac{2c\pi t}{l}\right)\sin\left(\frac{2\pi x}{l}\right)$$

が得られる.

第 22 章

練習問題 22.1

$i = 2$ とした場合

$$\det[A_3] = \sum_{j=1}^{3}a_{2j}\Delta_{2j} = a_{21}\Delta_{21} + a_{22}\Delta_{22} + a_{23}\Delta_{23} = -\Delta_{22} + 2\Delta_{23}$$

$$\Delta_{22} = (-1)^{2+2}\det\begin{bmatrix}-2 & 2 \\ 2 & 4\end{bmatrix} = -12 \;,\; \Delta_{23} = (-1)^{2+3}\det\begin{bmatrix}-2 & 0 \\ 2 & 1\end{bmatrix} = 2$$

$$\therefore \det[A_3] = -(-12) + 2\cdot 2 = 16$$

$i = 3$ とした場合

$$\det[A_3] = \sum_{j=1}^{3}a_{3j}\Delta_{3j} = a_{31}\Delta_{31} + a_{32}\Delta_{32} + a_{33}\Delta_{33} = 2\Delta_{31} + \Delta_{32} + 4\Delta_{33}$$

$$\Delta_{31} = (-1)^{3+1}\det\begin{bmatrix}0 & 2 \\ -1 & 2\end{bmatrix} = 2 \;,\; \Delta_{32} = (-1)^{3+2}\det\begin{bmatrix}-2 & 2 \\ 0 & 2\end{bmatrix} = 4 \;,$$

$$\Delta_{33} = (-1)^{3+3}\det\begin{bmatrix}-2 & 0 \\ 0 & -1\end{bmatrix} = 2$$

$$\therefore \det[A_3] = 2\cdot 2 + 4 + 4\cdot 2 = 16$$

練習問題 22.2

$i = 2$ とすると以下のように計算できる.

$$\det[A_4] = \sum_{j=1}^{4}a_{2j}\Delta_{2j} = a_{21}\Delta_{21} + a_{22}\Delta_{22} + a_{23}\Delta_{23} + a_{24}\Delta_{24} = -2\Delta_{21} + 2\Delta_{22} + \Delta_{24}$$

$$\Delta_{21} = (-1)^{2+1}\det\begin{bmatrix}1 & -1 & 3 \\ -3 & 2 & 1 \\ 0 & -2 & 2\end{bmatrix} = -18 \;,\; \Delta_{22} = (-1)^{2+2}\det\begin{bmatrix}2 & -1 & 3 \\ 3 & 2 & 1 \\ 1 & -2 & 2\end{bmatrix} = -7$$

$$\Delta_{24} = (-1)^{2+4}\det\begin{bmatrix} 2 & 1 & -1 \\ 3 & -3 & 2 \\ 1 & 0 & -2 \end{bmatrix} = 17$$

$$\therefore \det[A_4] = -2\cdot(-18) + 2\cdot(-7) + 17 = 39$$

練習問題 22.3

（1） $[B_3][A_3] = [C_3]$ とおく．ここで $\det[B_3]\det[A_3] = \det[C_3]$ が成立することから

$\det[A_3] = a_{11}a_{22}a_{33} + a_{21}a_{32}a_{13} + a_{12}a_{23}a_{31} - a_{13}a_{22}a_{31} - a_{12}a_{21}a_{33} - a_{11}a_{23}a_{32}$

$\det[B_3] = \cos^2\theta + \sin^2\theta = 1$

$\therefore \det[C_3] = \det[A_3] = a_{11}a_{22}a_{33} + a_{21}a_{32}a_{13} + a_{12}a_{23}a_{31} - a_{13}a_{22}a_{31} - a_{12}a_{21}a_{33} - a_{11}a_{23}a_{32}$

（2） $[B_3]$ は回転行列であり，回転によって体積は変化しないので $\det[B_3] = 1$
である．よって $\det[B_3][A_3] = \det[A_3]$ となる．

練習問題 22.4

$\det[A_4] = 160$

練習問題 22.5

$$\det\begin{bmatrix} 1 & 2 & 0 & 2 \\ 0 & 1 & 1 & 2 \\ 2 & 3 & -1 & 2 \\ 1 & 3 & 1 & 4 \end{bmatrix} = \det\begin{bmatrix} 1 & 1 & 2 \\ 3 & -1 & 2 \\ 3 & 1 & 4 \end{bmatrix} - 2*\det\begin{bmatrix} 0 & 1 & 2 \\ 2 & -1 & 2 \\ 1 & 1 & 4 \end{bmatrix} - 2*\det\begin{bmatrix} 0 & 1 & 1 \\ 2 & 3 & -1 \\ 1 & 3 & 1 \end{bmatrix}$$

$$= \{(-4+6+6) - (-6+12+2)\} - 2*\{(4+2) - (-2+8)\} - 2*\{(6-1) - (3+2)\} = 0$$

$$\begin{bmatrix} 1 & 2 & 0 & 2 \\ 0 & 1 & 1 & 2 \\ 2 & 3 & -1 & 2 \\ 1 & 3 & 1 & 4 \end{bmatrix} \Rightarrow \begin{bmatrix} 1 & 2 & 0 & 2 \\ 0 & 1 & 1 & 2 \\ 0 & -1 & -1 & -2 \\ 0 & 1 & 1 & 2 \end{bmatrix} \Rightarrow \begin{bmatrix} 1 & 2 & 0 & 2 \\ 0 & 1 & 1 & 2 \\ 0 & 0 & 0 & 0 \\ 0 & 0 & 0 & 0 \end{bmatrix}$$

よって，$\text{rank}[A] = 2 \Rightarrow \dim(\text{Ker}[A]) = n - \alpha = 4 - 2 = 2$

$$\begin{bmatrix} 1 & 2 & 0 & 2 \\ 0 & 1 & 1 & 2 \\ 2 & 3 & -1 & 2 \\ 1 & 3 & 1 & 4 \end{bmatrix}\begin{pmatrix} x_1 \\ x_2 \\ x_3 \\ x_4 \end{pmatrix} = \begin{pmatrix} 0 \\ 0 \\ 0 \\ 0 \end{pmatrix} \Rightarrow \begin{bmatrix} 1 & 2 & 0 & 2 \\ 0 & 1 & 1 & 2 \\ 0 & 0 & 0 & 0 \\ 0 & 0 & 0 & 0 \end{bmatrix}\begin{pmatrix} x_1 \\ x_2 \\ x_3 \\ x_4 \end{pmatrix} = \begin{pmatrix} 0 \\ 0 \\ 0 \\ 0 \end{pmatrix} \Rightarrow$$

$x_2 + x_3 + 2x_4 = 0 \Rightarrow x_2 = -x_3 - 2x_4$

$x_1 + 2x_2 + 2x_4 = 0 \Rightarrow x_1 = -2x_2 - 2x_4 = -2(-x_3 - 2x_4) - 2x_4 = -2x_3 + 2x_4$

$$\Rightarrow \begin{pmatrix} x_1 \\ x_2 \\ x_3 \\ x_4 \end{pmatrix} = \begin{pmatrix} -2x_3 + 2x_4 \\ -x_3 - 2x_4 \\ x_3 \\ x_4 \end{pmatrix} = x_3\begin{pmatrix} -2 \\ -1 \\ 1 \\ 0 \end{pmatrix} + x_4\begin{pmatrix} 2 \\ 2 \\ 0 \\ 1 \end{pmatrix}$$

この式からも，核の自由度は 2 なので，$\dim(\text{Ker}[A]) = 2$ が得られる．

第 23 章

練習問題 23.1

$[A_n]$ を正則行列とすると $\det[A_n A_n^{-1}] = \det[I_n] = 1$ （ただし $[I_n]$ は単位行列）
となる．また，$\det[A_n A_n^{-1}] = \det[A_n]\det[A_n]^{-1}$ より以下のように示すことができる．

$$\det[A_n A_n^{-1}] = \det[A_n]\det[A_n]^{-1} = 1 \rightarrow \det[A_n] = \frac{1}{\det[A_n]^{-1}}$$

練習問題 23.2

$$[A_3]^{-1} = \frac{1}{\det[A_3]}\begin{bmatrix} \Delta_{11} & \Delta_{21} & \Delta_{31} \\ \Delta_{12} & \Delta_{22} & \Delta_{32} \\ \Delta_{13} & \Delta_{23} & \Delta_{33} \end{bmatrix} = \frac{1}{2}\begin{bmatrix} -5 & -2 & 6 \\ 4 & 2 & -4 \\ 6 & 2 & -6 \end{bmatrix}$$

$\det[A_3] = 6-(12-4) = -2$

$\Delta_{11} = (-1)^{1+1}(3-(-2)) = 5$, $\Delta_{12} = (-1)^{1+2}(0+4) = -4$, $\Delta_{13} = (-1)^{1+3}(0-6) = -6$

$\Delta_{21} = (-1)^{2+1}(0-2) = 2$, $\Delta_{22} = (-1)^{2+2}(2-4) = -2$, $\Delta_{23} = (-1)^{2+3}(2-0) = -2$

$\Delta_{31} = (-1)^{3+1}(0-6) = -6$, $\Delta_{32} = (-1)^{3+2}(-4-0) = 4$, $\Delta_{33} = (-1)^{3+3}(6-0) = 6$

練習問題 23.3

（1）

$$[A_3]^{-1} = \frac{1}{\det[A_3]}[B_3] = \frac{1}{\det[A_3]}\begin{bmatrix} \Delta_{11} & \Delta_{21} & \Delta_{31} \\ \Delta_{12} & \Delta_{22} & \Delta_{32} \\ \Delta_{13} & \Delta_{23} & \Delta_{33} \end{bmatrix} \qquad \det[A_3] = \cos^2\theta-(-\sin^2\theta) = 1$$

$\Delta_{11} = (-1)^{1+1}\begin{bmatrix} \cos\theta & 0 \\ 0 & 1 \end{bmatrix} = \cos\theta$, $\Delta_{12} = (-1)^{1+2}\begin{bmatrix} -\sin\theta & 0 \\ 0 & 1 \end{bmatrix} = \sin\theta$

$\Delta_{13} = (-1)^{1+3}\begin{bmatrix} -\sin\theta & \cos\theta \\ 0 & 0 \end{bmatrix} = 0$, $\Delta_{21} = (-1)^{2+1}\begin{bmatrix} \sin\theta & 0 \\ 0 & 1 \end{bmatrix} = -\sin\theta$

$\Delta_{22} = (-1)^{2+2}\begin{bmatrix} \cos\theta & 0 \\ 0 & 1 \end{bmatrix} = \cos\theta$, $\Delta_{23} = (-1)^{2+3}\begin{bmatrix} \cos\theta & \sin\theta \\ 0 & 0 \end{bmatrix} = 0$

$\Delta_{31} = (-1)^{3+1}\begin{bmatrix} \sin\theta & 0 \\ \cos\theta & 0 \end{bmatrix} = 0$, $\Delta_{32} = (-1)^{3+2}\begin{bmatrix} \cos\theta & 0 \\ -\sin\theta & 0 \end{bmatrix} = 0$, $\Delta_{33} = (-1)^{3+3}\begin{bmatrix} \cos\theta & \sin\theta \\ -\sin\theta & \cos\theta \end{bmatrix} = 1$

$$\Rightarrow \quad [A_3]^{-1} = \begin{bmatrix} \cos\theta & -\sin\theta & 0 \\ \sin\theta & \cos\theta & 0 \\ 0 & 0 & 1 \end{bmatrix}$$

（2） $[A_3]$ における θ を $-\theta$ に置き換えることで逆行列 $[A_3]^{-1}$ が得られる.

練習問題 23.4

$$[A_4]^{-1} = \frac{1}{2}\begin{bmatrix} 4 & 0 & 0 & -6 \\ -2 & 1 & -1 & 2 \\ 2 & 0 & 0 & -4 \\ -6 & 1 & 1 & 10 \end{bmatrix}$$

練習問題 23.5

$$\det\begin{bmatrix} 1 & 1 & 2 \\ 2 & \alpha & 1 \\ 0 & -1 & \alpha \end{bmatrix} = \alpha^2-4-(2\alpha-1) = \alpha^2-2\alpha-3 = (\alpha+1)(\alpha-3)$$

となるので,

（1） $\alpha \neq -1, \text{or } 3$ の場合

行列式 $\neq 0$ なので，逆行列が存在する．よって以下のように解が求められる.

$$\begin{pmatrix} x_1 \\ x_2 \\ x_3 \end{pmatrix} = \begin{bmatrix} 1 & 1 & 2 \\ 2 & \alpha & 1 \\ 0 & -1 & \alpha \end{bmatrix}^{-1}\begin{pmatrix} 5 \\ 4 \\ \alpha-1 \end{pmatrix} = \frac{1}{(\alpha+1)(\alpha-3)}\begin{bmatrix} \alpha^2+1 & -(\alpha+2) & -2\alpha+1 \\ -2\alpha & \alpha & 3 \\ -2 & 1 & \alpha-2 \end{bmatrix}\begin{pmatrix} 5 \\ 4 \\ \alpha-1 \end{pmatrix}$$

$$= \frac{1}{(\alpha+1)(\alpha-3)}\begin{pmatrix}3\alpha^2-\alpha-4\\-3\alpha-3\\\alpha^2-3\alpha-4\end{pmatrix} = \frac{1}{(\alpha+1)(\alpha-3)}\begin{pmatrix}(\alpha+1)(3\alpha-4)\\-3(\alpha+1)\\(\alpha+1)(\alpha-4)\end{pmatrix} = \frac{1}{\alpha-3}\begin{pmatrix}3\alpha-4\\-3\\\alpha-4\end{pmatrix}$$

（2）$\alpha = -1$ の場合

拡大係数行列から

$$\begin{bmatrix}1 & 1 & 2 & 5\\2 & -1 & 1 & 4\\0 & -1 & -1 & -2\end{bmatrix} \Rightarrow \begin{bmatrix}1 & 1 & 2 & 5\\0 & -3 & -3 & -6\\0 & -1 & -1 & -2\end{bmatrix} \Rightarrow \begin{bmatrix}1 & 1 & 2 & 5\\0 & 1 & 1 & 2\\0 & -1 & -1 & -2\end{bmatrix} \Rightarrow \begin{bmatrix}1 & 1 & 2 & 5\\0 & 1 & 1 & 2\\0 & 0 & 0 & 0\end{bmatrix}$$

が得られ，拡大係数行列のランク＝元の行列のランク，となる．よって，不定となり，解は，例えば

$$\begin{pmatrix}x_1\\x_2\\x_3\end{pmatrix} = \begin{pmatrix}5-(2-x_3)-2x_3\\2-x_3\\x_3\end{pmatrix} = \begin{pmatrix}3-x_3\\2-x_3\\x_3\end{pmatrix} = x_3\begin{pmatrix}-1\\-1\\1\end{pmatrix} + \begin{pmatrix}3\\2\\0\end{pmatrix} = s\begin{pmatrix}-1\\-1\\1\end{pmatrix} + \begin{pmatrix}3\\2\\0\end{pmatrix}$$

で与えられる．

（3）$\alpha = 3$ の場合

$$\begin{bmatrix}1 & 1 & 2 & 5\\2 & 3 & 1 & 4\\0 & -1 & 3 & 2\end{bmatrix} \Rightarrow \begin{bmatrix}1 & 1 & 2 & 5\\0 & 1 & -3 & -6\\0 & -1 & 3 & 2\end{bmatrix} \Rightarrow \begin{bmatrix}1 & 1 & 2 & 5\\0 & 1 & -3 & -6\\0 & 0 & 0 & -4\end{bmatrix}$$

が得られ，拡大係数行列のランク＞元の行列のランク，となる．よって，不能となり解は存在しない．

第 24 章

練習問題 24.1

（1）

$$\lambda^2-(6-1)\lambda+\{-6-(-12)\} = \lambda^2-5\lambda+6 = (\lambda-3)(\lambda-2) \to \quad \lambda_1 = 2, \lambda_2 = 3$$

（ⅰ）$\lambda_1 = 2$ に対する固有ベクトルは

$$\begin{bmatrix}6 & -3\\4 & -1\end{bmatrix}\begin{pmatrix}b_1\\b_2\end{pmatrix} = 2\begin{pmatrix}b_1\\b_2\end{pmatrix} \Rightarrow \begin{cases}4b_1-3b_2=0\\4b_1-3b_2=0\end{cases}$$

より，k_1 をゼロでない任意の定数とすれば以下のように求められる．

$$\vec{b_1} = \begin{pmatrix}b_1\\b_2\end{pmatrix} = k_1\begin{pmatrix}3\\4\end{pmatrix}$$

（ⅱ）$\lambda_2 = 3$ に対する固有ベクトルは

$$\begin{bmatrix}6 & -3\\4 & -1\end{bmatrix}\begin{pmatrix}b_1\\b_2\end{pmatrix} = 3\begin{pmatrix}b_1\\b_2\end{pmatrix} \Rightarrow \begin{cases}b_1-b_2=0\\b_1-b_2=0\end{cases}$$

より，k_2 をゼロでない任意の定数とすれば以下のように求められる．

$$\vec{b_2} = \begin{pmatrix}b_1\\b_2\end{pmatrix} = k_2\begin{pmatrix}1\\1\end{pmatrix}$$

（2）$[P_2] = \begin{bmatrix}3 & 1\\4 & 1\end{bmatrix}$ より

$$[A_2]^n = [P_2]\begin{bmatrix}\lambda_1^n & 0\\0 & \lambda_2^n\end{bmatrix}[P_2]^{-1}$$

$$= \begin{bmatrix}3 & 1\\4 & 1\end{bmatrix}\begin{bmatrix}2^n & 0\\0 & 3^n\end{bmatrix}\begin{bmatrix}-1 & 1\\4 & -3\end{bmatrix} = \begin{bmatrix}-3\cdot2^n+4\cdot3^n & 3\cdot2^n-3^{n+1}\\-4(2^n-3^n) & 2^{n+2}-3^{n+1}\end{bmatrix}$$

練習問題 24.2

方程式を行列で表現すると

$$(x \quad y)\begin{bmatrix} 7 & 3\sqrt{3} \\ 3\sqrt{3} & 13 \end{bmatrix}\begin{pmatrix} x \\ y \end{pmatrix} = 16$$

$$\det\begin{bmatrix} 7-\lambda & 3\sqrt{3} \\ 3\sqrt{3} & 13-\lambda \end{bmatrix} = \lambda^2 - 20\lambda + 64 = (\lambda-4)(\lambda-16) = 0$$

$$\rightarrow \quad \lambda_1 = 4 , \lambda_2 = 16$$

となる. 固有ベクトルの成分の間に成立する関係式は

$$\begin{bmatrix} 7 & 3\sqrt{3} \\ 3\sqrt{3} & 13 \end{bmatrix}\begin{pmatrix} b_{11} \\ b_{21} \end{pmatrix} = 4\begin{pmatrix} b_{11} \\ b_{21} \end{pmatrix} \Rightarrow b_{11} + \sqrt{3}\,b_{21} = 0$$

$$\begin{bmatrix} 7 & 3\sqrt{3} \\ 3\sqrt{3} & 13 \end{bmatrix}\begin{pmatrix} b_{12} \\ b_{22} \end{pmatrix} = 16\begin{pmatrix} b_{12} \\ b_{22} \end{pmatrix} \Rightarrow -3b_{12} + \sqrt{3}\,b_{22} = 0$$

より, 大きさが1となる固有ベクトルを求めると

$$\vec{b}_1 = k_1\begin{pmatrix} 1 \\ -\dfrac{1}{\sqrt{3}} \end{pmatrix} \Rightarrow \vec{b}_1 = \begin{pmatrix} \dfrac{\sqrt{3}}{2} \\ -\dfrac{1}{2} \end{pmatrix}, \ \vec{b}_2 = k_2\begin{pmatrix} \dfrac{1}{\sqrt{3}} \\ 1 \end{pmatrix} \Rightarrow \vec{b}_2 = \begin{pmatrix} \dfrac{1}{2} \\ \dfrac{\sqrt{3}}{2} \end{pmatrix}$$

$$\therefore [P_2] = \begin{bmatrix} \dfrac{\sqrt{3}}{2} & \dfrac{1}{2} \\ -\dfrac{1}{2} & \dfrac{\sqrt{3}}{2} \end{bmatrix} = \begin{bmatrix} \cos\left(-\dfrac{\pi}{6}\right) & -\sin\left(-\dfrac{\pi}{6}\right) \\ \sin\left(-\dfrac{\pi}{6}\right) & \cos\left(-\dfrac{\pi}{6}\right) \end{bmatrix}$$

となり, さらに $[P_2]^{-1} = [P_2]^T$ となるので

$$(x \quad y)\begin{bmatrix} 7 & 3\sqrt{3} \\ 3\sqrt{3} & 13 \end{bmatrix}\begin{pmatrix} x \\ y \end{pmatrix} = 16$$

$$\rightarrow \quad (x \quad y)[P_2]\begin{bmatrix} 4 & 0 \\ 0 & 16 \end{bmatrix}[P_2]^{-1}\begin{pmatrix} x \\ y \end{pmatrix} = \left([P_2]^T\begin{pmatrix} x \\ y \end{pmatrix}\right)^T\begin{bmatrix} 4 & 0 \\ 0 & 16 \end{bmatrix}\left([P_2]^T\begin{pmatrix} x \\ y \end{pmatrix}\right)$$

となる. ここで

$$\begin{pmatrix} X \\ Y \end{pmatrix} = [P_2]^T\begin{pmatrix} x \\ y \end{pmatrix} = \begin{bmatrix} \cos\left(-\dfrac{\pi}{6}\right) & \sin\left(-\dfrac{\pi}{6}\right) \\ -\sin\left(-\dfrac{\pi}{6}\right) & \cos\left(-\dfrac{\pi}{6}\right) \end{bmatrix}\begin{pmatrix} x \\ y \end{pmatrix}$$

とおけば

$$\left([P_2]^T\begin{pmatrix} x \\ y \end{pmatrix}\right)^T\begin{bmatrix} 4 & 0 \\ 0 & 16 \end{bmatrix}\left([P_2]^T\begin{pmatrix} x \\ y \end{pmatrix}\right) = (X \quad Y)\begin{bmatrix} 4 & 0 \\ 0 & 16 \end{bmatrix}\begin{pmatrix} X \\ Y \end{pmatrix} = 16$$

より, 与えられた方程式を時計回りに $-\dfrac{\pi}{6}$ 回転させると $\dfrac{x^2}{4} + y^2 = 1$ で与えられる楕円の方程式となる. 以上より与えられた方程式は $\dfrac{x^2}{4} + y^2 = 1$ で与えられる楕円を時計回りに $\dfrac{\pi}{6}$ 回転させた楕円である.

練習問題 24.3

(1)

$$\det(\lambda E - A_3) = \begin{bmatrix} \lambda-2 & -1 & -1 \\ 0 & \lambda-2 & -1 \\ 0 & -1 & \lambda-2 \end{bmatrix} = \lambda^3 - 6\lambda^2 + 11\lambda - 6 = (\lambda-1)(\lambda-2)(\lambda-3) = 0$$

$$\rightarrow \quad \lambda_1 = 1 \, , \lambda_2 = 2 \, , \lambda_3 = 3$$

（ⅰ）$\lambda_1 = 1$ に対する固有ベクトルは

$$\begin{bmatrix} 2 & 1 & 1 \\ 0 & 2 & 1 \\ 0 & 1 & 2 \end{bmatrix}\begin{pmatrix} b_1 \\ b_2 \\ b_3 \end{pmatrix} = 1\begin{pmatrix} b_1 \\ b_2 \\ b_3 \end{pmatrix} \Rightarrow \begin{cases} b_1 + b_2 + b_3 = 0 \\ b_2 + b_3 = 0 \\ b_2 + b_3 = 0 \end{cases}$$

より，k_1 をゼロでない任意の定数とすれば以下のように求められる．

$$\vec{b_1} = \begin{pmatrix} b_1 \\ b_2 \\ b_3 \end{pmatrix} = k_1 \begin{pmatrix} 0 \\ 1 \\ -1 \end{pmatrix}$$

（ⅱ）$\lambda_2 = 2$ に対する固有ベクトルは

$$\begin{bmatrix} 2 & 1 & 1 \\ 0 & 2 & 1 \\ 0 & 1 & 2 \end{bmatrix}\begin{pmatrix} b_1 \\ b_2 \\ b_3 \end{pmatrix} = 2\begin{pmatrix} b_1 \\ b_2 \\ b_3 \end{pmatrix} \Rightarrow \begin{cases} b_2 + b_3 = 0 \\ b_2 = 0 \\ b_3 = 0 \end{cases}$$

より，k_2 をゼロでない任意の定数とすれば以下のように求められる．

$$\vec{b_2} = \begin{pmatrix} b_1 \\ b_2 \\ b_3 \end{pmatrix} = k_2 \begin{pmatrix} 1 \\ 0 \\ 0 \end{pmatrix}$$

（ⅲ）$\lambda_3 = 3$ に対する固有ベクトルは

$$\begin{bmatrix} 2 & 1 & 1 \\ 0 & 2 & 1 \\ 0 & 1 & 2 \end{bmatrix}\begin{pmatrix} b_1 \\ b_2 \\ b_3 \end{pmatrix} = 3\begin{pmatrix} b_1 \\ b_2 \\ b_3 \end{pmatrix} \rightarrow \begin{cases} -b_1 + b_2 + b_3 = 0 \\ -b_2 + b_3 = 0 \\ b_2 - b_3 = 0 \end{cases}$$

より，k_3 をゼロでない任意の定数とすれば以下のように求められる．

$$\vec{b_3} = \begin{pmatrix} b_1 \\ b_2 \\ b_3 \end{pmatrix} = k_3 \begin{pmatrix} 2 \\ 1 \\ 1 \end{pmatrix}$$

（2）　$[P_3] = \begin{bmatrix} 0 & 1 & 2 \\ 1 & 0 & 1 \\ -1 & 0 & 1 \end{bmatrix}$ より，以下のように計算できる．

$$[A_3]^n = [P_3]\begin{bmatrix} \lambda_1^n & 0 & 0 \\ 0 & \lambda_2^n & 0 \\ 0 & 0 & \lambda_3^n \end{bmatrix}[P_3]^{-1} = \begin{bmatrix} 0 & 1 & 2 \\ 1 & 0 & 1 \\ -1 & 0 & 1 \end{bmatrix}\begin{bmatrix} 1 & 0 & 0 \\ 0 & 2^n & 0 \\ 0 & 0 & 3^n \end{bmatrix}\frac{1}{2}\begin{bmatrix} 0 & 1 & -1 \\ 2 & -2 & -2 \\ 0 & 1 & 1 \end{bmatrix}$$

$$= \frac{1}{2}\begin{bmatrix} 2^{n+1} & 2(3^n - 2^n) & 2(3^n - 2^n) \\ 0 & 3^n + 1 & 3^n - 1 \\ 0 & 3^n - 1 & 3^n + 1 \end{bmatrix}$$

練習問題 24.4

対称な 3×3 行列を $[A_3]$ とする．このとき固有値を $\lambda_1 \, , \lambda_2 \, , \lambda_3$，それぞれの固有ベクトルを $\vec{b_1}, \vec{b_2}, \vec{b_3}$ とする．このとき $[A_3]\vec{b_1} = \lambda_1\vec{b_1}$，$[A_3]\vec{b_2} = \lambda_2\vec{b_2}$，$[A_3]\vec{b_3} = \lambda_3\vec{b_3}$

$$\vec{b_1} = \begin{pmatrix} b_{11} \\ b_{21} \\ b_{31} \end{pmatrix}, \ \vec{b_2} = \begin{pmatrix} b_{12} \\ b_{22} \\ b_{32} \end{pmatrix}, \ \vec{b_3} = \begin{pmatrix} b_{13} \\ b_{23} \\ b_{33} \end{pmatrix}$$

を用いれば

$$\vec{b_2}^T[A_3]\vec{b_1} = \lambda_1\vec{b_2}^T\vec{b_1} = \lambda_1 \, (\vec{b_1} \cdot \vec{b_2}), \quad \vec{b_3}^T[A_3]\vec{b_1} = \lambda_1\vec{b_3}^T\vec{b_1} = \lambda_1 \, (\vec{b_1} \cdot \vec{b_3})$$

$$\vec{b_1^T}[A_3]\vec{b_2} = \lambda_2\vec{b_1^T}\vec{b_2} = \lambda_2\ (\vec{b_1}\cdot\vec{b_2}), \quad \vec{b_3^T}[A_3]\vec{b_2} = \lambda_2\vec{b_3^T}\vec{b_2} = \lambda_2\ (\vec{b_2}\cdot\vec{b_3})$$
$$\vec{b_1^T}[A_3]\vec{b_3} = \lambda_3\vec{b_1^T}\vec{b_3} = \lambda_3\ (\vec{b_1}\cdot\vec{b_3}), \quad \vec{b_2^T}[A_3]\vec{b_3} = \lambda_3\vec{b_2^T}\vec{b_3} = \lambda_3\ (\vec{b_2}\cdot\vec{b_3})$$

となる．また [A₃] は対称行列であることから，以下のように示すことができる．

$$[\ \vec{b_2^T}[A_3]\ \vec{b_1}]^T = \vec{b_1^T}[A_3]^T\vec{b_2} = \vec{b_1^T}[A_3]\vec{b_2} = \lambda_2\ (\vec{b_1}\cdot\vec{b_2})$$
$$\Rightarrow\ \lambda_1\ (\vec{b_1}\cdot\vec{b_2}) = \lambda_2\ (\vec{b_1}\cdot\vec{b_2}) \Rightarrow \vec{b_1}\cdot\vec{b_2} = 0\ (\because \lambda_1 \neq \lambda_2)$$

$$[\ \vec{b_3^T}[A_3]\ \vec{b_1}]^T = \vec{b_1^T}[A_3]^T\vec{b_3} = \vec{b_1^T}[A_3]\vec{b_3} = \lambda_3\ (\vec{b_1}\cdot\vec{b_3})$$
$$\Rightarrow\ \lambda_1\ (\vec{b_1}\cdot\vec{b_3}) = \lambda_3\ (\vec{b_1}\cdot\vec{b_3}) \Rightarrow \vec{b_1}\cdot\vec{b_3} = 0\ (\because \lambda_1 \neq \lambda_3) \quad 同様にして\ \vec{b_2}\cdot\vec{b_3} = 0$$

練習問題 24.5

$$\begin{pmatrix}\dfrac{dy_1}{dx} \\ \dfrac{dy_2}{dx}\end{pmatrix} = \begin{bmatrix}4 & -2 \\ 1 & 1\end{bmatrix}\begin{pmatrix}y_1 \\ y_2\end{pmatrix}$$

の右辺を対角化することを考える．固有値は，$\lambda_1 = 2$，$\lambda_2 = 3$ と求められ，それぞれの固有値に対応する固有ベクトルの例として

$$\vec{a_1} = \begin{pmatrix}1 \\ 1\end{pmatrix}, \quad \vec{a_2} = \begin{pmatrix}2 \\ 1\end{pmatrix}$$

を選べば，以下のように右辺の行列を対角化できる．

$$[P]^{-1}\begin{bmatrix}4 & -2 \\ 1 & 1\end{bmatrix}[P] = \begin{bmatrix}2 & 0 \\ 0 & 3\end{bmatrix} \quad ただし，\quad [P] = \begin{bmatrix}1 & 2 \\ 1 & 1\end{bmatrix}$$

すなわち，$\begin{bmatrix}4 & -2 \\ 1 & 1\end{bmatrix} = [P]\begin{bmatrix}2 & 0 \\ 0 & 3\end{bmatrix}[P]^{-1}$

となるので

$$\begin{pmatrix}\dfrac{dy_1}{dx} \\ \dfrac{dy_2}{dx}\end{pmatrix} = \begin{bmatrix}4 & -2 \\ 1 & 1\end{bmatrix}\begin{pmatrix}y_1 \\ y_2\end{pmatrix} \quad \Rightarrow \quad \begin{pmatrix}\dfrac{dy_1}{dx} \\ \dfrac{dy_2}{dx}\end{pmatrix} = [P]\begin{bmatrix}2 & 0 \\ 0 & 3\end{bmatrix}[P]^{-1}\begin{pmatrix}y_1 \\ y_2\end{pmatrix}$$

$$\Rightarrow [P]^{-1}\begin{pmatrix}\dfrac{dy_1}{dx} \\ \dfrac{dy_2}{dx}\end{pmatrix} = \begin{bmatrix}2 & 0 \\ 0 & 3\end{bmatrix}[P]^{-1}\begin{pmatrix}y_1 \\ y_2\end{pmatrix}$$

となるので，新しい変数を以下のようにおいて

$$\begin{pmatrix}z_1 \\ z_2\end{pmatrix} = [P]^{-1}\begin{pmatrix}y_1 \\ y_2\end{pmatrix} = \begin{bmatrix}-1 & 2 \\ 1 & -1\end{bmatrix}\begin{pmatrix}y_1 \\ y_2\end{pmatrix}$$

$$\Rightarrow \quad \begin{pmatrix}\dfrac{dz_1}{dx} \\ \dfrac{dz_2}{dx}\end{pmatrix} = \begin{bmatrix}2 & 0 \\ 0 & 3\end{bmatrix}\begin{pmatrix}z_1 \\ z_2\end{pmatrix} = \begin{pmatrix}2z_1 \\ 3z_2\end{pmatrix} \quad \Rightarrow \quad \begin{pmatrix}z_1 \\ z_2\end{pmatrix} = \begin{pmatrix}C_1\,e^{2x} \\ C_2\,e^{3x}\end{pmatrix}$$

$$\Rightarrow \quad \begin{pmatrix}y_1 \\ y_2\end{pmatrix} = [P]\begin{pmatrix}z_1 \\ z_2\end{pmatrix} = \begin{bmatrix}1 & 2 \\ 1 & 1\end{bmatrix}\begin{pmatrix}C_1\,e^{2x} \\ C_2\,e^{3x}\end{pmatrix} = \begin{pmatrix}C_1\,e^{2x} + 2C_2\,e^{3x} \\ C_1\,e^{2x} + C_2\,e^{3x}\end{pmatrix}$$

別解）　$\dfrac{dy_2}{dx} = y_1 + y_2 \quad \Rightarrow \quad y_1 = \dfrac{dy_2}{dx} - y_2 \quad \Rightarrow \quad \dfrac{dy_1}{dx} = \dfrac{d^2y_2}{dx^2} - \dfrac{dy_2}{dx}$ より

$$\dfrac{dy_1}{dx} = \dfrac{d^2y_2}{dx^2} - \dfrac{dy_2}{dx} = 4\left(\dfrac{dy_2}{dx} - y_2\right) - 2y_2 \quad \Rightarrow \quad \dfrac{d^2y_2}{dx^2} - 5\dfrac{dy_2}{dx} + 6y_2 = 0$$

となるので，以下のように求められる．

$$y_2 = C_1 e^{2x} + C_2 e^{3x}$$

$$y_1 = \frac{dy_2}{dx} - y_2 = 2C_1 e^{2x} + 3C_2 e^{3x} - (C_1 e^{2x} + C_2 e^{3x}) = C_1 e^{2x} + 2C_2 e^{3x}$$

第 25 章

練習問題 25.1

チェーンルールより

$$\frac{\partial \Phi}{\partial r} = \frac{\partial \Phi}{\partial x}\frac{\partial x}{\partial r} + \frac{\partial \Phi}{\partial y}\frac{\partial y}{\partial r} \qquad (1)$$

$$\frac{\partial \Psi}{\partial \theta} = \frac{\partial \Psi}{\partial x}\frac{\partial x}{\partial \theta} + \frac{\partial \Psi}{\partial y}\frac{\partial y}{\partial \theta} \qquad (2)$$

となる．ここで，$x = r\cos\theta,\ y = r\sin\theta$ より

$$\frac{\partial \Phi}{\partial r} = \frac{\partial \Phi}{\partial x}\cos\theta + \frac{\partial \Phi}{\partial y}\sin\theta \qquad (1)'$$

$$\frac{\partial \Psi}{\partial \theta} = \frac{\partial \Psi}{\partial x}(-r\sin\theta) + \frac{\partial \Psi}{\partial y}r\cos\theta \qquad (2)'$$

（1）' × r ＋（2）' より

$$r\frac{\partial \Phi}{\partial r} - \frac{\partial \Psi}{\partial \theta} = 0$$

となる．したがって，次式が得られる．

$$\frac{\partial \Phi}{\partial r} = \frac{1}{r}\frac{\partial \Psi}{\partial \theta}$$

同様にして

$$\frac{\partial \Psi}{\partial r} = -\frac{1}{r}\frac{\partial \Phi}{\partial \theta}$$

も示すことができる．

練習問題 25.2

特異点 a を避けるために点 a を中心とした半径 r_0 の半円を考える．元の積分経路を C とし，半円を含む迂回経路を C' とする．

経路 C' 内部には特異点はないので

$$\oint_{C'} g(z)dz = \int_{P1}^{P2} g(z)dz + \int_{P2}^{P3} g(z)dz + \int_{P3}^{P1} g(z)dz = 0$$

となり，ここで，点 P2 と点 P3 を限りなく近づければ，

$$\oint_{C'} g(z)dz = \int_{P1}^{P2} g(z)dz + \int_{P3}^{P1} g(z)dz = -\int_{P2}^{P3} g(z)dz$$

となる．点 a を中心として，半径 r_0 の半円を考えているので

$$z - a = r_0 e^{i\theta} \quad \Rightarrow \quad dz = ir_0 e^{i\theta}d\theta \quad (-\pi/2 \le \theta \le \pi/2)$$

$$\lim_{P2 \to P3}\left(-\int_{P2}^{P3} g(z)dz\right) = \lim_{P2 \to P3}\left(-\int_{P2}^{P3} \frac{f(z)}{z-a}dz\right) = \lim_{r_0 \to 0}\left(-\int_{\pi/2}^{-\pi/2} \frac{f(a+r_0 e^{i\theta})}{r_0 e^{i\theta}}ir_0 e^{i\theta}d\theta\right)$$

$$= \lim_{r_0 \to 0} i\int_{-\pi/2}^{\pi/2} f(a+r_0 e^{i\theta})d\theta = \pi i\, f(a)$$

と計算される．よって

$$\oint_{C} g(z)dz = \pi\, i\, f(a)$$

が得られる．

練習問題 25.3

$|z| = 1$ の場合

閉曲線内全体で被積分関数は正則であるから，以下のように計算される．

$$\oint_c \frac{z}{(z-3)(z+1+i)} dz = 0$$

$|z| = 4$ の場合

閉曲線の中に存在する微分不可能な点（特異点）は $z = 3,\ -1-i$ の 2 点である．よって，以下のように計算される．

$$\oint_c \frac{z}{(z-3)(z+1+i)} dz = 2\pi i \frac{3}{(3+1+i)} + 2\pi i \frac{-1-i}{(-1-i-3)} = 2\pi i$$

練習問題 25.4

$z = e^{i\theta}$ より，

$$dz = ie^{i\theta} d\theta$$

また，

$$\cos\theta = \frac{1}{2}\left(z + \frac{1}{z}\right)$$

であることを用いて

$$\oint \frac{d\theta}{z + \cos\theta} = \oint \frac{\frac{dz}{iz}}{z + \frac{1}{2}\left(z + \frac{1}{z}\right)} = \frac{2}{3i} \oint \frac{dz}{\left(z + \frac{1}{\sqrt{3}}i\right)\left(z - \frac{1}{\sqrt{3}}i\right)}$$

$$= \frac{2}{3i} \left\{ 2\pi i \left(\frac{1}{\frac{1}{\sqrt{3}}i + \frac{1}{\sqrt{3}}i} \right) + 2\pi i \left(\frac{1}{-\frac{1}{\sqrt{3}}i - \frac{1}{\sqrt{3}}i} \right) \right\} = 0$$

練習問題 25.5

$f(z) = \dfrac{ze^{iz}}{z^2 + a^2}$ とおく．

x 軸上では，$f(z) = \dfrac{ze^{iz}}{z^2 + a^2} = i\dfrac{x\sin x}{x^2 + a^2}$ となり，半円弧上では，$R \to \infty$ のとき，積分値が 0 になるので

$$\int_{-\infty}^{\infty} \frac{x\sin x}{x^2 + a^2} dx = \frac{\pi}{e^a}$$

となる．

第 26 章

練習問題 26.1

複素数 z に関する微分方程式

$$\frac{d^2 z}{dt^2} + 3\frac{dz}{dt} + 2z = e^{i4t}$$

を考えると，解 z の実数，虚数部分それぞれが求めるべき x, y の解である．

特殊解を $z = Ae^{i4t}$ とおいて複素数 z に関する微分方程式に代入すれば

$$-4^2 Ae^{i4t} + 3 \cdot i \cdot 4Ae^{i4t} + 2Ae^{i4t} = e^{i4t}$$

となるので
$$A = \frac{1}{-4^2+3\cdot 4i+2} = \frac{1}{12i-14} = -\frac{7}{170}-\frac{3}{85}i$$
なる．したがって
$$z = C_1 e^{-t}+C_2 e^{-2t}+\left(-\frac{3}{85}i-\frac{7}{170}\right)e^{i4t}$$
$$x = \mathrm{Re}(z) = c_1 e^{-t}+c_2 e^{-2t}+\frac{3}{85}\sin(4t)-\frac{7}{170}\cos(4t)$$
$$y = \mathrm{Im}(z) = c_1 e^{-t}+c_2 e^{-2t}-\frac{3}{85}\cos(4t)-\frac{7}{170}\sin(4t)$$
となる．

練習問題 26.2

（1）
$$\Phi(r,\theta) = \mathrm{Re}\left(z+\frac{a^2}{z}\right) = \left(r+\frac{a^2}{r}\right)\cos\theta$$
$$\Psi(r,\theta) = \mathrm{Im}\left(z+\frac{a^2}{z}\right) = \left(r-\frac{a^2}{r}\right)\sin\theta$$

（2）
$$u_r = \frac{\partial\Phi}{\partial r} = \left(1-\frac{a^2}{r^2}\right)\cos\theta$$
より明らかである．

練習問題 26.3

　　境界上で $\phi = $ 一定．

練習問題 26.4

　（26-7）式，（26-8）式を満たすベクトル場 $\vec{A} = (u(x,y),v(x,y))$ を求めるには微分可能な複素関数の実部と虚部をそれぞれ Φ，Ψ とすればよい．いま，微分可能な複素関数として
$$f(z) = z^\alpha = r^\alpha\cos(\alpha\theta)+ir^\alpha\sin(\alpha\theta)$$
を考えると
$$\Phi(r,\theta) = r^\alpha\cos(\alpha\theta)\quad,\quad \Psi(r,\theta) = r^\alpha\sin(\alpha\theta)$$
となるので，チェーンルールを用いて，（26-11），（26-12）式のように
$$u(x,y) = \alpha r^{\alpha-1}\cos((\alpha-1)\theta)$$
$$v(x,y) = \alpha r^{\alpha-1}\sin((\alpha-1)\theta)$$
となる．ここで，境界条件を与える式は
$$v(x,0) = 0\ (x>0)\quad \rightarrow\quad v=0\ (r>0,\ \theta=0,2\pi)$$
であるから
$$(x,y) = (x,0)\quad \rightarrow\quad (r,\theta) = (x,2n\pi)\ (x>0,\ n=0,1)$$
となり
$$v(x,0) = \alpha x^{\alpha-1}\sin((\alpha-1)\cdot 2n\pi) = \alpha x^{\alpha-1}\sin(2\alpha n\pi) = 0$$
よって
$$2\alpha n\pi = m\pi\quad (m=0,1,\cdots)$$

・$n=0$ のとき

　　$m=0$ とすれば任意の α が解となる.

・$n=1$ のとき

　　$\alpha = \dfrac{m}{2}$ となり, これを満たす最小の α $(\alpha > 0)$ を探すと, $m=1$, $\alpha = \dfrac{1}{2}$ となるので

　　$f(z) = z^{\frac{1}{2}}$ が, 境界条件を満足する解になる. 速度の大きさは

$$U = \sqrt{u(x,y)^2 + v(x,y)^2} = \alpha\, r^{\alpha-1} = \frac{1}{2}r^{-\frac{1}{2}}$$

と計算される.

第 27 章

練習問題 27.1

$$F(s) = \int_0^\infty f(t)\,e^{-st}\,dt = \int_0^\infty e^{-st}\,dt = \frac{1}{s}[-e^{-st}]_0^\infty = \frac{1}{s}$$

練習問題 27.2

$$F(s) = \int_0^\infty f(t)\,e^{-st}\,dt = \int_0^\infty \sin(at)\,e^{-st}\,dt = \frac{1}{s^2+a^2}[-e^{-st}\{-s\sin(at)-a\cos(at)\}]_0^\infty = \frac{a}{s^2+a^2}$$

ただし

$$\int \sin(ax)\,e^{bx}\,dx = \mathrm{Im}\!\left(\int e^{iax}\,e^{bx}\,dx\right) = \mathrm{Im}\!\left(\frac{e^{(ia+b)x}}{ia+b}\right) = \frac{e^{bx}}{a^2+b^2}\mathrm{Im}\{(-ia+b)e^{iax}\}$$

$$= \frac{e^{bx}}{a^2+b^2}\{b\sin(ax)-a\cos(ax)\}$$

を利用した.

練習問題 27.3

$$\frac{1}{2}\{f(t+0)+f(t-0)\} = \frac{1}{2\pi i}\int_{\sigma-i\infty}^{\sigma+i\infty} F(s)\,e^{st}ds = \frac{1}{2\pi i}\int_{\sigma-i\infty}^{\sigma+i\infty} \frac{e^{st}}{(s-a)^2}ds$$

ここで, $\sigma > a$ として右図に示すような閉曲線を考えて積分を実施する. (25−16) 式を用いれば

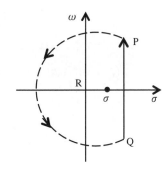

$$f'(a) = \frac{1}{2\pi i}\oint_C \frac{f(z)}{(z-a)^2}\,dz$$

$$\Rightarrow \frac{1}{2\pi i}\oint_C \frac{f(z)}{z^2}\,dz = f'(0) = t$$

となり, 円弧上での積分はゼロとなるので

　　$f(t) = t$

が得られる.

第 28 章

練習問題 28.1

ラプラス変換を施すと

$$s\{sF(s)-f(0)\}-f'(0)+3\{sF(s)-f(0)\}+2F(s) = \frac{s}{s^2+1}$$

となるので

$$F(s) = \frac{1}{s^2+3s+2}\left[\frac{s}{s^2+1}+s\,f(0)+\{3f(0)+f'(0)\}\right]$$

$$= \frac{s}{(s+1)(s+2)(s^2+1)}+\frac{s\,f(0)+\{3f(0)+f'(0)\}}{(s+1)(s+2)}$$

$$= \frac{1}{10}\left(\frac{s+3}{s^2+1}-\frac{s+6}{(s+1)(s+2)}\right)+\left(\frac{2f(0)+f'(0)}{s+1}-\frac{f(0)+f'(0)}{s+2}\right)$$

$$= \frac{1}{10}\left(\frac{s}{s^2+1}+\frac{3}{s^2+1}-\frac{5}{s+1}+\frac{4}{s+2}\right)+\left(\frac{2f(0)+f'(0)}{s+1}-\frac{f(0)+f'(0)}{s+2}\right)$$

$$= \frac{1}{10}\frac{s}{s^2+1}+\frac{3}{10}\frac{1}{s^2+1}+\left\{2f(0)+f'(0)-\frac{1}{2}\right\}\frac{1}{s+1}+\left\{\frac{2}{5}-f(0)-f'(0)\right\}\frac{1}{s+2}$$

よって，ラプラス逆変換を施して，次式が得られる

$$f(t) = \frac{1}{10}\cos t+\frac{3}{10}\sin t+\left\{2f(0)+f'(0)-\frac{1}{2}\right\}e^{-t}+\left\{\frac{2}{5}-f(0)-f'(0)\right\}e^{-2t}$$

練習問題 28.2

$$\int_0^\infty t\,f(t)\,e^{-st}\,dt = -\int_0^\infty \frac{d}{ds}(f(t)\,e^{-st})\;dt = -\frac{d}{ds}\int_0^\infty f(t)\,e^{-st}\;dt = -\frac{dF(s)}{ds}$$

となるので，微分方程式にラプラス変換を施すと

$$s\{sF(s)-f(0)\}-f'(0)-\frac{d}{ds}\{sF(s)-f(0)\}-3F(s) = \frac{6}{s^2}$$

$$\Rightarrow\quad s^2F(s)-F(s)-s\frac{dF(s)}{ds}-3F(s) = \frac{6}{s^2}$$

$$\Rightarrow\quad s\frac{dF(s)}{ds}-(s^2-4)F(s) = \frac{6}{s^2}$$

となり，以下の微分方程式が得られる.

$$\frac{dF(s)}{ds}-\frac{s^2-4}{s}F(s) = -\frac{6}{s^3}$$

ここで

$$-\int^s \frac{s^2-4}{s}\,ds = -\int^s\left(s-\frac{4}{s}\right)ds = -\frac{1}{2}s^2+4\log s$$

$$-\int^s e^{-s^2/2+4\log s}\frac{6}{s^3}ds = -\int^s e^{-s^2/2}s^4\frac{6}{s^3}ds = -6\int^s s\,e^{-s^2/2}ds = 6e^{-s^2/2}$$

となることを用いれば

$$F(s) = e^{s^2/2}\frac{1}{s^4}(6e^{-s^2/2}+c) = \frac{6}{s^4}+c\frac{e^{s^2/2}}{s^4}$$

となる．ここで，$|s|\to\infty$ のときに，$F(s)\to 0$ となるようにするためには，$c=0$ となるので，次式が得られる.

$$f(t) = L^{-1}\left(\frac{6}{s^4}\right) = 6L^{-1}\left(\frac{1}{s^4}\right) = 6\frac{t^3}{3!} = t^3$$

練習問題 28.3

$$i = i_{1R}+i_{1C} = \frac{v_1}{R_1}+C_1\frac{dv_1}{dt}\quad\Rightarrow\quad I(s) = \frac{V_1(s)}{R_1}+C_1sV_1(s)\quad\Rightarrow\quad V_1(s) = \frac{1}{\dfrac{1}{R_1}+C_1s}I(s)$$

$$v_{output} = R_2i+\frac{Q_2}{C_2}\quad\Rightarrow\quad \frac{dv_{output}}{dt} = R_2\frac{di}{dt}+\frac{i}{C_2}\quad\Rightarrow\quad sV_{output}(s) = \left(R_2s+\frac{1}{C_2}\right)I(s)$$

$$v_{input} = v_1+v_{output}\quad\Rightarrow\quad V_{input}(s) = V_1(s)+V_{output}(s)$$

より，$I(s)$ と $V_1(s)$ を消去すれば，次式が得られる．

$$G(s) = \frac{V_{output}(s)}{V_{input}(s)} = \cfrac{1}{\cfrac{s}{R_2 s + \cfrac{1}{C_2}} \cfrac{1}{\cfrac{1}{R_1} + C_1 s} + 1} = \cfrac{1}{\cfrac{C_2 s}{C_2 R_2 s + 1} \cfrac{R_1}{C_1 R_1 s + 1} + 1}$$

$$= \frac{(C_1 R_1 s + 1)(C_2 R_2 s + 1)}{(C_1 R_1 s + 1)(C_2 R_2 s + 1) + C_2 R_1 s}$$

演習問題　略解

第1章

演習問題1.1

（1）$\cosh x$, $\sinh x$ の定義を利用する.

　　なお, $X = \cosh x$, $Y = \sinh x$ とおくと双曲線の式になることから, 双曲線関数と呼ばれる.

（2）（1）の結果を利用する.

（3）$\sinh^{-1}\left(\dfrac{x}{a}\right) = y$ とおいて, e^y を求める.

演習問題1.2

（1）$\sinh x$ の定義を利用する.

（2）および（3）も同様.

演習問題1.3

$\sinh(x+y) = \dfrac{e^{x+y} - e^{-x-y}}{2}$ を利用する.

第2章

演習問題2.1

問題で与えられている式の x に $-x$ を代入して, 元の式との差をとる.

演習問題2.2

（1）

$$\left|\frac{\dfrac{x^{n+1}}{(n+1)^{n+1}}}{\dfrac{x^n}{n^n}}\right| = \left|\frac{x}{\dfrac{(n+1)^n}{n^n}(n+1)}\right| = \left|\frac{x}{\left(1+\dfrac{1}{n}\right)^n(n+1)}\right| < 1 \quad \rightarrow$$

$$|x| < \lim_{n \to \infty}\left(1+\frac{1}{n}\right)^n(n+1) = e\lim_{n \to \infty}(n+1) \quad \Rightarrow \quad r = \infty$$

（2）$x^2 = y$ とおけばこの級数は $\displaystyle\sum_{n=0}^{\infty} n^2 y^n$ であるから, これを y の級数として収束半径を求める. 収束半径は, $r = \sqrt{1} = 1$.

演習問題2.3

（1）

$$\sum_{n=0}^{\infty} \frac{1}{(2n+1)!}x^{2n+1}, \quad r = \infty$$

（2）

$$\sum_{n=0}^{\infty} \frac{(-1)^n}{2n+1}x^{2n+1}, \quad r = 1$$

第 3 章

演習問題 3.1

$V = \pi r^2 h, \quad S = 2 \cdot \pi r^2 + 2\pi r h$

S の極値を求めるために，体積 V の式を用いて独立変数を r とすれば，以下のようになる．

$\quad r : h = 1 : 2$

演習問題 3.2

（1） $y' = \dfrac{2x}{a\sqrt{1 - \dfrac{x^4}{a^2}}}$ $\quad$ （$a > 0$ ならば $y' = \dfrac{2x}{\sqrt{a^2 - x^4}}$）

（2）両辺の対数をとって微分する．

$\quad y' = x^{\sin x - 1}(x \cos x \log x + \sin x)$

（3） $y' = \dfrac{1}{a\sqrt{1 + \dfrac{x^2}{a^2}}}$ $\quad$ （$a > 0$ ならば $y' = \dfrac{1}{\sqrt{x^2 + a^2}}$）

演習問題 3.3

（1）2 $\quad$ （2）0

第 4 章

演習問題 4.1

部分積分を利用する．あるいは $u = \cos^{-1} x$ とおく．

$\quad \displaystyle\int \cos^{-1} x \, dx = x \cos^{-1} x - \sqrt{1 - x^2}$

演習問題 4.2

部分積分を利用する．あるいは，複素関数を利用する．

$\quad \displaystyle\int_0^\infty e^{-ax} \sin bx \, dx = \dfrac{b}{a^2 + b^2}$

演習問題 4.3

$\alpha > 1$ のとき $\quad \displaystyle\int_1^\infty \dfrac{dx}{x^\alpha} = -\dfrac{1}{1 - \alpha}$

$\alpha < 1$ のとき $\quad \displaystyle\int_1^\infty \dfrac{dx}{x^\alpha} = \infty$

$\alpha = 1$ のとき，$\displaystyle\int_1^\infty \dfrac{dx}{x^\alpha} = \infty$

第 5 章

演習問題 5.1

$\dfrac{\partial x}{\partial r} = \cos\theta \,, \quad \dfrac{\partial x}{\partial \theta} = -r \sin\theta \,, \quad \dfrac{\partial r}{\partial x} = \dfrac{x}{\sqrt{x^2 + y^2}} \,, \quad \dfrac{\partial \theta}{\partial y} = \dfrac{x}{x^2 + y^2}$

演習問題 5.2

$f(x, y) = \dfrac{\pi}{2}$

演習問題 5.3

$(x, y) = (-2, 2)$, $(2, -2)$ において極小値 -32, $(x, y) = (0, 0)$ は鞍点（$y = ax$ とおいて，$a = 1$ と $a \neq 1$ の場合に分けての原点近傍での f の様子を調べる）

第 6 章

演習問題 6.1

$|\vec{A} \times \vec{B}| = \sqrt{17}$, $\vec{n} = \pm \dfrac{1}{\sqrt{17}}(-2, 3, -2)$

演習問題 6.2

12

演習問題 6.3

$\vec{v} = (-A_0 \omega \sin(\omega t), A_0 \omega \cos(\omega t), B_0)$, $\vec{a} = (-A_0 \omega^2 \cos(\omega t), -A_0 \omega^2 \sin(\omega t), 0)$

軌跡：螺旋になる

第 7 章

演習問題 7.1

（1）$x = r \cos\theta$, $y = r \sin\theta$ とおいて（積分範囲は右図を参照して挟み込む）

$$I_1 = \frac{\pi}{4}$$

（2）（1）の解より

$$I_2 = \frac{\sqrt{\pi}}{2}$$

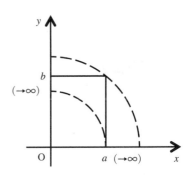

演習問題 7.2

（1）$x^2 + \left(\dfrac{y}{2}\right)^2 = 1$　（楕円）　　（2）2π

演習問題 7.3

$\displaystyle\int_1^4 \int_{\sqrt{y}}^2 (x^2 + 2y) dx dy$ について

（1）$1 \leq y \leq 4$, $\sqrt{y} \leq x \leq 2$　から図を書く．

（2）$\dfrac{136}{15}$

第 8 章

演習問題 8.1

$x(t) = 12t$, $y(t) = 16t$, $z(t) = 20t (0 \leq t \leq 1)$ より，$480\sqrt{2}$ と求められる．

演習問題 8.2

$4 - 2\pi$

演習問題 8.3

まず，$\vec{n} = \dfrac{1}{3}(2, 2, 1)$　を求める．積分値は　$\dfrac{1}{6}$

第9章

演習問題 9.1

（1）

$$\nabla \cdot \vec{A} = z(x^2 + 4z) \quad \rightarrow \quad 5$$

（2）

$$\nabla \times \vec{A} = \begin{pmatrix} 6xy^2 - x^2 y \\ 8xz - 2y^3 \\ 2xyz \end{pmatrix} \quad \rightarrow \quad \begin{pmatrix} 22 \\ -8 \\ 4 \end{pmatrix}$$

（3）

$$\nabla \times (\phi\vec{A}) = \begin{pmatrix} 16x^2 y^3 z - 4x^3 y^2 z \\ 24x^2 y\, z^2 - 8x\, y^4 z \\ 6x^2 y^2 z^2 - 8x^2 z^3 \end{pmatrix} \quad \rightarrow \quad \begin{pmatrix} 112 \\ -80 \\ 16 \end{pmatrix}$$

演習問題 9.2

$\phi = x^2 \log y + y^2 z + C$

演習問題 9.3

微小体積の中央の座標を (r, θ, z) として，$\dfrac{\varDelta r}{2}$，$\dfrac{\varDelta\theta}{2}$，$\dfrac{\varDelta z}{2}$ 離れた面におけるベクトル場 $\vec{A}$ をテイラー展開を用いて表現し，通過面積を乗じることで流出・流入量を求め，正味の流出量を求める．

・r 方向の流出量

$$\frac{\partial(rA_r)}{\partial r}\varDelta r\varDelta\theta\varDelta z$$

・θ 方向の流出量

$$\frac{\partial A_\theta}{\partial \theta}\varDelta r\varDelta\theta\varDelta z$$

・z 方向の流出量

$$r\frac{\partial A_z}{\partial z}\varDelta r\varDelta\theta\varDelta z$$

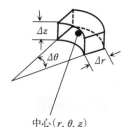

中心 (r, θ, z)

また微小体積は $\varDelta V = r\, \varDelta r\, \varDelta\theta\, \varDelta z$ である．よって，（9−13）式が導出される．

第 10 章

演習問題 10.1

$f(x)dx - \dfrac{1}{g(y)}dy = 0$　を導出する．

演習問題 10.2

$y = 1 + ce^{-\sin x}$

演習問題 10.3

$y = \dfrac{1}{e^x(C-x)}$

第 11 章

演習問題 11.1

$y = (4x-1)e^{3x}$

演習問題 11.2

$y = c_1 e^x + c_2 e^{-4x} - \dfrac{1}{4}x^2 - \dfrac{3}{8}x - \dfrac{13}{32}$

演習問題 11.3

$y = c_1 \cos 2x + c_2 \sin 2x + \dfrac{1}{5}e^{-x} + \dfrac{3}{4}x \sin 2x$

第 12 章

演習問題 12.1

$L = \dfrac{1}{2}m\dot{x}^2 - \dfrac{1}{2}kx^2 \;\;\rightarrow\;\; m\ddot{x} = -kx$

演習問題 12.2

（1）$l = \dfrac{2v^2 \cos\theta \sin(\theta-\alpha)}{g\cos^2\alpha}$

（2）$\theta = \dfrac{\pi}{4} + \dfrac{\alpha}{2}$

演習問題 12.3

（1）$\vec{F} = (0, 0, -mg)$

（2）$\vec{F} = (-kx, 0, 0)$

（3）$\vec{F} = -\dfrac{c}{r^3}(x, y, z) = -\dfrac{c}{r^3}\vec{r}$

第 13 章

演習問題 13.1

$\phi_1(x, v) = x^2 - \dfrac{1}{2}v^2$

演習問題 13.2

$\phi_2(u, y) = -\dfrac{u^2}{4} + uy$

演習問題 13.3

（13−6）〜（13−9）式を使用する.

第 14 章

演習問題 14.1

$\left(\dfrac{\sqrt{2}}{2}, -\dfrac{\sqrt{2}}{2}\right)$ で極大値（最大値）$\sqrt{2}$ をとり, $\left(-\dfrac{\sqrt{2}}{2}, \dfrac{\sqrt{2}}{2}\right)$ で極小値（最小値）$-\sqrt{2}$ をとる.

演習問題 14.2
まず，$x = -y$ を導出し，α が十分大きいとすると，$x(2x^2-1) = 0$ が得られるので，
演習問題 14.1 と同様な値が求まる．

演習問題 14.3
極値をとりうる点は $\pm\left(\dfrac{a^2}{\sqrt{a^2+b^2+c^2}}, \dfrac{b^2}{\sqrt{a^2+b^2+c^2}}, \dfrac{c^2}{\sqrt{a^2+b^2+c^2}}\right)$
よって最大値は $\sqrt{a^2+b^2+c^2}$，最小値は $-\sqrt{a^2+b^2+c^2}$

第15章

演習問題 15.1
$$\int_S \vec{n}\cdot\vec{A}\,dS = 0$$

演習問題 15.2
$$\int_S \vec{n}\cdot\vec{A}\,dS = \frac{4\pi}{3}$$

演習問題 15.3
$$\int_C \vec{A}\cdot d\vec{r} = 4\pi$$

第16章

演習問題 16.1
$\sigma \neq 0$ および $\vec{E} = \vec{E}_0\, e^{i\omega t+\delta}$ および $\sigma \gg \varepsilon\omega$ であることに注意して，
$$\nabla^2\vec{E} - i\omega\sigma\mu\vec{E} = 0$$
磁場に関しても
$$\nabla^2\vec{H} - i\omega\sigma\mu\vec{H} = 0$$
が得られる．

演習問題 16.2
$$E(x,t) = E_{z0}\cdot e^{-\sqrt{\frac{\omega\mu\sigma}{2}}x}e^{j\left(\omega t-\sqrt{\frac{\omega\mu\sigma}{2}}x\right)}$$
磁場に関しても同様である．また，表皮深さは
$$\delta = \sqrt{\frac{2}{\omega\mu\sigma}}$$

演習問題 16.3
$$r \leq a\ :\ H_\theta = \frac{rI}{2\pi a^2}\quad,\quad r > a\ :\ H_\theta = \frac{I}{2\pi r}$$

第17章

演習問題 17.1
$$\text{積分値} = \begin{cases} f(x_0) & x_0 \in I \\[2mm] \dfrac{f(x_0)}{2} & x_0\ on\ end\ of\ I \\[2mm] 0 & x_0 \notin I \end{cases}$$

演習問題 17.2

$x_0 > 0$ と仮定しても一般性は失わない．右辺は

$$\int_{-\infty}^{\infty} f(x)\left[\frac{\delta(x, x_0) + \delta(x, -x_0)}{2x_0}\right]dx = \frac{f(x_0)}{2x_0} + \frac{f(-x_0)}{2x_0}$$

左辺は，$x^2 = y$ とおいて，計算すると右辺と同じになる．

演習問題 17.3

$$\phi(\vec{r}) = \frac{Q}{4\pi\varepsilon_0}\frac{1}{|\vec{r} - \vec{r}_0|} = \frac{Q}{4\pi\varepsilon_0}\{(x-x_0)^2 + (y-y_0)^2 + (z-z_0)^2\}^{-\frac{1}{2}}$$

となるので

$$\vec{E} = \frac{Q}{4\pi\varepsilon_0}\frac{\vec{r} - \vec{r}_0}{|\vec{r} - \vec{r}_0|^3}$$

と計算される．

第 18 章

演習問題 18.1

（1）$f(x) = \dfrac{a_0}{2} + \sum\limits_{n=1}^{\infty} a_n \cos nx,\quad a_n = \dfrac{2}{\pi}\int_0^{\pi} f(x)\cos nx\,dx$

（2）$f(x) = \sum\limits_{n=1}^{\infty} b_n \sin nx,\quad b_n = \dfrac{2}{\pi}\int_0^{\pi} f(x)\sin nx\,dx$

演習問題 18.2

（1）$f(x) = \dfrac{\pi}{4} - \sum\limits_{n=1}^{\infty}\dfrac{1+(-1)^{n+1}}{n^2\pi}\cos nx + \sum\limits_{n=1}^{\infty}\dfrac{(-1)^{n+1}}{n}\sin nx$

$\qquad\quad = \dfrac{\pi}{4} - \sum\limits_{n=1}^{\infty}\dfrac{2}{(2n-1)^2\pi}\cos(2n-1)x + \sum\limits_{n=1}^{\infty}\dfrac{(-1)^{n+1}}{n}\sin nx$

（2）y を（18−8）式で表し，方程式の左辺に代入し，（1）で得られた右辺と比較すれば，

$$a_0 = \frac{\pi}{6},\quad a_n = -\frac{1}{3-n^2}\frac{1+(-1)^{n+1}}{n^2\pi},\quad b_n = \frac{1}{3-n^2}\frac{(-1)^{n+1}}{n}$$

【補足説明】

特殊解は

$$y^* = \begin{cases} 0 & (-\pi < x \le 0) \\ \dfrac{x}{3} & (0 < x \le \pi) \end{cases}$$

と予想することができるが，フーリエ級数を利用して
得られた解をグラフにすると右の図のようになり，上
記の y^* とはまったく異なる．このフーリエ級数を用
いて得られた解は，y^* の $-\pi < x < 0$ の解を，斉次
解 $(y = C_1\cos(\sqrt{3}x) + C_2\sin(\sqrt{3}x))$ を用いて，原点で
連続かつ 1 階微分も存在するようにした次式で与えら
れる解

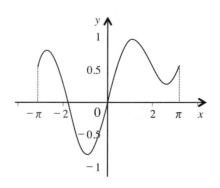

$$y^{**} = \begin{cases} \dfrac{1}{3\sqrt{3}}\sin(\sqrt{3}x) & (-\pi < x < 0) \\[2mm] \dfrac{x}{3} & (0 \le x < \pi) \end{cases}$$

に，さらに斉次解を加え，$x = \pm\pi$ で連続かつ 1 階微分も存在するようにした次式と同じものになっている．

$$y^{***} = \begin{cases} \dfrac{1}{3\sqrt{3}}\sin(\sqrt{3}x) - \dfrac{1-\cos(\sqrt{3}\pi)}{6\sqrt{3}\sin(\sqrt{3}\pi)}\cos(\sqrt{3}x) - \dfrac{1}{6}\left(\dfrac{1}{\sqrt{3}} + \dfrac{\pi}{\sin(\sqrt{3}\pi)}\right)\sin(\sqrt{3}x) & (-\pi < x < 0) \\ \dfrac{x}{3} - \dfrac{1-\cos(\sqrt{3}\pi)}{6\sqrt{3}\sin(\sqrt{3}\pi)}\cos(\sqrt{3}x) - \dfrac{1}{6}\left(\dfrac{1}{\sqrt{3}} + \dfrac{\pi}{\sin(\sqrt{3}\pi)}\right)\sin(\sqrt{3}x) & (0 \leq x < \pi) \end{cases}$$

フーリエ級数で得られる解は，できるだけ連続で微分可能な解となっているということである．

演習問題 18.3

$$f(x) = \frac{3}{2} - \frac{i}{\pi}\sum_{k=-\infty}^{\infty}\frac{1}{2k+1}e^{i(2k+1)x}$$

第 19 章

演習問題 19.1

図は略．

$$F(\omega) = \frac{1}{\sqrt{2\pi}}\frac{1-e^{-i\omega}}{i\omega}$$

演習問題 19.2

図は略．

$$F(\omega) = \sqrt{\frac{2}{\pi}}\frac{\sin\omega}{\omega}$$

演習問題 19.3

演習問題 19.2 で得た解をフーリエ逆変換する．

$$\int_{-\infty}^{\infty}\frac{\sin x}{x}dx = \pi$$

第 20 章

演習問題 20.1

$$y = (1-3s)x+s \quad , \quad u = \frac{3y-1}{3x-1}$$

演習問題 20.2

交点 $\left(\dfrac{1}{3}, \dfrac{1}{3}\right)$ では，u の値が複数となっている．

（この現象は，例えば，海の波が立ち上がり，同じ位置で海面が複数あることに対応している）

演習問題 20.3

$$u(x, y) = e^{\frac{ax+by}{5a+6b}}f(6x-5y)$$

第 21 章

演習問題 21.1

$$u(x, y) = \frac{e^{\pi x}-e^{-\pi x}}{e^{\pi}-e^{-\pi}}\sin(\pi y)$$

また,

$$\frac{\partial^2 u}{\partial x^2} = \frac{\sin(\pi y)}{e^\pi - e^{-\pi}} \frac{\partial}{\partial x}(\pi e^{\pi x} - \pi e^{-\pi x}) = \frac{\pi^2 \sin(\pi y)}{e^\pi - e^{-\pi}}(e^{\pi x} - e^{-\pi x})$$

$$\frac{\partial^2 u}{\partial y^2} = \frac{e^{\pi x} - e^{-\pi x}}{e^\pi - e^{-\pi}} \frac{\partial}{\partial y}(\pi \cos(\pi y)) = -\pi^2 \frac{e^{\pi x} - e^{-\pi x}}{e^\pi - e^{-\pi}} \sin(\pi y)$$

以上より, 元の方程式が満たされることが示される.

演習問題 21.2

（1） $u(t, x) = \sum_{n=1}^{\infty}\left\{a_n \cos\left(\left(n-\frac{1}{2}\right)\frac{\pi x}{L}\right)e^{-\left(\left(n-\frac{1}{2}\right)\frac{\pi}{L}\right)^2 t} + b_n \sin\left(\frac{n\pi x}{L}\right)e^{-\left(\frac{n\pi}{L}\right)^2 t}\right\}$ が 得 ら れ, $u(0, x) = f(x)$ を
用いれば,

$$a_n = \frac{1}{L}\int_{-L}^{L} f(x) \cos\left(\left(n-\frac{1}{2}\right)\frac{\pi x}{L}\right)dx \quad (n = 1, 2, 3, \cdots)$$

$$b_n = \frac{1}{L}\int_{-L}^{L} f(x) \sin\left(\frac{n\pi x}{L}\right)dx \quad (n = 1, 2, 3, \cdots)$$

となる.

（2）（19−7）式の導出と同様にすれば

$$u(t, x) = \int_0^{\infty}\{a(\omega) \cos(\omega x) + b(\omega) \sin(\omega x)\}\, e^{-\omega^2 t}d\omega$$

$a(\omega), b(\omega)$ は,（19−5）式,（19−6）式と同じ.

演習問題 21.3

$u(t, x) = \cos(\pi t) \sin(\pi x) + \cos(2\pi t) \sin(2\pi x)$

第 22 章
演習問題 22.1

$$\det\begin{bmatrix}1 & 1^2 & 1^3 \\ 2 & 2^2 & 2^3 \\ 3 & 3^2 & 3^3\end{bmatrix} = 3!\det\begin{bmatrix}1 & 1 & 1^2 \\ 1 & 2 & 2^2 \\ 1 & 3 & 3^2\end{bmatrix} = 3!\det\begin{bmatrix}1 & 1 & 1^2 \\ 0 & (2-1) & (2^2-1^2) \\ 0 & (3-1) & (3^2-1^2)\end{bmatrix} = 3!2!\det\begin{bmatrix}1 & 1 & 1 \\ 0 & 1 & 3 \\ 0 & 1 & 4\end{bmatrix} = 3! \times 2! \times 1 = 12$$

演習問題 22.2

（1）

$$\det\begin{bmatrix}A & B \\ B & A\end{bmatrix} = \det\begin{bmatrix}A+B & B+A \\ B & A\end{bmatrix} = \det\begin{bmatrix}A+B & 0 \\ B & A-B\end{bmatrix}$$

を利用する.

（2）

$$\det\begin{bmatrix}1 & 1 & 0 & 0 \\ 0 & 1 & 1 & 0 \\ 0 & 0 & 1 & 1 \\ 1 & 0 & 0 & 1\end{bmatrix} = 0$$

演習問題 22.3

（1）

$$\begin{bmatrix} 1 & 2 & 3 & 4 \\ 0 & 1 & 1 & 2 \\ 1 & 0 & 1 & 0 \end{bmatrix} \Rightarrow \begin{bmatrix} 1 & 2 & 3 & 4 \\ 0 & 1 & 1 & 2 \\ 0 & -2 & -2 & -4 \end{bmatrix} \Rightarrow \begin{bmatrix} 1 & 2 & 3 & 4 \\ 0 & 1 & 1 & 2 \\ 0 & 0 & 0 & 0 \end{bmatrix}$$

より，$\dim(\mathrm{Im}[A]) = 2$

また，核を与える x_1, x_2 は x_3, x_4 の関数なので $\dim(\mathrm{Ker}[A]) = 2$．よって

$n = 4$，$\dim(\mathrm{Im}[A]) + \dim(\mathrm{Ker}[A]) = 4$

（2）

$$\begin{bmatrix} 1 & 0 & 1 \\ 2 & 1 & 0 \\ 3 & 1 & 1 \\ 4 & 2 & 0 \end{bmatrix} \Rightarrow \begin{bmatrix} 1 & 0 & 1 \\ 0 & 1 & -2 \\ 0 & 1 & -2 \\ 0 & 2 & -4 \end{bmatrix} \Rightarrow \begin{bmatrix} 1 & 0 & 1 \\ 0 & 1 & -2 \\ 0 & 0 & 0 \\ 0 & 0 & 0 \end{bmatrix}$$

より，$\dim(\mathrm{Im}[A]) = 2$

また，核を与える x_1, x_2 は x_3 の関数なので $\dim(\mathrm{Ker}[A]) = 1$．よって

$n = 3$，$\dim(\mathrm{Im}[A]) + \dim(\mathrm{Ker}[A]) = 3$

第 23 章

演習問題 23.1

$$\det[A_2]^{-1} = \det \begin{bmatrix} \dfrac{a_{22}}{a_{11}a_{22} - a_{12}a_{21}} & \dfrac{-a_{12}}{a_{11}a_{22} - a_{12}a_{21}} \\[2mm] \dfrac{-a_{21}}{a_{11}a_{22} - a_{12}a_{21}} & \dfrac{a_{11}}{a_{11}a_{22} - a_{12}a_{21}} \end{bmatrix} = \frac{1}{(a_{11}a_{22} - a_{12}a_{21})^2} \det \begin{bmatrix} a_{22} & -a_{12} \\ -a_{21} & a_{11} \end{bmatrix}$$

より明らか．

演習問題 23.2

（1）

$$[A_3]^{-1} = \begin{bmatrix} \dfrac{1}{2} & -\dfrac{\sqrt{3}}{2} & 0 \\[2mm] \dfrac{\sqrt{3}}{2} & \dfrac{1}{2} & 0 \\[2mm] 0 & 0 & 1 \end{bmatrix}$$

（2）

$$\vec{b} = \begin{pmatrix} -\dfrac{3}{2} \\[2mm] \dfrac{\sqrt{3}}{2} \\[2mm] 0 \end{pmatrix}$$

$[A_3]\vec{a}$ は，$\vec{a}$ を $-\dfrac{\pi}{3}$ だけ回転させたベクトルなので，$\vec{a}$ と $\vec{b}$ は直交する．

演習問題 23.3

$$\det \begin{bmatrix} \alpha & 2 & -2 \\ 0 & 1 & \alpha \\ 2 & \alpha & -\alpha \end{bmatrix} = 0 \ \Rightarrow \ \alpha = -1, \pm 2$$

$\alpha = -1$　不能（解なし）

$\alpha = 2$　　不能（解なし）

$\alpha = -2$　不定で，例えば，

$$\begin{pmatrix} x_1 \\ x_2 \\ x_3 \end{pmatrix} = x_3 \begin{pmatrix} 1 \\ 2 \\ 1 \end{pmatrix} + \begin{pmatrix} \frac{3}{2} \\ 2 \\ 0 \end{pmatrix} = s \begin{pmatrix} 1 \\ 2 \\ 1 \end{pmatrix} + \begin{pmatrix} \frac{3}{2} \\ 2 \\ 0 \end{pmatrix}$$

$\alpha \neq \pm 2, -1$

$$\begin{pmatrix} x_1 \\ x_2 \\ x_3 \end{pmatrix} = \begin{pmatrix} \dfrac{-2\alpha^2 + \alpha + 10}{\alpha^2 - 4} \\[2mm] \dfrac{\alpha^4 - 3\alpha^2 - 2\alpha - 8}{(\alpha + 1)(\alpha^2 - 4)} \\[2mm] \dfrac{-\alpha^3 + 2\alpha^2 + 5\alpha - 6}{(\alpha + 1)(\alpha^2 - 4)} \end{pmatrix}$$

第 24 章

演習問題 24.1

固有ベクトルを求め，$[P]$，$[P]^{-1}$ を算出し，$[P]^{-1}[A][P]$ を計算する．

$$\begin{bmatrix} -1 & 0 \\ 0 & -2 \end{bmatrix} \quad \text{または} \quad \begin{bmatrix} -2 & 0 \\ 0 & -1 \end{bmatrix}$$

演習問題 24.2

（1）$[A] = \begin{bmatrix} a & b \\ b & c \end{bmatrix}$

（2）$\det \begin{bmatrix} a-\lambda & b \\ b & c-\lambda \end{bmatrix} = \lambda^2 - (a+c)\lambda + (ac - b^2) = 0$ の判別式から示す．

（3）$[C] = \begin{bmatrix} \lambda_1 & 0 \\ 0 & \lambda_2 \end{bmatrix}$

また，$\vec{b}_1$ と $\vec{b}_2$ は直交するので

$$[P] = \begin{bmatrix} \cos\theta & -\sin\theta \\ \sin\theta & \cos\theta \end{bmatrix} = \begin{bmatrix} \dfrac{b_{11}}{\sqrt{b_{11}^2 + b_{21}^2}} & \dfrac{b_{12}}{\sqrt{b_{12}^2 + b_{22}^2}} \\[3mm] \dfrac{b_{21}}{\sqrt{b_{11}^2 + b_{21}^2}} & \dfrac{b_{22}}{\sqrt{b_{12}^2 + b_{22}^2}} \end{bmatrix}$$

となる θ が存在する．

（4）（3）を利用すれば，λ_1 と λ_2 が同じ符号になれば良い．

（5）（4）の結果より，$\lambda^2 - (a+c)\lambda + (ac - b^2) = 0$ において $ac - b^2 > 0$

演習問題 24.3

固有ベクトルを求め，$[P]$，$[P]^{-1}$ を算出し，$[P]^{-1}[A][P]$ を計算する．

$$\begin{bmatrix} 4 & 0 & 0 \\ 0 & 6 & 0 \\ 0 & 0 & 7 \end{bmatrix} \quad \text{ただし,4,6,7 の順序は任意}$$

第25章

演習問題 25.1

$$\oint_c z^2 dz = \frac{1}{3}(1+2i)^3$$

演習問題 25.2

(1) コーシーの定理を利用

(2) $\dfrac{1}{(z-a)^n}$ は点 $z=a$ を除いて正則である.点 a は C_1 内部に存在しないことに注意.

演習問題 25.3

$\dfrac{z}{z^2+1} = \dfrac{z}{(z-i)(z+i)} = \dfrac{1}{2}\Big(\dfrac{1}{z-i}+\dfrac{1}{z+i}\Big)$ を利用すれば

$$\oint_c \frac{z}{z^2+1}dz = 2\pi i$$

第26章

演習問題 26.1

$$z = x+iy = \frac{1}{2+2i}(\cos t + i\sin t) = \frac{1-i}{4}(\cos t + i\sin t) \implies x = \mathrm{Re}(z) = \frac{1}{4}(\cos t + \sin t)$$

演習問題 26.2

(1) $\Phi = U\Big(r+\dfrac{a}{r}\Big)\cos\theta$, $\Psi = U\Big(r-\dfrac{a}{r}\Big)\sin\theta$

(2) $v_r = U\Big(1-\dfrac{a}{r^2}\Big)\cos\theta$, $v_\theta = -U\Big(1+\dfrac{a}{r^2}\Big)\sin\theta$

演習問題 26.3

$\Psi = U\Big(y\cos\dfrac{\pi}{3} - x\sin\dfrac{\pi}{3}\Big)$ であり,$\Psi = C$(一定)として y を x の関数で表せば,x 軸から $\dfrac{\pi}{3}$ 傾いた方向に流線ができる.また,その方向に速度 U で流れる流れ場を与える.

第27章

演習問題 27.1

$$F(s) = \int_0^\infty f(t)\,e^{-st}\,dt = \int_0^\infty t\,e^{-st}\,dt = \int_0^\infty \frac{1}{s}\{-(t\,e^{-st})' + e^{-st}\}\,dt = \frac{1}{s}\Big[-t\,e^{-st}-\frac{1}{s}e^{-st}\Big]_0^\infty = \frac{1}{s^2}$$

演習問題 27.2

$$F(s) = \frac{1}{s^2-s-6} = \frac{1}{(s-3)(s+2)} = \frac{1}{5}\Big(\frac{1}{s-3}-\frac{1}{s+2}\Big) \implies f(t) = \frac{1}{5}(e^{3t}-e^{-2t})$$

演習問題 27.3

$n = 1$ のときには成立する.

$n = k$ のときに与式が成立すると仮定すると，$n = k+1$ のときにも以下に示すように成立する.

$$\int_0^\infty \left\{ \frac{t^{k-1}}{(k-1)!} e^{at} \right\} e^{-st} \, dt = \frac{1}{(s-a)^k}$$

$$\Rightarrow \quad \int_0^\infty \left(\frac{t^k}{k!} e^{at} \right) e^{-st} \, dt = \int_0^\infty \frac{t^k}{k!} e^{(a-s)t} \, dt = \int_0^\infty \left[\frac{1}{a-s} \left\{ \frac{t^k}{k!} e^{(a-s)t} \right\}' - \frac{1}{a-s} \frac{t^{k-1}}{(k-1)!} e^{(a-s)t} \right] dt$$

$$= \left[\frac{1}{a-s} \frac{t^k}{k!} e^{(a-s)t} \right]_0^\infty - \frac{1}{a-s} \int_0^\infty \frac{t^{k-1}}{(k-1)!} e^{(a-s)t} dt = -\frac{1}{a-s} \frac{1}{(s-a)^k} = \frac{1}{(s-a)^{k+1}}$$

第28章

演習問題 28.1

ラプラス変換を施すと

$$s\{sF(s) - f(0)\} - f'(0) + 2\{sF(s) - f(0)\} + 2F(s) = \frac{1}{s^2+1}$$

$$\rightarrow \quad F(s) = \frac{2}{5} \frac{s+1}{(s+1)^2+1} + \frac{1}{5} \frac{1}{(s+1)^2+1} - \frac{2}{5} \frac{s}{s^2+1} + \frac{1}{5} \frac{1}{s^2+1}$$

ここで，(27−5) 式より

$$\int_0^\infty f(t) \, e^{-(s-a)t} dt = F(s-a) \quad \Rightarrow \quad L^{-1}\{F(s-a)\} = f(t) \, e^{at}$$

となることに注意してラプラス逆変換を行う.

$$f(t) = \frac{2}{5} e^{-t} \cos t + \frac{1}{5} e^{-t} \sin t - \frac{2}{5} \cos t + \frac{1}{5} \sin t$$

演習問題 28.2

微分方程式にラプラス変換を施すと

$$-\frac{d}{ds}[s\{sF(s) - f(0)\} - f'(0)] + s\{sF(s) - f(0)\} - f'(0) + sF(s) - f(0) + \frac{dF(s)}{ds} = \frac{1}{s-1}$$

$$\rightarrow \quad \frac{dF(s)}{ds} - \frac{s}{s+1} F(s) = -\frac{s^2-s+1}{(s-1)^2(s+1)}$$

ここで

$$\int^s -\frac{s}{s+1} \, ds = -\int^s \left(1 - \frac{1}{s+1} \right) ds = \log(s+1) - s$$

$$\int^s e^{\log(s+1)-s} \left\{ -\frac{s^2-s+1}{(s-1)^2(s+1)} \right\} ds = -\int^s e^{-s} \frac{s^2-s+1}{(s-1)^2} \, ds = e^{-s} + \frac{1}{s-1} e^{-s} = \frac{s}{s-1} e^{-s}$$

$$\rightarrow \quad F(s) = e^s \frac{1}{s+1} \left(\frac{s}{s-1} e^{-s} + c \right) = \frac{s}{s^2-1} + e^s \frac{c}{s+1} \quad \text{となる. ここで，} |s| \to \infty \text{ のときに，} F(s) \to 0 \text{ か}$$

ら，$c = 0$.

$$f(t) = L^{-1} \left(\frac{s}{s^2-1} \right) = \cosh t$$

演習問題 28.3

練習問題 28.3 で，C_1 がゼロの場合に対応している.

$$G(s) = \frac{V_{output}(s)}{V_{input}(s)} = \frac{\dfrac{R_2}{R_1}s + \dfrac{1}{CR_1}}{s + \dfrac{R_2}{R_1}s + \dfrac{1}{CR_1}} = \frac{CR_2 s + 1}{C(R_1 + R_2)s + 1}$$

参考文献

『工学部 1 年生のための数学と物理学の演習』, 堀口 剛・三宅章吾 共著, 昭晃堂 (2003)

『解析概論 改訂第 3 版』, 高木貞治 著, 岩波書店, (1961)

『微分積分学精説 改訂版』, 岩切晴二 著, 培風館 (1960)

『大学演習 微分積分学』, 三村征雄 編, 裳華房 (1955)

『変分法』, J. W. Craggs 著／後藤憲一 訳, 共立出版 (1975)

『力学——新しい視点にたって』, V. D. バージャー・M. G. オルソン 共著／戸田盛和・田上由紀子 共訳, 培風館 (1975)

『流れと熱伝導の有限要素法入門』, 矢川元基 著, 培風館 (1983)

『線形代数入門』, 有馬 哲 著, 東京図書 (1974)

『例解 線形代数学演習』, 鈴木義也 他 編著, 共立出版 (1991)

『偏微分方程式とフーリエ解析』, 田辺行人・高見穎郎 監修／中村宏樹 著, 東京大学出版会 (1981)

『流体力学』, 巽 友正 著, 培風館 (1982)

『ラプラス変換入門』(実教理工学全書), 杉山昌平 著, 実教出版 (1977)

『線形代数概説』, 内田伏一・浦川肇 著, 裳華房 (2000)

索　引

【著者紹介】

橋爪 秀利（はしづめ ひでとし）
1986 年　東京大学大学院工学系研究科 博士課程中退
　　　　　東京大学助手・講師，東北大学助教授を経て，
現　在　東北大学大学院工学研究科 教授　工学博士
専　門　超伝導工学

工学系学生のための
数学物理学演習
増補第 2 版
Fundamental Practice in Calculus
and Physics for Engineering Students
Enlarged 2nd Edition

2018 年 3 月 25 日　初版 1 刷発行
2020 年 2 月 15 日　初版 4 刷発行
2021 年 3 月 10 日　増補版 1 刷発行
2023 年 3 月 10 日　増補版 5 刷発行
2024 年 9 月 15 日　増補第 2 版 1 刷発行

検印廃止
NDC 410, 421.5
ISBN 978-4-320-11567-5

著　者　橋爪秀利　ⓒ 2024
発行者　南條光章
発　行　共立出版株式会社
　　　　東京都文京区小日向 4-6-19（〒112-0006）
　　　　電話　03-3947-2511（代表）
　　　　振替口座　00110-2-57035
　　　　www.kyoritsu-pub.co.jp

印　刷　星野精版印刷
製　本

一般社団法人
自然科学書協会
会　員

Printed in Japan